重点大学计算机专业系列教材

ASP.NET 2.0动态网站设计教程

——基于C#+Access

李春葆 金晶 喻丹丹 曾慧 曾平 编著

清华大学出版社
北京

内容简介

本书使用C#＋Access介绍ASP.NET应用程序的开发技术，以Visual Studio.NET 2005为开发环境，使用大量实例来介绍ASP.NET应用程序开发技巧。全书主要介绍ASP.NET应用程序开发基础、HTML和XHTML、C#语言基础、ASP.NET控件、ASP.NET常用对象、主题和母版页、站点导航控件、用户控件以及ADO.NET数据库访问技术等。

本书可作为普通高校计算机专业和非计算机专业动态网站开发的教程，也可作为读者自学的参考书。

图书在版编目(CIP)数据

ASP.NET 2.0动态网站设计教程：基于C#＋Access/李春葆等编著．—北京：清华大学出版社，2010.1
(重点大学计算机专业系列教材)
ISBN 978-7-302-21344-4

Ⅰ．A…　Ⅱ．李…　Ⅲ．①主页制作－程序设计－高等学校－教材 ②C语言－程序设计－高等学校－教材 ③关系数据库－数据库管理系统，Access－程序设计－高等学校－教材　Ⅳ．TP393.092　TP312　TP311.138

中国版本图书馆CIP数据核字(2009)第191723号

责任编辑：丁　岭　薛　阳
责任校对：梁　毅
责任印制：何　芊
出版发行：清华大学出版社　　**地　址**：北京清华大学学研大厦A座
http://www.tup.com.cn　　**邮　编**：100084
社 总 机：010-62770175　　**邮　购**：010-62786544
投稿与读者服务：010-62776969，c-service@tup.tsinghua.edu.cn
质量反馈：010-62772015，zhiliang@tup.tsinghua.edu.cn
印刷者：北京密云胶印厂
装订者：北京市密云县京文制本装订厂
经　销：全国新华书店
开　本：185×260　**印　张**：21.75　**字　数**：540千字
版　次：2010年1月第1版　**印　次**：2010年1月第1次印刷
印　数：1～3000
定　价：29.00元

本书如存在文字不清、漏印、缺页、倒页、脱页等印装质量问题，请与清华大学出版社出版部联系调换。联系电话：(010)62770177转3103　　产品编号：035253-01

INTRODUCTION

出版说明

随着国家信息化步伐的加快和高等教育规模的扩大，社会对计算机专业人才的需求不仅体现在数量的增加上，而且体现在质量要求的提高上，培养具有研究和实践能力的高层次的计算机专业人才已成为许多重点大学计算机专业教育的主要目标。目前，我国共有16个国家重点学科、20个博士点一级学科、28个博士点二级学科集中在教育部部属重点大学，这些高校在计算机教学和科研方面具有一定优势，并且大多以国际著名大学计算机教育为参照系，具有系统完善的教学课程体系、教学实验体系、教学质量保证体系和人才培养评估体系等综合体系，形成了培养一流人才的教学和科研环境。

重点大学计算机学科的教学与科研氛围是培养一流计算机人才的基础，其中专业教材的使用和建设则是这种氛围的重要组成部分，一批具有学科方向特色优势的计算机专业教材作为各重点大学的重点建设项目成果得到肯定。为了展示和发扬各重点大学在计算机专业教育上的优势，特别是专业教材建设上的优势，同时配合各重点大学的计算机学科建设和专业课程教学需要，在教育部相关教学指导委员会专家的建议和各重点大学的大力支持下，清华大学出版社规划并出版本系列教材。本系列教材的建设旨在“汇聚学科精英、引领学科建设、培育专业英才”，同时以教材示范各重点大学的优秀教学理念、教学方法、教学手段和教学内容等。

本系列教材在规划过程中体现了如下一些基本组织原则和特点。

1. 面向学科发展的前沿，适应当前社会对计算机专业高级人才的培养需求。教材内容以基本理论为基础，反映基本理论和原理的综合应用，重视实践和应用环节。

2. 反映教学需要，促进教学发展。教材要能适应多样化的教学需要，正确把握教学内容和课程体系的改革方向。在选择教材内容和编写体系时注意体现素质教育、创新能力与实践能力的培养，为学生知识、能力、素质协调发展创造条件。

3. 实施精品战略，突出重点，保证质量。规划教材建设的重点依然是专业基础课和专业主干课；特别注意选择并安排了一部分原来基础比较好的优秀教材或讲义修订再版，逐步形成精品教材；提倡并鼓励编写体现重点大学计算机专业教学内容和课程体系改革成果的教材。

4. 主张一纲多本，合理配套。专业基础课和专业主干课教材要配套，同一门课程可以有多本具有不同内容特点的教材。处理好教材统一性与多样化的关系；基本教材与辅助教材以及教学参考书的关系；文字教材与软件教材的关系，实现教材系列资源配套。

5. 依靠专家，择优落实。在制订教材规划时要依靠各课程专家在调查研究本课程教材建设现状的基础上提出规划选题。在落实主编人选时，要引入竞争机制，通过申报、评审确定主编。书稿完成后要认真实行审稿程序，确保出书质量。

繁荣教材出版事业，提高教材质量的关键是教师。建立一支高水平的以老带新的教材编写队伍才能保证教材的编写质量，希望有志于教材建设的教师能够加入到我们的编写队伍中来。

教材编委会

2009年10月

FOREWORD

前言

ASP.NET 2.0是Microsoft公司推出的建立动态Web应用程序的开发平台，它为开发人员提供了完整的可视化开发环境，具有使用方便、灵活、性能好、安全性高、完整性强及面向对象等特性，是目前主流的网络编程工具之一。

本书以C#为编程工具、Access为数据库平台，介绍Web应用程序的开发方法。

全书分为11章：第1章为ASP.NET应用程序开发基础；第2章为HTML和XHTML；第3章为C#语言基础；第4章为ASP.NET控件；第5章为ASP.NET的常用对象；第6章为主题和母版页；第7章为站点导航控件；第8章为用户控件；第9章为ADO.NET数据库访问技术；第10章为ASP.NET Web服务；第11章为配置ASP.NET应用程序。

书中各章提供了一定数目的练习题和上机实验题，供读者选用。附录中给出了所有上机实验题的参考答案。

本书的读者对象须具备基本的网页设计和程序设计知识。书中的示例和上机实验题源程序可以从清华大学出版社网站免费下载。

书中编程环境采用Visual Studio .NET 2005中文版和ASP.NET 2.0，数据库管理系统采用Access 2003。

由于编者水平所限，书中若有不当之处，敬请读者指正。

编　者

2009年9月

CONTENTS

目录

CHAPTER 1

ASP.NET 应用程序开发基础 第1章

ASP.NET 是一种动态网页开发技术，它使用 Visual Studio.NET 集成开发环境中的 C# 等作为编程语言，开发 Web 应用程序。本章介绍与 ASP.NET 程序设计相关的一些基本概念，以便于读者对后续章节的学习。

本章学习要点：

☑ 了解 Internet 和 Web 的基本概念。

☑ 了解.NET 框架的体系结构。

☑ 了解 Web 开发的相关技术。

☑ 掌握配置 ASP.NET 运行环境的过程。

☑ 掌握使用 Visual Studio.NET 2005 开发网站的过程。

1.1 Internet 和 Web

1.1.1 什么是 Internet

Internet 中文译为因特网，又叫做国际互联网。它是由那些使用公用语言互相通信的计算机连接而成的全球网络。一旦连接到它的任何一个节点上，就意味着计算机已经连入 Internet 了。Internet 目前的用户已经遍及全球，有超过几亿人在使用 Internet，并且它的用户数还在以指数级上升。

人们接入到 Internet 后，有一半以上的时间都是在与各种各样的 Web 网页（页面）打交道。在基于 Web 方式下，可以浏览、搜索、查询各种信息，可以发布自己的信息，可以与他人进行实时或者非实时的交流，可以游戏、娱乐和购物等。

1.1.2 什么是 Web

Web 是 WWW（World Wide Web）的简称，Web 是存储在 Internet 计算机中数量巨大的文档的集合，这些文档称为主页或 Web 网页，它是一种超文本信息，而使其连接在一起的是超链接。超链接使得文本不再像一本书一样是固定的，线性的，而是可以从一个位置跳到另外的位置。

Web 服务器是 Web 的核心部件，Web Server 软件安装在一台硬件服务器设备上就形成了 Web 服务器。Web 服务器的数据文件由超文本标记语言 HTML（Hyper Text Markup Language）描述。HTML 通过统一资源定位器 URL（Uniform Resource Locator）表示超链接，并在文本内指向其他网络资源。

Web 浏览器是一个网络的客户机，为用户提供了基于超文本传输协议 HTTP（Hyper Text Transfer Protocol）的用户界面，作为一个 HTML 的解释器。用户可以在 Web 浏览器中显示要浏览的网页，在显示的网页上用鼠标选择检索项，以获取下一个要浏览的网页；浏览器的另一个重要功能是包括了统一资源定位器 URL，通过 URL 在浏览器上除了实现 Web 网页浏览，还可实现 E-mail、FTP 等服务，从而可有效地扩展 Web 浏览器的功能。

1.1.3 Web 的特点

1. Web 是图形化和易于导航的

Web 非常流行的一个很重要的原因就在于它可以在一页上同时显示色彩丰富的图形和文本的性能。在 Web 之前 Internet 上的信息只有文本形式。Web 可以提供将图形、音频、视频信息集合于一体的特性。同时，Web 是非常易于导航的，只需要从一个链接跳到另一个链接，就可以在各页各站点之间进行浏览了。

2. Web 与平台无关

无论系统平台是什么，都可以通过 Internet 访问 Web。浏览 Web 对系统平台没有什么限制。无论从 Windows 平台或 UNIX 平台等都可以访问 Web。对 Web 的访问是通过一种叫做浏览器的软件实现的，常用的浏览器有 Netscape 的 Navigator、Microsoft 的 Explorer 等。

3. Web 是分布式的

大量的图形、音频和视频信息会占用相当大的磁盘空间，甚至无法预知信息的多少。对于 Web 没有必要把所有信息都放在一起，信息可以放在不同的网站（站点）上，只需要在浏览器中指明这个网站就可以了。这使在物理上并不一定在一个网站的信息在逻辑上一体化，从用户来看这些信息是一体的。

4. Web 是动态的

由于各 Web 站点包含站点本身的信息，信息的提供者可以经常对网站上的信息进行更新，所以 Web 网站上的信息是动态的。

1.1.4 Web 网页

在 Internet 中，最常见的就是 Web 网页。一般说来，出现在浏览器中的 Web 网页不外乎有两种：静态网页和动态网页。

1. 静态网页

所谓静态网页就是指那些不能够接收用户输入信息的 Web 网页，其内容是静态的，唯一的响应就是接收鼠标单击超链接后显示所链接的网页。当用户单击其中一个超链接后，就会在浏览器中显示所链接的网页信息。

静态网页是采用 HTML 标记语言编写的，其执行过程如下。

① 用户在客户端将 HTTP 文件的网址输入到浏览器的地址栏，请求一个 HTML 网页。

② Web 浏览器向 Web 服务器发送 HTML 文件请求，称为 Request（请求）。

③ Web 服务器找到该 HTML 文件，将其传送给用户浏览器，称为 Response（响应）。

④ 用户的 Web 浏览器解释 HTML 文件，结果在 Web 浏览器中显示。

HTML 静态网页的请求－响应模式如图 1.1 所示（图中序号表示执行次序）。

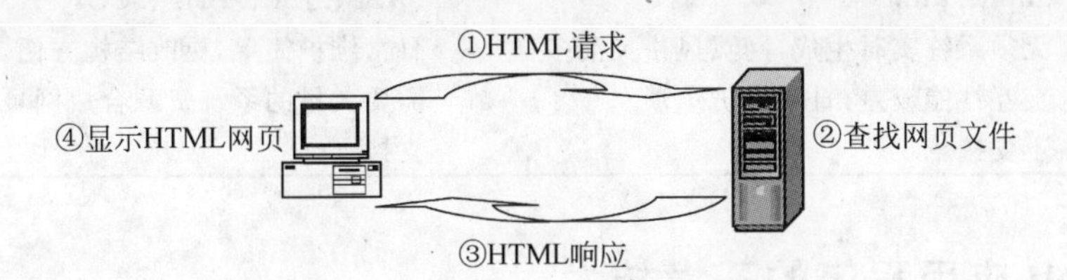

图 1.1　静态网页的执行过程

2. 动态网页

动态网页与静态网页不同，在动态网页中，用户可以输入动态网页所允许的各种信息，以实现人机交互。

动态网页是采用 ASP、ASP.NET、JSP 或 PHP 等语言动态生成的网页，只有在接到用户访问请求后才生成网页并传输到用户的浏览器。以 ASP.NET 动态网页为例说明其执行过程如下。

① 用户在客户端将一个网址输入到浏览器的地址栏，请求一个 Web 网页。

② Web 浏览器向 Web 服务器发送 Web 网页请求，称为 Request（请求）。

③ Web 服务器找到该 ASP.NET 文件，对其进行解释并生成标准的 HTML 文件。

④ Web 服务器将 HTML 文件传送给用户浏览器，称为 Response（响应）。

⑤ 用户的 Web 浏览器解释 HTML 文件，结果在 Web 浏览器中显示。

ASP.NET 动态网页的请求－响应模式如图 1.2 所示（图中序号表示执行次序）。

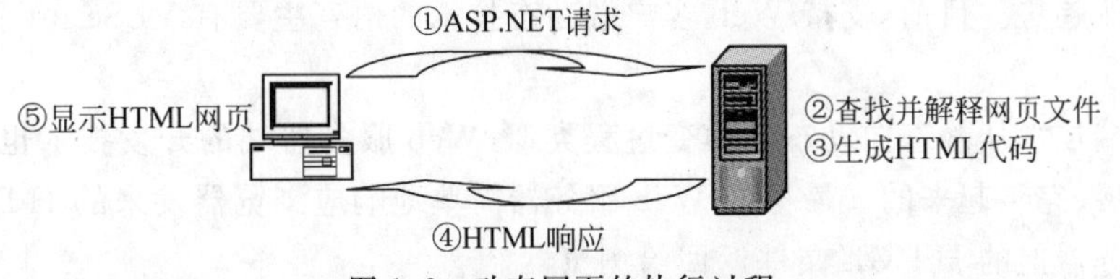

图 1.2　动态网页的执行过程

归纳起来，静态网页和动态网页的不同如表 1.1 所示。

之所以采用动态网页，是因为随着网络技术的发展和人们日常管理的需要，人们对网页的显示有了更高的需求，如需要获取多媒体信息、更吸引人的页面、更及时的信息、更灵活及时的互动，这些都需要在网上管理和处理信息，建立信息管理系统，电子商务等。而很多需求，只有动态网页才可完成。

动态页面的开发技术按照代码(脚本)执行位置的不同分为客户端和服务器端，从而分为客户端动态网页开发技术和服务器端动态网页开发技术。客户端主要使用的脚本语言为JavaScript和VBScript。服务器端使用的脚本语言比较多，常用的有ASP、ASP.NET、JSP和PHP等。真正在应用程序开发时，没有只用客户端处理或只用服务器端处理的，通常情况下是两种结合起来处理。

表1.1 静态网页和动态网页的比较

比较项	静态网页	动态网页
内容	网页内容固定	网页内容动态生成
后缀	.htm、.html等	.ASP、.JSP、.PHP、.CGI、.ASPX等
优点	无须系统实时生成，网页风格灵活多样	日常维护简单，更改结构方便，交互性能强
缺点	交互性能较差，日常维护烦琐	需要大量的系统资源合成网页
数据库	不支持	支持

1.1.5 Web应用程序的开发技术

Web编程不是一件简单的任务，传统的应用程序开发拥有许多结构化语言支持的完好编程模型和较好的开发工具，而Web应用程序开发混合了标记语言、脚本语言和服务器平台，需要考虑很多东西。这就是为什么产生一种使用简单、功能强大的网络程序设计的语言和相应的开发工具是如此的重要。在这种背景下，几种网页制作工具、几种Web网页编程工具和相对应网络程序设计语言应运而生。

1. Web开发技术

Web是一种典型的分布式应用架构。Web应用中的每一次信息交换都要涉及客户端和服务器端两个层面。因此，Web开发技术大体上也可以被分为客户端技术和服务器端技术两大类。

Web客户端的主要任务是展现信息内容，而HTML语言则是信息展现的最有效载体之一。最初的HTML语言只能在浏览器中展现静态的文本或图像信息，满足不了人们对信息丰富和多样性的强烈需求，因此，由静态技术向动态技术的转变成为了Web客户端技术演进的必然趋势。目前，支持Web客户端动态技术的语言主要有VBScript和JavaScript脚本语言。

与客户端技术从静态向动态的演变过程类似，Web服务器端的开发技术也是由静态向动态逐渐发展、完善起来的。最早的Web服务器简单地响应浏览器发来的HTTP请求，并将存储在服务器上的HTML文件返回给浏览器。

第一种真正使服务器能根据执行时的具体情况，动态生成HTML页面的技术是CGI(Common Gateway Interface)技术。CGI技术允许服务器端的应用程序根据客户端的请求，动态生成HTML网页，这使客户端和服务器端的动态信息交换成为了可能。

1994年出现了PHP语言，它将HTML代码和PHP指令合成为完整的服务器端动态页面，Web应用的开发者可以用一种更加简便、快捷的方式实现动态Web功能。

1996年，Microsoft公司借鉴PHP的思想，在其Web服务器IIS 3.0中引入了ASP技术。ASP使用的脚本语言为VBScript和JavaScript，借助Microsoft Visual Studio等开发工具在市场上的成功，ASP迅速成为了Windows系统下Web服务器端的主流开发技术。

1997年，Servlet技术问世，1998年，JSP技术诞生。Servlet和JSP的组合(还可以加上Java Bean技术)让Java开发者同时拥有了类似CGI程序的集中处理功能和类似PHP的HTML嵌入功能。

Microsoft公司于2000年推出了基于.NET框架的ASP.NET 1.0版本，2002年推出了ASP.NET 1.1版本，2005年推出了ASP.NET 2.0版本，2008年又推出了ASP.NET 3.5版本。

下面简要介绍常见的几种Web开发技术。

- ASP是Microsoft公司开发的服务器端脚本环境，内置于IIS 3.0及以后版本之中，通过ASP可结合HTML网页、ASP指令和ActiveX组件建立动态的、交互的且高效的Web服务器应用程序。有了ASP，就不必担心客户浏览器是否能执行所编写的代码，因为所有程序都将在服务器端执行，包括所有嵌在普通HTML中的脚本程序。当程序执行完毕后，服务器仅将执行结果返回给客户浏览器，这样也减轻了客户浏览器的负担，大大提高了交互的速度。
- PHP是一种易于学习和使用的服务器端脚本语言。只需要很少的编程知识就能使用PHP建立一个真正交互的Web网站。PHP不需要特殊的开发环境，不仅支持多种数据库，还支持多种通信协议。
- JSP与ASP技术非常相似。两者都提供在HTML代码中混合某种程序代码、由语言引擎解释执行程序代码的功能。与ASP一样，JSP中的Java代码均在服务器端执行。
- ASP.NET是继ASP后推出的全新动态网页制作技术，是建立在.NET框架的公共语言运行库上的，可用于在服务器上生成功能强大的Web应用程序。它在性能上比ASP强很多，与PHP和JSP相比，也存在明显的优势。

2. 两种重要的企业开发平台

Web服务器开发技术的完善使开发复杂的Web应用成为了可能。为了适应企业级应用开发的各种复杂需求，给最终用户提供更可靠、更完善的信息服务，两个最重要的企业级开发平台即J2EE和.NET在2000年前后分别在Java和Windows阵营诞生。

J2EE是纯粹基于Java的解决方案，1998年，Sun公司发布了EJB 1.0标准。EJB为企业级应用中必不可少的数据封装、事务处理、交易控制等功能提供了良好的技术基础。至此，J2EE平台的三大核心技术Servlet、JSP和EJB都已先后问世。1999年，Sun正式发布了J2EE的第一个版本。紧接着，遵循J2EE标准，为企业级应用提供支撑平台的各类应用服务软件争先恐后地涌现出来。到2003年时，Sun公司的J2EE版本已经升级到了1.4版，其中3个关键组件的版本也演进到了Servlet 2.4、JSP 2.0和EJB 2.1。至此，J2EE体系及相关的软件产品已经成为Web服务器端开发的一个强有力的支撑环境。

与J2EE不同，Microsoft公司的.NET框架平台是一个强调多语言间交互的通用运行环境。2002年Microsoft公司正式发布.NET框架和Visual Studio.NET开发环境。.NET

框架及相关的开发环境不但为 Web 服务器端应用提供了一个支持多种语言的、通用的执行平台，而且还引入了 ASP.NET 这样一种全新的 Web 开发技术，ASP.NET 超越了 ASP 的局限，可以使用 C# 和 VB.NET 等编译型语言，支持 Web Form、.NET 服务器控件和 ADO.NET 等高级特性。客观地讲，.NET 框架尤其是其中的 ASP.NET 的确不失为 Web 开发技术在 Windows 平台上的一个集大成者。2005 年和 2008 年，Microsoft 公司又相继推出了功能更加完善的 Visual Studio.NET 2005 和 Visual Studio.NET 2008 开发环境。

1.2 .NET 框架

Microsoft.NET 框架(简称为.NET 框架)是微软公司的 XML Web 服务的平台，是新一代 Internet 计算模型，各个 XML Web 服务之间彼此是松散耦合的，通过 XML 进行通信，协同完成某一特定的任务。.NET 框架提供了一个软件平台、一个编程模型、用以建立和整合 XML Web 服务的工具以及一套可编程的 Web 接口。

1.2.1 .NET 框架体系结构

.NET 框架的体系结构如图 1.3 所示。

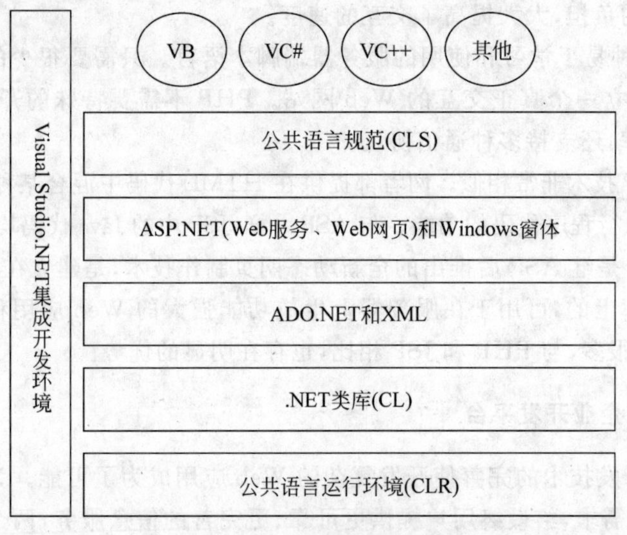

图 1.3 .NET 框架体系结构

1. 公共语言规范

.NET 框架中定义了一个公共语言规范(CLS)，包含函数调用方式、参数传递方式、数据类型和异常处理方式等。

在程序设计时，如果使用符合 CLS 的开发语言，那么所开发的程序可以在任何公共语言开发环境的操作系统下执行。

2. ASP.NET 和 Windows 窗体

在.NET 框架中，有两种方式可以设计应用程序界面，即 Web(Web 网页和 Web 服务)和

Windows窗体。而Web是以ASP.NET为基础的,ASP.NET将许多控件加以对象化,使得用户更方便地使用各个控件的属性、方法和事件。Web服务是一种程序调用与执行的方式,该程序是以网站为基础的,一个应用程序可以通过Web服务主动调用网络上另一个应用程序。

3. ADO.NET和XML

.NET框架直接支持ADO.NET(数据库访问接口)和XML文件的操作。在XML文档和数据集之间可以进行数据转换,甚至共享一份数据,程序员可以选择熟悉的方式来处理数据,以提高程序设计效率。

4. .NET类库

在程序开发过程中,会有许多的功能组件被重复使用,于是将这些组件制作成类库,每一种程序设计语言都拥有各自独立的类库,如C++的MFC、Java的JDK等,然而每一种类库都是针对一种语言的,所以这些类库彼此之间并不能互相引用,对于偏好VB的程序员而言,所开发的类库就无法被C++程序员使用。

.NET框架提供了一个巨大的统一类库,该类库提供了程序员在开发程序时所需要的大部分功能,而且这个类库可以使用任何一种支持.NET的程序语言加以引用,程序员不再需要为了不同的类库而学习不同的程序设计语言。

.NET类库是以面向对象为基础创建的,其实在.NET框架下,不管是数字还是字符串,所有的数据都是对象。.NET类库结构是阶层式的,采用命名空间加以管理,方便程序员进行分类引用。

5. 公共语言运行环境

在.NET框架下,所有的程序语言将使用统一的虚拟机,公共语言运行环境(CLR)是所有的.NET语言在执行时所必备的运行环境,这种统一的虚拟机与运行环境可以达到跨平台的目标。

1.2.2 .NET框架下应用程序的开发和执行

在.NET框架下可以使用多种语言进行应用程序的开发。.NET框架中的CLR实际上是一种语言规范,它大致可以再分为以下几部分。

- 通用类型系统(Common Type System,CTS):其作用是使所有支持的语言共享相同的数据类型。无论程序是以什么语言编写的,都会被编译成相同的中间语言,而这个中间语言在CLR下时其数据都将具有相同的名称,从而使得不同语言之间的数据得以沟通协调。
- 内存管理和资源回收机制:支持.NET且遵守共同规范的程序语言所编写的程序,称之为managed code(可管理代码或托管代码),而之前各版本的其他语言所编写的代码称为unmanaged code(不可管理代码或非托管代码)。称为managed code的程序语言是因为这些程序代码在执行过程中所使用到的内存资源而受到CLR的监控,各种数据与对象的生存期都由CLR管理。而CLR提供了统一的资源回收机制,对于不再使用的对象等,会自动释放所使用的资源,避免造成程序错误或内存耗损。

- 中间语言与实时编译器：在.NET 框架下，所有的程序语言在编译时会先转为与平台机器无关的中间语言(MSIL)代码，再与原数据一同编译成可执行代码，可以在任何安装有 CLR 的机器上执行。

由于.NET 框架是 Visual Studio. NET 应用程序开发环境的核心，它定义了语言之间互操作的规则，以及如何把应用程序转换为可执行代码，并负责管理任何 Visual Studio. NET 语言创建的应用程序的执行。所以使用 Visual Studio. NET 开发环境开发的应用程序自然支持 CLR，对于这样的源程序，经过.NET 编译后并不直接产生本机 CPU 可执行代码，而是先转换为中间语言代码。程序执行时再由 CLR 载入内存，通过实时解释将其转换为本机 CPU 可执行代码后再执行，如图 1.4 所示。所以应用程序的开发需要安装 Visual Studio. NET 开发环境，而应用程序的执行只需要安装.NET 框架即可。

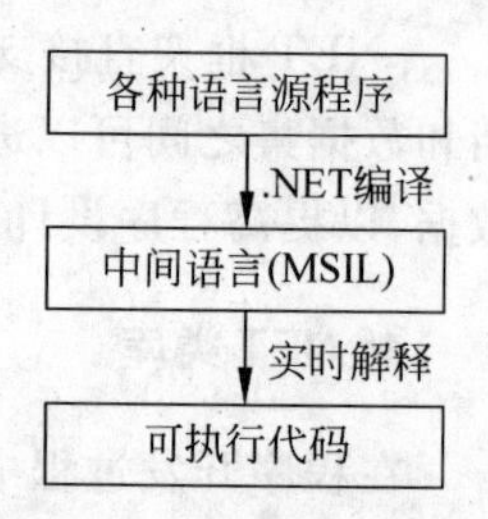

图 1.4 利用中间语言进行程序转换

1.3 ASP.NET 概述

ASP. NET 是一种建立动态 Web 应用程序的技术，是面向新一代企业级的网络计算 Web 平台，它是.NET 框架的一部分，可以使用任何.NET 兼容的语言编写 ASP. NET 应用程序。使用 C# 等语言，ASP. NET 网页进行编译可以提供比脚本语言更出色的性能表现。在 ASP. NET 网页中，可以使用 ASP. NET 服务器端控件来建立常用的用户接口元素，并对其进行编程；可以使用内建可重用组件和自定义组件快速建立 Web 网页，从而使代码大大简化。相对原有的 Web 技术而言，ASP. NET 提供的编程模型和结构有助于快速、高效地建立灵活、安全和稳定的应用程序。

1.3.1 ASP.NET 应用程序的执行过程

ASP. NET 使用 IIS(Internet Information Server)来传送内容，以响应 HTTP 请求。图 1.5 说明了一个典型的 Web 请求过程，客户机向服务器请求浏览一个 Web 页，例如 default. aspx(所有的 ASP. NET Web 页扩展名均为 aspx)，ASP. NET 运行库开始工作，对该 Web 页第一次请求时会首先启动 ASP. NET 分析器，编译器将 default. aspx 文件和与此相关的 C# 文件一起编译，并创建一个程序集。该程序集包含一个 Page 类，通过该类将 HTML 代码返回给客户端，之后该类会被删除，但该程序集会被保留，以用于日后的请求。最后，及时(JIT，Just In Time)编辑器将程序集编译成机器码并执行。

图 1.5 ASP. NET 应用程序的执行过程

1.3.2 ASP与ASP.NET的区别

ASP.NET在发展了ASP的优点的同时，也修复了许多ASP运行时会发生的错误。ASP.NET具有更高的效率，更简单的开发方式，更简便的管理，全新的语言支持以及清晰的程序结构等优点。

- 新的运行环境：新的运行环境引入托管代码，其运行在CLR下面，使程序设计更为简便。
- 效率：ASP.NET应用程序是在服务器上运行的编译好的通用语言运行环境(CLR)代码。而不是像ASP那样解释执行，而且ASP.NET可利用早期绑定、实时编译、本机优化和缓存服务来提高程序执行的性能，与ASP相比，ASP.NET大大提高了程序执行的速度。
- Visual Studio.NET开发工具的支持：ASP.NET应用程序可利用微软公司的Visual Studio.NET进行产品开发。Visual Studio.NET比以前的Visual Studio集成开发环境增加了大量工具箱和设计器来支持ASP.NET应用程序的可视化开发，使程序的开发效率大大提高，并且简化程序的部署和维护工作。
- 多语言支持：ASP.NET支持多种语言，无论使用哪种语言编写程序，都将被编译为中间语言代码，目前ASP.NET支持的语言有C#.NET、VB.NET、J#.NET和C++.NET，设计者可以选择最适合自己的语言来编写程序。
- 高效的管理能力：ASP.NET使用基于文本的、分级的配置系统，使服务器环境和应用程序的设置更加简单。由于配置信息都保存在简单文本中，不需要启动本地的管理员工具就可以实现新的设置。一个ASP.NET应用程序在一台服务器系统的安装只需要简单地复制一些必需的文件，而不需要系统的重新启动。
- 清晰的程序结构：ASP.NET使用事件驱动和数据绑定的方式开发程序，将程序代码和用户界面彻底分离，具有清晰的结构。另外，使用代码绑定方式将程序代码和用户界面标记分离在不同的文件中，使程序的可读性更强。

1.4 配置ASP.NET运行环境

ASP.NET是一种动态网页技术。在开发ASP.NET应用程序之前，先要安装配置Web服务器，也就是需要安装相应的Web服务器软件。基于Windows平台的服务器端ASP.NET环境有Windows 2000/XP/NT＋IIS。运行ASP.NET应用程序还需要安装.NET框架，本书中的示例使用.NET框架2.0。

1.4.1 IIS的安装

IIS(Internet Information Server)是Microsoft公司所提供的Internet信息服务系统，允许在公共Intranet或Internet的Web服务器上发布信息。IIS通过使用超文本传输协议(HTTP)传输信息，还可配置IIS以提供FTP(文件传输协议)服务和SMTP(简单邮件传输协议)服务。

在Windows XP操作系统下安装IIS的步骤如下。

① 选择“开始”|“控制面板”|“添加或删除程序”命令，打开“添加或删除程序”窗口，如图 1.6 所示。

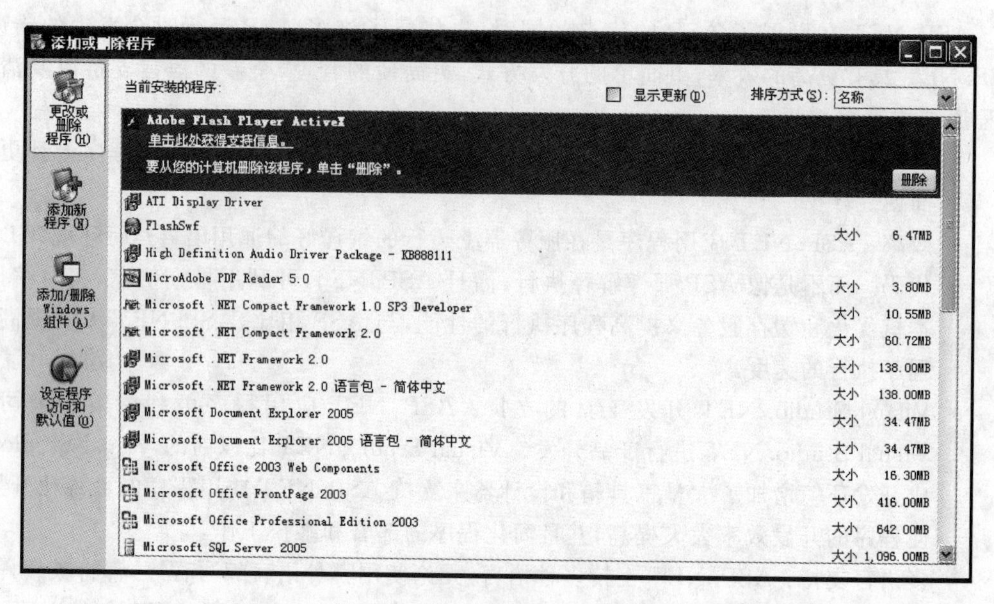

图 1.6 “添加或删除程序”窗口

② 单击左侧的“添加/删除 Windows 组件”按钮，打开“Windows 组件向导”对话框，如图 1.7 所示。

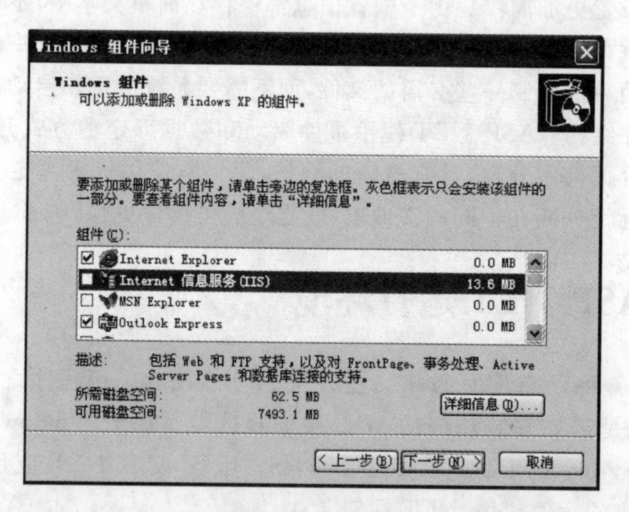

图 1.7 “Windows 组件向导”对话框

③ 勾选“组件”列表中的“Internet 信息服务(IIS)”复选框，然后单击“下一步”按钮，出现安装界面，如图 1.8 所示。

④ 安装完成后出现如图 1.9 所示的“完成‘Windows 组件向导’”对话框，单击“完成”按钮完成整个安装过程。

⑤ 再回到“Windows 组件向导”对话框，如图 1.10 所示，在“组件”列表框中看到“Internet 信息服务(IIS)”复选框被勾选，说明已安装好 IIS。

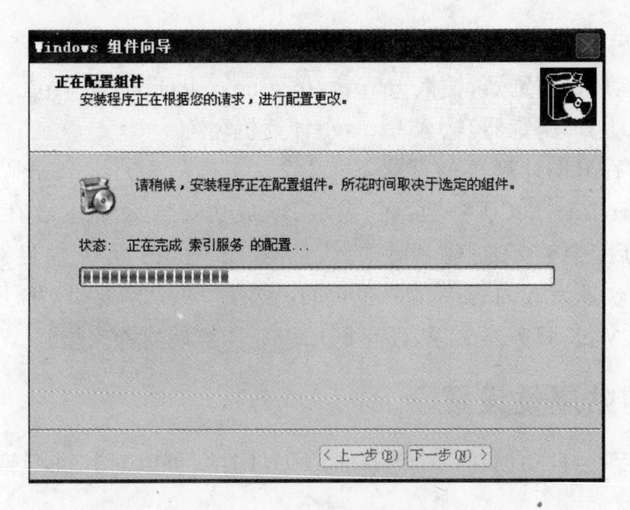

图 1.8　安装组件界面

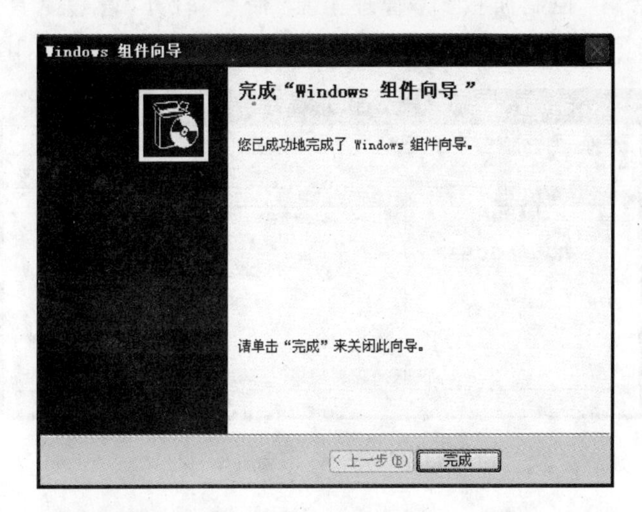

图 1.9　“完成‘Windows 组件向导’”对话框

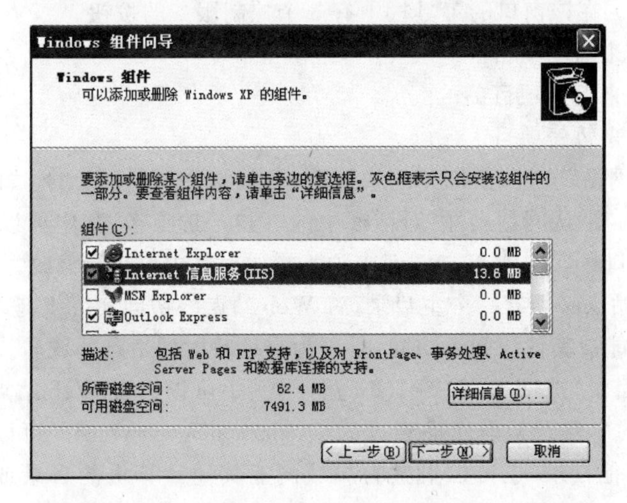

图 1.10　安装 IIS 后“Windows 组件向导”对话框

在安装 IIS 之后，可以用以下两种方法之一测试是否安装成功。

• 方法 1：启动 IE 浏览器，输入 http://localhost/localstart.asp。

• 方法 2：启动 IE 浏览器，输入 http://计算机名称。

若这两种操作后出现计算机的登录界面，输入正确的用户名和密码后转向“欢迎使用 Windows XP Server Internet 服务”页面，表示 IIS 成功安装，否则安装存在问题。

IIS 安装好之后，会自动创建一个默认的 Web 网站(默认主目录为 C:\inetpub\wwwroot)，供用户快速发布内容。用户也可自行创建 Web 网站，以扩大和丰富 Web 服务器上的信息。对于 Web 服务器来说，还可利用服务器扩展功能来增强 Web 站点的功能。

1.4.2 Web 网站属性设置

IIS 安装成功后，会自动创建一个默认的 Web 网站，可以对其进行管理和配置，其操作步骤如下。

① 选择“开始”|“控制面板”|“管理工具”命令，打开“管理工具”窗口，可以看到“Internet 信息服务”图标，双击该图标，出现“Internet 信息服务”窗口，如图 1.11 所示。

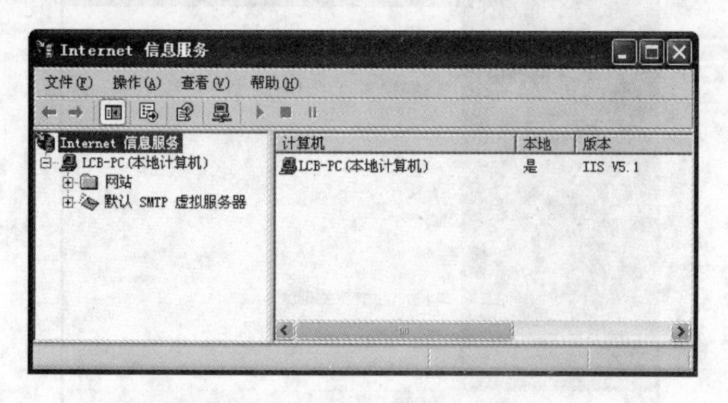

图 1.11 “Internet 信息服务”窗口

② 在该窗口中左侧展开“网站”节点，则右侧的窗格中将显示默认的 Web 主目录下的目录以及文件信息。在该窗口的工具栏中有 3 个控制服务的按钮。

• ▶按钮：用来启动项目。

• ■按钮：用来停止项目。

• ‖按钮：用来暂停项目。

③ 右击“默认网站”节点，在打开的快捷菜单中，选择“属性”命令，如图 1.12 所示。出现如图 1.13 所示的“默认网站属性”对话框中的“网站”选项卡，其中可以设置站点的 IP 地址和 TCP 端口，端口号默认为 80。一般来说不需要对其内容进行修改。

④ 每个 Web 站点必须有一个主目录，对 Web 站点的访问实际上是对站点主目录的访问。主目录之所以能被其他访问者访问，是因为它被映射到站点的域名。

这里选择“主目录”选项卡，如图 1.14 所示，其中可以设置 Web 站点的主目录等。这里 Web 站点默认的主目录是前面提到过的 C:\inetpub\wwwroot。可以将主目录设置为本地计算机上的其他目录，也可以设置为局域网上其他计算机的目录或者重定向到其他网址。

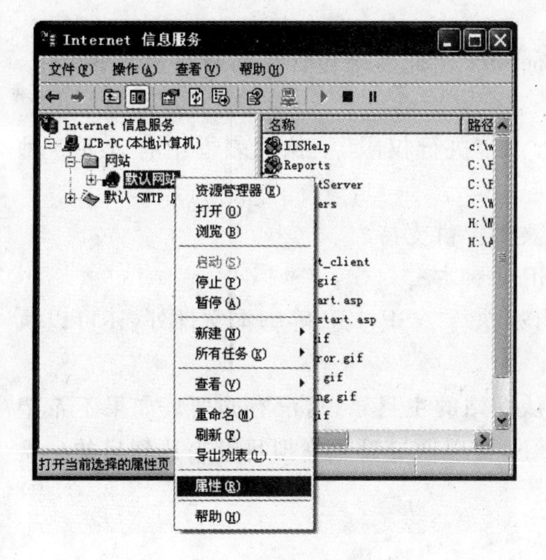

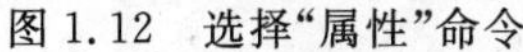

图 1.12　选择“属性”命令

图 1.13　“网站”选项卡

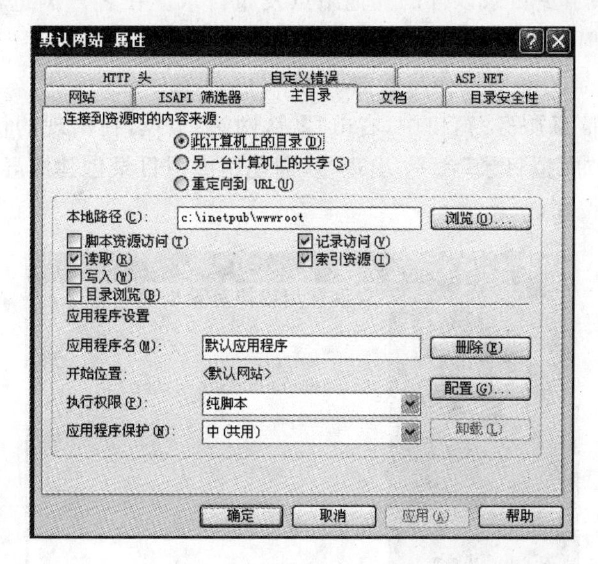

图 1.14　“主目录”选项卡

其中各复选框的说明如下。

- 脚本资源访问：如果设置了“读取”或“写入”权限，若允许用户访问源代码，须选中此选项。源代码包括 ASP 应用程序中的脚本。
- 读取：若允许用户读取或下载文件或目录及其相关属性，须选中此选项。
- 写入：若允许用户将文件及其相关属性上传到服务器上已启用的目录中，或者允许用户更改可写文件的内容，须选中此选项。
- 目录浏览：若允许用户查看此虚拟目录中文件和子目录的超文本列表，须选中此选项。虚拟目录不会出现在目录列表中，用户必须知道虚拟目录的别名。
- 记录访问：若在日志文件中记录对此目录的访问，须选中此选项。只有对此网站启用了日志记录时，才会记录访问。

- 索引资源：若允许 Microsoft Indexing Service 将此目录包含在网站的全文索引中，须选中此选项。

在此对话框中，还可以设置应用程序选项。在“执行权限”下拉列表框中有以下 3 种选择。

- 无：此 Web 站点不对 ASP、JSP 等脚本文件提供支持。
- 纯脚本：此 Web 站点可以执行 ASP、JSP 等脚本。
- 脚本和可执行程序：此 Web 站点除了可以执行 ASP、JSP 等脚本文件外，还可以执行 EXE 等可执行文件。

⑤ 除非有必要，否则并不建议直接修改默认网站的主目录，这没有必要。如果不希望把 ASP 文件存放到 C:\inetpub\wwwroot 目录下，可以通过设置虚拟目录来达到目的。这里单击“确定”按钮返回。

1.4.3 创建 IIS 虚拟目录

虚拟目录是指除了主目录以外的其他站点发布目录。在客户浏览器中，虚拟目录就像位于主目录中一样，但在物理上可能并不包含在主目录中。

创建 IIS 虚拟目录的一般操作步骤如下。

① 在“Internet 信息服务”窗口中，右击“默认网站”节点，在出现的快捷菜单(如图 1.12 所示)中选择“新建”|“虚拟目录”命令，出现“欢迎使用虚拟目录创建向导”对话框，如图 1.15 所示，单击“下一步”按钮。

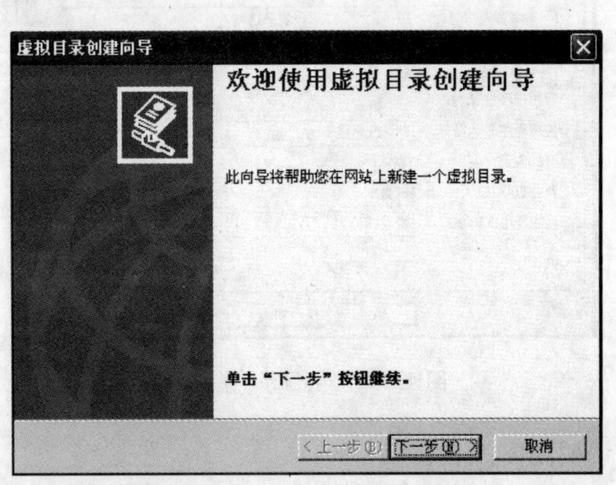

图 1.15 “欢迎使用虚拟目录创建向导”对话框

② 出现如图 1.16 所示的“虚拟目录别名”对话框，在其中“别名”文本框中输入要建立虚拟目录的别名，这里输入 Myaspnet，单击“下一步”按钮。

③ 出现如图 1.17 所示的“网站内容目录”对话框，单击“浏览”按钮，在打开下拉列表中选择“H:\ASPNET”作为建立虚拟目录的物理文件夹，单击“下一步”按钮。

④ 出现如图 1.18 所示的“访问权限”对话框，用于设置虚拟目录的访问权限。在访问权限控制中有以下 5 个复选框。

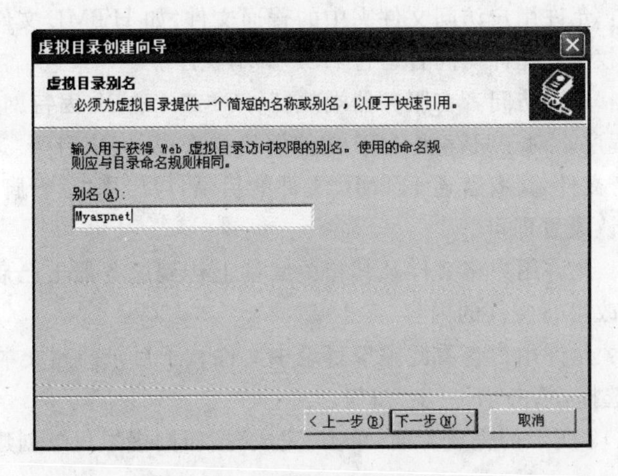

图 1.16　“虚拟目录别名”对话框

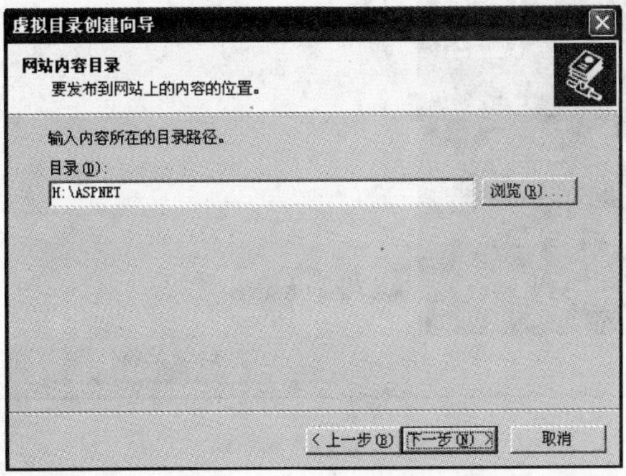

图 1.17　“网站内容目录”对话框

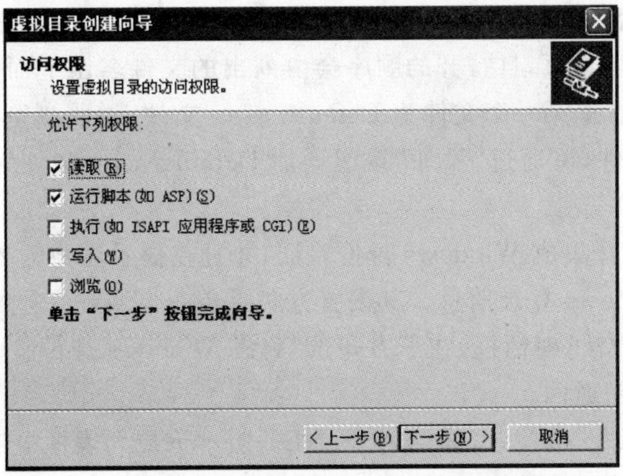

图 1.18　“访问权限”对话框

- “读取”权限：允许用户访问文件夹中的普通文件，如 HTML 文件、gif 文件等。
- “运行脚本”权限：允许访问者运行 ASP 脚本程序。
- “执行”权限：允许访问者在服务器端执行 CGI 或 ISAPI(因特网服务系统应用程序编程接口)程序。对于只存放 ASP 文件的目录来说，应该启用“运行脚本”权限；对于既有 ASP 文件，又有普通 HTML 文件的目录，应启用“运行脚本”和“读取”权限。建议采用默认设置即可。
- “写入”权限：允许用户将文件及其相关属性上传到服务器上已启用的目录中，或者允许用户更改可写文件的内容。
- “浏览”权限：允许用户查看此虚拟目录中文件和子目录的超文本列表。

这里保持默认选择，单击“下一步”按钮。

⑤ 出现如图 1.19 所示的完成界面，单击“完成”按钮则虚拟目录创建完毕。

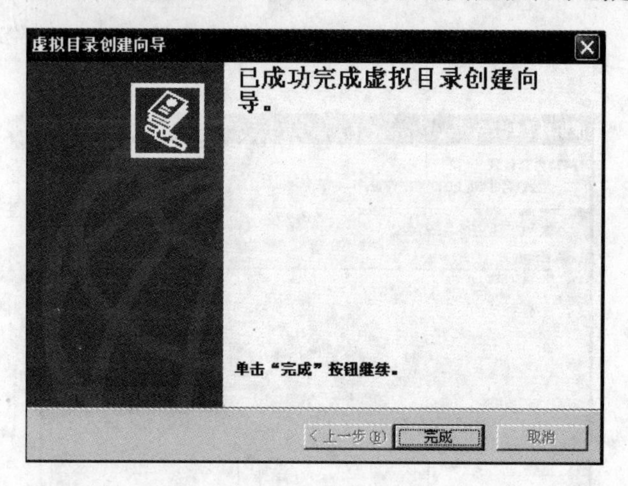

图 1.19　完成界面

通常在建立默认网站后，还需要进行一些基本的设置，其操作步骤如下。

① 右击“默认网站”下方列出的刚建立的 ASP. NET 网站，选择“属性”命令，出现“ASP. NET 属性”对话框，选择“文档”选项卡，如图 1.20 所示，“启用默认文档”列表框中包含浏览器会打开的默认首页，且打开的顺序会由列出的文件名由上而下，ASP. NET 2.0 程序文件后缀为. aspx，这里第一个文件为 Default. aspx 文件，说明浏览器首先打开它。如果没有 Default. aspx 文件，可通过“添加”按钮增加 Default. aspx 文件为首项，这样可减少服务器的查找时间。

② 浏览器通常选择集成 Windows 身份验证，并且在提示用户输入用户名和密码之前，尝试使用当前的 Windows 登录信息。其设置方式是单击“目录安全性”选项卡中的“编辑”按钮，出现“身份验证方法”对话框，在下方勾选“集成 Windows 身份验证”复选框，如图 1.21 所示。单击“确定”按钮返回。

③ 选择“ASP. NET”选项卡，选中 ASP. NET 版本下拉列表框中的“2.0.50727”表示配置 ASP. NET 2.0 版本，如图 1.22 所示。单击“确定”按钮返回。

到此，默认网站 ASP. NET 配置完毕。

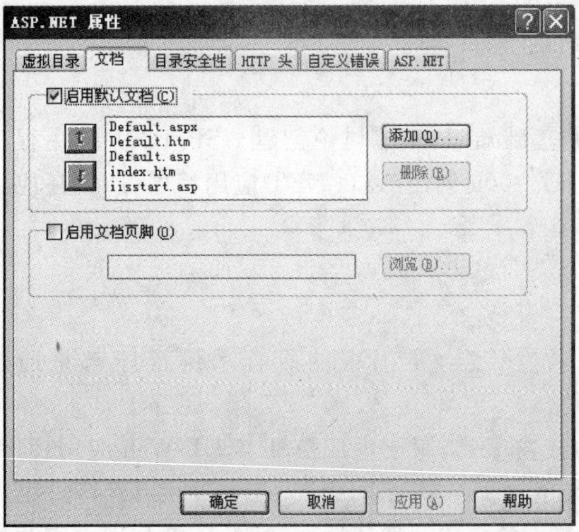

图 1.20　“文档”选项卡

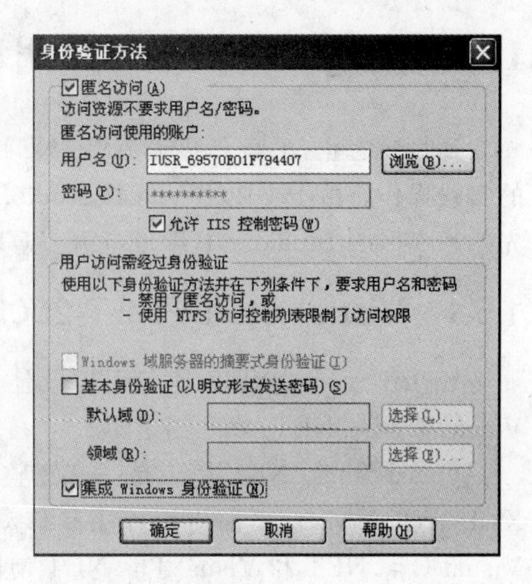

图 1.21　“身份验证方法”对话框

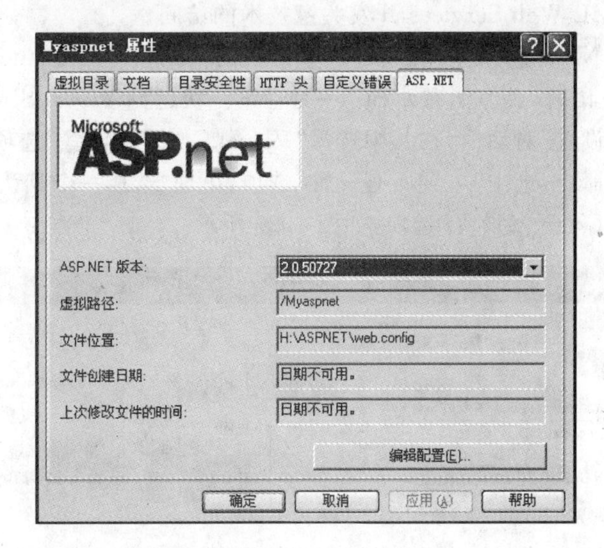

图 1.22　“ASP.NET”选项卡

创建和使用虚拟目录的说明如下。

① 虚拟目录的别名不区分大小写，不能同时存在两个或多个别名相同的虚拟目录。

② 当创建虚拟目录后，通过 URL 访问 ASP.NET 网页的时候应该使用虚拟目录别名，而不是实际目录名。例如，若在 Myaspnet 虚拟目录对应的 H:\ASPNET 文件夹中有一个 Default.aspx 网页文件，使用 http://localhost/Myaspnet/Default.aspx 访问它，而不是使用实际物理路径来访问。实际上，当用户在浏览器地址栏中输入一个 URL 时，例如上面提到的 http://localhost/Myaspnet/Default.aspx，本地主机上的 IIS 服务器首先查找是否存在名为 Myaspnet 的虚拟目录，如果有，就访问对应实际文件夹下的 Default.aspx 文件；如果没有该虚拟目录，则查找主目录下的 Default.aspx 文件；如果还没有找到该文件，则服务器返回出错信息。

1.5 创建 ASP.NET 应用程序

到目前为止，已经介绍了 ASP.NET 的基础知识，本节讨论创建 ASP.NET 应用程序的实践操作。由于要使用 Visual Studio.NET 2005 创建 ASP.NET 应用程序，所以还应当先熟悉 Visual Studio.NET 2005 开发环境。

1.5.1 Visual Studio.NET 2005

Visual Studio.NET 是.NET 最佳的开发工具，本书中的所有示例程序都是通过 Visual Studio.NET 2005 创建的。

Visual Studio.NET 2005 是一套完整的开发工具，用于生成 ASP.NET Web 应用程序、XML Web Services、桌面应用程序和移动应用程序。Visual Basic.NET、Visual C++.NET、Visual C#.NET 和 Visual J#.NET 使用统一的集成开发环境，该开发环境允许它们共享并创建混合语言解决方案；这些语言都利用.NET 框架的功能，它提供了对简化 ASP.NET Web 应用程序和 XML Web Services 开发关键技术的访问。

本书开发 ASP.NET 应用程序是基于 C#语言的，需将 Visual Studio.NET 2005 默认环境配置成 C#开发语言，其方法有两种：一是在第一次运行 Visual Studio.NET 2005 时，弹出“选择默认环境设置”对话框，在其中选择“Visual C#开发设置”选项；二是选择“工具”|“导入和导出设置”命令，选中“重置所有设置”选项，出现“选择一个默认设置集合”对话框，在其中选择“Visual C#开发设置”选项，如图 1.23 所示。

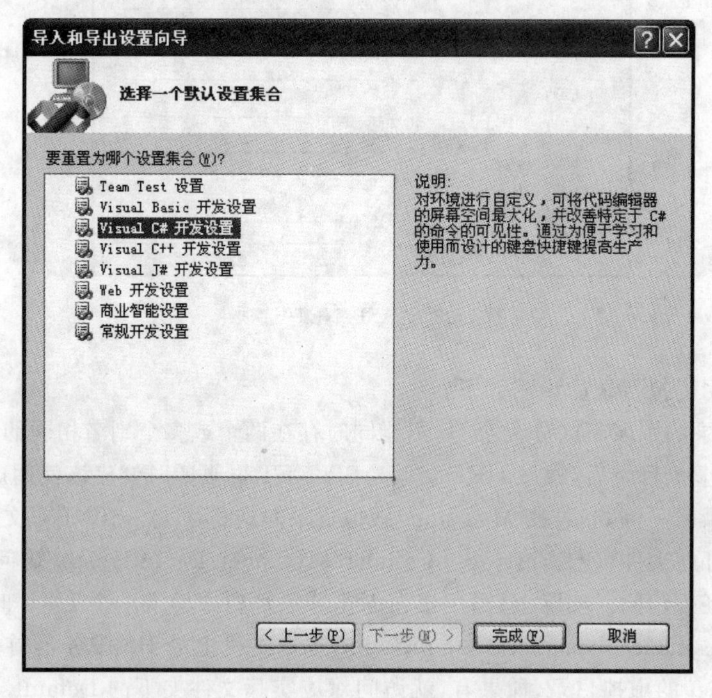

图 1.23 “选择一个默认设置集合”对话框

1.5.2　ASP.NET 应用程序示例

创建一个 ASP.NET 应用程序就是创建一个 ASP.NET 网站。本小节通过一个简单示例说明 ASP.NET 应用程序的开发过程。

【例 1.1】　在 Myaspnet 虚拟目录中建立一个网站，并在 ch1 文件夹中创建立一个 WebForm1-1 网页，当用户单击其中的按钮时提示相应的信息。

本例的操作步骤如下。

① 启动 Visual Studio.NET 2005。

② 选择“文件”|“新建”|“网站”命令，出现如图 1.24 所示的“新建网站”对话框，其中“位置”选项有以下 3 种。

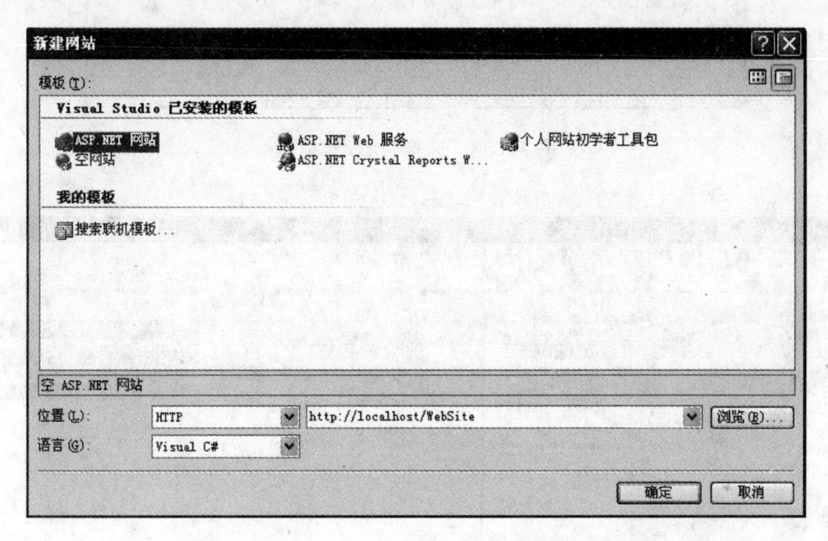

图 1.24　“新建网站”对话框

- 文件系统：如果主机没有安装 IIS，也不想设置服务器的位置等信息，可以使用这个设置。Visual Studio.NET 2005 会把用户所指定的路径视为该网站的根目录，并在预览时启动内置的网页服务器，根据这个位置来模拟执行，十分方便。
- HTTP：如果主机已经安装了 IIS，便可以使用这个设置。这个设置与 IIS 的设置相关，还必须设置网页服务器的预览网址，所设计的文件也会放置在 IIS 所设置网站的根目录中。
- FTP：如果测试主机不在本机上，可以使用这个设置。Visual Studio.NET 2005 通过文件传输协议(FTP)访问网站，这样更容易访问其他服务器上的网站。

这里选中 HTTP(默认项)。

③ 单击“浏览”按钮，出现如图 1.25 所示的“选择位置”对话框，选中 Myaspnet 选项，单击“打开”按钮自动返回到图 1.24 的界面。

④ 保持语言为 Visual C# 不变，单击“确定”按钮。这样就创建了一个空网站，Visual Studio.NET 2005 的 Web 应用程序集成开发环境如图 1.26 所示，其组成部分如下。

a. 菜单栏：它继承了所有可用的 Visual Studio.NET 2005 命令，除“文件”、“编辑”、“视图”、“窗口”和“帮助”菜单外，还提供了编程专用的功能菜单，如“网站”、“生成”、“调试”、

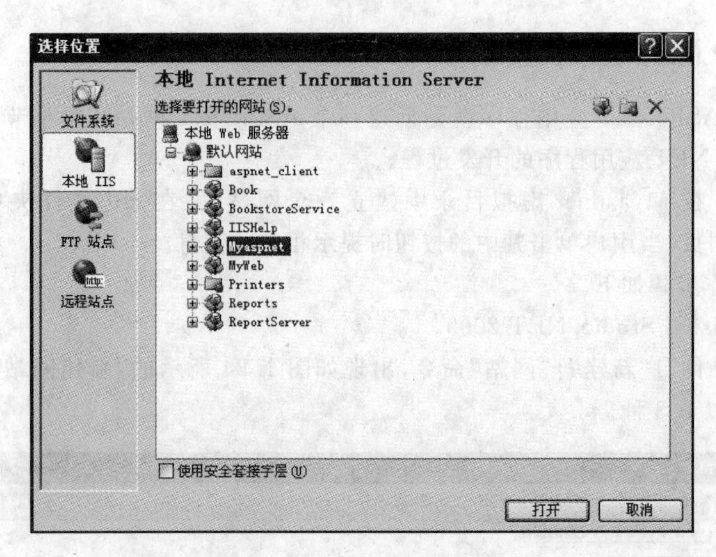

图 1.25 “选择位置”对话框

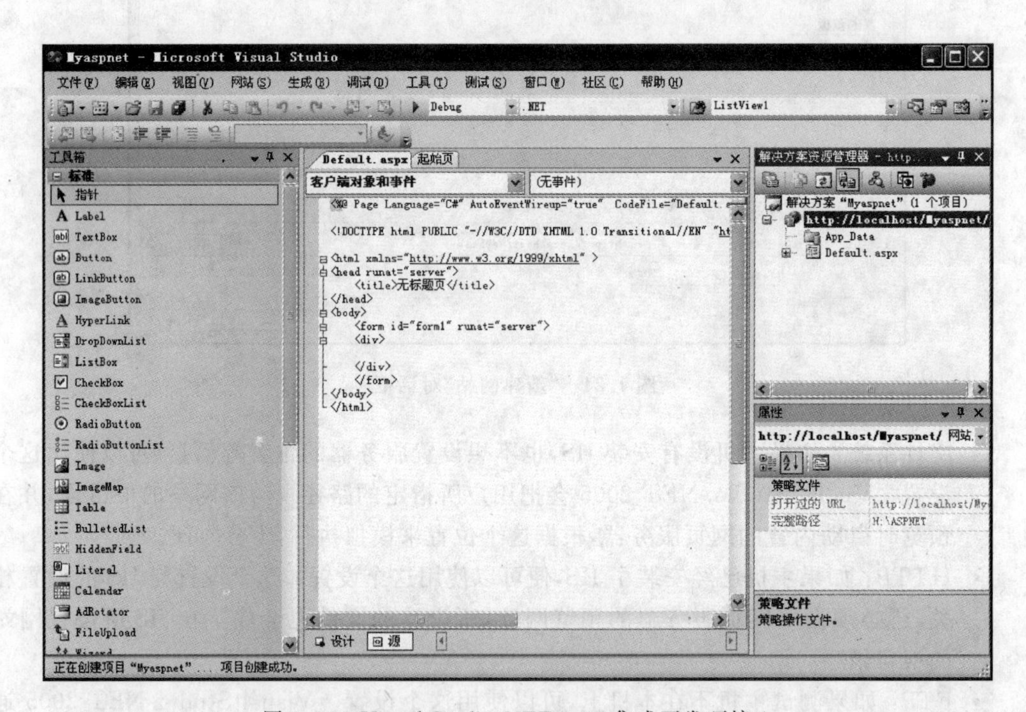

图 1.26 Visual Studio.NET 2005 集成开发环境 1

“工具”和“测试”等。

b. 标准工具栏：菜单栏下方就是标准工具栏，通过它可以快速访问常用的菜单命令等。这里有两排工具栏，上一排用于新建项目、打开文件等功能，下一排用于排版和字体设置等。

c. 控件工具箱：设计界面的左边是控件工具箱，其中把开发 Web 应用程序所使用的控件分类列出，用户可以直接使用这些控件，大大节省编写代码的时间，加快程序设计的速度。

d. 解决方案资源管理器：设计界面的右边是“解决方案资源管理器”窗口，其中显示了整个项目的文件列表，用户可以在此选择要操作的文件。

e. 代码编辑窗口：设计界面的中央是代码编辑窗口，刚建立的 Myaspnet 网站只有一个 Default.aspx 主页，在代码编辑窗口中列出它的源码，其下方有两个选项卡。

- 设计：选择它时出现当前网页的设计界面，当网页处于设计视图中，用户可以进行可视化网页设计。
- 源：选择它时出现当前网页的源码，当网页处于源视图中，用户可以直接修改网页的显示代码。

f. 窗体设计器：在设计一个网页时，选择 设计 选项卡进入设计视图，便出现窗体设计器，如图 1.27 所示，开发人员可以在窗体设计器中按照自己的设想进行可视化网页设计，例如，简单地从控件工具箱拖放控件到网页中来创建网页元素等。

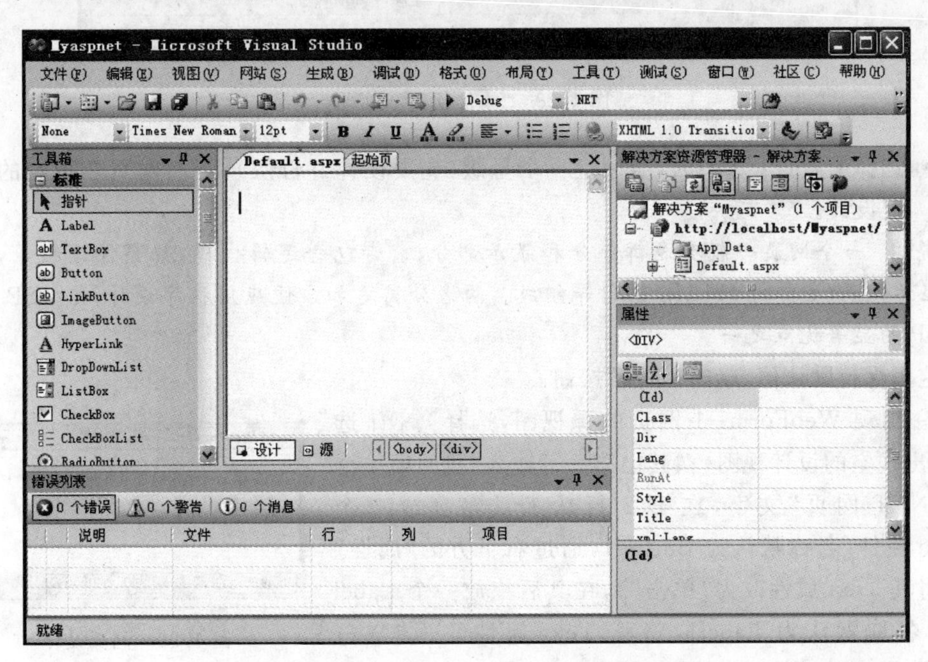

图 1.27　Visual Studio.NET 2005 集成开发环境 2

g. “属性”窗口：设计界面的右下方是“属性”窗口，通过它可以对网页的一些属性值进行设置，这些设置的属性值也会自动添加到 HTML 源代码中，属性值也会随选取的对象不同而改变。

⑤ 在“解决方案资源管理器”中，右击“http://localhost/Myaspnet/”选项，在出现的快捷菜单中选择“新建文件夹”命令，添加一个文件夹，将其更名为 ch1。再选择“网站”|“添加新项”命令，出现如图 1.28 所示的“添加新项”对话框，从模板列表中选择“Web 窗体”(默认值)选项，将名称改为“WebForm1-1.aspx”，表示在当前网站 Myaspnet 的 ch1 文件夹中添加一个 WebForm1-1 网页，右下方有两个复选框。

- 将代码放在单独的文件中：选中(默认选中)时，表示将网页的逻辑部分和显示部分分离，达到代码隐藏的目的。否则，将两者放在一个文件中，就像 ASP 文件一样。

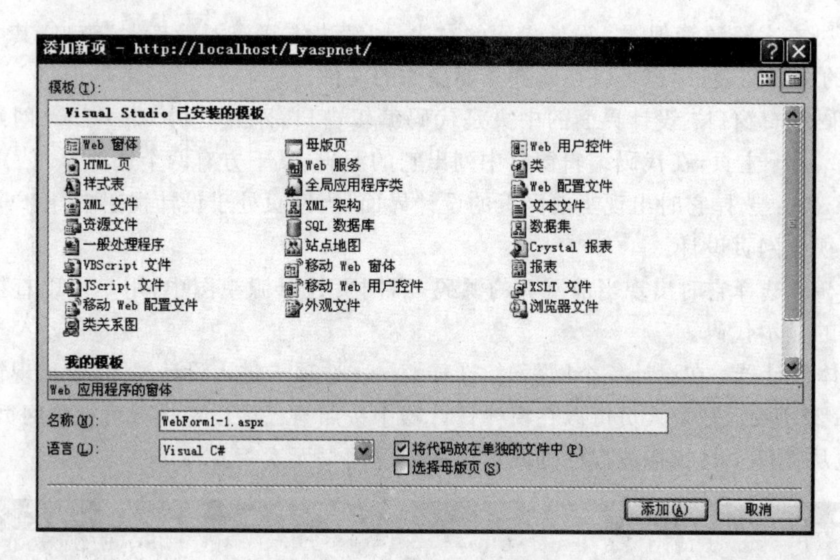

图 1.28 “添加新项”对话框

- 选择母版页：选中时，需指定一个母版(先要设计好母版)，当前网页在指定的母版上设计。

说明：一个网页一般有逻辑部分和显示部分，前者包含逻辑代码，如事件过程等，后者包含显示代码，主要由 HTML 语句等组成。两者分离更加方便应用程序设计，是 ASP.NET 较 ASP 的显著优点之一。

这里保持默认值，单击“添加”按钮。

⑥ 出现 WebForm1-1 网页的源视图，选择 设计 选项卡，出现空的设计视图，在其中第一行输入“我的第一个 ASP.NET 网页”文字，在第 2 行从工具箱拖放一个 Button 控件(名称默认为 Button1，通过右下方的“属性”窗口将其 Text 属性改为“单击”)，在其后拖放一个 Label 控件(名称默认为 Label1，将其 Text 属性改为“空白的”)，如图 1.29 所示。

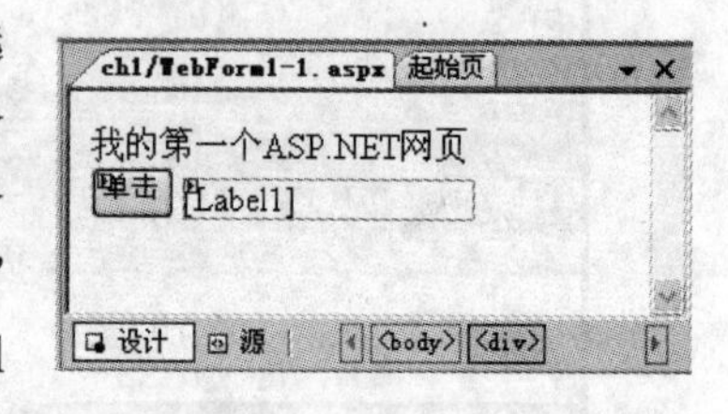

图 1.29 网页设计

⑦ 双击 Button1 控件，出现代码编辑窗口，在 Button1_Click 事件过程中输入以下文本行：

```
Label1.Text = "您单击了按钮";
```

注意其他代码都是系统自动生成的，不需要改动，如图 1.30 所示。

⑧ 这样 WebForm1-1 网页设计完毕，可以在浏览器中预览网页，有两种方式。

- 按 Ctrl+F5 键：表示在非调试状态执行网页浏览。按 Ctrl+F5 键后，立即出现 WebForm1-1 网页的浏览界面，如图 1.31 所示，单击“单击”命令按钮，结果如图 1.32 所示。
- 按 F5 键或单击▶按钮：表示在调试状态执行网页浏览。在第一次按 F5 键或单击▶按钮时，系统会询问是否要在 web.config 文件中添加调试功能，如图 1.33 所示，单击“确定”按钮即可，其运行结果与按 Ctrl+F5 键结果相同。在以后浏览时就不再出现询问窗口。

```
ch1/WebForm1-1.aspx.cs | ch1/WebForm1-1.aspx | 起始页
WebForm1    Button1_Click(object sender, EventArgs e)
using System;
using System.Data;
using System.Configuration;
using System.Collections;
using System.Web;
using System.Web.Security;
using System.Web.UI;
using System.Web.UI.WebControls;
using System.Web.UI.WebControls.WebParts;
using System.Web.UI.HtmlControls;

public partial class WebForm1 : System.Web.UI.Page
{
    protected void Page_Load(object sender, EventArgs e)
    {

    }
    protected void Button1_Click(object sender, EventArgs e)
    {
        Label1.Text="您单击了按钮";
    }
}
```

图 1.30　代码编辑窗口

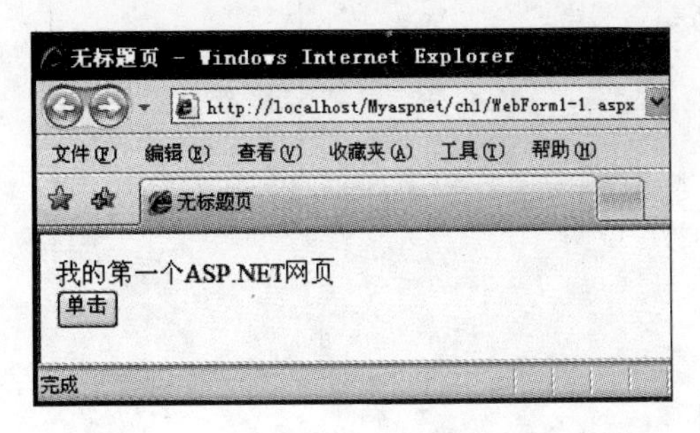

图 1.31　WebForm1-1 网页的运行结果 1

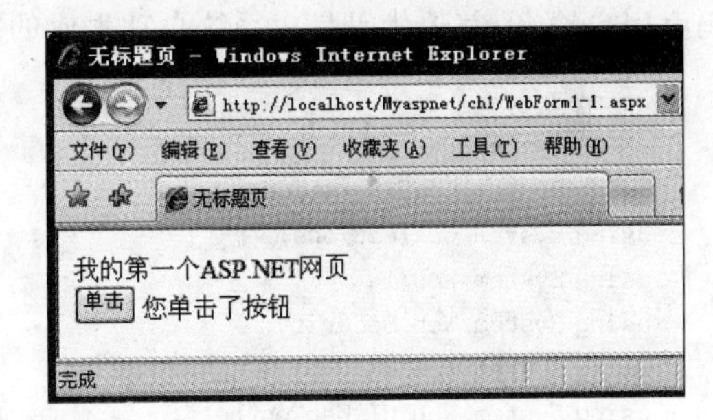

图 1.32　WebForm1-1 网页的运行结果 2

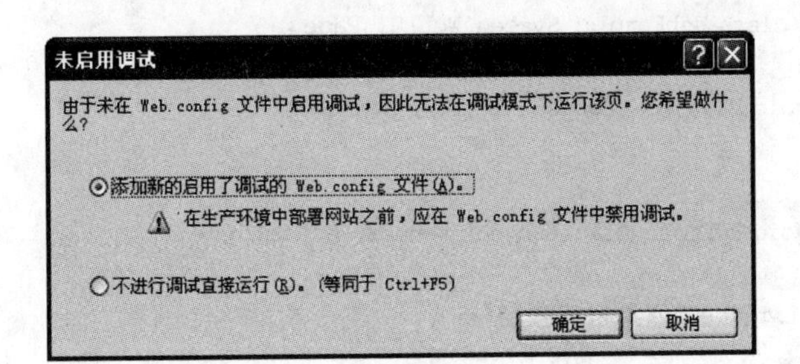

图 1.33　“是否启动调试”对话框

此时在“解决方案资源管理器”中看到 WebForm1 网页对应有 WebForm1-1. aspx 和 WebForm1-1. aspx. cs 两个文件。WebForm1-1. aspx 文件包含显示代码部分，其源视图代码如下：

```
<%@ Page Language = "C#" AutoEventWireup = "true"
      CodeFile = "Default.aspx.cs" Inherits = "_Default" %>
<!DOCTYPE html PUBLIC " - //W3C//DTD XHTML 1.0 Transitional//EN"
"http://www.w3.org/TR/xhtml1/DTD/xhtml1 - transitional.dtd">
<html xmlns = "http://www.w3.org/1999/xhtml" >
<head runat = "server">
  <title>无标题页</title>
```

```
</head>
<body>
  <form id="form1" runat="server">
    <div>
      我的第一个 ASP.NET 网页<br />
      <asp:Button ID="Button1" runat="server"
          OnClick="Button1_Click" Text="单击" />
      <asp:Label ID="Label1" runat="server"
          Width="135px"></asp:Label>
    </div>
  </form>
</body>
</html>
```

其中大部分是 HTML 代码，有关代码的解释在下一章介绍。

WebForm1.aspx.cs 文件包含逻辑代码（也称后台代码）部分，其代码如下（其中黑体代码由用户输入，其他代码是由系统自动生成的）：

```
using System;
using System.Data;
using System.Configuration;
using System.Collections;
using System.Web;
using System.Web.Security;
using System.Web.UI;
using System.Web.UI.WebControls;
using System.Web.UI.WebControls.WebParts;
using System.Web.UI.HtmlControls;
public partial class WebForm1 : System.Web.UI.Page
{
    protected void Page_Load(object sender, EventArgs e)
    {
    }
    protected void Button1_Click(object sender, EventArgs e)
    {
        Label1.Text = "您单击了按钮";
    }
}
```

这是典型的 C# 语言代码，在第 3 章中介绍必要的 C# 语言知识。

练习题 1

1. 简述 Web 的特点。
2. 简述静态网页和动态网页的执行过程，说明两者的异同。
3. 简述.NET 框架的作用。
4. 简述创建虚拟目录的过程。
5. 简述在 Visual Studio.NET 2005 环境下创建 ASP.NET 应用程序的过程。

6. 简述运行 ASP. NET 网页的方法。

上机实验题 1

在 Myaspnet 网站的 ch1 文件夹中添加一个 WebForm1-2 网页，其中包含一个命令按钮 Button1 和一个标签 Label1，当用户单击 Button1 时，在 Label1 中显示“上机实验题 1”，如图 1.34 所示。

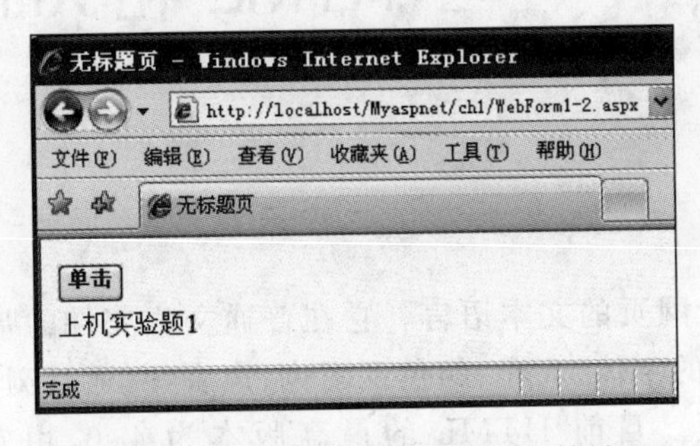

图 1.34　WebForm1-2 网页运行结果

CHAPTER 2

第2章 HTML和XHTML

HTML是用于设计网页的文本语言。它在普通文本文件的基础上,加上一些标记来描述网页的字体、大小、颜色及图像、声音等,通过浏览器的解释,显示成精彩的网页。目前HTML的最高版本为4.0,由它升级为XHTML,其中融入了XML的元素,ASP.NET支持XHTML。本章介绍HTML和XHTML的相关知识。

本章学习要点:

☑ 了解XHTML的特点及其与HTML的区别。

☑ 掌握HTML/XHTML的各种标记及其作用。

☑ 掌握CSS样式设计方法。

☑ 掌握ASP.NET简单网页设计的方法。

2.1 HTML和XHTML概述

2.1.1 什么是XHTML

XHTML(eXtensible HyperText Markup Language,可扩展超文本标记语言)不需要编译,可以直接由浏览器执行(属于浏览器解释型语言),其特点如下。

- XHTML是用来代替HTML的,是2000年W3C(万维网联盟)公布发行的。
- XHTML是一种增强了的HTML,它的可扩展性和灵活性将适应未来网络应用更多的需求。
- XHTML是基于XML的应用。
- XHTML更简洁更严谨。
- XHTML也可以说就是HTML 4.0的一个升级版本(W3C描述它为HTML 4.01)。

除此之外XHTML和HTML基本相同。

2.1.2　XHTML 的版本

至此为止，XHTML 共有以下几个版本。

- XHTML 1.0 Transitional(过渡版)；
- XHTML 1.0 Strict(严格版)；
- XHTML 1.0 Frameset(框架版)；
- XHTML 1.1；
- XHTML 2.0。

2.1.3　HTML 与 XHTML 的区别

这里不讨论 XHTML 和 HTML 的详细区别，而只是从使用角度上对两者的不同做一些简单介绍。

1. 大小写

HTML 不区分大小写，HTML 元素和属性名称可以是大写、小写或大小写混合。但是 XHTML 中大小是敏感的，例如在 XHTML 中，<body>和<BODY>是两个完全不同的标记。因此 XHTML 文档要求所有元素和属性名称必须小写，而属性值则大小写均可。

2. 标记嵌套

在 HTML 中，即使使用了不正确的嵌套，一样可以在很多浏览器中使用；而 XHTML 则要求嵌套必须完全正确。例如，<b><i>姓名<i></b>不能写成<b><i>姓名</b></i>。

3. 有否结束标记

在 HTML 中，有些标记是可以没有结束标记的，而 XHTML 要求所有标记都必须有结束标记，例如，HTML 中的
在 XHTML 中必须写成
</br>或者简单地写成
。注意：
中的斜杠前有一个空格。

4. 引号

HTML 中的属性值可以用引号括起来，也可以不使用引号，但 XHTML 中要求所有属性值都必须加引号，即使是数字也需要加引号。例如：

```
< img alt = "smile" src = "smile.jpg" />
```

除此之外，XHTML 还要求属性值不能省略。

5. id 和 name

HTML 中每个元素都可以定义 name 属性，也引入了 id 属性，这两个属性都可以标识某一个元素。而在 XHTML 中，每个元素只有一个标识属性 id。

6. 样式的使用

在不使用样式表的情况下，HTML 中每一个样式都可以直接使用“属性名＝属性值”的方法设置样式。例如：

```
<ul type = square>
  <li>足球</li>
  <li>排球</li>
  <li>篮球</li>
</ul>
```

其中，type 属性设置了无序列表中的项目符号的样式为小方块。但在 XHTML 中，如果不使用样式表，只能通过 style 属性来设置样式。在 XHTML 中上述代码需修改为：

```
<ul style = :list - style - type:square>
   <li>足球</li>
   <li>排球</li>
   <li>篮球</li>
</ul>
```

所以在 Visual Studio .NET 2005 中设计网页时，HTML 标记都提供了 style 属性供用户设置其属性。

2.1.4 Visual Studio.NET 2005 开发环境中指定网页默认的目标架构

在 Visual Studio. NET 2005 开发环境中，网页默认使用的目标架构是 XHTML 1.0 Transitional。如果应用程序中不一定要遵从 XHTML，可以选择“工具”|“选项”命令，在出现的“选项”对话框中，选择“文本编辑器”|HTML|“验证”选项，将 HTML 验证选项的目标指定为“Internet Explorer 6.0”选项，如图 2.1 所示。

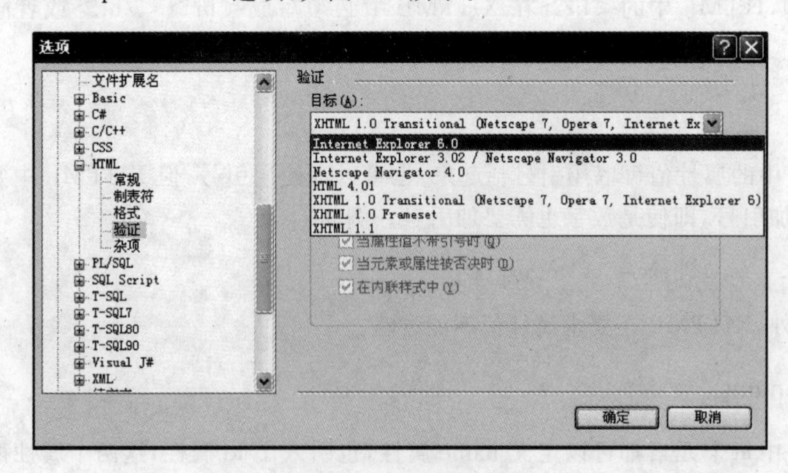

图 2.1 “选项”对话框

2.2 HTML 和 XHTML 的格式与标记

在网页中，要在浏览器中显示的内容都放在标记<html>和</html>之间，不论是 HTML 还是 XHTML 都是如此。为了简化起见，在后面的介绍中不再分别称 HTML 和 XHTML，而是简单称为 HTML。后面例子中的代码符合 XHTML 1.0 Transitional 要求的格式。

2.2.1 基本格式

HTML 文档就是网页，它是一种普通文本文件，网页可以是网站的一部分，也可以独立存在。为了在浏览器中显示完整内容，须在网页中添加文本、图形、网页横幅、表格、表单、超链接等网页元素。HTML 语言通过各种标记控制这些网页元素的显示方式。

从结构上看，HTML 文档一般分为两个部分：文档头部(head)和文档主体(body)。文档头部是框在<head>…</head>之间的部分，文档主体则是位于<body>…</body>之间的部分，所有这些包含在尖括号中的内容都是 HTML 标记。一个典型的网页结构如下：

```
<html>
  <head>
    <title>网页的标题</title>
  </head>
  <body>
        网页的内容
  </body>
</html>
```

从上述网页结构可以看出以下几点。

- HTML 文件主要由<html>、<head>、<title>、<body>这 4 类标记组成。
- 整个 HTML 文档处于标记<html>与</html>之间。<html>内的内容分成两部分，<head>标记内的部分称为文件头，<body>标记内的部分称为文件体。
- <title>所标记的是网页文件的标题。起始标记和结束标记之间的文字显示在浏览器顶部的标题栏上。
- <body>标记中的文件体显示浏览器的窗口，是网页的核心部分。HTML 中的大部分标记都用于文件体中定义显示的内容及格式。

在 HTML 文档中，<标记>和</标记>都是配对使用的。<标记>中可以包含属性，一般格式为

```
<标记 属性 1="值 1"; 属性 2="值 2"…>
```

标记之间必须使用空格隔开，属性名和属性值之间用等号隔开，等号左边是属性名称，右边是属性值。

2.2.2 HTML 的标记

除了前面介绍的基本格式中的标记外，其他常用的标记如表 2.1 所示。后面分节介绍表格、框架、超链接和表单等标记的使用方法。

表 2.1 HTML 其他常用的标记

标　记	说　明
<font></font>	字体标记,通过其属性可以设置文字的字体、字号和颜色
<!--注释内容-->	注释标记
 	强制文本换行标记,行与行之间不空行
<p>	段落标记,段与段之间空一行
<pre></pre>	预先排好格式标记
<hn></hn>	标题文字标记,n=1、2、3、4、5、6
<b></b>或<strong></strong>	文字粗体标记
<i></i>	文字斜体标记
<u></u>	文字加下划线标记
<a></a>	超文本链接标记
<center></center>	文字居中标记
<div></div>	文字块标记
<marquee></marquee>	移动文字标记
<ol></ol>	有序列表标记
<ul></ul>	无序列表标记
<li></li>	列表项标记
<dl></dl>	自定义列表标记
<dt></dt>	自定义列表项标记
<dd></dd>	自定义列表子项标记
<table></table>	表格标记
<caption></caption>	定义表标题标记
<tr></tr>	定义表格行标记
<td></td>	定义表格单元格标记
<th></th>	定义列标题标记
<form></form>	表单标记
<frame></frame>	框架集标记
<frame>	框架标记
<iframe></iframe>	框架标记
<img>	图片标记
<hr>	水平线标记
<embed>	多媒体标记

2.2.3 HTML 的长度单位

HTML 的长度单位主要分为绝对单位和相对单位两种。

- 绝对单位：cm(厘米)、mm(毫米)、px(像素)、in(英寸)、pt(点,1pt=1/72 英寸)、pc(1pc=12pt)。
- 相对单位：%(百分比)、em(在常用浏览器下,1em=16px)、ex(1ex 相当于当前浏览器默认字体中小写字母 x 的高度)。

2.3 使用表格

表格(也称为表)是人们处理数据最常用的一种形式,一个表格由表标题、行、列标题和单元格组成,其一般样式如图 2.2 所示。生活中表格无所不在。表格也是 HTML 网页中使用最频繁的工具,表格不仅可以用来罗列数据,还可以将文本、图像、超链接等各种对象放到表格中进行定位,从而制作出排版精美的网页。

表标题

	列标题 1	列标题 2	…	列标题 *n*
第 1 行	单元格 11	单元格 12	…	单元格 1*n*
⋮	⋮	⋮	⋮	⋮
第 *m* 行	单元格 *m*1	单元格 *m*2	…	单元格 *mn*

图 2.2 表格的一般样式

2.3.1 建立表格

用法:

```
<table 属性 = "值">…</table>
```

其功能是创建一个空的表格,并指定表格的整体外观,此时在浏览器中看不到该表格,只有添加行后才能看到。表格标记常用的属性如下。

- border="size":设置表格边框大小。
- width= "size":设置表格的宽度(像素或百分比)。
- height="size":设置表格的高度(像素或百分比)。
- cellspacing="size":设置单元格间距。
- cellpadding ="size":设置单元格的填充距。
- background ="URL":设置表格背景图像。
- bgcolor ="colorvalue":设置表格背景色。
- align="alignstyle":设置对齐方式,alignstyle 可取值 left(左对齐)、center(居中)和 right(右对齐)值之一。
- cols ="size":设置表格的列数。

2.3.2 定制表格

使用<table>只是定义空表格,还需要定义表标题、行、列标题和单元格。

1. 定义表标题

用法:

```
<caption 属性 = "值">…</caption>
```

其功能是定义表格的表标题,其属性较少使用。

2. 定义行

用法：

<tr 属性 = "值">…</tr>

其功能是定义表格的一行。对于每一行，可以定义行属性，常用的行属性如下。

- bgcolor="colorvalue"：设置行背景颜色。
- background="URL"：设置表格行的背景图像。
- align="alignstyle"：设置行对齐方式，alignstyle 可取值 left(左对齐)、center(居中)和 right(右对齐)值之一。
- valign="valignstyle"：设置行中单元格垂直对齐方式，valignstyle 可取值 top(顶端对齐)、middle(居中)、bottom(底端对齐)和 baseline(基线对齐)值之一。

3. 定义列标题

用法：

<th 属性 = "值">…</th>

其功能是定义一个列标题。对于每一列，可以定义列属性，常用的列属性如下。

- bgcolor="colorvalue"：设置列标题背景颜色。
- background="URL"：设置列标题背景图像。
- align="alignstyle"：设置列标题对齐方式，alignstyle 可取值 left(左对齐)、center(居中)和 right(右对齐)值之一。
- valign="valignstyle"：设置列标题垂直对齐方式，valignstyle 可取值 top(顶端对齐)、middle(居中)、bottom(底端对齐)和 baseline(基线对齐)值之一。

4. 定义单元格

用法：

<td 属性 = "值">…</td>

在每一行中可以定义若干单元格。单元格的常用属性如下。

- bgcolor="colorvalue"：设置单元格背景颜色。
- background="URL"：设置表格单元格的背景图像。
- rowspan="num"：设置单元格所占的行数。
- colspan ="num"：设置单元格所占的列数。
- align ="alignstyle"：设置对齐方式。
- valign ="valignstyle"：设置单元格垂直对齐方式。
- width ="size"：设置单元格宽度。
- height="size"：设置单元格高度。

注意：在 Visual Studio.NET 2005 中，表格通过选择"布局"|"插入表"命令来创建，也可以使用工具箱中的 Table 控件来创建。

【例 2.1】 设计一个含有表格的网页窗体 WebForm2-1。

其设计步骤如下。

① 在 Myaspnet 网站的 ch2 文件夹中添加一个名称为 WebForm2-1 的空网页。

说明：如果 Myaspnet 网站的 ch2 文件夹不存在，可以在"解决方案资源管理器"中，右击"http://localhost/Myaspnet/"选项，在出现的快捷菜单中选择"新建文件夹"命令，添加一个文件夹，将其更名为 ch2；也可以在 Windows 中网站物理路径下直接建立 ch2 文件夹。当已经建立了 ch2 文件夹后，可以在"解决方案资源管理器"中选中 ch2，再添加的网页便自动存放在该文件夹中。

② 单击 设计 选项卡，出现空的设计界面，在第一行中输入"诗人表"(HTML 标签)，在该文字前面输入若干空格，用鼠标选中该文字，通过工具栏中的字体组合框选择字体为"隶书"，大小为 16pt。

③ 按 Enter 键将光标移到下一行，选择"布局"|"插入表"菜单命令，出现"插入表"对话框，选择行数为 3，列数为 5，并勾选"边框"复选框，指定表边框大小为 1，如图 2.3 所示。单击"确定"按钮。

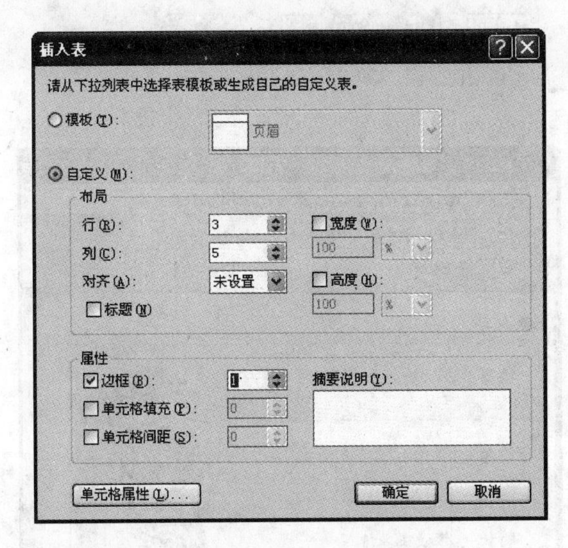

图 2.3 "插入表"对话框

④ 在表格第 1 行第 1 列中输入"编号"，设置为黑体-12pt(表示字体为黑体，大小为 12pt，下同)，在表格第 1 行第 2 列中输入"101"，设置为楷体 GB_2312-12pt 并居中，在表格第 1 行第 3 列中输入"性别"，设置为黑体-12pt，在表格第 1 行第 4 列中输入"男"，设置为楷体 GB_2312-12pt 并居中。

⑤ 在表格第 2 行第 1 列中输入"姓名"，设置为黑体-12pt，选中第 2 行第 2 列～第 4 列，右击，在出现的快捷菜单中选择"合并单元格"命令，将这 3 个单元格合并起来，并输入"李白"，设置为楷体 GB_2312-12pt。

⑥ 在表格第 3 行第 1 列中输入"特长"，设置为黑体-12pt，选中第 3 行第 2 列～第 4 列，右击，在出现的快捷菜单中选择"合并单元格"命令，将这 3 个单元格合并起来，并输入"浪漫主义诗人"，设置为楷体 GB_2312-12pt。

⑦ 在本网站的 Images 中放置一个名称为“李白.jpg”的图像文件，在“解决方案资源管理器”中单击按钮，Images 下方列出了该文件名。选中第 5 列第 1 行～第 3 列的单元格，右击，在出现的快捷菜单中选择“合并单元格”命令，将这 3 个单元格合并起来，用鼠标指针将“解决方案资源管理器”的 Images 文件夹中“李白.jpg”的图像文件拖放到该合并的单元格中，选中该图像并拖动右下角缩小到适当的大小。

WebForm2-1 网页的设计界面如图 2.4 所示。单击工具栏中的▶按钮运行本网页，在浏览器中运行结果如图 2.5 所示。

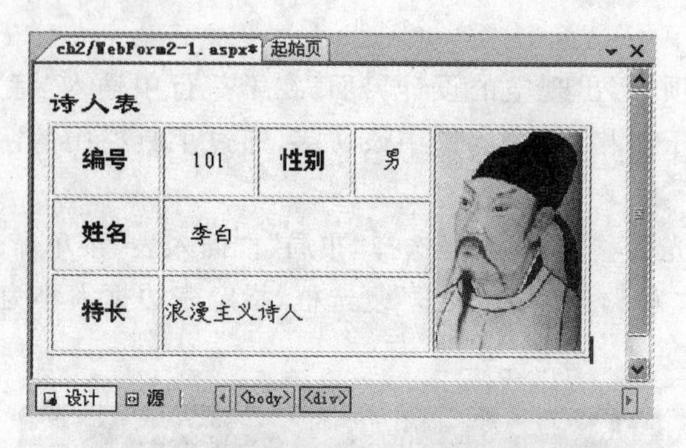

图 2.4　WebForm2-1 网页的设计界面

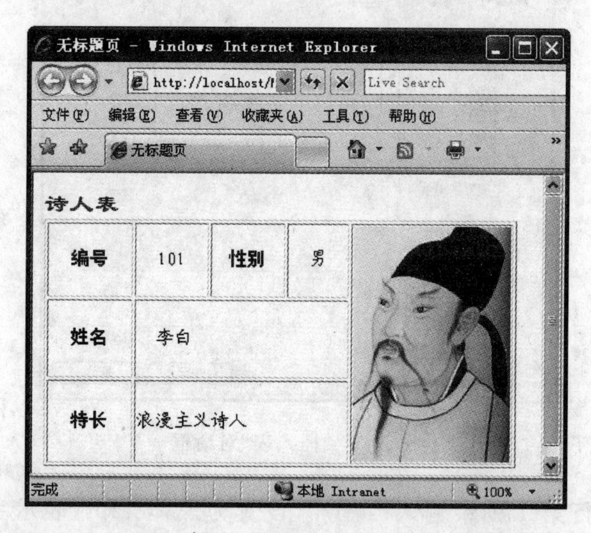

图 2.5　WebForm2-1 网页运行界面

说明：在设计视图中的控件上出现一个标志符号(▣)，表示是基于服务器的控件。

选择下方的源选项卡，出现如图 2.6 所示的源视图代码(存放在 WebForm2-1.aspx 文件中，其中每行的行号是作者加注的，用户可以单击行前的－或＋进行收缩或展开代码)。

其中，各代码行的说明如下。

第 1 行：是一个@ Page 指令，其中 Language＝"C#"指定该网页使用的语言是 C#，AutoEventWireup＝"true"指出该网页的事件是自动绑定，CodeFile＝"WebForm2-1.aspx.cs"指定该网页所关联的逻辑代码文件是 WebForm2-1.aspx.cs，Inherits＝"ch2_WebForm2-1"指定该网页继承的隐藏代码类为 WebForm2-1 类。

```
1   <%@ Page Language="C#" AutoEventWireup="true" CodeFile="WebForm2-1.aspx.cs" Inherits="ch2_WebForm2_1" %>
2   <!DOCTYPE html PUBLIC "-//W3C//DTD XHTML 1.0 Transitional//EN" "http://www.w3.org/TR/xhtml1/DTD/xhtml1-transitional.dtd">
3   <html xmlns="http://www.w3.org/1999/xhtml" >
4   <head runat="server">
5       <title>无标题页</title>
6   </head>
7   <body>
8       <form id="form1" runat="server">
9       <div>
10          <span style="font-family: 华文楷体"><span style="font-size: 16pt; font-family: 隶书">
                诗人表</span></span><br />
11          <table border="1">
12              <tr>
13                  <td style="width: 71px; text-align: center">
                        <span style="font-family: 黑体">编号</span></td>
14                  <td style="width: 59px; text-align: center">
                        <span style="font-family: 楷体_GB2312">101</span></td>
15                  <td style="width: 61px; text-align: center">
                        <span style="font-family: 黑体">性别</span></td>
16                  <td style="width: 50px; text-align: center">
                        <span style="font-family: 楷体_GB2312">男</span></td>
17                  <td rowspan="3" style="width: 100px">
                        <img src="../Images/李白.jpg" /></td>
18              </tr>
19              <tr>
20                  <td style="width: 71px; text-align: center">
                        <span style="font-family: 黑体">姓名</span></td>
21                  <td colspan="3">
                            <span style="font-family: 楷体_GB2312">李白</span></td>
22              </tr>
23              <tr>
24                  <td style="width: 71px; text-align: center; height: 13px;">
                        <span style="font-family: 黑体">特长</span></td>
25                  <td colspan="3" style="height: 13px">
                        <span style="font-family: 楷体_GB2312">浪漫主义诗人</span></td>
26              </tr>
27          </table>
28      </div>
29      </form>
30  </body>
31  </html>
```

图 2.6　WebForm2-1 网页源视图代码

第 2 行：指出该文件类型为 XHTML 1.0 Transitional//EN 和使用的 DTD。其中 EN 表示支持中文。

第 3 行：HTML 的开始标记，并指出文档的命名空间为"http://www.w3.org/1999/xhtml"。

第 4 行～第 6 行：为文件头部分，在服务器端运行，其中可包含标题和注释等。

第 7 行：文件体开始，对应的结束标记为第 30 行。

第 8 行：插入一个表单，id 为"form1"并在服务器端运行。对应的结束标记为第 29 行。

第 9 行：表示一个文字块开始，对应的结束标记为第 28 行。

第 10 行：表示插入"诗人表"文字。

第 11 行：表示插入一个表格，对应的结束标记为第 27 行。

第 12 行～第 18 行：插入表格的第一行，包括插入一幅图像。其中，rowspan="3"表示跨越 3 行的单元格。

第 19 行～第 22 行：插入表格的第 2 行，其中，colspan="3"表示跨越 3 列的单元格。

第 23 行～第 26 行：插入表格的第 3 行。

从中看到，使用 Visual Studio.NET 2005 设计网页时，用户的操作由系统自动转换成对应的 HTML 代码，就像使用 FrontPage 网页制作工具一样，开发人员重点放在网页逻辑代码的设计上。

说明：选择"源"选项卡时出现显示代码即 HTML 代码，在代码窗口的下方有类似于 <html> <body> <form#form1> <div> <table> <tr> <td> <span> 的大纲选项卡，选择其中某个项时，代码窗口中对应的代码被选中。

2.4 使用框架

框架是网页布局的重要工具，它与表格的不同之处在于表格是把网页分割成小的单元格，而框架是把浏览器的窗口分割成一个个小的子窗口，这些子窗口称为框架，每一个框架都相当于一个浏览器窗口，这样就使一个浏览器窗口可以显示多个网页。

通常使用<iframe>标记建立框架，它与<frame>不同的是，<iframe>可以嵌在网页中的任意部分。使用<iframe>标记建立的框架称为iframe框架。

2.4.1 建立iframe框架

用法：

```
<iframe 属性="值">…</iframe>
```

其功能是建立一个iframe框架，通常用id属性指定框架名称。

2.4.2 iframe框架的属性

iframe框架的常用属性如下。

- src="URL"：设置要链接到该子窗口的URL。
- width="size"：设置iframe框架的宽度。
- height="size"：设置iframe框架的高度。
- frameborder="size"：指定iframe框架是否有边框，size可取yes、no、1和0值之一。
- marginwidth="size"：用来控制显示内容和窗口左右边界的距离，默认为1。
- marginheight= "size"：用来控制显示内容和窗口上下边界的距离，默认为1。
- scrolling="scrollingstyle"：指定子窗口是否使用滚动条，scrollingstyle可取yes、no、auto这3个值之一，默认为auto，即根据窗口内容决定是否有滚动条。

注意：在Visual Studio.NET 2005中，iframe框架只能在源选项卡中用直接输入代码的方式创建。iframe框架中显示的内容用src属性指定，而<iframe>和</iframe>标记之间的内容只有在不支持iframe框架的浏览器中才显示。另外，当一个iframe框架iframe1已建立后，可以暂时不指定src属性，以后将一个网页如aaa.aspx在其中显示时，需指定该框架的name属性为iframe1，并指定网页aaa.aspx的target属性为iframe1，这样便可以在iframe1框架中显示aaa.aspx网页的内容。

【例2.2】 设计一个含有iframe框架的网页窗体WebForm2-2。

其设计步骤如下。

① 在Myaspnet网站的ch2文件夹中添加一个名称为WebForm2-2的空网页。

② 选择设计选项卡出现空的设计界面，在其中插入一个2行2列的表格，其宽度为500px，高度为300px，在表格的第1行第1列中输入"WebForm1-1网页"文字并加粗，在第2行第1列中输入"WebForm2-1网页"文字并加粗。

③ 选择源选项卡，在源视图中插入以下黑体代码：

```
<%@ Page Language="C#" AutoEventWireup="true"
  CodeFile="WebForm2-2.aspx.cs" Inherits=ch2 "WebForm2-2" %>
```

```
<!DOCTYPE html PUBLIC " - //W3C//DTD XHTML 1.0 Transitional//EN"
  "http://www.w3.org/TR/xhtml1/DTD/xhtml1 - transitional.dtd">
<html xmlns = "http://www.w3.org/1999/xhtml" >
  <head runat = "server">
    <title>无标题页</title>
  </head>
  <body>
    <form id = "form1" runat = "server">
      <div>
        <table style = "width: 500px; height: 300px">
          <tr>
            <td style = "width: 30 % ; height: 40 % ; text - align: center;">
              <strong>WebForm1 - 1 网页</strong>
            </td>
            <td style = "width: 70 % ; height: 40 % ;">
              <iframe style = "height:100 % ;width:100 % " id = "Iframe1"
                src = "../ch1/WebForm1 - 1.aspx">
              </iframe>
            </td>
          </tr>
          <tr>
            <td style = "width: 30 % ; height: 70 % ; text - align: center;">
              <strong>WebForm2 - 1 网页</strong>
            </td>
            <td style = "width: 70 % ; height: 70 % ;">
              <iframe style = "height:100 % ;width:100 % " id = "Iframe2"
                src = "WebForm2 - 1.aspx" runat = "server">
              </iframe>
            </td>
          </tr>
        </table>
      </div>
    </form>
  </body>
</html>
```

添加的代码是在表格的第 1 列的第 1 行和第 1 列的第 2 行中分别建立两个框架 iframe1 和 iframe2，指定它们的 src 属性分别为 WebForm1-1.aspx 和 WebForm2-1.aspx。

WebForm2-2 网页的最终设计界面如图 2.7 所示。

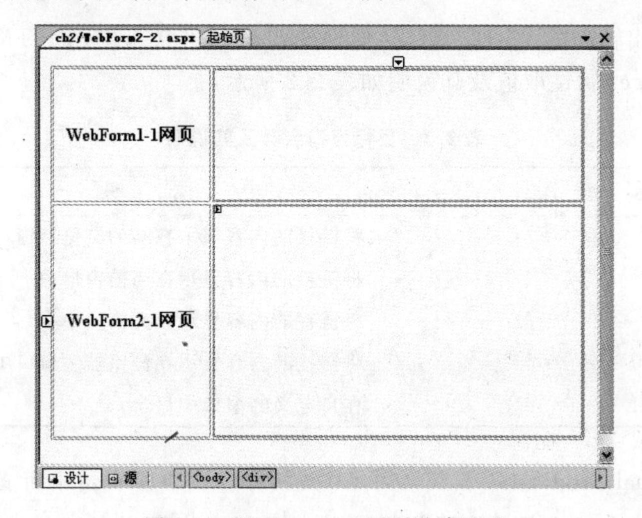

图 2.7　WebForm2-2 网页设计界面

单击工具栏中的▶按钮运行本网页，在浏览器中显示结果如图 2.8 所示，从中看到在两个 iframe 框架中分别显示 WebForm1-1 和 WebForm2-1 网页。

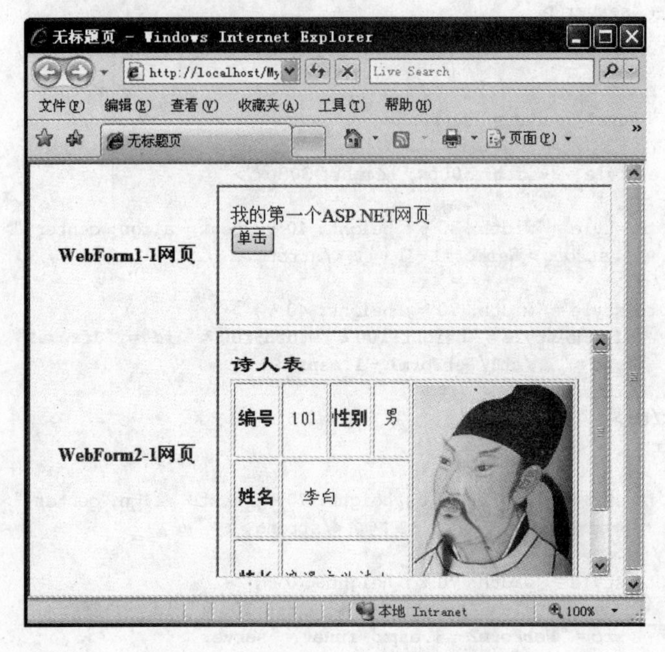

图 2.8　WebForm2-2 网页运行界面

2.5　使用超链接

超链接用于实现浏览转向功能，是 Web 网页的基本功能之一，通过它可将众多网页组织到一起。

超链接标记的用法如下：

```
<a href = "URL" target = "目标窗口">…</a>
```

其中，href 指出转向的 URL。target 属性指出该超链接指向的 HTML 文档在指定目标窗口中打开，target 属性取值及其说明如表 2.2 所示。

表 2.2　目标窗口名称及其说明

名　称	说　明
_blank	将链接的内容显示在新的浏览器窗口中
_self	将链接的内容显示在当前窗口中
_parent	将链接的内容显示在父窗口中
_top	将链接的内容显示在浏览器主窗口中
自定义 URL	在自定义的窗口中显示

注意：在 Visual Studio.NET 2005 中，超链接可以在"源"视图中用直接输入代码的方式创建，也可以选中要建立超链接的文字，单击工具栏中的按钮来创建。

【例 2.3】 设计一个含有超链接的网页窗体 WebForm2-3。

其设计步骤如下。

① 在 Myaspnet 网站的 ch2 文件夹中添加一个名称为 WebForm2-3 的空网页。

② 选择 设计 选项卡出现空的设计界面，在其中插入一个 1 行 1 列的表格，其宽度为 400px，高度为 150px。

③ 选择 源 选项卡，在源视图中插入以下黑体代码：

```
<%@ Page Language = "C#" AutoEventWireup = "true"
  CodeFile = "WebForm2 - 3.aspx.cs" Inherits = "WebForm2 - 3" %>
<!DOCTYPE html PUBLIC " - //W3C//DTD XHTML 1.0 Transitional//EN"
  "http://www.w3.org/TR/xhtml1/DTD/xhtml1 - transitional.dtd">
<html xmlns = "http://www.w3.org/1999/xhtml" >
  <head runat = "server">
    <title>无标题页</title>
  </head>
  <body>
    <form id = "form1" runat = "server">
    <div>
      <table id = "TABLE1" style = "width: 400px; height:150px" >
          <tr>
            <td style = "width: 40 % ; height: 100 % ; text - align: center;">
              <a href = "../ch1/WebForm1 - 1.aspx" target  =  "Iframe1">
                WebForm1 - 1 网页</a>
            </td>
            <td style = "width: 60 % ; height: 100 % ">
                <iframe style = "height:100 % ;width:100 % " name  =  "Iframe1"
                    runat = "server" frameborder = "1"></iframe>
            </td>
          </tr>
        </table>
      </div>
    </form>
  </body>
</html>
```

其中，第 1 行**黑体**代码是在表格第 1 列中添加一个超链接，单击时在本网页的 iframe1 框架中显示 WebForm1 网页。第 2 行**黑体**是在表格第 2 列中添加一个 iframe 框架。

在创建 iframe 框架时使用了 XHTML 1.0 Transitional 不支持的 name 属性，网页也能正常运行。在 XHTML 1.0 Transitional 中，iframe 框架只能使用 src 属性实现超链接，可以在逻辑代码中通过 src 属性动态设置嵌入的网页。

WebForm2-3 网页的最终设计界面如图 2.9 所示。

单击工具栏中的▶按钮运行本网页，单击其中的超链接，其运行结果如图 2.10 所示。

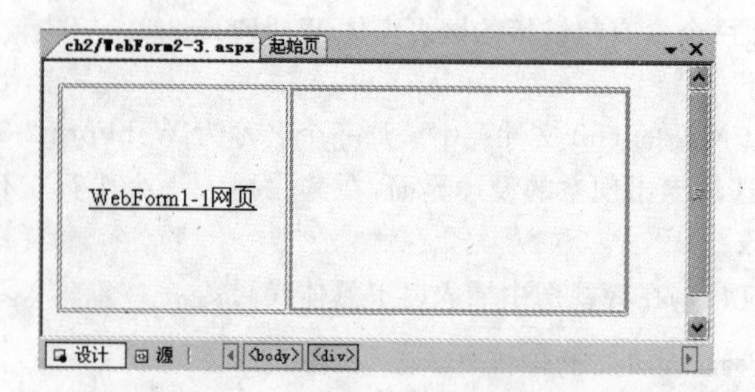

图 2.9　WebForm2-3 网页设计界面

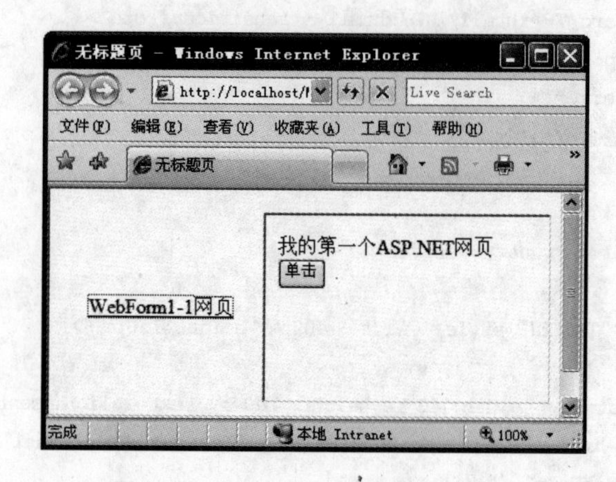

图 2.10　WebForm2-3 网页运行界面

2.6　制作表单

HTML 提供的表单(form)是用来将用户输入的数据从浏览器传递给 Web 服务器的。例如可以利用表单建立一个录入数据界面，也可以利用表单对数据库进行查询。

2.6.1　创建表单

用法：

```
<form 属性 = 值>…</form>
```

<form>标记的主要属性如下。

- action：用来指出当这个表单提交后需要执行的驻留在 Web 服务器上的程序名(包括路径)是什么。一旦 Internet 用户提交输入信息后服务器便激活这个程序，完成某种任务。例如：<form action = "login. asp" method = "POST" >…</form>，当用户单击本表单的提交按钮以后，执行 Web 服务器上的 login. asp 文件接收用户输入的信息，以登记用户信息。
- method：用来说明从客户端浏览器将 Internet 用户输入的信息传送给 Web 服务器时所使用的方式，它有两种方式：POST 和 GET(默认方式)，这两者的区别是：在使用 POST 时，表单中所有的变量及其值都按一定的规律放入报文中，而不是附加

在 action 所设定的 URL 之后，在使用 GET 时将 form 的输入信息作为字符串附加在 action 所设定的 URL 的后面，中间用"?"隔开，即在客户端浏览器的地址栏中可以直接看见这些内容。

- enctype：用于确定提交的信息的类型。
- target：用于确定服务器程序将结果返回时在哪一个框架窗口中显示，默认值为"_self"。

注意：在 Visual Studio. NET 2005 中建立一个网页时会自动建立一个表单。

2.6.2　表单控件

在<form>与</form>之间可以嵌入各种控件，也称为表单域标记。它们的通用格式为：

```
<input type="输入控件类型" id="id值">
```

其中，type 属性设置该控件的类型，id 确定该控件在整个文档中 id 值。

在 Visual Studio. NET 2005 中，工具箱的"HTML"选项卡上提供下列 HTML 控件。

- Input(Button)控件：INPUT type="button"元素。
- Input(Submit)控件：INPUT type="submit"元素。
- Input(Reset)控件：INPUT type="reset"元素。
- Input(Checkbox)控件：INPUT type="checkbox"元素。
- Input(Radio)控件：INPUT type="radio"元素。
- Input(Hidden)控件：INPUT type="hidden"元素。
- Input(Text)控件：INPUT type="text"元素。
- Input(Password)控件：INPUT type="password"元素。
- Select 控件：多重选择框元素。

说明：默认情况下，ASP. NET 网页中的 HTML 元素作为文本进行访问，网页设计者无法在服务器端访问这些 HTML 元素，要使这些元素可以被服务器端访问，可以通过为这些 HTML 元素添加 runat="server"属性来完成，这样服务器端可以通过它们的 id 属性引用这些控件。

1. Input(Button)控件

用于建立按钮，其用法如下：

```
<input id="id值" type= "button" name= "域名称" value="值">
```

其中，type 设置为 button 表示这个控件为按钮。value 值既是它被按下时传给服务程序的值，又是它的标题，即写在按钮上的文字。

有两个特殊的控件，它们实质上也是按钮，但其 type 不是"button"，而分别是"submit"(提交按钮)和"reset"(重置按钮)。其用法分别为：

```
<input id="id值" type="submit" name="域名称" value="值">
<input id="id值" type="reset" name="域名称" value="值">
```

单击"提交"按钮后，表单就把当前所获得的信息以 method 指定的方式全部传给 action

指定的程序。单击“重置”按钮后，则表单中的所有控件都被重置，恢复初始状态。

按钮的常用事件如下。

OnClick：在单击按钮时发生。

在设计视图中，单击 Input(Button)控件(如 Submit1)时，系统自动建立对应的事件关联关系，例如：

```
< input id = "Submit1" type = "submit" value = "提交" onclick =
        "return Submit1_onclick()" name = "cmd1" />
```

并在 HTML 文档的头部分自动包含以下代码：

```
< script language = "javascript" type = "text/javascript">
    // <! CDATA[
    function Submit1_onclick() {
    }
    // ]>
  </script >
```

用户可以在 Submit1_onclick()事件过程中采用 JavaScript 语言编写相应的客户端运行代码。这种代码只能在客户端运行，不同于下一章介绍的 Button 控件，后者对应的事件过程代码是在服务器端运行的。

2. Input(Checkbox)控件

用于建立复选框，其用法如下：

```
< input id = "id 值" type = "checkbox" name = "域名称" value = "值" checked >
```

其中，type 设置为 checkbox 表示这个控件为复选框；value 设置当这个复选框被选中后，发送给 action 指定处理程序的值；checked 表示预置该复选框被选中，如果有这一项，该复选框初始值为被选中。

复选框的常用事件如下。

- OnClick：在单击复选框时发生。
- OnFocus：在复选框得到焦点时发生。

3. Input(Radio) 控件

用于建立单选框(选项按钮)，其用法如下：

```
< input type = "radio" name = "域名称" value = "值" checked >
```

各属性意义与复选框的基本相同。值得注意的是，要设置单选框时，各选项必须同名(具有相同的 name)，取值不同(value 不相同)，并且几个选项中必须有且只能有一个预置为选中。如果没有预置选中项，默认预置第一个选择项被选中。

单选框的常用事件如下。

OnClick：在单击单选框时发生。

4. Input(Hidden)控件

用于建立隐藏项，其用法如下：

```
< input id = "id 值" type = "hidden" name = "域名称" value = "值">
```

该控件的内容在表单中被隐藏起来，并不在网页中显示。通常可用来以隐藏方式向服务器传送有关信息。

5. Input(Text)控件

用于建立单行文本输入框，其用法如下：

```
< input id = "id 值" type = "text" name = "域名称" value = "默认值"
    maxlength = 值 size = "值">
```

其中，value 属性确定该文本框预置的文字；maxlength 属性确定在这个文本框中所能容纳的字符串最大长度，该项可以不设；size 属性确定这个文本框的显示宽度，以能显示多少个字符来衡量。

单行文本框的常用事件如下。

- OnClick：在单击单行文本框时发生。
- OnFocus：在单行文本框得到焦点时发生。
- OnChange：在单行文本框内容变化时发生。

有一种特殊的单行文本输入框专门用于输入密码(password)，不同之处在于它对键盘输入的回显字符为"*"，即它把用户的输入隐藏了。其用法为：

```
< input type = "password" name = "域名称" value = "默认值"
    maxlength = 值 size = 值>
```

6. Select 控件

用于建立多重选择框，其用法如下：

```
< select id = "id 值" name = "域名称" size = "值" multiple >…</select >
```

其中，size 指定选择框可以显示的行数(默认值为 1)；若指定 multiple 则该选择框为多重选择框。在<select>与</select>之间加入选择项，选择项形式为：

```
< option selected value = "域值">显示文本</option >
```

若为一个选择项指定 selected，则该选择项预置为选中。

【例 2.4】 设计一个含有超链接的网页窗体 WebForm2-4。

其设计步骤如下。

① 在 Myaspnet 网站的 ch2 文件夹中添加一个名称为 WebForm2-4 的空网页。

② 选择 设计 选项卡出现空的设计界面，在第一行中输入"学生表"。

③ 按 Enter 键移到光标到下一行，通过选择"布局"|"插入表"命令插入一个 4 行 4 列的表格。

④ 在表格的第 1 行第 1 列输入"学号"，在第 1 行第 2 列中拖放一个 Input(Text)控件(id 为 Text1)。在表格的第 1 行第 3 列输入"姓名"，在第 1 行第 4 列中拖放一个 Input(Text)控件(id 为 Text2)。

⑤ 在表格的第 2 行第 1 列输入"性别"，将该行后 3 个单元格合并，在其中拖放两个

Input(Radio)控件,它们的 id 分别为 Radio1(其 checked 属性设为 checked)和 Radio2,但 name 均为 xb。需在 源 视图中输入它们标题("男"和"女"),然后返回到设计视图改变它们字体。

⑥ 在表格的第 3 行第 1 列输入"系别",将该行后 3 个单元格合并,在其中拖放一个 Select 控件,右击它,在出现的快捷菜单中选择"属性"命令,出现"Select1 属性页"对话框,设置名称 xb 并添加 3 个选项,如图 2.11 所示,单击"确定"按钮。

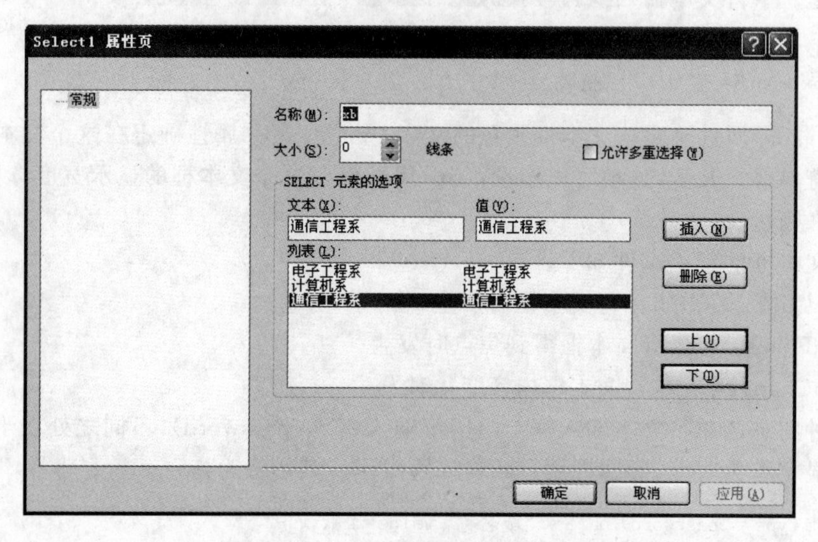

图 2.11 "Select1 属性页"对话框

⑦ 在表格的第 4 行第 1 列输入"爱好",将该行后 3 个单元格合并,在其中拖放 4 个 Input(Checkbox)控件,id 分别为 Checkbox1~Checked4,同样需在 源 视图中输入它们标题(如"体育"等),然后返回到设计视图改变它们的字体。

⑧ 在表格下面拖放一个 Input(Submit)控件和一个 Input(Reset)控件,id 分别为 Submit1 和 Reset1,将它们的 Value 属性分别改为"提交"和"重置"。双击"提交"按钮,光标出现在相应的显示代码中,可以输入相应的客户端 JavaScript 代码,这里不输入任何代码。为什么和第 1 章中设计 WebForm1 网页的操作不同呢? 这是因为本节介绍的表单控件均为客户端控件(可以添加 runat="server"属性改为服务器端控件),而客户端只能执行 JavaScript 或 VBScript 脚本语言代码。

最终设计的网页界面如图 2.12 所示。

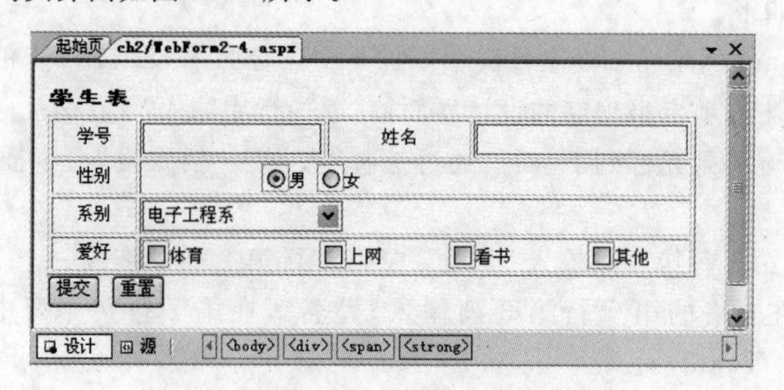

图 2.12 WebForm2-4 网页设计界面

单击工具栏中的▶按钮运行本网页，在浏览器中出现一个表单，输入相应的数据，如图 2.13 所示，可以单击“重置”按钮重新输入所有数据。

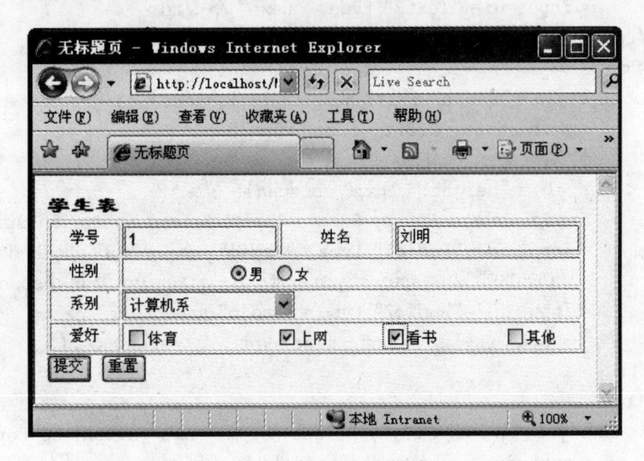

图 2.13　WebForm2-4 网页运行界面

WebForm2-4 网页的 源 视图代码如下：

```
<%@ Page Language = "C#" AutoEventWireup = "true"
  CodeFile = "WebForm2 - 4.aspx.cs" Inherits = "WebForm2 - 4" %>
<!DOCTYPE html PUBLIC " - //W3C//DTD XHTML 1.0 Transitional//EN"
  "http://www.w3.org/TR/xhtml1/DTD/xhtml1 - transitional.dtd">
<html xmlns = "http://www.w3.org/1999/xhtml" >
  <head runat = "server">
    <title>无标题页</title>
    <script language = "javascript" type = "text/javascript">
      // <!CDATA[
      function Submit1_onclick() {
      //这里编写响应提交的客户端过程(JavaScript 代码)
      }
      // ]>
    </script>
  </head>
  <body>
    <form id = "form1" runat = "server">
    <div>
        <span style = "font - size: 14pt; font - family: 隶书"><strong>
            学生表</strong></span><br />
        <table border = "1">
            <tr>
              <td style = "width: 60px; text - align: center;">
                  <span style = "font - size: 10pt">学号</span></td>
              <td style = "width: 100px">
                  <input id = "Text1" type = "text" size = "16" /></td>
              <td style = "width: 100px; text - align: center;">
```

```
                <span style = "font - size: 10pt">姓名</span></td>
            <td style = "width: 100px">
                <input id = "Text2" type = "text" /></td>
        </tr>
        <tr>
            <td style = "width: 60px; height: 11px; text - align: center;">
                <span style = "font - size: 10pt">
                性别</span></td>
            <td style = "height: 11px;" colspan = "3">
                               
                <input id = "Radio1" type = "radio" name = "xb" checked =
                  "CHECKED"/><span style = "font - size: 9pt">男</span>
                <input id = "Radio2" type = "radio" name = "xb" />
                  <span style = "font - size: 9pt">女</span></td>
        </tr>
        <tr>
            <td style = "width: 60px; height: 21px; text - align: center;">
                <span style = "font - size: 10pt">系别</span></td>
            <td style = "height: 21px;" colspan = "3">
                <span style = "font - size: 10pt">
              <select id = "Select1" name = "xb" style = "width: 147px">
                  <option selected = "selected" value = "电子工程系">
                        电子工程系</option>
                  <option value = "计算机系">计算机系</option>
                  <option value = "通信工程系">通信工程系</option>
                </select>
            </span></td>
        </tr>
        <tr>
            <td style = "width: 60px; text - align: center;">
                <span style = "font - size: 10pt">爱好</span></td>
            <td colspan = "3">
              <input id = "Checkbox1" type = "checkbox" /><span style =
                    "font - size: 10pt">体育</span>
                             
              <input id = "Checkbox2" type = "checkbox" />
                    <span style = "font - size: 10pt">上网</span>
                         
              <input id = "Checkbox3" type = "checkbox" />
                <span style = "font - size: 10pt">看书</span>
              <input id = "Checkbox4" type = "checkbox" />
                <span style = "font - size: 10pt">其他</span></td>
        </tr>
    </table>
  </div>
  <input id = "Submit1" type = "submit" value = "提交" onclick =
    "return Submit1_onclick()" name = "cmd1" />  
  <input id = "Reset1" type = "reset" value = "重置"
    name = "cmd2" />  <br />
</form>
</body>
</html>
```

读者从代码中体会表单控件的设计方法。

2.7　CCS 样式设计

层叠样式表(简称为 CSS)有助于为 HTML 文档提供美观而一致的外观。通过样式表,可以简化 HTML 网页标记,同时使网页外观不再仅仅只由浏览器决定,网页制作者也可以精确地控制 HTML 标记在浏览器中的外观,其精度达到像素级。

2.7.1　样式和样式表

1. 样式

样式是指每一个网页元素呈现在浏览器中的风格,例如字体的大小、颜色、页面的背景色、背景图等。定义样式的基本格式如下:

```
样式属性 1:值 1; 样式属性 2:值 2; …
```

样式属性与值之间用冒号":"分隔,如果一个样式中有多个样式属性,各样式属性之间要用分号";"隔开。

设置样式有如下两种方法。

1) 内联式样式设置

通过 style 属性指定所修饰的元素使用的"私有样式",用法如下:

```
style = "属性 1:值 1;属性 2:值 2;…属性 n:值 n"
```

例如:

```
<h1 style = "font - size:40px;color:Red;">中华人民共和国</h1>
<h1 style = "font - size:30px;color:Blue;">教育部</h1>
```

该方法的优点是直观、方便。缺点是不喜欢某种样式需要不厌其烦地重新逐一修改每一个元素的样式。

2) 直接嵌入式样式设置

使用<style>和</style>标记建立一个或多个样式,置于<head></head>之间,在<body></body>内直接使用这些样式。<style>标记有一个属性 type,它指出样式的类别,如果使用 CSS 样式,则 type 取值为"text/css"。

例如:

```
<html>
  <head>
    <title>样式引用示例</title>
    <style type = "text/css">
        h1{font - size:40px; color:Red;}
        h2{font - size:30px; color:Blue;}
    </style>
  </head>
  <body>
      <h1>中华人民共和国</h1>
      <h2>教育部</h2>
```

```
</body>
</html>
```

其优点是所有样式集中放在一起，便于修改，一旦某个样式发生改变，该网页中所有该样式的元素都发生改变。

2. 样式表文件

直接嵌入式样式设置方法尽管便于修改，但只适用于它所在的网页。如果要将其用于其他网页，则须把样式放在一个独立的文件中。

所谓样式表文件就是将网页元素的样式定义设计为一个独立的文件。凡是在网页的<head></head>部分与该样式表文件建立链接的 HTML 文件，其页面元素的样式就会按照样式表文件中的定义显示。样式表文件的扩展名为".css"。

样式表文件中样式定义的一般格式如下：

```
样式定义选择符 { 样式属性 1:值 1; 样式属性 2:值 2; …}
```

例如，样式表文件 StyleSheet1.css 的内容为：

```
body { background - color: #33bb66;}
h1 { font - size:40pt; color:Blue;}
h2 { font - size:30pt; color:White;}
```

其中，body 部分定义了整个网页的背景色；h1 和 h2 标记分别指定了字体大小和颜色。在网页文件中引用该样式表文件只需要在网页的<head>与</head>之间添加如下代码：

```
<link href = "StyleSheet1.css " type = "text/css" rel = "Stylesheet" />
```

其中，rel 规定了被链接文件的关系，取值永远是"Stylesheet"，type 属性规定了链接文件的类型；href 属性则指定了要链接的样式表文件的 URL。

样式表文件中设计每个样式的"样式定义选择符"指样式定义的对象，可选项有：HTML 标记、用户自定义的类、用户自定义的 ID 和虚类等。

1) HTML 标记

HTML 标记是最典型的选择符类型。如果有多个不同的标记要使用相同的样式，则可以采用编组的方法简化定义。例如：

```
H1,H2,H3 {color:red}
```

则所有的 H1、H2、H3 标题都将以红色显示，这种表示法中，各元素之间要用逗号","分隔。

2) 类

用户自定义的类(class)是用来为某一个 HTML 标记创建多个样式，或者为多个标记创建同一种样式的。类的定义格式如下：

```
样式定义选择符.类名{样式属性 1:值 1; 样式属性 2:值 2;…}
```

例如，H1.first 和 H1.second 的样式代码分别如下：

```
H1.first {color:Red;font - size:40px}
```

```
H1.second{color:Blue;font-size:30px}
```

这样,可以通过以下方式使用它们:

```
<h1 class="first">中华人民共和国</h1>
<h1 class="second">教育部</h1>
```

3) 自定义 ID

自定义 ID 以"#"为标志,依靠这个唯一的标志可以再定义一套样式,称为"私有命名样式"。私有命名样式的定义方法为:

```
#idname {属性 1:值 1;属性 2:值 2;…;属性 n:值 n}
```

其中,id 标志前的"#"符号一定不能省略。例如:

```
#customId1 {color:Red}
```

在网页中引用该样式的标记符内使用 id 属性即可,例如:

```
<p id="customId1">本段落文字为红色</p>
```

ID 与类的主要区别是,类可以在同一个网页的多个标记中重复使用;而 ID 则在同一网页中只能使用一次。

4) 虚类

虚类是专用于<a>标记的选择符,使用虚类可以设置不同类型超链接的显示方式,具体如下。

- a:link:未被访问过的超链接。
- a:visited:已被访问过的超链接。
- a:active:当超链接处于选中状态。
- a:hover:当鼠标指针移动到超链接上。

定义虚类的语法格式如下:

```
a:状态 {属性:值;…}
```

例如:

```
a:visited,a:link { color:blue }
a:hover { color:yellow; text-decoration:none}
```

上述语句定义了这个文档中的链接文本在未访问和被访问时为蓝色、带下划线,当有鼠标掠过时颜色变为黄色、不带下划线。

2.7.2 样式生成器

直接使用代码设计样式是十分麻烦的,为此 Visual Studio.NET 2005 提供了专门的样式生成器可以可视化地设计样式。下面通过一个例子说明样式生成器的使用方法。

【例 2.5】 设计一个显示若干文字的网页窗体 WebForm2-5,其中这些文字引用相应的样式进行输出。

其设计步骤如下。

① 在 Myaspnet 网站的 ch2 文件夹中添加一个名称为 WebForm2-5 的空网页。

② 选择"网站"|"添加新项"命令，出现"添加新项"对话框，在"模板"列表中选择"样式表"选项，保持默认文件名 StyleSheet.css 不变，如图 2.14 所示，单击"添加"按钮。

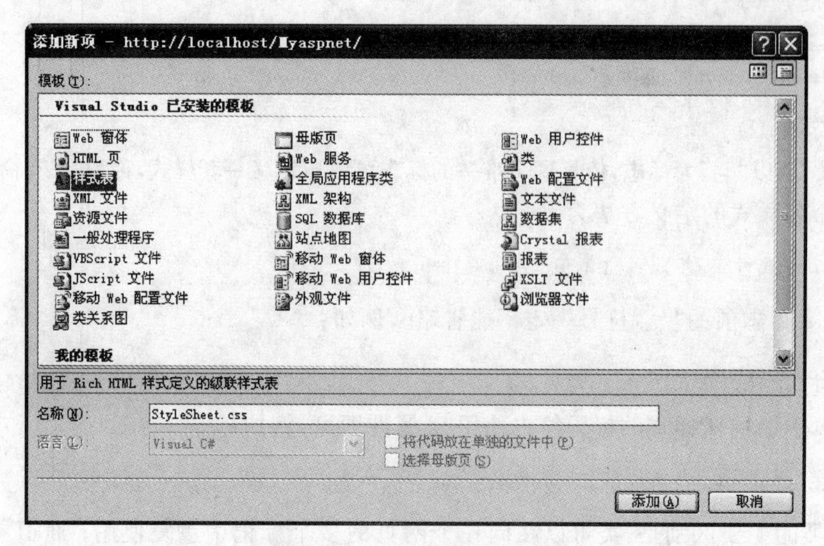

图 2.14 "添加新项"对话框

③ 出现如图 2.15 所示的"样式设计"对话框，如果右边不是"CSS 大纲"窗口，单击工具栏中的下三角箭头 ，在出现的菜单中选择"文档大纲"命令即可打开"CSS 大纲"窗口。

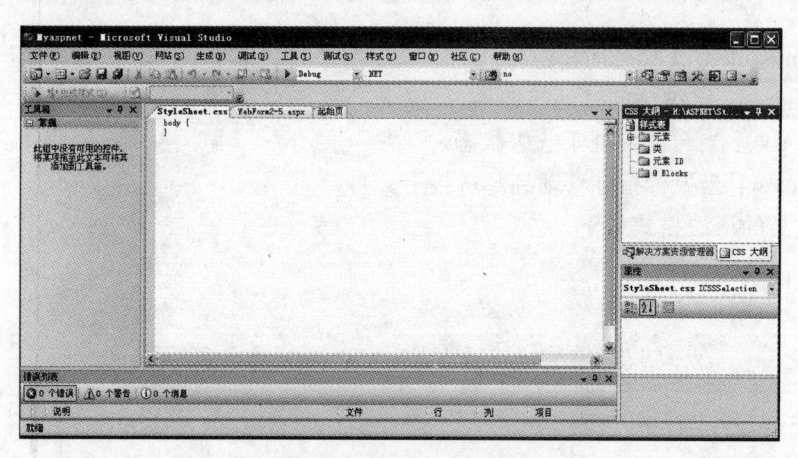

图 2.15 "样式设计"对话框

④ 选择"样式"|"添加样式规则"命令，出现如图 2.16 所示的"添加样式规则"对话框。

⑤ 从"元素"组合框中选中 H1 标记或直接输入 H1，在"样式规则预览"文本框中出现"H1"，该项是不可修改的，单击"确定"按钮。此时样式表中自动添加 H1{}的样式定义代码框架，并在"CSS 大纲"窗口中的"元素"节点下自动添加一个 H1 标记。

⑥ 在 H1 的定义体内，或者在"CSS 大纲"窗口中的"元素"选项的 H1 标记上右击，从出现的快捷菜单中选择"生成样式"命令，出现"样式生成器-H1"对话框，从颜色组合框中选择"Red"，选中"大小"选项域中的"绝对"单选按钮，从后面的组合框中选中"大"选项，选中"粗体"选项域中的"绝对"单选按钮，从后面的组合框中选中"粗体"选项。

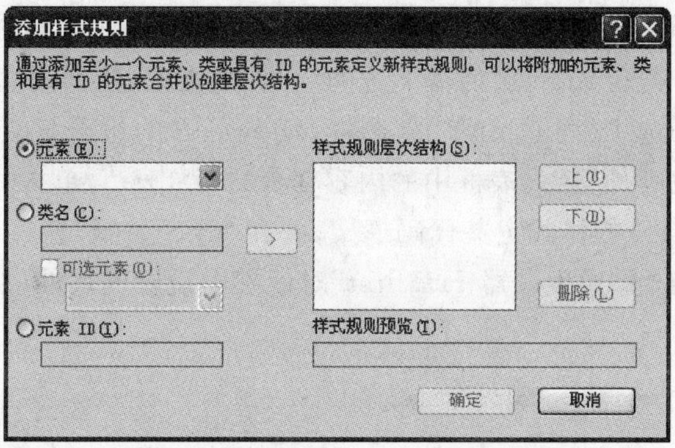

图 2.16　“添加样式规则”对话框

⑦ 单击“系列”后面的“...”按钮，出现“字体选择器”对话框，从“已安装的字体”列表中选择 3 种字体到“选定的字体”列表中，如图 2.17 所示，单击“确定”按钮。最后设置好后的“样式生成器-H1”对话框如图 2.18 所示。单击“确定”按钮，返回时看到 H1 样式的代码变为：

```
H1
{  font-weight: bold;font-size: large;color: red;
   font-family: 楷体_GB2312, 隶书, 宋体; }
```

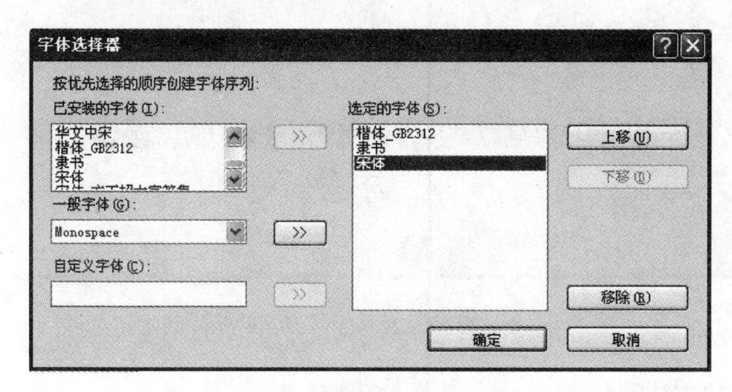

图 2.17　“字体选择器”对话框

图 2.18　“样式生成器-H1”对话框

⑧ 再次选择“样式”|“添加样式规则”命令，出现“添加样式规则”对话框。选中“类名”单选按钮，输入自定义类名 first，对话框下方的“样式规则预览”列表框中出现“.first”(点号是类名的起始标识)。选中“可选元素”复选框，使其下方的组合框变为活动的，从中选出 H1 标记，这时“样式规则预览”列表框中的内容变为“H1.first”，单击“确定”按钮，此时样式表中自动添加 H1.first{}的样式定义代码框架，并在“CSS 大纲”窗口中的“类”节点下自动添加一个 H1 标记。在“样式生成器-H1.first”对话框中设置其属性，如图 2.19 所示。对应的代码为：

```
H1.first { font - size: 40px;color: blue; }
```

图 2.19 “样式生成器-H1.first”对话框

⑨ 采用同样的方法设计 H1.second 类的代码为：

```
H1.second { font - size: 30px; color: #3399cc; }
```

⑩ 保存样式表文件，选择“WebForm2-5.aspx”选项卡返回到 WebForm2-5 网页，选择“设计”选项卡出现空的设计界面。输入 3 行“中华人民共和国”，切换到“源”视图，修改代码如下(只增加黑体部分，其余不变)：

```
<%@ Page Language = "C#" AutoEventWireup = "true"
  CodeFile = "WebForm2 - 5.aspx.cs" Inherits = "WebForm2_5" %>
<!DOCTYPE html PUBLIC " - //W3C//DTD XHTML 1.0 Transitional//EN"
  "http://www.w3.org/TR/xhtml1/DTD/xhtml1 - transitional.dtd">
<html xmlns = "http://www.w3.org/1999/xhtml" >
  <head runat = "server">
    <title>无标题页</title>
    <link type = "text/css" href = "StyleSheet.css" rel = "stylesheet" />
  </head>
  <body>
    <form id = "form1" runat = "server">
```

```
    <div><h1>中华人民共和国</h1>
      <h1 class = "first">中华人民共和国</h1>
      <h1 class = "second">中华人民共和国</h1>
    </div>
  </form>
 </body>
</html>
```

返回到设计视图,其设计界面如图2.20所示,运行结果与之类似。从中看到,第1行文字引用H1样式,第2行文字引用H1.first类样式,第3行文字引用H1.second类样式。该样式表文件可以被本网站中的多个网页所引用,达到样式共享的目的,而且使整个网站界面具有一致性。

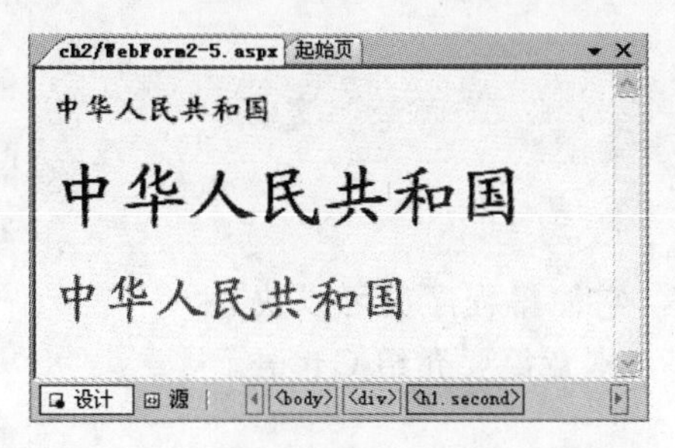

图2.20　WebForm2-5网页设计界面

当一个样式表文件(如StyleSheet.css)建立好后,可以在任何网页中重复使用。若要在其他网页中使用它,只需在设计该网页时,进入设计视图,从"解决方案资源管理器"窗口中将该样式表文件拖放到网页中即可。

练习题2

1. 简述HTML与XHTML的异同。
2. 简述典型的网页结构。
3. HTML有哪些常用的标记?它们各有什么功能?
4. 简述在网页中创建表格的过程。
5. 简述在网页中创建框架的过程。
6. 简述在网页中建立表单的过程。
7. 简述使用样式生成器设计样式表文件的过程,并说明如何在网页中使用样式表文件。

上机实验题2

在Myaspnet网站的ch2文件夹中设计一个名称为WebForm2-6的网页,用于输入用户名和密码,其运行界面如图2.21所示。当输入1234/1234后单击"提交"按钮显示"输入正确"的信息,否则显示"输入错误"的信息。

图2.21　WebForm2-6网页运行界面

CHAPTER 3

第3章 C#语言基础

C#语言是微软公司推出的面向对象的编程语言，它使得程序员可以快速地编写各种基于 Microsoft .NET 平台的应用程序。本章简要介绍 C#语言及其在 Web 应用程序开发中的基本知识。

本章学习要点：

☑ 掌握 C#中的各种数据类型。

☑ 掌握 C#中的值类型和引用类型变量的定义方法。

☑ 掌握 C#中类的声明方法。

☑ 掌握 C#中对象的定义和使用方法。

☑ 掌握 C#中继承的使用方法。

3.1 C#中的数据类型

数据类型是用来区分不同的数据的。由于数据在存储时所需要的容量各不相同，不同的数据就必须要分配不同大小的内存空间来存储，所以要将数据划分成不同的数据类型。C#中数据类型的分类如图 3.1 所示，从中看到，C#数据类型主要分为值类型和引用类型两大类。

3.1.1 值类型

值类型的变量内含变量值本身，C#的值类型可以分为简单类型、结构类型和枚举类型等。

1. 整数类型

整数类型变量的值为整数。数学上的整数可以从负无穷大到正无穷大，但是由于计算机的存储单元是有限的，所以计算机语言提供的整数类型的值总是在一定的范围之内。具体各整数类型及其取值范围如表 3.1 所示。

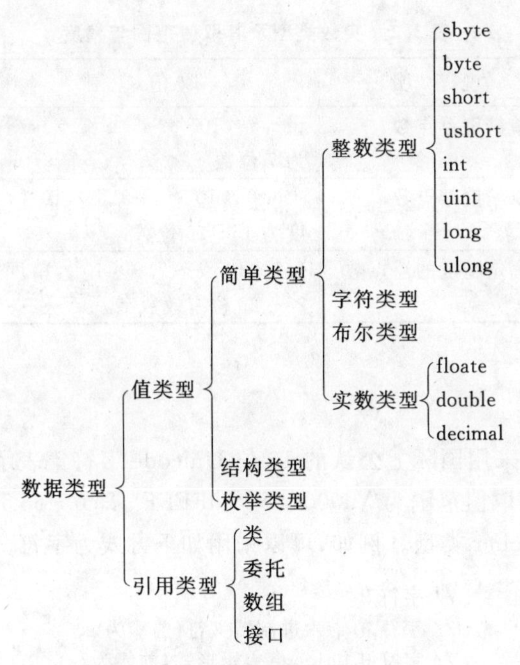

图 3.1 C#中数据类型的分类

表 3.1 整数类型及其取值范围

类型标识符	说明	占用位数	取值范围	示例
sbyte	带符号字节型	8	−128～127	sbyte i=10;
byte	无符号字节型	8	0～255	byte i=10;
short	带符号短整型	16	−32 768～32 767	short i=10;
ushort	无符号短整型	16	0～65 535	ushort i=10;
int	带符号整型	32	−2 147 483 648～2 147 483 647	int i=10;
uint	无符号整型	32	0～4 294 967 295	uint i=10; uint i=10U;
long	带符号长整型	64	−9 223 372 036 854 775 808～9 223 372 036 854 775 807	long i=10; long i=10L;

ulong	无符号长整型	64	0～18 446 744 073 709 551 615	ulong i=16;
				ulong i=16U;
				ulong i=16L;
				ulong i=16UL;

2. 实数类型

C#中实数类型包括单精度浮点数(float)、双精度浮点数(double)和固定精度的浮点数(decimal),它们的差别主要在于取值范围和精度不同。具体各实数类型及其取值范围与精度如表 3.2 所示。

值得注意的是,小数类型数据的后面必须跟 m 或者 M 后缀来表示它是 decimal 类型的,如 3.14m、0.28m 等,否则就会被解释成标准的浮点类型数据,导致数据类型不匹配。

表 3.2　实数类型及其取值范围与精度

类型标识符	说　明	取 值 范 围	示　例
float	单精度浮点数	$\pm1.5\times10^{-45}\sim3.4\times10^{38}$，精度为 7 位数	float f=1.23F;
double	双精度浮点数	$\pm5.0\times10^{-324}\sim1.7\times10^{308}$，精度为 15～16 位数	double d=1.23;
decimal	固定精度的浮点数	$1.0\times10^{-28}\sim7.9\times10^{28}$，精度为 28～29 位有效数字	decimal d=1.23M;

3. 字符类型

在 C# 中字符类型采用国际上公认的 16 位 Unicode 字符集表示形式，用它可以来表示世界上大多种语言。其取值范围为'\u0000'～'\uFFFF'，即 0～65 535。字符类型的标识符是 char，因此也可称为 char 类型。例如，可以采用如下方式为字符变量赋值。

```
char c = 'H' ;              // 字符 H
char c = '\x0048';          // 字符 H,十六进制转义符(前缀为\x)
char c = '\u0048';          // 字符 H,Unicode 表示形式(前缀为\u)
char c = '\r';              // 回车,转义字符(用于在程序中指代特殊的控制字符)
```

在表示一个字符常数时，单引号内的有效字符数量必须且只能是一个，并且不能是单引号或者反斜杠(\)。

4. 布尔类型

布尔类型数据用于表示逻辑真和逻辑假，布尔类型的类型标识符是 bool。

布尔类型常数只有两种值：true(代表“真”)和 false(代表“假”)。布尔类型数据主要应用在流程控制中，往往通过读取或设定布尔类型数据的方式来控制程序的执行方向。

3.1.2　引用类型

C# 中的另一大数据类型是引用类型，引用类型也称为参考类型。和值类型相比，引用类型的变量不直接存储所包含的值，而是指向它所要存储的值。换句话说，值类型变量的内存空间中存储的是实际数据，而引用类型变量在其内存空间中存储的是一个指针，该指针指向存储数据的另一块内存位置。由此可见，值类型变量的内存开销要小，访问速度要快，而引用类型变量的内存开销要大，访问速度稍慢。

引用类型共分 4 种类型，即类、接口、数组和委托。

1. object 类

object 是 C# 中所有类型(包括所有的值类型和引用类型)的基类，C# 中的所有类型都直接或间接地从 object 类中继承。因此，对一个 object 的变量可以赋予任何类型的值，如下：

```
float f = 1.23;
object obj1;                //定义 obj1 对象
```

```
obj1 = f;
object obj2 = "China";      //定义 obj2 对象并赋初值
```

对 object 类型的变量声明采用 object 关键字，这个关键字是在.NET 框架的命名空间 System 中定义的，是类 System.Object 的别名。

2. string 类

C#还定义了一个 string 类，表示一个 Unicode 字符序列，专门用于对字符串的操作。同样，这个类也是在.NET 框架的命名空间 System 中定义的，是类 System.String 的别名。

字符串在实际中应用非常广泛，利用 string 类封装的各种内部操作，可以很容易完成对字符串的处理。例如：

```
string str1 = "123" + "abc";          //"+"运算符用于连接字符串
char c = "Hello World!"[2];           //"[]"运算符可以访问 string 中的单个字符,c = 'e'
string str2 = "China";
string str3 = @"China";               // 字符串的另一种表示形式,用@括起来
bool b = (str2 == str3);              //"=="运算符用于两个字符串比较,b = true
```

3.2 C#中的变量和常量

在程序执行过程中，其值不发生改变的量称为常量，其值可变的量称为变量。它们可与数据类型结合起来分类。在程序中，常量是可以不经说明而直接引用的，而变量则必须先定义后使用。

3.2.1 变量

变量是在程序的运行过程中其值可以发生变化的量，可以在程序中使用变量来存储各种各样的数据，并对它们进行读、写、运算等操作。

1. 变量定义

在 C#程序里使用某个变量之前，必须要告诉编译器它是一个什么样的变量，这通过对变量定义来完成。定义变量的方法如下：

```
[访问修饰符] 数据类型 变量名 [ = 初始值];
```

例如：

```
string name = "王华";
int age = 20;
```

也可以同时声明一个或多个给定类型的变量，例如：

```
int a = 1, b = 2, c = 3;
```

2. 理解值类型的变量

如果一个变量的值是普通的类型，那么这个 C#变量就是值类型的变量。值类型的变

量直接把值存放在这个变量名标记的存储位置上。

当定义一个值类型变量并且给它赋值的时候，这个变量只能存储相同类型的数据。所以，一个 int 类型的变量就只能存放 int 类型的数据。另外，当把值赋给某个值类型的变量时，C# 首先创建这个值的一个复制，然后把这个复制放在变量名所标记的存储位置上。

例如：

```
int x;
int y = 2;
x = y;
```

在这段代码中，当把变量 y 赋值给 x 时，程序会创建变量 y 值的复制，即 2，然后把这个值放到 x 中。如果后面的程序修改了 y 的值，就不会影响 x 的值。这看起来是很显然的，但对于引用类型的变量来说，就不是这样的了。

3. 理解引用类型的变量

引用表示所使用的是变量或对象的地址而不是变量或对象本身。当声明引用类型变量时，程序只是分配了存放这个引用的存储空间。要想创建对象并把对象的存储地址赋给该变量，就需要使用 new 操作符。例如：

```
MyClass var;                    //MyClass 是已定义的类或类型
var = new MyClass();
```

第 2 个语句使用 new 操作符来创建对象，C# 会在堆存储空间中为这个对象分配足够的空间来存放 MyClass 类的实例，然后把这个实例的地址赋给这个引用类型的变量 var。这个引用变量就可以用来引用堆中创建的那个对象了。

3.2.2 常量

所谓常量，就是在程序执行中其值保持固定不变的量。常量一般分为直接常量和符号常量，常量的类型可以是任何一种值类型或引用类型。

1. 直接常量

直接常量是指把程序中不变的量直接硬编码为数值或字符串值，例如，以下都是直接常量。

```
100             //整型直接常量
1.23e5          //浮点型直接常量
true            //布尔型直接常量
"中华人民共和国"  //字符串型常量
null            //对象引用常量
```

在程序中书写一个十进制的数值常数时，C# 默认按照如下方法判断一个数值常数属于哪种 C# 数值类型。

- 如果一个数值常数不带小数点，如 12345，则这个常的类型是整型。
- 对于一个属于整型的数值常数，C# 按如下顺序判断该数的类型：int、uint、long、ulong。

• 如果一个数值常数带小数点，如3.14，则该常数的类型是浮点型中的double类型。

2. 符号常量

符号常量是通过关键字const声明的常量，包括常量的名称和它的值。常量声明的格式如下：

```
const 数据类型 常量名 = 初始值;
```

其中，“常量名”必须是C#的合法标识符，在程序中通过常量名来访问该常量。“类型标识符”指示了所定义的常量的数据类型，而“初始值”计算结果是所定义的常量的值。

符号常量具有如下特点。

• 在程序中，常量只能被赋予初始值。一旦赋予一个常量初始值，这个常量的值在程序的运行过程中就不允许改变，即无法对一个常量赋值。
• 定义常量时，表达式中的运算符对象只允许出现常量和常数，不能有变量存在。

例如，以下语句定义了一个double型的常量PI，它的值是3.14159265。

```
const double PI = 3.14159265;
```

3.3 C#中的运算符

C#中的表达式由运算数和运算符组成，运算符是用来定义类实例中表达式运算数的运算。

3.3.1 常用的C#运算符

依照运算符作用的运算数的个数来分，C#中共有以下3种类型的运算符。

• 一元运算符：一元运算符带一个运算数并使用前缀符(如－x)或后缀符(如x＋＋)。
• 二元运算符：二元运算符带两个运算数并且全部使用中缀符(如x＋y)。
• 三元运算符：只存在唯一一个三元运算符“?:”。三元运算符带3个运算数并使用中缀符(c?x:y)。

下面分别给出使用运算符的例子：

```
int x = 3;
int y = 6;
int z;
x++ ;                    //一元运算符
--x;                     //一元运算符
z = x + y;               //二元运算符
y = (x < 10 ? 0 : 1);    //三元运算符
```

注意：最后的代码表示当 $x<10$ 成立的时候 y 取值为0，否则取值为1。

表3.3列出了C#所支持的运算符。

表 3.3 C# 中的运算符

运算符类别	运 算 符
算术	+ - * /
逻辑	& | ^ && || true false
字符串串联	+
递增、递减	++ --
移位	<< >>
关系	== != < > <= >=
赋值	= += -= *= /= %= |= ^= <<= >>=
成员访问	.
索引	[]
条件	?:
委托串联和删除	+ -
创建对象	New
类型信息	Is sizeof TypeOf
溢出异常控制	Checked unchecked
间接寻址和地址	* -> [] &

3.3.2 运算符的优先级

当一个表达式包含多种运算符时，运算符的优先级控制着单个运算符求值的顺序。例如表达式：

```
x + y * z
```

首先求出 $y * z$，然后将结果与 x 相加，因为 * 的优先级比 + 的优先级要高。如果需要调整优先级，可以使用括号“()”。例如需要先求 x 与 y 的和，然后再将结果与 z 相乘，则可以编写如下表达式：

```
(x + y) * z
```

表 3.4 总结了所有运算符从高到低的优先级顺序。

表 3.4 运算符的优先级

类 别	运 算 符
一元运算符	(). [] ++ --
乘法	* / %
加法	+ -
递增、递减	++ --
移位	<< >>
关系	< > <= >= is
等式	== !=
逻辑与	&
逻辑异或	^
逻辑或	|
条件与	&&
条件或	||
条件运算符	?:
赋值运算符	= += -= *= /= %= <<= >>= &= ^= |=

3.4 结构类型和枚举类型

3.4.1 结构类型

结构类型是一种值类型,对应变量的值保存在栈内存区域。

1. 结构类型的声明

结构类型是由若干"成员"组成的。数据成员称为字段,每个字段都有自己的数据类型。声明结构类型的一般格式如下:

```
struct 结构类型名称
{   [字段访问修饰符] 数据类型 字段 1;
    [字段访问修饰符] 数据类型 字段 2;
    ⋮
    [字段访问修饰符] 数据类型 字段 n;
};
```

其中,struct 是结构类型的关键字;"字段访问修饰符"主要有 public 和 private(默认值)。其中,public 表示可以通过该类型的变量访问该字段,private 表示不能通过该类型的变量访问该字段。

例如,以下声明一个具有姓名和年龄等字段的结构类型 Student。

```
struct Student              //声明结构类型 Student
{   public int xh;          //学号
    public string xm;       //姓名
    public string xb;       //性别
    public int nl;          //年龄
    public string bh;       //班号
}
```

在上述结构类型声明中,结构类型名称为 Student。该结构类型由 5 个成员组成,第 1 个成员是 xh,为整型变量;第 2 个成员是 xm,为字符串类型;第 3 个成员是 xb,为字符串类型;第 4 个成员是 nl,为整型变量;第 5 个成员是 bh,为字符串类型。

2. 结构类型变量的定义

声明一个结构类型后,可以定义该结构类型的变量(简称为结构变量)。定义结构变量的一般格式如下:

```
结构类型 结构变量;
```

例如,在前面的结构类型 Student 声明后,定义它的两个变量如下:

```
Student s1,s2;
```

3. 结构变量的使用

结构变量的使用主要包括字段访问和结构变量的赋值等。

1）访问结构变量字段

访问结构变量字段的一般格式如下：

```
结构变量名.字段名
```

例如，s1.xh 表示结构变量 s1 的学号，s2.xm 表示结构变量 s2 的姓名。

结构体变量的字段可以在程序中单独使用，与普通变量完全相同。

2）结构变量的赋值

结构变量的赋值有以下两种方式。

- 结构变量的字段赋值：使用方法与普通变量相同。
- 结构变量之间赋值：要求赋值的两个结构变量必须类型相同，例如：

```
s1 = s2;
```

这样 s2 的所有字段值赋给 s1 的对应字段。

3.4.2 枚举类型

枚举类型也是一种自定义数据类型，它允许用符号代表数据。枚举是指程序中某个变量具有一组确定的值，通过“枚举”可以将其值一一列出来。这样，使用枚举类型，就可以将常用颜色用符号 Red、Green、Blue、White、Black 来表示，从而提高程序的可读性。

1. 枚举类型的声明

枚举类型使用 enum 关键字声明，其一般语法形式如下：

```
enum 枚举名 {枚举成员 1,枚举成员 2,…}
```

其中，enum 是结构类型的关键字。例如，以下声明一个名称为 Color 的表示颜色的枚举类型。

```
enum Color {Red,Green,Blue,White,Black}
```

在声明枚举类型后，可以通过枚举名来访问枚举成员，其使用语法如下：

```
枚举名.枚举成员
```

2. 枚举成员的赋值

在声明的枚举类型中，每一个枚举成员都有一个相对应的常量值，默认情况下 C# 规定第 1 个枚举成员的值取 0，它后面的每一个枚举成员的值按加上 1 递增。例如，前面 Color 枚举类型中，Red 值为 0，Green 值为 1，Blue 值为 2，依次类推。

可以为一个或多个枚举成员赋整型值，当某个枚举成员赋值后，其后的枚举成员没有赋值的话，它自动在前一个枚举成员值之上加 1。例如：

```
enum Color { Red = 0, Green, Blue = 3, White, Black = 1};
```

则这些枚举成员的值分别为 0、1、3、4、1。

3. 枚举类型变量的定义

声明一个枚举类型后，可以定义该枚举类型的变量（简称为枚举变量）。定义枚举变量的一般格式如下：

```
枚举类型 枚举变量;
```

例如，在前面的枚举类型 Color 声明后，定义它的两个变量如下：

```
Color c1,c2;
```

4. 枚举变量的使用

枚举变量的使用主要包括赋值和访问等。

1）枚举变量的赋值

枚举变量赋值的语法格式如下：

```
枚举变量 = 枚举名.枚举成员
```

例如：

```
c1 = Color.Red;
```

2）枚举变量的访问

枚举变量像普通变量一样直接访问。

3.5 C#中的控制语句

控制语句用于改变程序的正常流程，主要有选择和循环控制语句。

3.5.1 选择控制语句

C#中的选择控制语句有 if 语句、if...else 语句、if...else if 语句和 switch 语句，它们根据指定条件的真假值确定执行哪些语句，这些语句既可以是单个语句，也可以是用“{}”括起来的复合语句。

1. if 语句

if 语句用于在程序中有条件地执行某一语句序列，其基本语法格式如下：

```
if (条件表达式) 语句;
```

其中，“条件表达式”是一个关系表达式或逻辑表达式，当“条件表达式”的值为 true 时，执行后面的“语句”。

2. if...else 语句

如果希望 if 语句在“条件表达式”的值为 true 和为 false 时分别执行不同的语句，则用 else 来引入当条件表达式的值为 false 时执行的语句序列，这就是 if...else 语句，它根据不同的条件分别执行不同的语句序列，其语法形式如下：

```
if (条件表达式)
    语句 1;
else
    语句 2;
```

其中的“条件表达式”是一个关系表达式或逻辑表达式。当“条件表达式”的值为 true 时执行“语句 1”；当“条件表达式”的值为 false 时执行“语句 2”。

3. if...else if 语句

if...else if 语句用于进行多重判断，其语法形式如下：

```
if (条件表达式 1) 语句 1;
else if (条件表达式 2) 语句 2;
 ⋮
else if (条件表达式 n) 语句 n;
else  语句 n + 1;
```

先计算“条件表达式 1”的值。如果为 true，则执行“语句 1”；如果“条件表达式 1”的值为 false，则继续计算“条件表达式 2”的值。如果为 true，则执行“语句 2”；如果“条件表达式 2”值为 false，则继续计算“条件表达式 3”的值，依次类推。如果所有条件中给出的表达式值都为 false，则执行 else 后面的“语句 $n+1$”。如果没有 else，则什么也不做，转到该 if...else if 语句后面的语句继续执行。

【例 3.1】 设计一个将输入的学生分数转换成等级的网页 WebForm3-1。

其设计步骤如下。

① 在 Myaspnet 网站的 ch3 文件夹中添加一个名称为 WebForm3-1 的空网页。

② 选择 设计 选项卡，出现空的设计界面，从标准工具箱将 A Label 控件拖放到第一行中，通过“属性”窗口将其 Text 属性改为“分数：”，字体大小改为 10pt，并加粗。再拖放一个 TextBox 控件(默认 id 为 TextBox1)，字体大小改为 10pt。

③ 按 Enter 键将光标移到下一行，拖放一个 Button 控件(默认的 id 为 Button1)，通过“属性”窗口将其 Text 属性改为“计算”。

④ 按 Enter 键将光标移到下一行，拖放一个 A Label 控件，通过“属性”窗口将其 Text 属性改为“等级：”，字体大小改为 10pt，并加粗。再拖放一个 TextBox 控件(默认 id 为 TextBox2)，字体大小改为 10pt，ReadOnly 属性改为 True。最终的设计界面如图 3.2 所示。

⑤ 双击 Button1 控件，出现代码编辑窗口，输入以下事件过程代码(只输入黑体部分)：

```
protected void Button1_Click(object sender, EventArgs e)
{   int n;
    n = int.Parse(TextBox1.Text);
    if (n >= 90)
        TextBox2.Text = "优秀";
    else if (n >= 80)
        TextBox2.Text = "优良";
```

```
    else if (n >= 70)
        TextBox2.Text = "中等";
    else if (n >= 60)
        TextBox2.Text = "及格";
    else
        TextBox2.Text = "不及格";
}
```

其中，n = int.Parse(TextBox1.Text)语句表示将 TextBox1 文本框中用户输入值（默认为字符串）转换为整数后赋给 int 变量 n。

单击工具栏中的▶按钮运行本网页，在分数文本框中输入 78，单击“计算”命令按钮，得到对应的等级为“中等”，如图 3.3 所示。

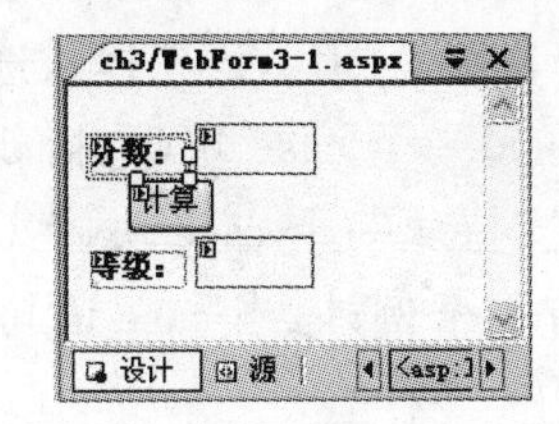

图 3.2 WebForm3-1 网页设计界面

图 3.3 WebForm3-1 网页运行界面

在设计网页的事件过程时的说明如下。

当网页处于设计视图中时，在任何空白处双击，便自动打开代码编辑窗口，出现空的 protected void Page_Load(object sender, EventArgs e)事件过程，供用户输入相关代码，该事件过程在加载网页时被自动执行。若双击 Button1 控件，便自动打开代码编辑窗口，出现空的 protected void Button1_Click(object sender, EventArgs e)事件过程，供用户输入相关代码，该事件过程在运行网页时用户单击 Button1 控件时被自动执行。

上述操作都是建立默认的事件过程，如果要建立其他事件过程，如 protected void Button1_Command(object sender, CommandEventArgs e)，则可以选中 Button1 控件，在“属性”窗口中单击⚡按钮，下方列出所有可用的事件名，例如双击 Command 事件，便直接进入代码编辑窗口，并自动出现该事件过程，用户可以直接输入相关代码。

如果用户建立了某事件过程，系统会自动建立相关联系，如建立 Button1_Command 事件过程后，Button1 控件的代码变为：

```
<asp:Button ID = "Button1" runat = "server" OnCommand = "Button1_Command"
    Text = "Button" />
```

如果用户在代码编辑窗口中删除了 Button1_Command 事件过程，系统不会自动删除这种联系，因此运行网页时会出错，例如出错信息为：

```
错误 1 "ASP.default_aspx"并不包含"Button1_Command"的定义
    H:\ASP.NET\Default.aspx 12
```

这表示在 Default.aspx 网页的第 12 行出错。改正的方法是切换到源视图代码，删除上述粗体部分即可。

4. switch 语句

switch 语句也称为开关语句，用于有多重选择的场合，用于测试某一个变量具有多个值时所执行的动作。switch 语句的语法形式如下：

```
switch (表达式)
{   case 常量表达式 1: 语句 1;
    case 常量表达式 2: 语句 2;
    ⋮
    case 常量表达式 n: 语句 n;
    default:语句 n+1;
}
```

switch 语句控制传递给与“表达式”值匹配的 case 块。switch 语句可以包括任意数目的 case 块，但是任何两个 case 块都不能具有相同“常量表达式”值。语句体从选定的语句开始执行，直到 break 语句将控制传递到 case 块以外。在每一个 case 块(包括 default 块)的后面，都必须有一个跳转语句(如 break 语句)。C# 不支持从一个 case 块显式贯穿到另一个 case 块(这一点与 C++ 中的 switch 语句不同)。但有一个例外，当 case 语句中没有代码时，可以不包含 break 语句。

如果没有任何 case 表达式与开关值匹配，则控制传递给跟在可选 default 标签后的语句。如果没有 default 标签，则控制传递到 switch 语句以外。

例如，可以将例 3.1 的 Button1_Click 事件过程等价地改为：

```
protected void Button1_Click(object sender, EventArgs e)
{   int n;
    n = int.Parse(TextBox1.Text);
    switch(n/10)        //整除
    {   case 9: TextBox2.Text = "优秀"; break;
        case 8: TextBox2.Text = "优良";break;
        case 7: TextBox2.Text = "中等";break;
        case 6: TextBox2.Text = "及格";break;
        default: TextBox2.Text = "不及格"; break;
    }
}
```

3.5.2 循环控制语句

C# 中的循环控制语句有 while、do-while 和 for 语句，另外，break 和 continue 语句用于结束整个循环和结束当前一趟循环。

1. while 语句

while 语句的一般语法格式如下：

```
while (条件表达式) 语句;
```

当“条件表达式”的运算结果为 true 时，则执行“语句”。每执行一次“语句”后，就会重新计算一次“条件表达式”的值，当该表达式的值为 false 时，while 循环结束。

【例 3.2】 设计一个求 1～*n* 之和的网页 WebForm3-2，其中 *n* 为正整数，由用户输入。

其设计步骤如下。

① 在 Myaspnet 网站的 ch3 文件夹中添加一个名称为 WebForm3-2 的空网页。

② 其设计界面如图 3.4 所示，其中包含两个标签(id 为 Label1 和 Label2)、两个文本框(id 为 TextBox1 和 TextBox2)和一个命令按钮 Button1。

③ 双击 Button1 控件，出现代码编辑窗口，输入以下事件过程代码(只输入黑体部分)：

```
protected void Button1_Click(object sender, EventArgs e)
{   int n,i = 1,s = 0;
    n = int.Parse(TextBox1.Text);
    while (i <= n)
    {   s += i;
        i++;
    }
    TextBox2.Text = string.Format("{0}",s);
}
```

其中，TextBox2. Text ＝ string. Format("{0}",s)语句表示将整型变量 s 的值转换成字符串后在 TextBox2 文本框中输出。

单击工具栏中的▶按钮运行本网页，在文本框中输入 10，单击“计算”命令按钮，求得 1 到 n 之和为 55，如图 3.5 所示。

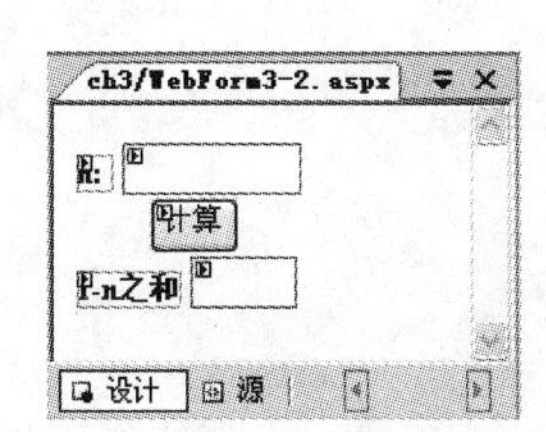

图 3.4 WebForm3-2 网页设计界面

图 3.5 WebForm3-2 网页运行界面

2. do-while 语句

do-while 语句的一般语法格式如下：

```
do
    语句;
while (条件表达式);
```

do-while 语句每一次循环执行一次“语句”，然后计算“条件表达式”的值是否为 true，如果是，则继续执行循环，否则结束循环。与 while 语句不同的是，do-while 循环中的“语句”至少会执行一次，而 while 语句当条件第一次就不满足时，语句一次也不会被执行。

例如，可以将例 3.2 的 Button1_Click 事件过程等价地改为：

```
protected void Button1_Click(object sender, EventArgs e)
{   int n,i = 1,s = 0;
    n = int.Parse(TextBox1.Text);
    do
    {  s+= i;
       i++;
    } while (i<= n);
    TextBox2.Text = string.Format("{0}",s);
}
```

3. for语句

for语句通常用于预先知道循环次数的情况，其一般语法格式如下：

```
for (表达式1;表达式2;表达式3) 语句;
```

其中，“表达式1”可以是一个初始化语句，一般用于对一组变量进行初始化或赋值；“表达式2”用作循环的条件控制，它是一个条件或逻辑表达式，当其值为true时，继续下一次循环，当其值为false时，则终止循环；“表达式3”在每次循环执行完后执行，一般用于改变控制循环的变量；“语句”在“表达式2”为true时执行。具体来说，for循环的执行过程如下。

① 执行“表达式1”。

② 计算“表达式2”的值。

③ 如果“表达式2”的值为true，先执行后面的“语句”，再执行“表达式3”，然后转向步骤①；如果“表达式2”的值为false，则结束整个for循环。

例如，可以将例3.2的Button1_Click事件过程等价地改为：

```
protected void Button1_Click(object sender, EventArgs e)
{   int n,i,s = 0;
    n = int.Parse(TextBox1.Text);
    for (i = 1;i<= n;i++ )
       s+= i;
    TextBox2.Text = string.Format("{0}",s);
}
```

另外，C#还提供了foreach循环语句，与for循环语句类似，用于对容器中的元素进行遍历。其使用语法格式如下：

```
foreach(数据类型 标识符 in 表达式)
    语句;
```

其中，“表达式”指定要遍历的容器，包括C#数组，System.Collection名称空间的集合类，以及用户定义的集合等。例如：

```
int[] a = {1,2,3};
foreach(int t in a)  //每执行一次,循环变量t依次取数组a中的一个元素
{
    //对变量t进行处理
}
```

上述代码的运行效果就是依次遍历数组a的元素值，将数组a的元素值依次赋值给变量t。

4. break 和 continue 语句

break 语句使程序从当前的循环语句(do、while 和 for)内跳转出来，接着执行循环语句后面的语句。

continue 语句也用于循环语句，它类似于 break，但它不是结束整个循环，而是结束循环语句的当前一次循环，接着执行下一次循环。在 while 和 do-while 循环结构中，执行控制权转至对"条件表达式"的判断，在 for 结构中，转去执行"表达式 2"。

3.6 数组

数组是同一类型的数据的有序集合，分为一维数组、二维数组和多维数组等。本节以一维数组为例说明 C#数组的使用方法，其他类型的数组类似。

3.6.1 一维数组的定义

定义一维数组的语法格式如下：

```
数组类型[] 数组名;
```

其中，"数据类型"为 C#中合法的数据类型，"数组名"为 C#中合法的标识符。

例如，以下定义了 3 个一维数组，即整型数组 a、双精度数组 b 和字符串数组 c。

```
int[] a;
double[]  b;
string[]  c;
```

在定义数组后，必须对其进行初始化才能使用。初始化数组有两种方法：动态初始化和静态初始化。

3.6.2 一维数组的动态初始化

动态初始化需要借助 new 运算符，为数组元素分配内存空间，并为数组元素赋初值，数值类型初始化为 0，布尔类型初始化为 false，字符串类型初始化为 null。

动态初始化数组的格式如下：

数组类型[] 数组名 = new 数据类型[n]{元素值$_0$, 元素值$_1$, …, 元素值$_{n-1}$};

其中，"数组类型"是数组中数据元素的数据类型；n 为"数组长度"，可以是整型常量或变量；后面一层大括号为初始值部分。

3.6.3 访问一维数组中的元素

为了访问一维数组中的某个元素，需指定数组名称和数组中该元素的下标(或索引)。所有元素下标从 0 开始，到数组长度减 1。例如，以下语句输出数组 myarr 的所有元素值。

```
for (i = 0;i < 5;i++ )
    //输出 a[i]的值;
```

3.7 异常处理语句和命名空间

3.7.1 异常处理语句

为了保证程序更加完备，经常在程序中会使用到异常处理语句 try-catch-finally，其使用语法格式如下：

```
try
{ 被保护的语句块; }
catch {异常声明 1}
{ 语句 1; }
finally
{ 完成善后工作的语句块; }
```

其中，各部分的说明如下。

try 块：封装了程序要执行的代码，如果这段代码的过程中出现错误或者异常情况，就会抛出一个异常。

catch 块：在 try 块的后面，封装了处理在 try 代码块中出现的错误所采取的措施。

finally 块：在错误处理功能的例程末尾，无论是使用函数处于正常状态，还是因为抛出错误而处于不正常状态，这个块中的代码都要执行。另外，不能跳出 finally 块，如果跳转语句要跳出 try 块，仍要执行 finally 块。

【例 3.3】 设计检测两个整数除法运算错误的网页 WebForm3-3，做除法运算的两个正整数由用户输入。

其设计步骤如下。

① 在 Myaspnet 网站的 ch3 文件夹中添加一个名称为 WebForm3-3 的空网页。

② 其设计界面如图 3.6 所示，其中包含 3 个标签(id 为 Label1～Label3)、3 个文本框(id 为 TextBox1～TextBox3)和一个命令按钮 Button1。

③ 双击 Button1 控件，出现代码编辑窗口，输入以下事件过程代码(只输入黑体部分)：

```
protected void Button1_Click(object sender, EventArgs e)
{   int a, b, c;
    string mystr = "";
    try
    {   a = int.Parse(TextBox1.Text);
        b = int.Parse(TextBox2.Text);
        c = a/b;
        mystr = string.Format("{0}",c);
    }
    catch(DivideByZeroException ex)
    {
        mystr = "除零错误";
    }
    catch (Exception ex)
    {
        mystr = ex.Message;
```

```
    }
    finally
    {
        TextBox3.Text = mystr;
    }
}
```

其中,DivideByZeroException 是除零异常类,Exception 是异常类,前者是从后者派生的。Exception 类包含 Message 属性,在出现异常时包含相应的错误信息。

单击工具栏中的▶按钮运行本网页,在“数 1”文本框中输入 12,在“数 2”文本框中输入 0,单击“相除”命令按钮,出现异常,被第一个 catch 子句检测到,修改 mystr 的值。不论是否出现异常,都会执行 finally 中包含的语句,其运行结果如图 3.7 所示。

图 3.6 WebForm3-3 网页设计界面

图 3.7 WebForm3-3 网页运行界面

3.7.2 使用命名空间

在 C#中,一个应用程序包含太多的内容,则需通过使用命名空间进行分类。使用命名空间有两种方式,一种是明确指出名称空间的位置,另一种是通过 using 关键字引用命名空间。任何一个名称空间都可以在代码中直接使用。

例如:

```
using System;
```

这个语句就是引用 System 命名空间。这样在程序中就可以使用 System 命名空间中包含的类或结构等。在前面的例子程序的逻辑代码中,前若干行都是采用 using 语句引用相关的命名空间的,只是为了节省而没有在代码中列出。

3.8 面向对象程序设计

3.8.1 类

从计算机语言角度来说,类是一种数据类型,而对象是具有这种类型的变量。

1. 类的声明

类的声明语法格式如下:

```
[类的修饰符] class 类名 [:基类名]
{
    //类的成员;
}[;]
```

其中,class 是声明类的关键字;“类名”必须是合法的 C# 标识符;“类的修饰符”有多个,其说明如表 3.5 所示。

表 3.5 类的访问修饰符

类的修饰符	说明
public	公有类。表示对该类的访问不受限制
protected	保护类。表示只能从所在类和所在类派生的子类进行访问
internal	内部类。只有其所在类才能访问
private	私有类。只有该类才能访问
abstract	抽象类。表示该类是一个不完整的类,不允许建立类的实例
sealed	密封类。不允许从该类派生新的类

例如,以下声明了一个 Person 类。

```
public class Person
{   public int pno;                        //编号
    public string pname;                   //姓名
    public void setdata(int no, string name)
    {
        pno = no; pname = name;
    }
    public void getpno()
    {
        return pno;
    }
    public void getpname()
    {
        return pname;
    }
}
```

2. 类的成员

类的成员可以分为两大类:类本身所声明的、从基类中继承而来的。类的成员如表 3.6 所示。

表 3.6 类的成员

类的成员	说明
字段	字段存储类要满足其设计所需要的数据,也称为数据成员
属性	属性是类中可以像类中的字段一样访问的方法。属性可以为类字段提供保护,避免字段在对象不知道的情况下被更改
方法	方法定义类可以执行的操作。方法可以接收提供输入数据的参数,并且可以通过参数返回输出数据。方法还可以不使用参数而直接返回值

续表

类的成员	说　明
事件	事件是向其他对象提供有关事件发生(如单击按钮或成功完成某个方法)通知的一种方式
索引器	索引器允许以类似于数组的方式为对象建立索引
运算符	运算符是对操作数执行运算的术语或符号,如 +、*、< 等
构造函数	构造函数是在第一次创建对象时调用的方法。它们通常用于初始化对象的数据
析构函数	析构函数是当对象即将从内存中移除时由运行库执行引擎调用的方法。它们通常用来确保需要释放的所有资源都得到了适当的处理

类的成员也可以使用不同的访问修饰符,从而定义它们的访问级别,类成员的访问修饰符及其说明如表3.7所示。

表3.7　类成员的访问修饰符

类成员的修饰符	说　明
public	公有成员。提供了类的外部界面,允许类的使用者从外部进行访问,这是限制最少的一种访问方式
private	私有成员(默认的)。仅限于类中的成员可以访问,从类的外部访问私有成员是不合法的,如果在声明中没有出现成员的访问修饰符,按照默认方式成员为私有的
protected	保护成员。这类成员不允许外部访问,但允许其派生类成员访问
internal	内部成员。允许同一个命名空间中的类访问
readonly	只读成员。这类成员的值只能读,不能写。也就是说,除了赋予初始值外,在程序的任何一个部分将无法更改这个成员的值

C#中类声明和C++有一个明显的差别是字段可以赋初值,例如,在前面Person类声明中可以将pno字段改为:

```
public int pno = 101;
```

这样Person类的每个对象的pno字段都有默认值101。

3. 分部类

分部类可以将类(结构或接口等)的声明拆分到两个或多个源文件中。若要拆分类的代码,被拆分类的每一部分的定义前边都要用partial关键字修饰。分部类的每一部分都可以存放在不同的文件中,编译时会将所有部分组合起来构成一个完整的类声明。

每个网页的逻辑代码中都声明了一个分部类,例如WebForm3-3网页的逻辑代码WebForm3-3.aspx.cs中有以下代码:

```
public partial class WebForm3_3 : System.Web.UI.Page
{
    ⋮
}
```

以上代码表示 WebForm3 类是一个分部类，它是从 System.Web.UI.Page 类派生的。实际上所有网页类都是从 System.Web.UI.Page 类继承的，ASP.NET 将动态编译网页，并在用户第一次请求时运行网页，如果网页发生更改，编译器将自动对该网页进行重新编译。

3.8.2 对象

类和对象是不同的概念。类定义对象的类型，但它不是对象本身。对象是基于类的具体实体，有时称为类的实例。只有定义类对象时才会给对象分配相应的内存空间。

1. 定义类的对象

一旦声明了一个类，就可以用它作为数据类型来定义类对象（简称为对象）。定义类的对象分为以下两步。

1）定义对象引用

其语法格式如下：

```
类名 对象名;
```

例如，以下语句定义 Person 类的对象引用 p。

```
Person p;
```

2）创建类的实例

其语法格式如下：

```
对象名 = new 类名();
```

例如，以下语句创建 Person 类的对象实例。

```
p = new Person();
```

以上两步也可以合并成一步。其语法格式如下：

```
类名 对象名 = new 类名();
```

例如：

```
Person p = new Person();
```

通常将对象引用和对象实例混用，但读者应了解它们之间的差异。上述语句中 Person() 部分是创建类的实例，然后传递回该对象的引用并赋给 p，这样就可以通过对象引用 p 操作该对象实例。两个对象引用可以引用同一个对象，例如：

```
Person p1 = new Person();
Person p2 = p1;
```

2. 访问对象的字段

访问对象字段的语法格式如下：

```
对象名.字段名
```

其中，“.”是一个运算符，该运算符的功能是表示对象的成员。

例如，前面定义的 p 对象的成员变量表示为：

```
p.pno,p.pname
```

3. 调用对象的方法

调用对象的方法的语法格式如下：

```
对象名.方法名(参数表)
```

例如，调用前面定义的 p 对象的成员方法 setdata 为：

```
p.setdata(101,"Mary");
```

【例 3.4】 设计一个显示类对象成员的网页 WebForm3-4。

其设计步骤如下。

① 在 Myaspnet 网站的 ch3 文件夹中添加一个名称为 WebForm3-4 的空网页。

② 选择“网站”|“添加新项”菜单命令，出现“添加新项”对话框，从模板列表中选择“类”选项，保持默认类名 Class1，如图 3.8 所示，单击“添加”按钮，将该类文件放在 App_Code 文件夹中，设计 Class1 类的代码如下(只输入黑体部分)：

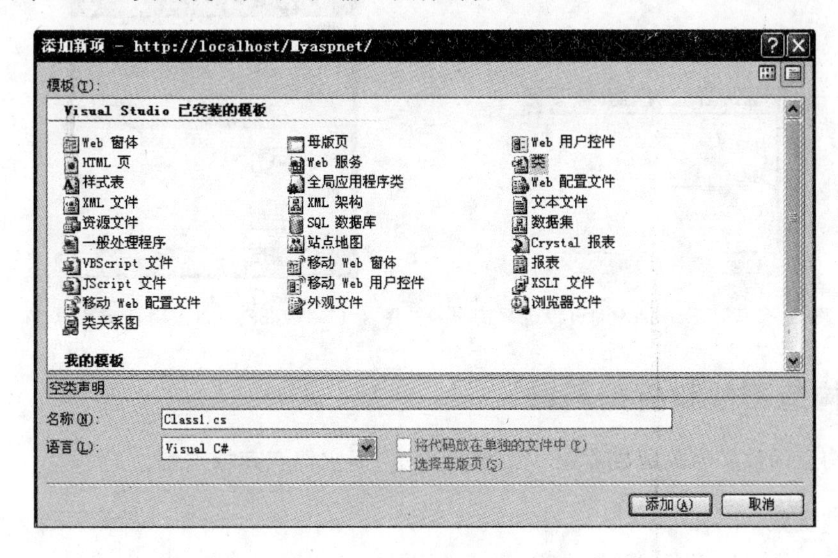

图 3.8 “添加新项”对话框

```
public class Class1
{   int xh = 0;
    string xm = "";
    public void setdata(int xh1,string xm1)
    {
        xh = xh1; xm = xm1;
    }
    public int getxh()
    {
        return xh;
```

```
    }
    public string getxm()
    {
        return xm;
    }
}
```

③ 保存该文件后,设计 WebForm3-4 网页的界面如图 3.9 所示,其中包含两个标签(id 为 Label1 和 Label2)、两个文本框(id 为 TextBox1 和 TextBox2)和一个命令按钮 Button1。将两个文本框的 ReadOnly 属性设置为 True。

④ 双击 Button1 控件,出现代码编辑窗口,输入以下事件过程代码(只输入黑体部分):

```
protected void Button1_Click(object sender, EventArgs e)
{   Class1 st = new Class1();              //定义类对象 st
    st.setdata(101,"王华");                //调用方法
    TextBox1.Text = string.Format("{0}",st.getxh());
    TextBox2.Text = st.getxm();
}
```

单击工具栏中的▶按钮运行本网页,单击"显示"命令按钮,其运行结果如图 3.10 所示。

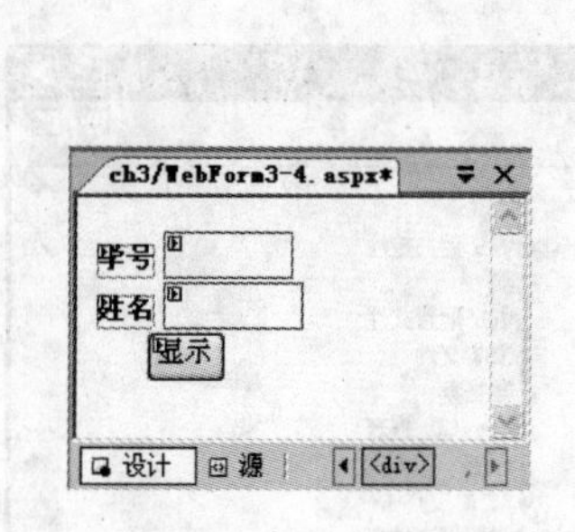

图 3.9　WebForm3-4 网页设计界面

图 3.10　WebForm3-4 网页运行界面

3.8.3 构造函数和析构函数

类的构造函数和析构函数都是类的成员方法,但它们有其特殊性。

1. 构造函数

构造函数是在创建给定类型的对象时执行的类方法。构造函数具有如下性质。

- 构造函数的名称与类的名称相同。
- 构造函数尽管是一个函数,但没有任何类型,即它既不属于返回值函数也不属于 void 函数。
- 一个类可以有多个构造函数,但所有构造函数的名称都必须相同,它们的参数各不相同,即构造函数可以重载。
- 当类对象创建时,构造函数会自动地执行;由于它们没有返回类型,不能像其他函数那样进行调用。
- 当类对象声明时,调用哪一个构造函数取决于传递给它的参数类型。

• 构造函数不能被继承。

当定义类对象时，构造函数会自动执行。因为一个类可能会有包括默认构造函数在内的不止一种构造函数，下面讨论如何调用特定的构造函数。

1）调用默认构造函数

不带参数的构造函数称为“默认构造函数”。无论何时，只要使用 new 运算符实例化对象，并且不为 new 提供任何参数，就会调用默认构造函数。假设一个类包含有默认构造函数，调用默认构造函数的语法如下：

```
类名 对象名 = new 类名();
```

如果没有为对象提供构造函数，则默认情况下 C#将创建一个构造函数，该构造函数实例化对象，并将所有成员变量设置为相应的默认值。

2）调用带参数的构造函数

假设一个类中包含有带参数的构造函数，调用这种带参数的构造函数的语法如下：

```
类名 对象名 = new 类名(参数表);
```

其中，“参数表”中的参数可以是变量，也可以是表达式。

【例 3.5】 采用构造函数方式设计一个与例 3.4 功能相同的网页 WebForm3-5。

其设计步骤如下。

① 在 Myaspnet 网站的 ch3 文件夹中添加一个名称为 WebForm3-5 的空网页。

② 打开 Class1.cs 文件，输入以下代码：

```
public class Class2
{   int xh = 0;
    string xm = "";
    public Class2(int xh1, string xm1)
    {
        xh = xh1; xm = xm1;
    }
    public int getxh()
    {
        return xh;
    }
    public string getxm()
    {
        return xm;
    }
}
```

③ 将 WebForm3-4 网页设计界面复制到本网页中，双击 Button1 控件，出现代码编辑窗口，输入以下事件过程代码（只输入黑体部分）：

```
protected void Button1_Click(object sender, EventArgs e)
{     Class2 st = new Class2(101,"王华");
      TextBox1.Text = string.Format("{0}", st.getxh());
      TextBox2.Text = st.getxm();
}
```

本网页的运行结果与 WebForm3-4 网页相同。

2. 析构函数

在对象不再需要时，希望确保它所占的存储单元能被收回。C# 中提供了析构函数用于专门释放被占用的系统资源。析构函数具有如下性质：

- 析构函数在类对象销毁时自动执行。
- 一个类只能有一个析构函数，而且析构函数没有参数，即析构函数不能重载。
- 析构函数的名称是"～"加上类的名称（中间没有空格）。
- 与构造函数一样，析构函数也没有返回类型。
- 析构函数不能被继承。

3.8.4 属性

属性描述了对象的具体特性，它提供了对类或对象成员的访问。C# 中的属性更充分地体现了对象的封装性，不直接操作类的字段，而是通过访问器进行访问。

属性在类模块里是采用如下方式进行声明的，即指定变量的访问级别、属性的类型、属性的名称，然后是 get 访问器或者 set 访问器代码块。其语法格式如下：

```
修饰符 数据类型   属性名称
{   get 访问器
    set 访问器
}
```

属性是通过"访问器"来实现的：访问器是数据字段赋值和检索其值的特殊方法。使用 set 访问器可以为数据字段赋值，使用 get 访问器可以检索数据字段的值。

属性是为了保护类的字段。通常的情况下，将字段设计为私有的，设计一个对其进行读或写的属性。在属性的 get 访问器中，用 return 来返回该字段的值，在属性的 set 访问器中可以使用一个特殊的隐含参数 value，该参数包含用户指定的值。

【例 3.6】 采用属性方式设计一个与例 3.4 功能相同的网页 WebForm3-6。

其设计步骤如下。

① 在 Myaspnet 网站的 ch3 文件夹中添加一个名称为 WebForm3-6 的空网页。

② 打开 Class1.cs 文件，输入以下代码：

```
public class Class3
{   int xh = 0;
    string xm = "";
    public int pxh
    {  get {  return xh; }
       set {  xh = value; }
    }
    public string pxm
    {  get { return xm; }
       set {  xm = value; }
    }
}
```

③ 将 WebForm3-4 网页设计界面复制到本网页中，双击 Button1 控件，出现代码编辑窗口，输入以下事件过程代码(只输入黑体部分)：

```
protected void Button1_Click(object sender, EventArgs e)
{   Class3 st = new Class3();
    st.pxh = 101;
    st.pxm = "王华";
    TextBox1.Text = string.Format("{0}",st.pxh);
    TextBox2.Text = st.pxm;
}
```

本网页的运行结果与 WebForm3-4 网页相同。

3.8.5 方法

方法包含一系列的代码块。从本质上来讲，方法就是和类相关联的动作，是类的外部界面。用户可以通过外部界面来操作类的私有字段。

1. 方法的定义

定义方法的基本格式如下：

```
修饰符 返回类型 方法名(参数列表)
{
    //方法的具体实现;
}
```

其中，如果省略“修饰符”，默认为 private；“返回类型”指定该方法返回数据的类型，它可以是任何有效的类型，如果方法不需要返回一个值，其返回类型必须是 void；“参数列表”是用逗号分隔的类型、标识符对，这里的参数是形参，本质上是变量，它用来在调用方法时接收实参传给方法的值，如果方法没有参数，那么“参数列表”为空。

2. 方法的返回值

方法可以向调用方返回某一特定的值。如果返回类型不是 void 则该方法可以用 return 关键字来返回值，return 还可以用来停止方法的执行。

3. 方法的参数

方法中的参数是保证不同的方法间互动的重要桥梁，方便用户对数据的操作。C#中方法的参数有 4 种类型。

1) 值参数

不含任何修饰符，当利用值向方法传递参数时，编译程序给实参的值做一份复制，并且将此复制传递给该方法，被调用的方法不会修改内存中实参的值，所以使用值参数时是可以保证实参值的安全性的。在调用方法时，如果形参的类型是值参数的话，调用的实参的表达式必须保证是正确的值表达式。

例如，前面 Class1 类中 setdata 方法中的参数就是值参数。

2）引用型参数

以 ref 修饰符声明的参数属引用型参数。引用型参数本身并不创建新的存储空间，而是将实参的存储地址传递给形参。所以对形参的修改会影响原来实参的值。在调用方法前，引用型实参必须被初始化，同时在调用方法时，对应引用型参数的实参也必须使用 ref 修饰。

例如，以下定义的 MyClass 类中的 addnum 方法使用了一个引用型参数 num2。

```
public class MyClass
{   int num = 0;
    public void addnum(int num1, ref int num2)
    {   num2 = num + num1;   }
}
```

以下语句调用 addnum 方法时实参 x 发生改变。

```
int x = 0;
MyClass s = new MyClass();
s.addnum(5, ref x);         //x 的值变为 5
```

3）输出参数

以 out 修饰符声明的参数属输出参数。与引用型参数类似，输出型参数也不开辟新的内存区域。与引用型参数的差别在于：调用方法前无须对变量进行初始化。输出型参数用于传递方法返回的数据，out 修饰符后应跟随与形参的类型相同的类型，声明在方法返回后传递的变量被认为经过了初始化。

例如，以下定义的 MyClass 类中的 addnum 方法使用了一个输出参数 num2。

```
public class MyClass
{   int num = 0;
    public void addnum(int num1, out int num2)
    { num2 = num + num1; }
}
```

以下语句调用 addnum 方法时实参 x 发生改变。

```
int x;
MyClass s = new MyClass();
s.addnum(5, out x);         //x 的值变为 5
```

4）数组型参数

以 params 修饰符声明数组型参数。params 关键字可以在参数数目可变的情况下使用。在方法声明中的 params 关键字之后不允许任何其他参数，并且在方法声明中只允许一个 params 关键字。数组型参数不能再有 ref 和 out 修饰符。

例如，以下定义的 MyClass 类中的 addnum 方法使用了一个数组型参数 b。

```
public class MyClass
{   int num = 10;
    public void addnum(ref int sum, params int[] b)
    {   sum = num;
        foreach (int item in b)
```

```
        sum += item;
    }
}
```

以下语句求实参数组 a 的所有元素之和。

```
int[] a = new int[3] { 1, 2, 3 };
int x = 0;
MyClass s = new MyClass();
s.addnum(ref x,a);          //x 的值为 6
```

4. 方法的重载

方法的重载是指调用同一方法名，但是使用不同的数据类型的参数或者参数的次序不一致。只要一个类中有两个以上的同名方法，且使用的参数类型或者个数不同，编译器就可以判断在哪种情况下调用哪种方法。

为此，C#中引入了成员签名的概念。成员签名包含成员的名称和参数列表，每个成员签名在类型中必须是唯一的，只要成员的参数列表不同，成员的名称则可以相同。如果同一个类有两个或多个这样的成员（方法、属性、构造函数等），它们具有相同的名称和不同的参数列表，则称该同类成员进行了重载，但它们的成员签名是不同的。

例如，下面的代码实现了 MethodTest 方法的重载（假设都是某个类的成员），它们是不同的成员签名。

```
public int MethodTest(int i,int j)          //重载方法 1
{
    //代码
}
public int MethodTest(int i)                //重载方法 2
{
    //代码
}
public string MethodTest(string sr)         //重载方法 3
{
    //代码
}
```

3.8.6 C# 中常用类和结构

C#提供了各种功能丰富的内建类和结构，其中有些类和结构是经常使用的，本节予以介绍。

1. String 类

前面介绍过，string 类表示字符串，实际上，string 是.NET 框架中的 String 类的别名。string 类定义了相等运算符（==和!=）用于比较两个 string 对象，另外，+运算符用于连接字符串，[]运算符可以用来访问 string 中的各个字符。

String 类位于 System 命名空间中，用于字符串的处理。String 类常用的属性如表 3.8

所示，常用的方法如表3.9所示，使用这些属性和方法会为字符串的处理带来极大的方便。

表3.8 String的常用属性及其说明

属 性	说 明
Chars	获取此字符串中位于指定字符位置的字符
Length	获取此字符串中的字符数

表3.9 String的常用方法及其说明

方 法	说 明
Compare	静态方法。比较两个指定的String对象
CompareTo	非静态方法。将此字符串与指定的对象或String进行比较，并返回两者相对值的指示
Concat	静态方法。连接String的一个或多个字符串
Contains	非静态方法。返回一个值，该值指示指定的String对象是否出现在此字符串中
Equals	非静态方法。确定两个String对象是否具有相同的值
Format	静态方法。将指定的String中的每个格式项替换为相应对象的值的文本等效项
IndexOf	非静态方法。返回String或一个或多个字符在此字符串中的第一个匹配项的索引
Insert	非静态方法。在该String中的指定索引位置插入一个指定的String
Remove	非静态方法。从该String中删除指定个数的字符
Replace	非静态方法。将该String中的指定String的所有匹配项替换为其他指定的String
Split	非静态方法。返回包含该String中的子字符串(由指定Char或String数组的元素分隔)的String数组
Substring	非静态方法。从此字符串中检索子字符串
ToLower	非静态方法。返回该String转换为小写形式的副本
ToUpper	非静态方法。返回该String转换为大写形式的副本
Trim	非静态方法。从此字符串的开始位置和末尾移除一组指定字符的所有匹配项

注意：一个类的方法有静态方法和非静态方法之分。对于静态方法，只能通过类名来调用，对于非静态方法，需通过类的对象来调用。

2. Math类

Math类位于System命名空间中，它包含了实现C#中常用算术运算功能的方法，其中的方法都是静态方法，可通过"Math.方法名(参数)"来使用，常用的方法如表3.10所示。

表 3.10　Math 类的常用方法

名　称	说　明
Abs	返回指定数字的绝对值
Acos	返回余弦值为指定数字的角度
Asin	返回正弦值为指定数字的角度
Atan	返回正切值为指定数字的角度
Atan2	返回正切值为两个指定数字的商的角度
Ceiling	返回大于或等于指定数字的最小整数
Cos	返回指定角度的余弦值
Cosh	返回指定角度的双曲余弦值
DivRem	计算两个数字的商,并在输出参数中返回余数
Exp	返回 e 的指定次幂
Floor	返回小于或等于指定数字的最大整数
Log	返回指定数字的对数
Log10	返回指定数字以 10 为底的对数
Max	返回两个指定数字中较大的一个
Min	返回两个数字中较小的一个
Pow	返回指定数字的指定次幂
Round	将值舍入到最接近的整数或指定的小数位数
Sign	返回表示数字符号的值
Sin	返回指定角度的正弦值
Sinh	返回指定角度的双曲正弦值
Sqrt	返回指定数字的平方根
Tan	返回指定角度的正切值
Tanh	返回指定角度的双曲正切值
Truncate	计算一个数字的整数部分

3. Convert 类

Convert 类位于 System 命名空间中,用于将一个值类型转换成另一个值类型。其中的方法都是静态方法,可通过“Convert. 方法名(参数)”来使用,常用的方法如表 3.11 所示。

表 3.11　Convert 类的常用方法

方　法	说　明
ToBoolean	将数据转换成 Boolean 类型
ToDataTime	将数据转换成日期时间类型
ToInt16	将数据转换成 16 位整数类型
ToInt32	将数据转换成 32 位整数类型
ToInt64	将数据转换成 64 位整数类型
ToNumber	将数据转换成 Double 类型
ToObject	将数据转换成 Object 类型
ToString	将数据转换成 String 类型

4. DateTime 结构类

DateTime 结构类位于 System 命名空间中，DateTime 类变量表示值范围在公元 0001 年 1 月 1 日午夜 12:00:00 到公元 9999 年 12 月 31 日晚上 11:59:59 之间的日期和时间。可以通过以下语法格式定义一个日期时间变量。

```
DateTime 日期时间变量 = new DateTime(年,月,日,时,分,秒);
```

例如，以下语句定义了 2 个日期时间变量。

```
DateTime d1 = new DateTime(2009,10,1);
DateTime d2 = new DateTime(2009,10,1,8,15,20);
```

其中，d1 的值为 2009 年 10 月 1 日零点零分零秒，d2 的值为 2009 年 10 月 1 日 8 点 15 分 20 秒。

DateTime 结构的常用属性如表 3.12 所示，常用方法如表 3.13 所示。

表 3.12　DateTime 结构的常用属性

属性	说明
Date	获取此实例的日期部分
Day	获取此实例所表示的日期为该月中的第几天
DayOfWeek	获取此实例所表示的日期是星期几
DayOfYear	获取此实例所表示的日期是该年中的第几天
Hour	获取此实例所表示日期的小时部分
Millisecond	获取此实例所表示日期的毫秒部分
Minute	获取此实例所表示日期的分钟部分
Month	获取此实例所表示日期的月份部分
Now	获取一个 DateTime 对象，该对象设置为此计算机上的当前日期和时间，表示为本地时间
Second	获取此实例所表示日期的秒部分
TimeOfDay	获取此实例的当天的时间
Today	获取当前日期
Year	获取此实例所表示日期的年份部分

表 3.13　DateTime 结构的常用方法

方法	说明
AddDays	非静态方法。将指定的天数加到此实例的值上
AddHours	非静态方法。将指定的小时数加到此实例的值上
AddMilliseconds	非静态方法。将指定的毫秒数加到此实例的值上
AddMinutes	非静态方法。将指定的分钟数加到此实例的值上
AddMonths	非静态方法。将指定的月份数加到此实例的值上
AddSeconds	非静态方法。将指定的秒数加到此实例的值上
AddYears	非静态方法。将指定的年份数加到此实例的值上
Compare	静态方法。比较 DateTime 的两个实例，并返回它们相对值的指示
CompareTo	非静态方法。将此实例与指定的对象或值类型进行比较，并返回两者相对值的指示
DaysInMonth	静态方法。返回指定年和月中的天数
IsLeapYear	静态方法。返回指定的年份是否为闰年的指示
Parse	静态方法。将日期和时间的指定字符串表示转换成其等效的 DateTime

3.9 继承

3.9.1 继承的概念

为了对现实世界中的层次结构进行模型化，于是面向对象的程序设计技术引入了继承的概念。继承是面向对象程序设计最重要的特征之一。任何类都可以从另外一个类继承而来，即这个类拥有它所继承类的所有成员。C#提供了类的继承机制，但C#只支持单继承不支持多重继承，即在C#中一次只允许继承一个类，不允许继承多个类。

一个类从另一个类派生出来时，称之为派生类或子类，被派生的类称为基类或父类。派生类从基类那里继承特性，派生类也可以作为其他类的基类，从一个基类派生出来的多层类形成了类的层次结构。

C#中的继承具有以下特点。

- C#中只允许单继承，即一个派生类只能有一个基类。
- C#中继承是可以传递的，如果C从B派生，B从A派生，那么C不仅继承B的成员，还继承A的成员。
- C#中派生类可以添加新成员，但不能删除基类的成员。
- C#中派生类不能继承基类的构造函数和析构函数，但能继承基类的属性。
- C#中派生类可以隐藏基类的同名成员，如果在派生类中隐藏了基类的同名成员，基类该成员在派生类中就不能被直接访问，只能通过"base.基类方法名"来访问。
- C#中派生类对象也是基类的对象，但基类对象却不一定是基派生类的对象。也就是说，基类的引用变量可以引用基派生类对象，而派生类的引用变量不可以引用基类对象。

3.9.2 派生类的声明

派生类的声明格式如下：

```
[类修饰符] class 派生类: 基类;
```

C#中派生类可以从它的基类中继承字段、属性、方法、事件、索引器等，实际上除了构造函数和析构函数，派生类隐式地继承了基类的所有成员。

下面来看一个例子。

先声明一个基类：

```
class A
{    private int n;                  //私有字段
     protected int m;                //保护的字段
     public void afun()              //公有方法
     {
        //方法的代码
     }
}
```

再声明一个 B 类继承 A 类(注意：继承是用“:”来表示的)：

```
class B : A
{
    private int x;                              //私有字段
    public void bfun()                          //公有方法
    {
      //方法的代码
    }
}
```

在主函数中包含以下代码：

```
B b = new B();                                  //定义对象并实例化
b.afun();
```

从中可以看出 A 类的 afun()方法在 B 类中不用重写。因为 B 类继承了 A 类，所以可以不用重写 A 类中的 afun()方法，就可以通过 B 类的对象调用。

3.9.3 基类成员的可访问性

派生类将获取基类的所有非私有数据和方法以及新类为自己定义的所有其他数据或方法。在前面的例子中，基类 A 中保护的字段 m 和公有方法 afun 都被继承到派生类 B 类中，这样在 B 类中隐含有保护的字段 m 和公有方法 afun。但基类 A 中的私有字段 n 不能被继承到派生类 B 中。

所以，如果希望在派生类中隐藏某些基类的成员，可以在基类中将这些成员设为 private 访问成员。

3.9.4 使用 sealed 修饰符来禁止继承

C# 中提供了 sealed 关键字用来禁止继承。要禁止继承一个类，只需要在声明类时加上 sealed 关键字就可以了，这样的类称为密封类。例如：

```
sealed class 类名
{
  ⋮
}
```

这样就不能从该类派生任何子类了。

练习题 3

1. 简述 C# 中值类型和引用类型的异同。
2. 简述 C# 中值类型变量和引用类型变量定义的方法。
3. 简述 C# 中结构类型声明和使用方法。
4. 简述 C# 中 switch 语句的执行过程。
5. 简述 C# 中 while、do-while 和 for 语句的执行过程。
6. 简述 C# 中二维数组的定义和使用方法。

7. 简述C#中异常处理语句的使用方法。

8. 简述C#中类的声明方法,有哪些类访问修饰符和类成员访问修饰符,它们各有什么特点。

9. 简述C#中构造函数和析构函数的特点。

10. 简述C#中类的静态方法和非静态方法有什么不同。

11. 简述C#中方法参数有哪些类型,各有什么特点。

12. 简述C#中方法重载和重写有什么不同。

上机实验题3

在Myaspnet网站的ch3文件夹中添加一个名称为WebForm3-5的网页,设计一个Class4类,包含Link和Sort方法,前者用于将一个字符串数组所有元素连接成一个字符串,后者对字符串数组中所有元素递增排序。在网页中先显示所有字符串,用户单击“排序”按钮后显示排序后的结果,如图3.11所示。

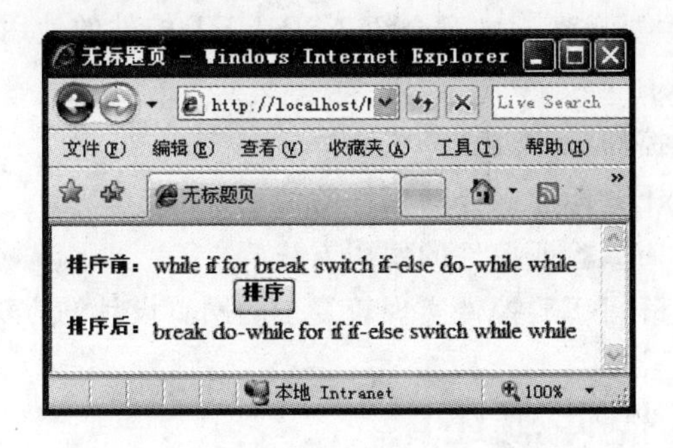

图3.11　WebForm3-5网页运行界面

CHAPTER 4

第4章 ASP.NET 控件

控件是一个可重用的组件或对象，有自己的属性、方法和可以响应的事件。控件的基本属性定义了控件的显示外观。ASP. NET 控件是组成 ASP. NET 网页内容的主要元素。本章介绍 ASP. NET 控件的使用方法。

本章学习要点：

☑ 掌握 ASP. NET 控件的分类。

☑ 掌握各种 ASP. NET 标准服务器控件的使用方法。

☑ 掌握各种 ASP. NET 验证控件的使用方法。

☑ 掌握使用各种 ASP. NET 控件实现较复杂的网页设计的方法。

4.1 ASP. NET 控件概述

4.1.1 ASP.NET 控件的分类

ASP. NET 控件分为服务器控件和 HTML 标记(即非服务器控件)，服务器控件是在服务器端运行的执行程序逻辑的组件，服务器端的程序可以访问这类控件，服务器控件编程的关键是 runat 属性；而 HTML 标记是在客户端运行的，服务器端的程序不能访问这类控件。所有的服务器控件都放在<form runat="server">与</form>标记之间。如果一个控件使用了 runat="server"属性进行声明，则该控件被认为是服务器控件，ASP. NET 在服务器上处理网页时就会生成该控件的一个实例；如果一个控件没有使用 runat="server"属性进行声明，则该控件被认为是 HTML 标记，像第 2 章中制作表单时从工具箱的 HTML 选项卡拖放到表单中的 HTML 控件都是 HTML 标记，可以通过加上 runat="server"属性将它们改为服务器控件。

ASP. NET 服务器控件又分为两大类：Web 服务器控件和 HTML 服务器控件。HTML 服务器控件就是 HTML 标记加上 runat="server"属性而成的，它们与 HTML 标记一一对应，其用法也与 HTML 标记类似，在第 2 章中已介绍过其用法，本章不再介绍。Web 服务器控件不与 HTML 标记一一对应。

ASP. NET 提供了丰富的 Web 服务器控件，包括标准控件、验证控件、登录控件和导航控件等。本章重点介绍前两类控件的使用方法。

在开发 ASP. NET 应用程序时，建议使用 Web 服务器控件，如果不需要交互，可以使用普通的 HTML 标记。此外用户还可以定义自己的控件，即用户控件，使用用户控件可以提高程序的可重用性。

4.1.2　Web 服务器控件的公共属性、方法和事件

Web 服务器控件位于 System. Web. UI. WebControl 命名空间中，是从 WebControl 基类中直接或间接派生的。通常的情况下，Web 服务器控件都包含在 ASP. NET 网页中。当运行网页时，. NET 框架执行引擎将根据控件成员对象和程序逻辑定义完成一定的功能。

1. Web 服务器控件的公共属性

Web 服务器控件的属性可以通过“属性”窗口来设置，也可以通过 HTML 代码实现，例如，设置 Label 控件的属性代码如下：

```
<asp:Label ID = "Label1" runat = "server" Font - Bold = "True"
    Font - Size = "Small" Text = "一个标签" Width = "81px"></asp:Label>
```

Web 服务器控件以“asp:”为前缀，ID 属性指定其 ID 值，作为控件的唯一标识。每个 Web 服务器控件都有一系列的属性，它的公共属性如下。

1) AccessKey 属性

该属性可以用来指定键盘的快捷键。当使用者按住键盘上的 Alt 键再加上所指定的键时，表示选择该控件。

2) BackColor 属性

该属性设定对象的背景色，其属性的设定值为颜色名称或是#RRGGBB 的格式。

3) BorderWidth 属性

该属性可以用像素来设定控件的边框宽度。

4) BorderColor 属性

该属性可以用来设定控件的边框的颜色。

5) BorderStyle 属性

该属性可用来设定控件的边框样式，总共有以下 10 种设定。

(1) NotSet：未设置边框样式。

(2) None：无边框。

(3) Dotted：虚线边框。

(4) Dashed：点划线边框。

(5) Solid：实线边框。

(6) Double：双实线边框。

(7) Groove：用于凹陷边框外观的凹槽状边框。

(8) Ridge：用于凸起边框外观的凸起边框。

(9) Inset：用于凹陷控件外观的内嵌边框。

(10) Outset 用于凸起控件外观的外嵌边框。

6) Enabled 属性

该属性用来决定控件是否正常工作,默认值是 True。

7) Font 属性

该属性用于设置控件的字体字型及大小。包括以下 8 个子属性用来设定字型的样式。

(1) FontInfo. Bold 属性: 获取或设置一个值,该值指示字体是否为粗体。

(2) FontInfo. Italic 属性: 获取或设置一个值,该值指示字体是否为斜体。

(3) FontInfo. Name 属性: 获取或设置主要字体名称。

(4) FontInfo. Names 属性: 获取或设置主要字体名称序列。

(5) FontInfo. Size 属性: 获取或设置字体大小。

(6) FontInfo. Overline 属性: 获取或设置一个值,该值指示字体是否带上划线。

(7) FontInfo. Strikeout 属性: 获取或设置一个值,该值指示字体是否带删除线。

(8) FontInfo. Underline 属性: 获取或设置一个值,该值指示字体是否带下划线。

8) Height 属性、Width 属性

这两个属性用来设定控件的高和宽,单位是 pixel(像素)。

9) TabIndex 属性

用来设定当用户按 Tab 键时,控件接收焦点的顺序,如果没有设定这个属性,其默认值为零。如果控件的 TabIndex 属性值相同,则是以控件在 ASP. NET 网页中被配置的顺序来决定。

10) ToolTip 属性

该属性就是小提示。在设定本属性后,当用户停留在控件上时就会出现提示的文字。

11) Visible 属性

该属性决定控件是否显示。设定为 False 时,在运行网页时看不到控件。

2. Web 服务器控件的公共方法

1) ApplyStyleSheetSkin 方法

该方法将页样式表中定义的样式属性应用到控件。

2) DataBind 方法

该方法将数据源绑定到被调用的服务器控件及其所有子控件。

3) Dispose 方法

该方法使服务器控件得以在从内存中释放之前执行最后的清理操作。

4) FindControl 方法

该方法在当前的命名容器中搜索指定的服务器控件。

5) Focus 方法

该方法为控件设置输入焦点。

6) GetType 方法

该方法获取当前实例的类型。

7) HasControls 方法

该方法确定服务器控件是否包含任何子控件。

8）RenderControl 方法

该方法生成服务器控件 HTML 输出。

9）ResolveClientUrl 方法

该方法获取浏览器可以使用的 URL。

10）ResolveUrl 方法

该方法将 URL 转换为在请求客户端可用的 URL。

3. Web 服务器控件的公共事件

1）DataBinding 事件

该事件当服务器控件绑定到数据源时发生。

2）Disposed 事件

该事件当从内存释放服务器控件时发生，这是请求 ASP.NET 网页时服务器控件生存期的最后阶段。

3）Init 事件

该事件当服务器控件初始化时发生；初始化是控件生存期的第一步。

4）Load 事件

该事件当服务器控件加载网页时发生。

5）PreRender 事件

该事件在加载控件对象之后、呈现之前发生。

6）Unload 事件

该事件当服务器控件从内存中卸载时发生。

4.1.3　Web 服务器控件的相关操作

1. 向网页中添加 Web 服务器控件

有 3 种向网页中添加 Web 服务器控件的方法。

1）双击实现添加控件

在网页上，把光标停留在要添加控件的位置上，在工具箱中双击要添加的控件图标，Web 服务器控件就会呈现在网页上光标停留的位置。

2）拖放实现添加控件

在工具箱中找到要添加的控件，然后拖放到网页中。

3）使用代码添加控件

在网页 源 视图中通过输入相应的代码来添加控件。

2. 网页控件的布局

设计 Web 窗体不像设计 Form 窗体那样可以随意布局控件，有时设计时对齐的控件在浏览器中显示时却不能对齐，这需要进行控件布局设计，常用方法有以下两种。

1）插入表实现网页控件的布局

其操作是，选择“布局”|“插入表”命令，在网页中插入一个合适的表，再在表的单元格中

添加相应的控件。

2）插入层实现网页控件的布局

其操作是，选择“布局”|“插入层”命令，网页上出现一个层方框，在其中拖放控件，通过移动层来将控件移动到合适的位置上。

3. 删除 Web 服务器控件

删除 Web 服务器控件有两种方法：一种方法是选中要删除的控件，按 Delete 键；另一种方法是选中要删除的控件，右击，在弹出的快捷菜单中选择“删除”命令。

4. 动态生成和删除控件

每个控件都是一个类，将控件放置到网页中就是生成该类的一个对象。

例如，标签控件对应的类为 Label，可以将以下语句放在网页的 Page_Load 事件过程中，用于在网页中动态添加一个标签 label1：

```
Label label1 = new Label();
label1.Text = "一个标签";
Page.Controls.Add(label1);
```

其中，Page 是一个网页对象，作为容器可以放置多个控件，其 Controls 属性是一个控件对象集合，保存网页中的所有控件对象，可以用 Add 方法向其中添加控件，也可以用 Clear 等方法删除其中的控件，例如，以下语句用于动态删除网页上的所有控件对象：

```
Page.Controls.Clear();
```

除 Page 之外，容器控件如 Panel 也可以采用上述方法动态生成和删除控件。

4.2 标准服务器控件

标准服务器控件位于工具箱的“标准”选项卡中，下面介绍几个常用的标准服务器控件的使用方法。

4.2.1 Label 控件

Label 控件又称为标签控件，在工具箱中的图标为 A Label，用于显示静态文本。其主要的属性是 Text，用于设置或获取该控件的显示文本。

注意：如果想显示静态文本，可以使用 HTML 控件进行显示（在设计时直接在网页设计界面中输入文本）；并不需要使用 Label 控件。仅当需要在服务器代码中更改文本的内容或其他特性时，才使用 Label 控件。

4.2.2 TextBox 控件

TextBox 控件又称文本框控件，在工具箱中的图标为 abl TextBox，用于供用户输入文本数据。TextBox 控件的常用属性、方法和事件如表 4.1 所示。

表 4.1　TextBox 控件的常用属性、方法和事件

类　型	名　称	说　明
属性	AutoPostBack	设置为 True 时，在文本框内容发生变化时会自动发送包含该文本框的表单
	Columns	设置文本框的水平尺寸，单位为字符
	MaxLength	设置文本框的最大字符数(不能用于多行文本框)
	ReadOnly	设置文本框是否为只读
	Rows	设置文本框的垂直尺寸
	Text	设置文本框中显示的文本
	TextMode	设置文本框的文本模式，可取 MultiLine(多行)、Password(作为密码输入)或 SingleLine(单行)
	Wrap	设置多行文本框中的文本是否回绕
方法	OnTextChanged	引发 TextChanged 事件
事件	TextChanged	当文本框内容发生改变时引发此事件

默认情况下，TextMode 属性设置为 SingleLine，它创建只包含一行的文本框，还可将此属性设置为 MultiLine 或 Password，分别用于多行文本输入和密码输入。

文本框的显示宽度由其 Columns 属性确定。如果文本框是多行文本框，则显示高度由 Rows 属性确定。

使用 Text 属性确定 TextBox 控件的内容。通过设置 MaxLength 属性，可以限制输入到此控件中的字符数。将 Wrap 属性设置为 True 来指定当到达文本框的结尾时，单元格内容应自动在下一行继续。

AutoPostBack 属性决定控件中文本内容修改后，是否自动回发到服务器。默认为 False，即修改文本后并不立即回发到服务器，而是等网页被提交后一并处理。若为 True，则每次更改文本框的内容并且焦点离开控件时，都会自动回发，使服务器处理控件相应的 TextChanged 事件。

【例 4.1】 设计一个用于输入用户名和密码的网页 WebForm4-1。

其设计步骤如下。

① 在 Myaspnet 网站的 ch4 文件夹中添加一个名称为 WebForm4-1 的空网页。

② 其设计界面如图 4.1 所示，其中包含一个 4×2 的表格，有“用户名”和“密码”两个 HTML 标签。表格的第 1 行第 2 列有文本框 TextBox1，第 2 行第 2 列有文本框 TextBox2(其 TextMode 属性设置为 Password)。第 3 行两个单元格合并，并放入一个命令按钮 Button1(Text 设置为“确定”)。第 4 行两个单元格合并，并放入一个标签 Label1(其 Text 属性设置为空)。在该网页上设计如下事件过程：

```
protected void Button1_Click(object sender, EventArgs e)
{   if (TextBox1.Text == "abc" && TextBox2.Text == "1234")
        Label1.Text = "用户名/密码正确";
    else
        Label1.Text = "用户名/密码错误";
}
```

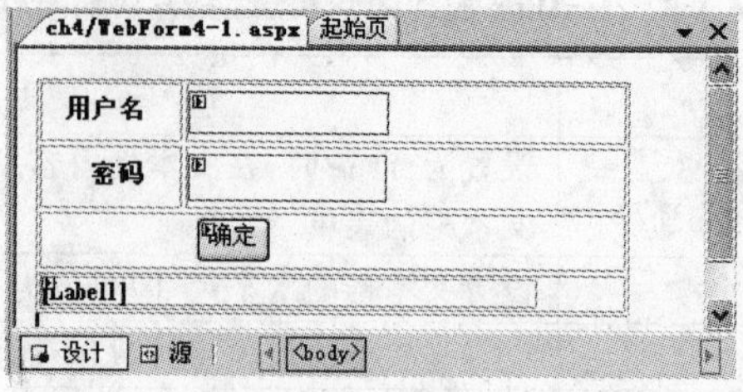

图 4.1　WebForm4-1 网页设计界面

所有服务器控件的所有事件都传递两个参数：sender 参数表示引发事件的对象，e 参数是包含事件数据的对象。

WebForm4-1 网页的源视图代码如下：

```
<%@ Page Language = "C#" AutoEventWireup = "true"
   CodeFile = "WebForm4 - 1.aspx.cs" Inherits = "WebForm4_1" %>
<! DOCTYPE html PUBLIC " - //W3C//DTD XHTML 1.0 Transitional//EN"
   "http://www.w3.org/TR/xhtml1/DTD/xhtml1 - transitional.dtd">
< html xmlns = "http://www.w3.org/1999/xhtml" >
   < head runat = "server">
      < title >无标题页</title >
   </head >
   < body >
      < form id = "form1" runat = "server">
         < div >
            < table style = "width: 309px; height: 120px">
               < tr >
                  < td style = "width: 54px; height: 1px; text - align: right">
                     < span style = "font - size: 10pt">< strong >用户名
                     </strong ></span >
                  </td >
                  < td style = "width: 60px; height: 1px">
                     < asp:TextBox ID = "TextBox1" runat = "server"
                        Width = "98px"></asp:TextBox >
                  </td >
               </tr >
               < tr >
                  < td style = "width: 54px; text - align: right">
                     < strong >< span style = "font - size: 10pt">密码
                     </span ></strong >
                  </td >
                  < td style = "width: 60px">
                     < asp:TextBox ID = "TextBox2" runat = "server"
                        TextMode = "Password" Width = "97px"></asp:TextBox >
                  </td >
               </tr >
               < tr >
                  < td colspan = "2">
                                  
                     < asp:Button ID = "Button1" runat = "server"
```

```
                OnClick = "Button1_Click" Text = "确定" />
            </td>
        </tr>
        <tr>
            <td colspan = "2">
                <asp:Label ID = "Label1" runat = "server"
                Font - Bold = "True" Font - Size = "10pt"
                ForeColor = "#FF0000"
                Width = "258px"></asp:Label>
            </td>
        </tr>
    </table>
   </div>
  </form>
 </body>
</html>
```

单击工具栏中的▶按钮运行本网页，输入 abc/2345，单击“确定”命令按钮，其运行结果如图 4.2 所示（表示输入错误）。

图 4.2　WebForm4-1 网页运行界面

4.2.3 Image 控件

Image 控件又称图像控件，在工具箱中的图标为 Image，用于在网页上显示图像。Image 控件的常用属性如表 4.2 所示。

ImageUrl 属性用来获取 Image 控件中要显示的图像的地址，在通过“属性”窗口设置该属性时，单击 ImageUrl 属性后的...按钮，弹出一个“选择图像”对话框，可以从中选择要显示的图像。

表 4.2　Image 控件的常用属性

属　性	说　明
AlternateText	获取或设置当图像不可用时，Image 控件中显示的替换文本
ImageAlign	获取或设置 Image 控件相对于网页上其他元素的对齐方式
ImageUrl	获取或设置在 Image 控件中显示的图像的位置

4.2.4 Button 控件

Button 控件又称命令按钮控件，在工具箱中的图标为 ab Button。Button 控件的常用属性、方法和事件如表 4.3 所示。

默认的 Button 按钮为 Submit（提交）按钮，这种情况下不要指定 CommandName 属性和 CommandArgument 属性值，对应 HTML 控件中的＜input type＝"submit"＞，其功能是在单击时激活 Click 事件将包含它的表单提交给相应的服务器进行处理。

当设置了 CommandName 属性和 CommandArgument 属性后，Button 按钮成为 Command（命令）按钮，在单击时激活 Command 事件。当多个 Command 按钮共用一个

OnCommand 方法时，可以根据 CommandArgument 值确定单击了哪个 Button 控件。

表 4.3　Button 控件的常用属性、方法和事件

类型	名　称	说　明
属性	Text	设置命令按钮上显示的文本
	CommandName	单击命令按钮时，该值来指定一个命令名称
	CommandArgument	单击命令按钮时，将该值传递给 Command 事件
	CausesValidation	设置为 False，则所提交作为参数的表单不被检验，默认为 True
方法	OnClick	引发 Click 事件
	OnCommand	引发 Command 事件
事件	Click	单击命令按钮且包含它的表单被提交到服务器时，引发此事件
	Command	单击命令按钮时，引发此事件

【例 4.2】　设计一个说明 Submit 和 Command 按钮使用方法的网页 WebForm4-2。

其设计步骤如下。

① 在 Myaspnet 网站的 ch4 文件夹中添加一个名称为 WebForm4-2 的空网页。

② 其设计界面如图 4.3 所示，有 3 个命令按钮和一个标签 Label1。Button1 控件的 Text 属性设为"命令按钮 1"，CommandName 属性设为 Commad，CommandArgument 属性设为"命令按钮 1"；Button2 控件的 Text 属性设为"命令按钮 2"，CommandName 属性设为 Commad，CommandArgument 属性设为"命令按钮 2"；Button3 控件的 Text 属性设为"命令按钮 3"。在该网页上设计如下事件过程：

```
protected void Button1_Command(object sender, CommandEventArgs e)
{
    Label1.Text = "单击的是" + e.CommandArgument.ToString();
}
protected void Button2_Command(object sender, CommandEventArgs e)
{
    Label1.Text = "单击的是" + e.CommandArgument.ToString();
}
protected void Button3_Click(object sender, EventArgs e)
{
    Label1.Text = "单击的是命令按钮 3";
}
```

③ 对应的 源 视图代码如下：

```
<%@ Page Language = "C#" AutoEventWireup = "true"
 CodeFile = "WebForm4-2.aspx.cs" Inherits = "WebForm4_2" %>
<!DOCTYPE html PUBLIC "-//W3C//DTD XHTML 1.0 Transitional//EN"
"http://www.w3.org/TR/xhtml1/DTD/xhtml1-transitional.dtd">
<html xmlns = "http://www.w3.org/1999/xhtml" >
  <head runat = "server">
     <title>无标题页</title>
  </head>
  <body>
     <form id = "form1" runat = "server">
     <div>
```

```
        <asp:Button ID = "Button1" runat = "server"
            CommandArgument = "命令按钮 1" CommandName = "Command"
            OnCommand = "Button1_Command" Text = "命令按钮 1" />
        <asp:Button ID = "Button2" runat = "server"
            CommandArgument = "命令按钮 2" CommandName = "Command"
            OnCommand = "Button2_Command" Text = "命令按钮 2"/>
        <asp:Button ID = "Button3" runat = "server" Text = "命令按钮 3"
            OnClick = "Button3_Click" /><br />
        <asp:Label ID = "Label1" runat = "server" Font - Bold = "True"
              Font - Size = "10pt" ForeColor = "#FF0033"
              Width = "179px"></asp:Label>
      </div>
    </form>
  </body>
</html>
```

其中,Button1 和 Button2 是 Command 按钮,共享 Command 事件; Button3 是 Submit 按钮。单击工具栏中的▶按钮运行本网页,单击"命令按钮 2"命令按钮,其运行结果如图 4.4 所示。

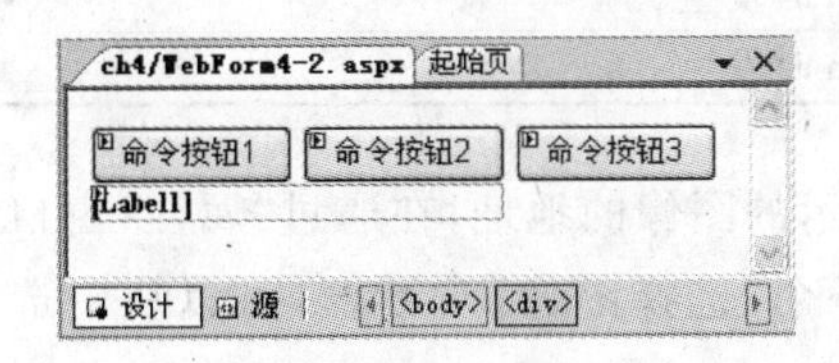

图 4.3 WebForm4-2 设计界面

图 4.4 WebForm4-2 运行界面

4.2.5 LinkButton 控件

LinkButton 控件又称超链接按钮控件,在工具箱中的图标为 LinkButton 。LinkButton 控件在功能上与 Button 控件相似,只是在呈现的样式上不同,LinkButton 控件以超链接的形式显示,它的常用属性和事件如表 4.4 所示。

表 4.4 LinkButton 控件的常用属性和事件

类型	名 称	说 明
属性	CommandArgument	获取或设置与关联的 CommandName 属性一起传递到 Command 事件处理程序的可选参数
	CommandName	获取或设置与 LinkButton 控件关联的命令名,此值与 CommandArgument 属性一起传递到 Command 事件处理程序
	PostBackUrl	获取或设置单击 LinkButton 控件时从当前页发送到的网页的 URL
	Text	获取或设置显示在 LinkButton 控件上的文本标题
事件	Click	在单击 LinkButton 控件时发生
	Command	在单击 LinkButton 控件时发生

和 Button 控件一样，在不设置 CommandName 属性和 CommandArgument 属性值时，LinkButton 控件为提交超链接按钮，当设置 CommandName 属性和 CommandArgument 属性值时，LinkButton 控件为命令超链接按钮。

通过设置 Text 属性或将文本放在 LinkButton 控件的开始和结束标记之间来指定要在 LinkButton 控件中显示的文本。

4.2.6 ImageButton 控件

ImageButton 控件又称超图像按钮控件，在工具箱中的图标为 ImageButton 。ImageButton 控件用于将一个图形指定为按钮，其功能与 Button 控件类似，但按钮外形更美观，它的常用属性和事件如表 4.5 所示。

表 4.5 ImageButton 控件的常用属性和事件

类型	名　称	说　明
属性	CommandArgument	获取或设置一个提供有关 CommandName 属性的附加信息的可选参数
	CommandName	获取或设置与 ImageButton 控件关联的命令名
	ImageAlign	获取或设置 Image 控件相对于网页上其他元素的对齐方式
	ImageUrl	获取或设置在 Image 控件中显示的图像的位置
	PostBackUrl	单击按钮时所发送到的 URL
事件	Click	在单击 ImageButton 时发生
	Command	在单击 ImageButton 时发生

ImageUrl 属性用来获取 Image 控件中要显示的图像的地址，在通过“属性”窗口设置该属性时，单击 ImageUrl 属性后的...按钮，弹出一个“选择图像”对话框，可以从中选择要显示的图像。

PostBackUrl 属性用来设置单击控件时链接到的网页地址。在通过“属性”窗口设置该属性时，单击其后的...按钮，弹出一个“选择 URL”对话框，可以从中选择要链接到的网页地址。

和 Button 控件一样，在不设置 CommandName 属性和 CommandArgument 属性值时，ImageButton 控件为提交图像按钮，当设置 CommandName 属性和 CommandArgument 属性值时，ImageButton 控件为命令图像按钮。

4.2.7 HyperLink 控件

HyperLink 控件又称超链接控件，在工具箱中的图标为 A HyperLink ，用于在网页中建立到其他网页的链接，类似于 HTML 的＜a href＝"..."＞标记。HyperLink 控件的常用属性如表 4.6 所示。

ImageUrl 属性用来获取 Image 控件中要显示的图像的地址，在通过“属性”窗口设置该属性时，单击 ImageUrl 属性后的...按钮，弹出一个“选择图像”对话框，可以从中选择要显示的图像。

NavigateUrl 属性用来设置单击控件时链接到的网页地址。在通过“属性”窗口设置该属性时，单击其后的...按钮，弹出一个“选择 URL”对话框，可以从中选择要链接到的网页地址。

Target 属性指出一个要显示转向的网页的框架或窗口，其取值参见第 2 章表 2.2。

表 4.6　HyperLink 控件的常用属性

属　性	说　明
ImageUrl	获取或设置为 HyperLink 控件显示的图像的路径
NavigateUrl	获取或设置单击 HyperLink 控件时链接到的 URL
Target	指定 NavigateUrl 的目标框架
Text	获取或设置 HyperLink 控件的文本标题

4.2.8 DropDownList 控件

DropDownList 控件又称下拉列表控件，在工具箱中的图标为 DropDownList 。该控件使用户可以从下拉列表框中进行选择。DropDownList 控件的常用属性和事件如表 4.7 所示。

表 4.7　DropDownList 控件的常用属性和事件

类型	名　称	说　明
属性	AutoPostBack	该值指示当用户更改列表中的选定内容时是否自动产生向服务器的回发
	DataMember	获取或设置要绑定到控件的 DataSource 中的特定表
	DataSource	获取或设置填充列表控件项的数据源
	DataTextField	获取或设置为列表项提供文本内容的数据源字段
	DataValueField	获取或设置为各列表项提供值的数据源字段
	Items	获取列表控件项的集合
	SelectedItem	获取列表控件中索引最小的选定项
事件	SelectedIndexChanged	当列表控件的选定项在信息发往服务器之间变化时发生

DropDownList 控件的 Items 是一个集合属性，其中每个元素（项）是一个 ListItem 对象。Items 是 ListItemCollection 类的对象，而 ListItemCollection 类的常用属性和方法如表 4.8 所示。

表 4.8　ListItemCollection 类的常用属性和方法

类型	名　称	说　明
属性	Count	获取集合中的 ListItem 对象数
	Item	获取集合中指定索引处的 ListItem
方法	Add	将 ListItem 追加到集合的结尾
	AddRange	将 ListItem 对象数组中的项添加到集合
	Clear	从集合中移除所有 ListItem 对象
	Contains	确定集合是否包含指定的项
	FindByText	搜索集合中具有 Text 属性且包含指定文本的 ListItem
	FindByValue	搜索集合中具有 Value 属性且包含指定值的 ListItem
	IndexOf	确定索引值，该值表示指定 ListItem 在集合中的位置
	Insert	将 ListItem 插入集合中的指定索引位置
	Remove	从集合中移除 ListItem
	RemoveAt	从集合中移除指定索引位置的 ListItem

在设计时设置 Items 属性的方法是，单击 DropDownList 控件右上角的▶按钮，出现如图 4.5 所示的“DropDownList 任务”菜单，选择“编辑项”命令，打开如图 4.6 所示的“ListItem 集合编辑器”对话框，通过使用“添加”按钮增加 Items 属性中的各个选项，并输入各选项的 Text 和 Value 属性值，这里添加了 4 个选项。

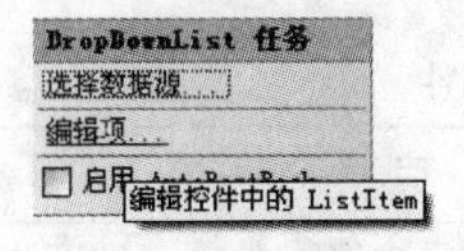

图 4.5 “DropDownList 任务”菜单

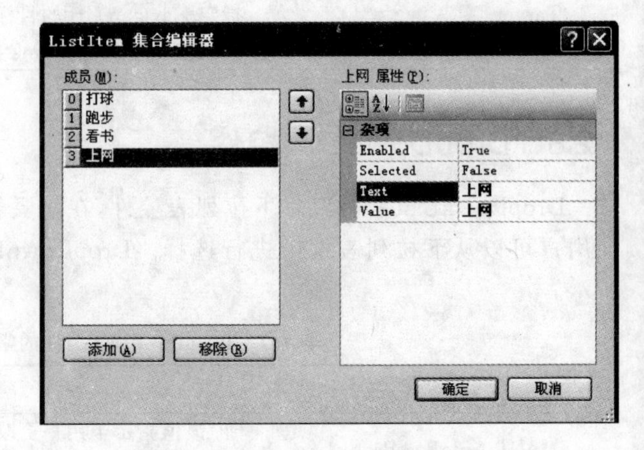

图 4.6 “ListItem 集合编辑器”对话框

在运行程序时也可以动态地向 DropDownList 控件中添加选项，例如，以下语句向 DropDownList1 控件中添加 4 个选项：

```
DropDownList1.Items.Add("打球");
DropDownList1.Items.Add("跑步");
DropDownList1.Items.Add("看书");
DropDownList1.Items.Add("上网");
```

【例 4.3】 设计一个说明 DropDownList 控件使用方法的网页 WebForm4-3。

其设计步骤如下。

① 在 Myaspnet 网站的 ch4 文件夹中添加一个名称为 WebForm4-3 的空网页。

② 其设计界面如图 4.7 所示，有一个 HTML 标签，一个 DropDownList 控件 DropDownList1(其 AutoPostBack 属性设为 True，并通过“ListItem 集合编辑器”对话框设置 4 个选项)和一个标签 Label1(Text 属性设为空)。在该网页上设计如下事件过程：

```
protected void DropDownList1_SelectedIndexChanged(object sender,EventArgs e)
{
    Label1.Text = "您的选择是" + DropDownList1.SelectedItem.Text;
}
```

WebForm4-3 网页的源视图代码如下：

```
<%@ Page Language = "C#" AutoEventWireup = "true"
  CodeFile = "WebForm4-3.aspx.cs" Inherits = "WebForm4_3" %>
<!DOCTYPE html PUBLIC "-//W3C//DTD XHTML 1.0 Transitional//EN"
  "http://www.w3.org/TR/xhtml1/DTD/xhtml1-transitional.dtd">
<html xmlns = "http://www.w3.org/1999/xhtml" >
  <head runat = "server">
    <title>无标题页</title>
```

```
</head>
<body>
  <form id="form1" runat="server">
    <div>
      <span style="font-size: 10pt"><strong>爱好</strong></span>
      <asp:DropDownList ID="DropDownList1"
       runat="server" AutoPostBack="True"
       OnSelectedIndexChanged="DropDownList1_SelectedIndexChanged">
       <asp:ListItem>打球</asp:ListItem>
       <asp:ListItem>跑步</asp:ListItem>
       <asp:ListItem>看书</asp:ListItem>
       <asp:ListItem>上网</asp:ListItem>
      </asp:DropDownList><br />
      <br />
      <asp:Label ID="Label1" runat="server" Font-Bold="True"
         Font-Size="10pt" ForeColor="#FF0033"
         Width="174px"></asp:Label>
    </div>
  </form>
</body>
</html>
```

单击工具栏中的▶按钮运行本网页，从DropDownList1控件中选择“看书”选项，其运行结果如图4.8所示。

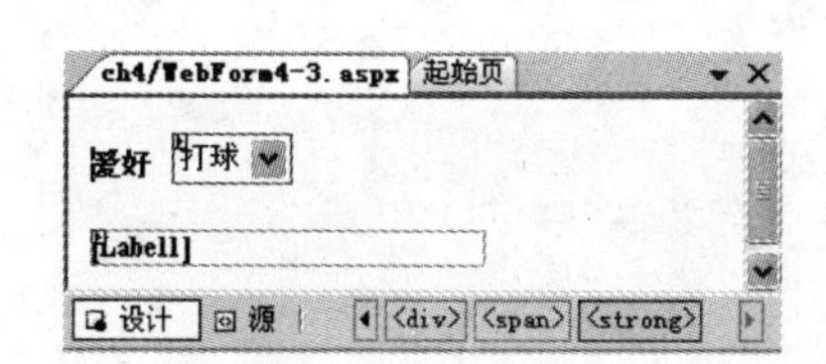

图4.7 WebForm4-3网页设计界面

图4.8 WebForm4-3网页运行界面

4.2.9 ListBox控件

ListBox控件又称下拉列表框控件，在工具箱中的图标为 ListBox 。ListBox控件允许用户从预定义列表中选择一项或多项。它与DropDownList控件不同之处在于它可一次显示多项，也可允许用户选择多项。ListBox控件的常用属性和事件如表4.9所示。

ListBox控件的Items是一个集合属性，其中每个元素（选项）是一个ListItem对象。Items属性用来设置子选项；每个子选项都具有索引值，索引值起始值为0。

Items是ListItemCollection类的对象，ListItemCollection类的常用属性和方法如表4.8所示。

向 ListBox 控件中添加选项的过程与 DropDownList 控件的过程相似。

表 4.9　ListBox 控件的常用属性和事件

类型	名　称	说　明
属性	AutoPostBack	该值指示当用户更改列表中的选定内容时是否自动产生向服务器的回发
	DataMember	获取或设置数据绑定控件绑定到的数据列表的名称
	DataSource	获取或设置填充 ListBox 控件的数据源
	DataTextField	获取或设置为 ListBox 控件提供文本内容的数据源字段
	DataValueField	获取或设置为各列表项提供值的数据源字段
	Items	获取 ListBox 控件项的集合
	Rows	获取或设置 ListBox 控件中显示的行数
	SelectedItem	获取 ListBox 控件中索引最小的选定项
	SelectedMode	获取或设置 ListBox 控件的选择模式，可选 Single(只能选一项)或 Multiple(可以选多项)
事件	SelectedIndexChanged	当列表控件的选定项在信息发往服务器之间变化时发生

【例 4.4】　设计一个说明 ListBox 控件使用方法的网页 WebForm4-4。

其设计步骤如下。

① 在 Myaspnet 网站的 ch4 文件夹中添加一个名称为 WebForm4-4 的空网页。

② 其设计界面如图 4.9 所示，有一个 ListBox 控件 ListBox1(其 AutoPostBack 属性设为 True，Rows 属性设为 3，SelectionMode 属性设为 Multiple，并通过"ListItem 集合编辑器"对话框设置 5 个选项)和一个标签 Label1(Text 属性设为空)。在该网页上设计如下事件过程：

```
protected void ListBox1_SelectedIndexChanged(object sender, EventArgs e)
{   string mystr = "";
    foreach (ListItem it in ListBox1.Items)
        if (it.Selected == true)
            mystr = mystr + it.Text + "   ";
    Label1.Text = "你选择的是:" + mystr;
}
```

WebForm4-4 网页的源视图代码如下：

```
<%@ Page Language = "C#" AutoEventWireup = "true"
  CodeFile = "WebForm4-4.aspx.cs" Inherits = "WebForm4_4" %>
<!DOCTYPE html PUBLIC "-//W3C//DTD XHTML 1.0 Transitional//EN"
  "http://www.w3.org/TR/xhtml1/DTD/xhtml1-transitional.dtd">
<html xmlns = "http://www.w3.org/1999/xhtml" >
  <head runat = "server">
    <title>无标题页</title>
  </head>
  <body>
    <form id = "form1" runat = "server">
      <div>
```

```
<asp:ListBox ID="ListBox1" runat="server" AutoPostBack="True"
   OnSelectedIndexChanged="ListBox1_SelectedIndexChanged"
   Rows="3" SelectionMode="Multiple">
   <asp:ListItem>北京大学</asp:ListItem>
   <asp:ListItem>南开大学</asp:ListItem>
   <asp:ListItem>南京大学</asp:ListItem>
   <asp:ListItem>武汉大学</asp:ListItem>
   <asp:ListItem>吉林大学</asp:ListItem>
</asp:ListBox><br />
<br />
<asp:Label ID="Label1" runat="server" Font-Bold="True"
   Font-Size="10pt" ForeColor="#FF0033"
   Width="234px"></asp:Label> 
  </div>
 </form>
</body>
</html>
```

单击工具栏中的▶按钮运行本网页，按住 Ctrl 键不放，从 ListBox1 控件中选择“南京大学”和“武汉大学”两个选项，其运行结果如图 4.10 所示。

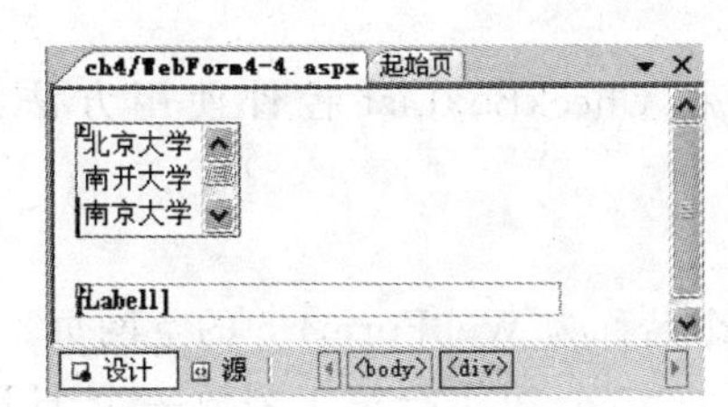

图 4.9　WebForm4-4 网页设计界面

图 4.10　WebForm4-4 网页运行界面

4.2.10　CheckBox 控件和 CheckBoxList 控件

CheckBox 控件又称复选框控件，在工具箱中的图标为 ☑ CheckBox 。该控件为用户提供了一种输入布尔型数据的方法，允许用户进行选择，对应 HTML 的＜input type＝"checkbox"＞。CheckBox 控件的常用属性和事件如表 4.10 所示。

表 4.10　CheckBox 控件的常用属性和事件

类型	名　称	说　明
属性	AutoPostBack	获取或设置一个值，该值指示在单击时 CheckBox 状态是否自动回发到服务器
	Checked	获取或设置一个值，该值指示是否已选中 CheckBox 控件
	Text	获取或设置与 CheckBox 关联的文本标签
事件	CheckedChanged	当 Checked 属性的值在向服务器进行发送期间更改时发生

CheckBoxList 控件又称为复选框列表控件，在工具箱中的图标为 CheckBoxList 。CheckBoxList 控件的常用属性和事件如表 4.11 所示。

表 4.11　CheckBoxList 控件的常用属性和事件

类型	名　称	说　明
属性	AutoPostBack	获取或设置一个值，该值指示当用户更改列表中的选定内容时是否自动产生向服务器的回发
	Items	表示控件对象中所有项的集合
	SelectedIndex	获取或设置列表中选定项的最低序号索引
	SelectedItem	获取列表控件中索引最小的选定项
	SelectedValue	获取列表控件中选定项的值，或选择列表控件中包含指定值的项
	Text	获取或设置 CheckBoxList 控件的 SelectedValue 属性
	RepeatColumns	获取或设置要在 CheckBoxList 控件中显示的列数
	RepeatDirection	获取或设置一个值，该值指示控件是垂直显示还是水平显示
事件	CheckedIndexChanged	当列表控件的选定项在信息发往服务器之间变化时发生
	TextChanged	当 Text 和 SelectedValue 属性更改时发生

CheckBoxList 控件与 CheckBox 控件类似，不同之处是前者只有一个复选框，后者可以包含多个复选框。

CheckBoxList 控件中 Items 属性用来设置子选项；每个子选项都具有索引值，索引值起始值为 0。Items 是 ListItemCollection 类的对象，而 ListItemCollection 类的常用属性和方法如表 4.8 所示。

【例 4.5】 设计一个说明 CheckBox 控件和 CheckBoxList 控件使用方法的网页 WebForm4-5。

其设计步骤如下。

① 在 Myaspnet 网站的 ch4 文件夹中添加一个名称为 WebForm4-5 的空网页。

② 其设计界面如图 4.11 所示，有一个 2×2 的表格，第 1 行第 1 列放一个 HTML 标签，第 1 行第 2 列放 4 个 CheckBox 控件(CheckBox1～CheckBox4)。第 2 行第 1 列放一个 HTML 标签，第 2 行第 2 列放一个 CheckBoxList 控件 CheckBoxList1(通过“ListItem 集合编辑器”对话框设置 3 个选项)。另外在表格下方添加一个命令按钮 Button1 和一个标签 Label1(Text 属性设为空)。在该网页上设计如下事件过程：

```
protected void Button1_Click(object sender, EventArgs e)
{   string mystr = "",mystr1 = "";
    if (CheckBox1.Checked == true)
        mystr = CheckBox1.Text;
    if (CheckBox2.Checked == true)
        mystr = mystr + " " + CheckBox2.Text;
    if (CheckBox3.Checked == true)
        mystr = mystr + " " + CheckBox3.Text;
    if (CheckBox4.Checked == true)
        mystr =  mystr + " " + CheckBox4.Text;
    foreach (ListItem it in CheckBoxList1.Items)
        if (it.Selected == true)
            mystr1 = mystr1 + it.Text + " ";
```

```
    Label1.Text = "爱好为:" + mystr + "<br>" + "特长为:" + mystr1;
}
```

WebForm4-5 网页的 源 视图代码如下：

```
<%@ Page Language = "C#" AutoEventWireup = "true"
  CodeFile = "WebForm4-5.aspx.cs" Inherits = "WebForm4_5" %>
<!DOCTYPE html PUBLIC "-//W3C//DTD XHTML 1.0 Transitional//EN"
  "http://www.w3.org/TR/xhtml1/DTD/xhtml1-transitional.dtd">
<html xmlns = "http://www.w3.org/1999/xhtml" >
  <head runat = "server">
    <title>无标题页</title>
  </head>
  <body>
    <form id = "form1" runat = "server">
      <div>
        <table>
            <tr>
                <td style = "width: 52px; text-align: right">
                    <strong><span style = "font-size: 10pt;
                    color: #0033ff">爱好</span></strong>
                </td>
                <td style = "width: 285px">
                    <asp:CheckBox ID = "CheckBox1" runat = "server"
                      Font-Bold = "True" Font-Size = "10pt" Text = "打球" />
                    <asp:CheckBox ID = "CheckBox2" runat = "server"
                      Font-Bold = "True" Font-Size = "10pt" Text = "跑步" />
                      
                    <asp:CheckBox ID = "CheckBox3" runat = "server"
                      Font-Bold = "True" Font-Size = "10pt" Text = "看书" />
                    <asp:CheckBox ID = "CheckBox4" runat = "server"
                      Font-Bold = "True" Font-Size = "10pt" Text = "上网" />
                </td>
            </tr>
            <tr>
                <td style = "width: 52px; height: 95px; text-align: right">
                    <strong><span style = "font-size: 10pt;
                      color: #0033ff">特长</span></strong>
                </td>
                <td style = "width: 285px; height: 95px">
                    <asp:CheckBoxList ID = "CheckBoxList1" runat = "server"
                      Font-Bold = "True" Font-Size = "10pt">
                      <asp:ListItem>画画</asp:ListItem>
                      <asp:ListItem>表演</asp:ListItem>
                      <asp:ListItem>计算机编程</asp:ListItem>
                    </asp:CheckBoxList>
                </td>
            </tr>
        </table>
                
        <asp:Button ID = "Button1" runat = "server" OnClick = "Button1_Click"
```

```
            Text = "确定" /><br />
        <asp:Label ID = "Label1" runat = "server" Font - Bold = "True"
            Font - Size = "10pt" ForeColor = "#FF0033"
            Height = "50px" Width = "313px"></asp:Label>
        </div>
    </form>
</body>
</html>
```

单击工具栏中的▶按钮运行本网页，选中若干选项，单击"确定"命令按钮，其运行结果如图 4.12 所示。

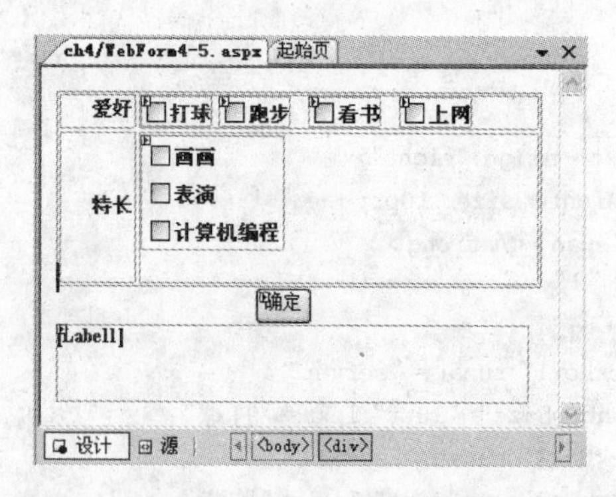

图 4.11　WebForm4-5 网页设计界面

图 4.12　WebForm4-5 网页运行界面

4.2.11　RadioButton 控件和 RadioButtonList 控件

RadioButton 控件又称单选按钮控件，在工具箱中的图标为 ⊙ RadioButton 。RadioButton 类派生自 CheckBox 类，允许用户互斥地从多个 RadioButton 控件中选择一个。RadioButton 控件的常用属性和事件如表 4.12 所示。

表 4.12　RadioButton 控件的常用属性和事件

类型	名　称	说　明
属性	AutoPostBack	获取或设置一个值，该值指示在单击时 RadioButton 状态是否自动回发到服务器
	Checked	获取或设置一个值，该值指示是否已选中 RadioButton 控件
	GroupName	获取或设置单选按钮所属的组名
	Text	获取或设置与 RadioButton 关联的文本标签
事件	CheckedChanged	当 Checked 属性的值在向服务器进行发送期间更改时发生

RadioButton 控件中 GroupName 是一个非常重要的属性，如果网页中有多个 RadioButton 控件，那些 GroupName 属性相同的 RadioButton 控件在逻辑上属于一个组，所以对属于同一组的 RadioButton 控件需将它们的 GroupName 属性设置为同一值。

RadioButton 控件主要的事件是 CheckedChanged，当用户单击该控件时引发执行对应的事件处理过程。

RadioButtonList 控件又称单选按钮列表控件，在工具箱中的图标为 RadioButtonList，用于构建单选按钮列表，允许用户互斥地在其列表中选择一个。RadioButtonList 控件的常用属性和事件如表 4.13 所示。

表 4.13　RadioButtonList 控件的常用属性和事件

类型	名　称	说　明
属性	AutoPostBack	获取或设置一个值，该值指示当用户更改列表中的选定内容时是否自动产生向服务器的回发
	Items	表示控件对象中所有项的集合
	SelectedIndex	获取或设置列表中选定项的最低序号索引
	SelectedItem	获取列表控件中索引最小的选定项
	SelectedValue	获取列表控件中选定项的值，或选择列表控件中包含指定值的项
	Text	获取或设置 RadioButtonList 控件的 SelectedValue 属性
	RepeatColumns	获取或设置要在 RadioButtonList 控件中显示的列数
	RepeatDirection	获取或设置组中单选按钮的显示方向
事件	CheckedIndexChanged	当列表控件的选定项在信息发往服务器之间变化时发生
	TextChanged	当 Text 和 SelectedValue 属性更改时发生

RadioButtonList 控件中 Items 属性用来设置子选项；每个子选项都具有索引值，索引值起始值为 0；Items 是 ListItemCollection 类的对象，而 ListItemCollection 类的常用属性和方法如表 4.8 所示。

RadioButtonList 控件中使用 Selected 属性来判断子选项是否被选中。

同样，RadioButtonList 控件的主要事件是 SelectedIndexChanged，当用户单击其中的一个选项时引发执行对应的事件处理过程。

【例 4.6】 设计一个说明 RadioButton 控件和 RadioButtonList 控件使用方法的网页 WebForm4-6。

其设计步骤如下。

① 在 Myaspnet 网站的 ch4 文件夹中添加一个名称为 WebForm4-6 的空网页。

② 其设计界面如图 4.13 所示，有一个 2×2 的表格，第 1 行第 1 列放一个 HTML 标签，第 1 行第 2 列放两个 RadioButton 控件（RadioButton1 和 RadioButton2，它们的 GroupName 均设为 xb）。第 2 行第 1 列放一个 HTML 标签，第 2 行第 2 列放一个 RadioButtonList 控件 RadioButtonList1（通过“ListItem 集合编辑器”对话框设置 5 个选项）。另外在表格下方添加一个命令按钮 Button1 和一个标签 Label1（Text 属性设为空）。在该网页上设计如下事件过程：

```
protected void Button1_Click(object sender, EventArgs e)
{   string mystr = "性别为:", mystr1 = "民族为:";
    if (RadioButton1.Checked == true)
        mystr = mystr + RadioButton1.Text;
    if (RadioButton2.Checked == true)
        mystr = mystr + RadioButton2.Text;
    foreach (ListItem it in RadioButtonList1.Items)
        if (it.Selected == true)
```

```
            mystr1 = mystr1 + it.Text + " ";
        Label1.Text = mystr + "<br>" + mystr1;
    }
```

WebForm4-6 网页的 源 视图代码如下：

```
<%@ Page Language = "C#" AutoEventWireup = "true"
  CodeFile = "WebForm4 - 6.aspx.cs" Inherits = "WebForm4_6" %>
<!DOCTYPE html PUBLIC " - //W3C//DTD XHTML 1.0 Transitional//EN"
  "http://www.w3.org/TR/xhtml1/DTD/xhtml1 - transitional.dtd">
<html xmlns = "http://www.w3.org/1999/xhtml" >
  <head runat = "server">
    <title>无标题页</title>
  </head>
  <body>
    <form id = "form1" runat = "server">
      <div>
        <table style = "width: 240px" border = "1">
            <tr>
                <td style = "width: 100px; text - align: right">
                    <strong><span style = "font - size: 10pt;
                      color: #0033ff">性别</span></strong>
                </td>
                <td style = "width: 341px">
                    <asp:RadioButton ID = "RadioButton1" runat = "server"
                      Font - Bold = "True" Font - Size = "10pt"
                      GroupName = "xb" Text = "男" Checked = "True" />
                    <asp:RadioButton ID = "RadioButton2" runat = "server"
                        Font - Bold = "True" Font - Size = "10pt"
                        GroupName = "xb" Text = "女" />
                </td>
            </tr>
            <tr>
              <td style = "width: 100px; height: 130px; text - align: right">
                  <strong><span style = "font - size: 10pt; color: #0033ff">
                  民族</span></strong>
              </td>
              <td style = "width: 341px; height: 130px">
                  <asp:RadioButtonList ID = "RadioButtonList1"
                    runat = "server" Font - Bold = "True" Font - Size = "10pt" >
                    <asp:ListItem>汉族</asp:ListItem>
                    <asp:ListItem>回族</asp:ListItem>
                    <asp:ListItem>满族</asp:ListItem>
                    <asp:ListItem>土家族</asp:ListItem>
                    <asp:ListItem>其他</asp:ListItem>
                  </asp:RadioButtonList>
              </td>
            </tr>
        </table>
                   
        <asp:Button ID = "Button1" runat = "server" OnClick = "Button1_Click"
```

```
            Text = "确定" /><br />
        </div>
        <asp:Label ID = "Label1" runat = "server" Font - Bold = "True"
            Font - Size = "10pt" ForeColor = "#FF3333"
            Height = "43px" Width = "239px"></asp:Label>
    </form>
</body>
</html>
```

单击工具栏中的▶按钮运行本网页，从 RadioButton1 控件中选择“女”，在 RadioButtonList1 控件中选择“满族”，其运行结果如图 4.14 所示。

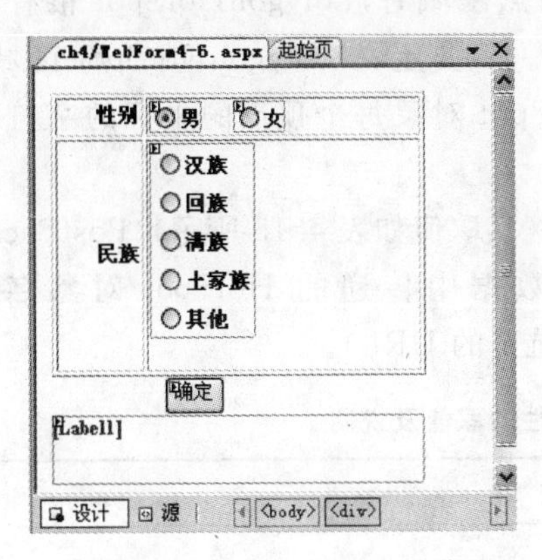

图 4.13 WebForm4-6 网页设计界面

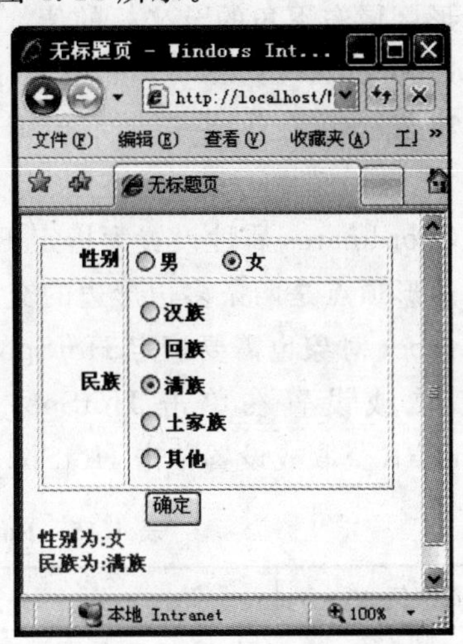

图 4.14 WebForm4-6 网页运行界面

4.2.12 ImageMap 控件

ImageMap 控件在工具箱中的图标为 ImageMap。用于在网页上显示图像，在图像中可以指定若干作用点区域(也称为热点)。单击 ImageMap 控件内定义的作用点区域时，该控件生成到服务器的回发或导航到指定的 URL。ImageMap 控件的常用属性和事件如表 4.14 所示。

表 4.14 ImageMap 控件的常用属性和事件

类型	名　称	说　明
属性	ImageUrl	获取或设置为 ImageMap 控件显示的图像的路径
	ImageAlign	获取或设置 ImageMap 控件中图像相对于网页上其他元素的对齐方式
	HotSpotMode	获取或设置单击 HotSpot 对象时 ImageMap 控件的 HotSpot 对象的默认行为。其取值及其说明如表 4.15 所示
	HotSpots	获取 HotSpot 对象的集合，这些对象表示 ImageMap 控件中定义的作用点区域
事件	Click	单击 ImageMap 控件的 HotSpot 对象时发生

HotSpots 属性是一个集合，由 HotSpot 对象组成，以指定一个或多个作用点区域。HotSpot 对象可以是以下 3 个类的对象。

- CircleHotSpot 类：此类在 ImageMap 控件中定义一个圆形作用点区域。若要定义 CircleHotSpot 对象区域，需将 X 属性设置为表示圆形区域中心的 x 坐标的值，将 Y 属性设置为表示圆形区域中心的 y 坐标的值，将 Radius 属性设置为从圆心到边缘的距离。
- RectangleHotSpot 类：此类在 ImageMap 控件中定义一个矩形作用点区域。若要定义 RectangleHotSpot 对象的区域，需将 Left 属性设置为表示该矩形区域左上角的 x 坐标的值，将 Top 属性设置为表示该矩形区域左上角的 y 坐标的值，将 Right 属性设置为表示该矩形区域右下角的 x 坐标的值，将 Bottom 属性设置为表示该矩形区域右下角的 y 坐标的值。
- PolygonHotSpot 类：此类在 ImageMap 控件中定义一个多边形作用点区域。在 ImageMap 控件中定义不规则形状的作用点区域时，PolygonHotSpot 很有用。例如，在地图中可以使用它来定义单独区域。若要定义 PolygonHotSpot 区域，需将 Coordinates 属性设置为指定 PolygonHotSpot 对象每个顶点的坐标的字符串。多边形顶点是两条多边形边的交点。

HotSpot 对象也需要指定 HotSpotMode 属性(其取值如表 4.15 所示)、PostBackValue 属性（获取或设置在单击 HotSpot 时在事件数据中传递的 HotSpot 对象名称）和 NavigateUrl(获取或设置单击 HotSpot 对象时导航至的 URL)。

表 4.15　HotSpotMode 属性的取值及说明

属性值	说　明
Inactive	HotSpot 对象不具有任何行为
NotSet	HotSpot 对象使用由 ImageMap 控件的 HotSpotMode 属性设置的行为。如果 ImageMap 控件未定义行为，HotSpot 对象将导航到 URL
Navigate	HotSpot 对象导航到 URL
PostBack	HotSpot 对象生成到服务器的回发

在“属性”窗口中单击 ImageMap 控件 HotSpots 属性后的 ... 按钮，弹出一个“HotSpot 集合编辑器”对话框，可以添加 HotSpot 对象，如图 4.15 所示。不过只能添加 CircleHotSpot 对象，可以通过 源 视图修改添加的对象类型。

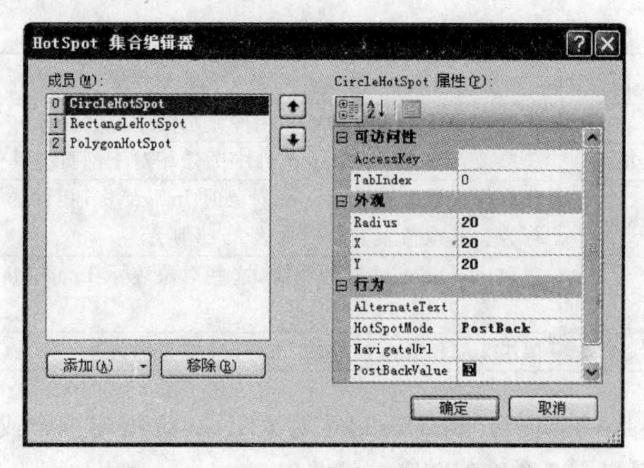

图 4.15　“HotSpot 集合编辑器”对话框

【例 4.7】 设计一个说明 ImageMap 控件使用方法的网页 WebForm4-7。

其设计步骤如下。

① 在 Myaspnet 网站的 ch4 文件夹中添加一个名称为 WebForm4-7 的空网页。

② 其设计界面如图 4.16 所示，有一个 ImageMap 控件 ImageMap1（其 ImageUrl 属性设为“李白.jpg”图像，HotSpotMode 属性设为 PostBack，并通过“HotSpot 集合编辑器”对话框设置 3 个选项）和一个标签 Label1。

③ 在该网页上设计如下事件过程：

```
protected void ImageMap1_Click(object sender, ImageMapEventArgs e)
{
    Label1.Text = "您单击了" + e.PostBackValue;
}
```

WebForm4-7 网页的 源 视图代码如下：

```
<%@ Page Language = "C#" AutoEventWireup = "true"
  CodeFile = "WebForm4 - 7.aspx.cs" Inherits = "WebForm4_7" %>
<!DOCTYPE html PUBLIC " - //W3C//DTD XHTML 1.0 Transitional//EN"
  "http://www.w3.org/TR/xhtml1/DTD/xhtml1 - transitional.dtd">
<html xmlns = "http://www.w3.org/1999/xhtml" >
  <head runat = "server">
    <title>无标题页</title>
  </head>
  <body>
    <form id = "form1" runat = "server">
     <div>
         <asp:ImageMap ID = "ImageMap1" runat = "server"
              HotSpotMode = "PostBack" ImageUrl = "~/李白.jpg"
              OnClick = "ImageMap1_Click" Height = "152px" Width = "124px">
            <asp:CircleHotSpot HotSpotMode = "PostBack" PostBackValue = "圆"
              Radius = "20" X = "20" Y = "20" />
            <asp:RectangleHotSpot HotSpotMode = "PostBack"
              PostBackValue = "矩形" Left = "30" Top = "30"  Right = "120"
              Bottom = "60" />
            <asp:PolygonHotSpot HotSpotMode = "PostBack"
              PostBackValue = "多边形"
              Coordinates = "10,60,80,60,120,130,80,130" />
         </asp:ImageMap><br />
         <asp:Label ID = "Label1" runat = "server" Font - Bold = "True"
            Font - Size = "10pt" ForeColor = "#FF0033"
            Width = "135px"></asp:Label> 
      </div>
     </form>
  </body>
</html>
```

单击工具栏中的▶按钮运行本网页，单击其中的多边形热点，其运行结果如图 4.17 所示，当鼠标指针移开热点时，该多边形会立即消失。

图 4.16　WebForm4-7 网页设计界面

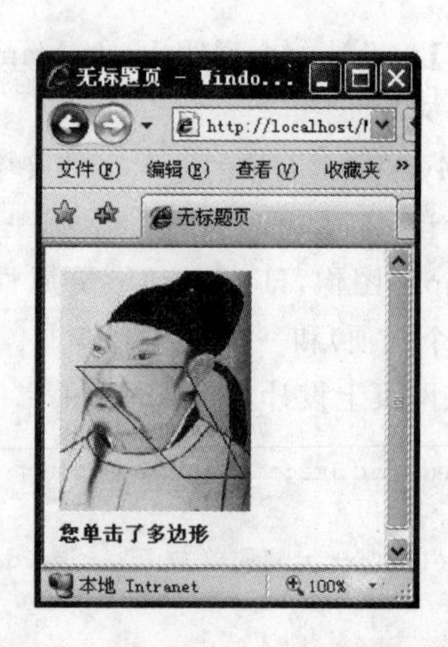

图 4.17　WebForm4-7 网页运行界面

4.2.13　Table 控件

Table 控件又称表控件，在工具箱中的图标为 Table，用于在网页上显示表，其常用属性如表 4.16 所示。

表 4.16　Table 控件的常用属性及其说明

属　性	说　明
BackImageUrl	获取或设置要在 Table 控件的后面显示的背景图像的 URL
CellPadding	获取或设置单元格的内容和单元格的边框之间的空间量
CellSpacing	获取或设置单元格间的空间量
GridLines	获取或设置 Table 控件中显示的网格线型
Rows	获取 Table 控件中行的集合

在"属性"窗口中单击 Table 控件 Rows 属性后的…按钮，弹出一个"TableRow 集合编辑器"对话框，可以添加行对象，如图 4.18 所示。对于每个行对象，又可以单击 Cells 属性后的…按钮，弹出一个"TableCell 集合编辑器"对话框以添加单元格，如图 4.19 所示。

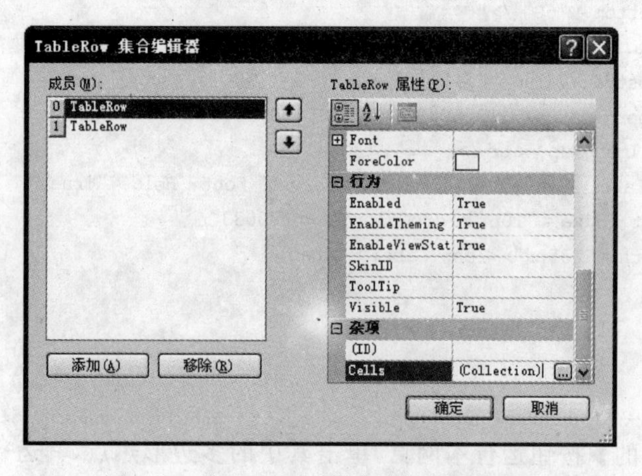

图 4.18　"TableRow 集合编辑器"对话框

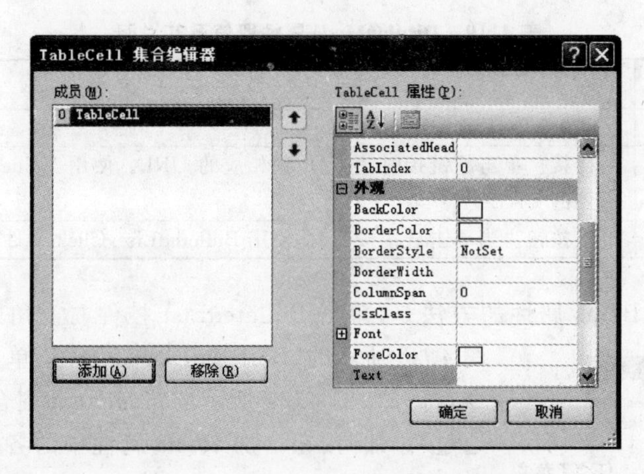

图 4.19 “TableCell 集合编辑器”对话框

4.2.14 BulletedList 控件

BulletedList 控件在工具箱中的图标为 BulletedList，用于生成一个采用项目符号格式的选项列表。其常用属性和事件如表 4.17 所示。

表 4.17 BulletedList 控件的常用属性和事件

类型	名　称	说　明
属性	BulletStyle	获取或设置 BulletedList 控件的项目符号样式。其取值如表 4.18 所示
	BulletImageUrl	获取或设置 BulletedList 控件中的每个项目符号显示的图像的路径
	DisplayMode	获取或设置 BulletedList 控件中的列表内容的显示模式。其取值如表 4.19 所示
	Items	表示控件对象中所有项的集合
	SelectedIndex	获取或设置 BulletedList 控件中当前选定项的从零开始的索引
	SelectedItem	获取 BulletedList 控件中的当前选定项
	SelectedValue	获取或设置 BulletedList 控件中选定 ListItem 对象的 Value 属性
	Text	获取或设置 BulletedList 控件的文本
事件	Click	当单击 BulletedList 控件中的链接按钮时发生
	TextChanged	当 Text 和 SelectedValue 属性更改时发生

表 4.18 BulletStyle 属性取值及其说明

取　值	说　明	取　值	说　明
NotSet	未设置	UpperRoman	大写罗马数字
Numbered	数字	Disc	实心圆
LowerAlpha	小写字母	Circle	圆圈
UpperAlpha	大写字母	Square	实心正方形
LowerRoman	小写罗马数字	CustomImage	自定义图像

表 4.19 DisplayMode 属性取值及其说明

取　值	显 示 说 明
Text	文本
HyperLink	超链接。单击超链接时,它定位到相应的 URL。使用 Value 属性指定超链接定位到的 URL
LinkButton	链接按钮。当单击链接按钮时,使用 BulletedList.Click 事件回发到服务器

在设计时设置 Items 属性的方法是,单击 BulletedList 控件右上角的▶按钮,出现如图 4.20 所示的"BulletedList 任务"菜单,选择"编辑项"命令,打开如图 4.21 所示的"ListItem 集合编辑器"对话框,通过"添加"按钮增加 Items 属性中的各个选项,并输入各选项的 Text 和 Value 属性值,这里添加了 4 个选项。

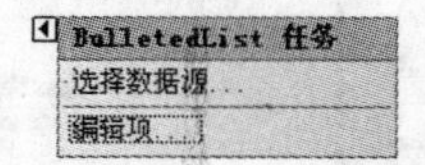

图 4.20 "BulletedList 任务"菜单

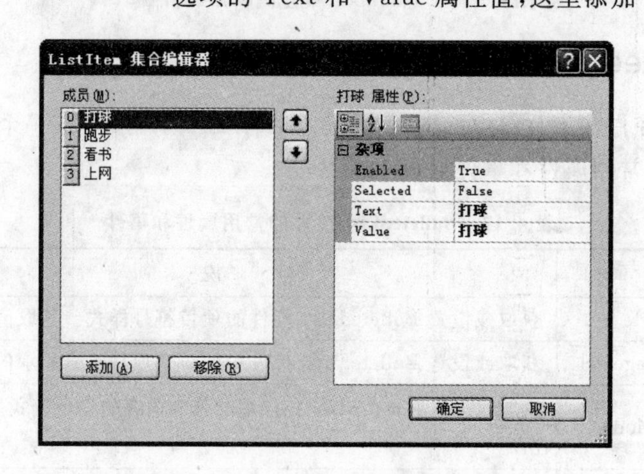

图 4.21 "ListItem 集合编辑器"对话框

BulletedList 控件中 Items 属性用来设置子选项;每个子选项都具有索引值,索引值起始值为 0;Items 是 ListItemCollection 类的对象,而 ListItemCollection 类的常用属性和方法如表 4.8 所示。在运行程序时也可以动态地向 BulletedList 控件中添加选项,例如,以下语句向 BulletedList1 控件中添加 4 个选项:

```
BulletedList1.Items.Add("打球");
BulletedList1.Items.Add("跑步");
BulletedList1.Items.Add("看书");
BulletedList1.Items.Add("上网");
```

【例 4.8】 设计一个说明 BulletedList 控件使用方法的网页 WebForm4-8。

其设计步骤如下。

① 在 Myaspnet 网站的 ch4 文件夹中添加一个名称为 WebForm4-8 的空网页。

② 其设计界面如图 4.22 所示,有一个 BulletList 控件 BulletList1(其 DisplayMode 属性设为 LinkButton,

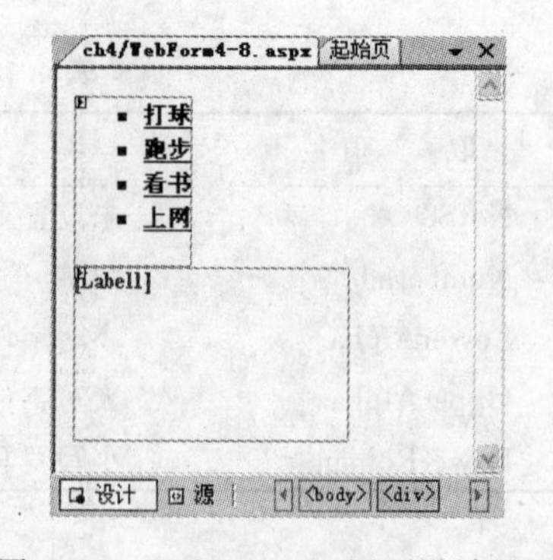

图 4.22 WebForm4-8 网页设计界面

BulletStyle 属性设为 Square,并通过“ListItem 集合编辑器”对话框设置 4 个选项)和一个标签 Label1。在该网页上设计如下事件过程:

```
protected void BulletedList1_Click(object sender,BulletedListEventArgs e)
{   Label1.Text = Label1.Text + "你选择了"
        + BulletedList1.Items[e.Index].Text + "<br>";
}
```

WebForm4-8 网页的 源 视图代码如下:

```
<%@ Page Language = "C#" AutoEventWireup = "true"
  CodeFile = "WebForm4-8.aspx.cs" Inherits = "WebForm4_8" %>
<!DOCTYPE html PUBLIC "-//W3C//DTD XHTML 1.0 Transitional//EN"
  "http://www.w3.org/TR/xhtml1/DTD/xhtml1-transitional.dtd">
<html xmlns = "http://www.w3.org/1999/xhtml" >
  <head runat = "server">
    <title>无标题页</title>
  </head>
  <body>
    <form id = "form1" runat = "server">
      <div>
        <asp:BulletedList ID = "BulletedList1" runat = "server"
          BulletStyle = "Square" DisplayMode = "LinkButton"
          Font-Bold = "True" Font-Size = "10pt" ForeColor = "#0000FF"
          OnClick = "BulletedList1_Click">
          <asp:ListItem>打球</asp:ListItem>
          <asp:ListItem>跑步</asp:ListItem>
          <asp:ListItem>看书</asp:ListItem>
          <asp:ListItem>上网</asp:ListItem>
        </asp:BulletedList>
        <br />
        <asp:Label ID = "Label1" runat = "server" Font-Bold = "True"
          Font-Size = "10pt" ForeColor = "#FF3333"
          Height = "97px" Width = "159px"></asp:Label> 
      </div>
    </form>
  </body>
</html>
```

单击工具栏中的▶按钮运行本网页,单击其中的两个选项,其结果如图 4.23 所示。

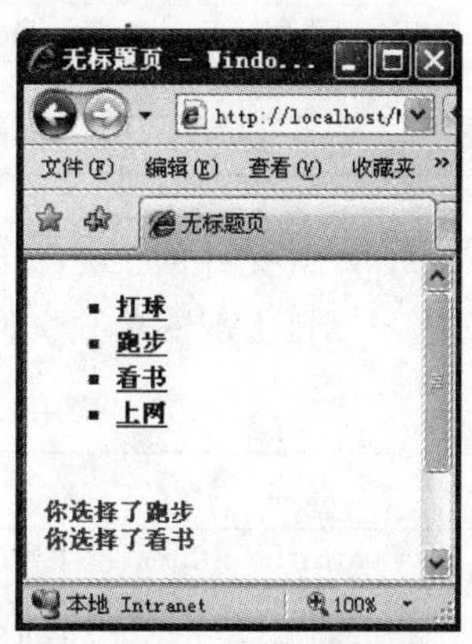

图 4.23　WebForm4-8 网页运行界面

4.2.15　Panel 控件

Panel 控件在工具箱中的图标为 Panel,可以作为其他控件的容器,用于对控件进行分组,以帮助组织 Web 窗体页的内容,其常用属性如表 4.20 所示。

表 4.20 Panel 控件的常用属性及其说明

属　性	说　明
BackImageUrl	获取或设置面板控件背景图像的 URL
DefaultButton	获取或设置 Panel 控件中包含的默认按钮的标识符
Direction	获取或设置在 Panel 控件中显示包含文本的控件的方向
GroupingText	获取或设置面板控件中包含的控件组的标题
ScrollBars	获取或设置 Panel 控件中滚动条的可见性和位置

4.2.16 HiddenField 控件

HiddenField 控件在工具箱中的图标为 abl HiddenField，用于存储非显示值的隐藏字段，其常用属性如表 4.21 所示。

表 4.21 HiddenField 控件的常用属性和事件

类型	名　称	说　明
属性	Value	获取或设置隐藏字段的值
事件	ValueChanged	在向服务器的各次发送过程中，当 HiddenField 控件的值更改时发生

4.2.17 FileUpload 控件

FileUpload 控件在工具箱中的图标为 FileUpload，它显示一个文本框控件和一个浏览按钮，使用户可以选择要上载到服务器的文件。其常用属性和方法如表 4.22 所示。

表 4.22 FileUpload 控件的常用属性和方法

类型	名称	说　明
属性	FileBytes	从使用 FileUpload 控件指定的文件返回一个字节数组
	FileContent	获取 Stream 对象，它指向要使用 FileUpload 控件上载的文件
	FileName	获取客户端上使用 FileUpload 控件上载的文件的名称
	HasFile	获取一个值，该值指示 FileUpload 控件是否包含文件
	PostedFile	获取使用 FileUpload 控件上载的文件的 HttpPostedFile 对象
方法	SaveAs	使用 FileUpload 控件将上载的文件的内容保存到 Web 服务器上的指定路径

FileUpload 控件的 PostedFile 属性是 HttpPostedFile 类对象。而 HttpPostedFile 类提供对客户端已上载的单独文件的访问。其常用属性和方法如表 4.23 所示。

表 4.23 HttpPostedFile 类的常用属性和方法

类型	名称	说　明
属性	ContentLength	获取上载文件的大小(以字节为单位)
	ContentType	获取客户端发送的文件的 MIME 内容类型
	FileName	获取客户端上的文件的完全限定名称
	InputStream	获取一个 Stream 对象，该对象指向一个上载文件，以准备读取该文件的内容
方法	SaveAs	保存上载文件的内容

【例 4.9】 设计一个说明 FileUpload 控件使用方法的网页 WebForm4-9。

其设计步骤如下。

① 在 Myaspnet 网站的 ch4 文件夹中添加一个名称为 WebForm4-9 的空网页。

② 其设计界面如图 4.24 所示，有一个 FileUpload 控件 FileUpload1（由一个文本框和“浏览”命令按钮组成）、一个命令按钮和一个标签 Label1。在该网页上设计如下事件过程：

```
protected void Button1_Click(object sender, EventArgs e)
{   if (FileUpload1.HasFile)
    {   try
        {   FileUpload1.PostedFile.SaveAs("H:\\Data\\" + FileUpload1.FileName);
            Label1.Text = "文件上传成功";
        }
        catch (Exception ex)
        {
            Label1.Text = "文件上传失败";
        }
    }
}
```

WebForm4-9 网页的 源 视图代码如下：

```
<%@ Page Language = "C#" AutoEventWireup = "true"
  CodeFile = "WebForm4 - 9.aspx.cs" Inherits = "WebForm4_9" %>
<!DOCTYPE html PUBLIC " - //W3C//DTD XHTML 1.0 Transitional//EN"
  "http://www.w3.org/TR/xhtml1/DTD/xhtml1 - transitional.dtd">
<html xmlns = "http://www.w3.org/1999/xhtml" >
  <head runat = "server">
    <title>无标题页</title>
  </head>
  <body>
    <form id = "form1" runat = "server">
      <div>
        <asp:FileUpload ID = "FileUpload1" runat = "server"
          Width = "306px" /><br />
                         
        <asp:Button ID = "Button1" runat = "server" OnClick = "Button1_Click"
          Text = "上传文件" /><br />
        <asp:Label ID = "Label1" runat = "server" Font - Bold = "True"
          Font - Size = "10pt" ForeColor = "#FF3333"
          Width = "199px"></asp:Label>
      </div>
    </form>
  </body>
</html>
```

单击工具栏中的▶按钮运行本网页，单击“浏览”命令按钮，在出现的“选择文件”对话框中选中一个要上传的文件，单击“上传文件”命令按钮，其结果如图 4.25 所示，这样操作后将指定的文件复制到 H:\Data 文件夹中。

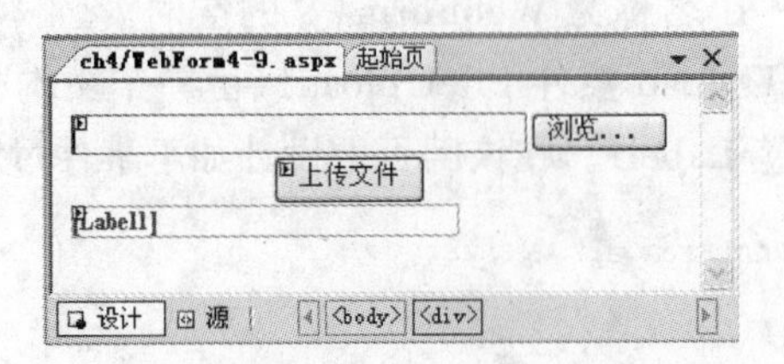

图 4.24　WebForm4-9 网页设计界面

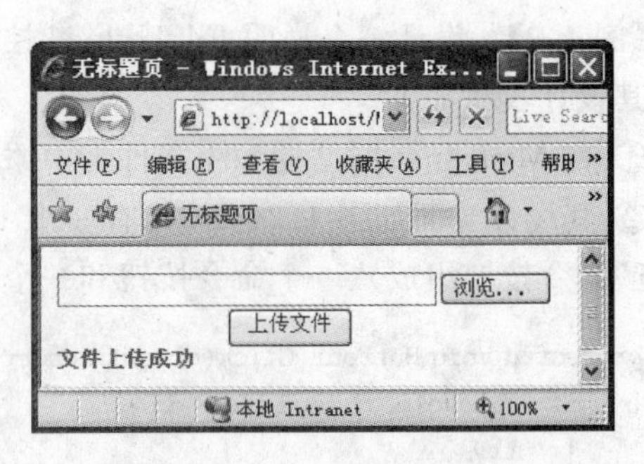

图 4.25　WebForm4-9 网页运行界面

4.2.18　Calendar 控件

Calendar 控件又称为日历控件，在工具箱中的图标为 Calendar ，用于显示单月月历，该月历使用户可以选择日期并移到下个月或上个月。Calendar 控件的常用属性和事件如表 4.24 所示。

表 4.24　Calendar 控件的常用属性和事件

类型	名　称	说　明
属性	Caption	获取或设置呈现为日历标题的文本值
	CaptionAlign	获取或设置呈现为日历标题的文本的对齐方式
	CellPadding	获取或设置单元格的内容和单元格的边框之间的空间量
	CellSpacing	获取或设置单元格间的空间量
	DayHeaderStyle	获取显示一周中某天的部分的样式属性
	DayNameFormat	获取或设置一周中各天的名称格式
	DayStyle	获取显示的月份中日期的样式属性
	FirstDayOfWeek	获取或设置要在 Calendar 控件的第一天列中显示的一周中的某天
	NextMonthText	获取或设置为下一月导航控件显示的文本
	PrevMonthText	获取或设置为前一月导航控件显示的文本
	SelectedDate	获取或设置选定的日期
	SelectedDates	获取 System.DateTime 对象的集合，这些对象表示 Calendar 控件上的选定日期
	SelectedDayStyle	获取选定日期的样式属性
	SelectionMode	获取或设置 Calendar 控件上的日期选择模式，该模式指定用户可以选择单日、一周还是整月
	SelectMonthText	获取或设置为选择器列中月份选择元素显示的文本
	SelectWeekText	获取或设置为选择器列中周选择元素显示的文本
	ShowDayHeader	获取或设置一个值，该值指示是否显示一周中各天的标头
	ShowGridLines	获取或设置一个值，该值指示是否用网格线分隔 Calendar 控件上的日期
	TitleStyle	获取 Calendar 控件的标题标头的样式属性
	TodayDayStyle	获取 Calendar 控件上今天日期的样式属性
	TodaysDate	获取或设置今天的日期的值
	WeekendDayStyle	获取 Calendar 控件上周末日期的样式属性
事件	SelectionChanged	当用户通过单击日期选择器控件选择一天、一周或整月时发生

【例 4.10】 设计一个说明 Calendar 控件使用方法的网页 WebForm4-10。

其设计步骤如下。

① 在 Myaspnet 网站的 ch4 文件夹中添加一个名称为 WebForm4-10 的空网页。

② 其设计界面如图 4.26 所示，有一个 Calendar 控件 Calendar1 和一个标签 Label1。在该网页上设计如下事件过程：

```
protected void Calendar1_SelectionChanged(object sender, EventArgs e)
{   Label1.Text = "选取的日期:" +
        Calendar1.SelectedDate.ToLongDateString();
}
```

单击工具栏中的▶按钮运行本网页，选中 2009 年 7 月 7 日，其结果如图 4.27 所示。

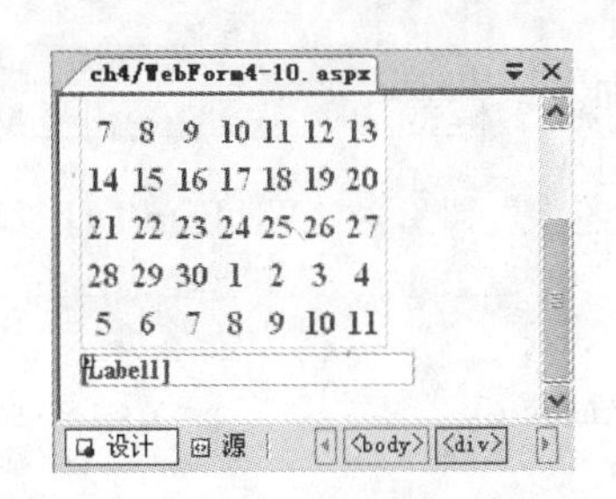

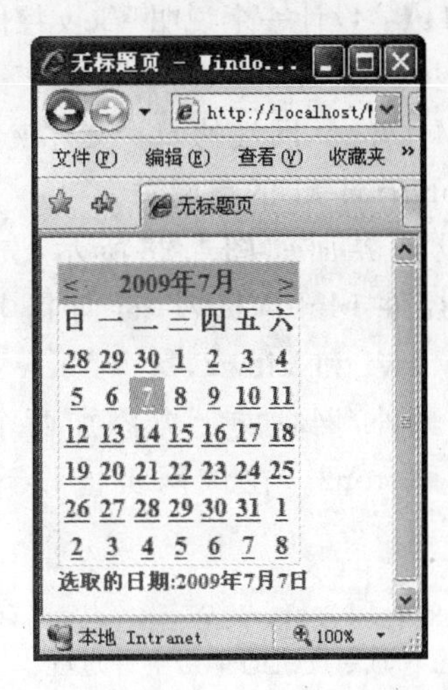

图 4.26　WebForm4-10 网页设计界面　　　图 4.27　WebForm4-10 网页运行界面

4.2.19 View 控件和 MultiView 控件

View 控件是一组控件的容器，在工具箱中的图标为 View 。View 控件必须始终包含在 MultiView 控件中。在运行网页时，除非激活 View 控件，否则其包含的内容不会呈现。View 控件的常用事件如表 4.25 所示。

表 4.25　View 控件的常用事件

事　　件	说　　明
Activate	当前 View 控件成为活动视图时发生
Deactivate	当前的活动 View 控件变为非活动时发生

MultiView 控件工具箱中的图标为 MultiView ，它是一组 View 控件的容器。使用它可定义一组 View 控件，其中每个 View 控件都包含子控件。然后，应用程序可根据用户标识、用户首选项以及在查询字符串参数中传递的信息等条件，向客户端呈现特定的 View 控件。MultiView 控件的常用事件如表 4.26 所示。

表 4.26　View 控件的常用属性和事件

类型	名　称	说　明
属性	ActiveViewIndex	获取或设置 MultiView 控件的活动 View 控件的索引
事件	ActiveViewChanged	当 MultiView 控件的活动 View 控件在两次服务器发送间发生更改时发生

在 MultiView 控件中，一次只能将一个 View 控件定义为活动视图。如果某个 View 控件定义为活动视图，它所包含的子控件则会呈现到客户端。可以使用 ActiveViewIndex 属性或 SetActiveView 方法定义活动视图。如果 ActiveViewIndex 属性为空，则 MultiView 控件不向客户端呈现任何内容。

【例 4.11】 设计一个说明 View 控件和 MultiView 控件使用方法的网页 WebForm4-11。其设计步骤如下。

① 在 Myaspnet 网站的 ch4 文件夹中添加一个名称为 WebForm4-11 的空网页。

② 其设计界面如图 4.28 所示，先添加一个 MultiView 控件 MultiView1，再向其中添加两个 View 控件 View1 和 View2，每个 View 控件中添加所需控件。另外，网页的上方添加两个命令按钮 Button1 和 Button2。在该网页上设计如下事件过程：

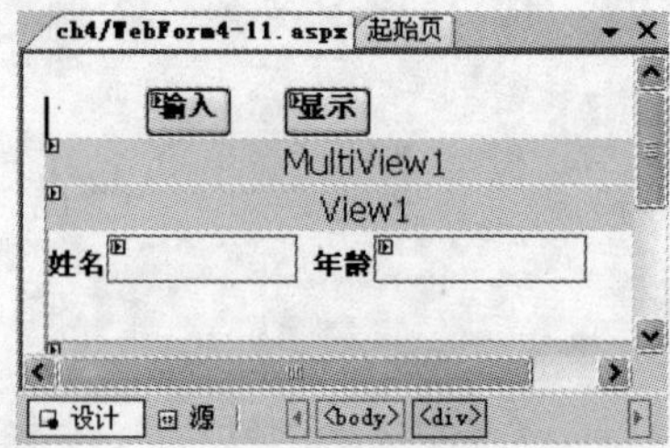

图 4.28　WebForm4-11 设计界面

```
protected void Button1_Click(object sender, EventArgs e)
{   //输入命令按钮的单击事件过程
    MultiView1.ActiveViewIndex = 0;
}
protected void Button2_Click(object sender, EventArgs e)
{   //显示命令按钮的单击事件过程
    MultiView1.ActiveViewIndex = 1;
    Label1.Text = "姓名:" + TextBox1.Text + "<br>";
    Label1.Text = Label1.Text + "年龄:" + TextBox2.Text;
}
```

WebForm4-11 网页的源视图代码如下：

```
<%@ Page Language = "C#" AutoEventWireup = "true"
  CodeFile = "WebForm4 - 11.aspx.cs" Inherits = "WebForm4_11" %>
<!DOCTYPE html PUBLIC " - //W3C//DTD XHTML 1.0 Transitional//EN"
  "http://www.w3.org/TR/xhtml1/DTD/xhtml1 - transitional.dtd">
<html xmlns = "http://www.w3.org/1999/xhtml" >
  <head runat = "server">
    <title>无标题页</title>
  </head>
  <body>
    <form id = "form1" runat = "server">
      <div>
```

```
                   
        <asp:Button ID="Button1" runat="server" Font-Bold="True"
          OnClick="Button1_Click" Text="输入" />
            
        <asp:Button ID="Button2" runat="server" Font-Bold="True"
          OnClick="Button2_Click" Text="显示" /><br />
      </div>
      <asp:MultiView ID="MultiView1" runat="server">
        <asp:View ID="View1" runat="server">
          <span style="font-size: 10pt; color: #0000ff">
          <strong>姓名</strong></span>
          <asp:TextBox ID="TextBox1" runat="server" Font-Size="10pt"
              Width="85px"></asp:TextBox>
          <span style="font-size: 10pt; color: #0000ff">
            <strong>年龄</strong></span>
          <asp:TextBox ID="TextBox2" runat="server" Font-Size="10pt"
              Width="95px"></asp:TextBox><br />
        </asp:View>
        <asp:View ID="View2" runat="server">
            <asp:Label ID="Label1" runat="server" Font-Bold="True"
              Font-Size="10pt" ForeColor="#FF3333"
              Height="47px" Width="223px"></asp:Label>
        </asp:View>
      </asp:MultiView>
    </form>
  </body>
</html>
```

单击工具栏中的▶按钮运行本网页，单击“输入”命令按钮显示 View1 控件，输入相应数据，如图 4.29 所示，再单击“显示”命令按钮显示 View2 控件其结果，如图 4.30 所示。

图 4.29 WebForm4-11 运行界面 1

图 4.30 WebForm4-11 运行界面 2

4.2.20 Wizard 控件

Wizard 控件又称向导控件，在工具箱中的图标为 Wizard，通过该控件能够快速实现向导功能，其使用较其他控件复杂。Wizard 控件的常用属性和事件如表 4.27 所示。

表 4.27 Wizard 控件的常用属性和事件

类型	名 称	说 明
属性	ActiveStep	获取 WizardSteps 集合中当前显示给用户的步骤
	CellPadding	获取或设置单元格内容和单元格边框之间的空间量
	CellSpacing	获取或设置单元格间的空间量
	FinishCompleteButtonImageUrl	获取或设置为"完成"按钮显示的图像的 URL
	FinishCompleteButtonText	获取或设置为"完成"按钮显示的文本标题
	FinishPreviousButtonImageUrl	获取或设置为 Finish 步骤中的"上一步"按钮显示的图像的 URL
	FinishPreviousButtonText	获取或设置为 Finish 步骤中的"上一步"按钮显示的文本标题
	StartNextButtonImageUrl	获取或设置为 Start 步骤中的"下一步"按钮显示的图像的 URL
	StartNextButtonText	获取或设置为 Start 步骤中的"下一步"按钮显示的文本标题
	StepNextButtonImageUrl	获取或设置为"下一步"按钮显示的图像的 URL
	StepNextButtonText	获取或设置为"下一步"按钮显示的文本标题
	StepPreviousButtonImageUrl	获取或设置为"上一步"按钮显示的图像的 URL
	StepPreviousButtonText	获取或设置为"上一步"按钮显示的文本标题
	StepStyle	获取一个对 Style 对象的引用,该对象定义 WizardStep 对象的设置
	HeaderStyle	获取一个对 Style 对象的引用,该对象定义控件上标题区域的设置
	StepStyle	获取一个对 Style 对象的引用,该对象定义 WizardStep 对象的设置
	WizardSteps	获取一个包含为该控件定义的所有 WizardStepBase 对象的集合
事件	ActiveStepChanged	当用户切换到控件中的新步骤时发生
	CancelButtonClick	当单击"取消"按钮时发生
	FinishButtonClick	当单击"完成"按钮时发生
	NextButtonClick	当单击"下一步"按钮时发生
	PreviousButtonClick	当单击"上一步"按钮时发生
	SideBarButtonClick	当单击侧栏区域中的按钮时发生

Wizard 控件由 4 个区组成,如图 4.31 所示,各区的说明如下。

- 标题区(Header):位于界面上方,为每个步骤提供一致的信息。
- 侧栏区(SideBar):位于界面的左侧,包含所有步骤的列表。
- 向导步骤区(Step):位于界面右中部分,侧栏区中每个列表对应一个向导步骤区,用于放置所需的控件,以完成该步骤的功能。
- 导航区(Navigation):位于界面的右下方,显示"上一步"、"下一步"和"完成"等按钮,用来实现逐步浏览功能。

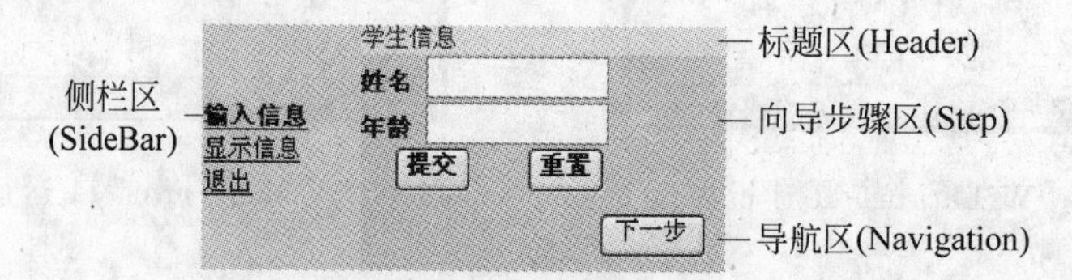

图 4.31 Wizard 控件的组成

当向网页中放置一个 Wizard 控件时,初始界面如图 4.32 所示,侧栏区只显示"Step1"和"Step2",在"属性"窗口中,单击 WizardSteps 属性后的 按钮,弹出一个"WizardStep 集合编辑器"对话框,可以添加和删除侧栏区中的列表项,如图 4.33 所示。

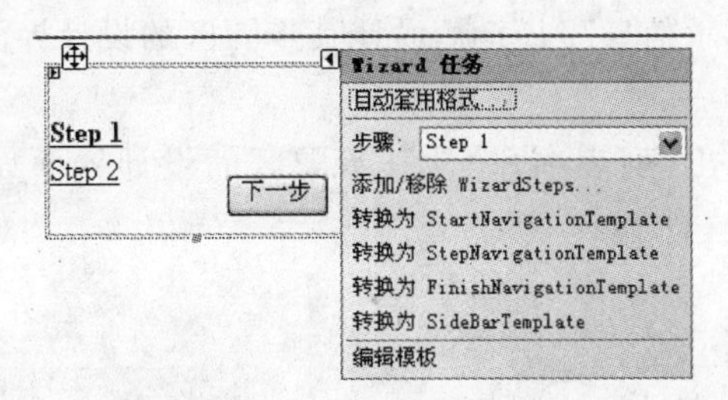

图 4.32　Wizard 控件初始界面

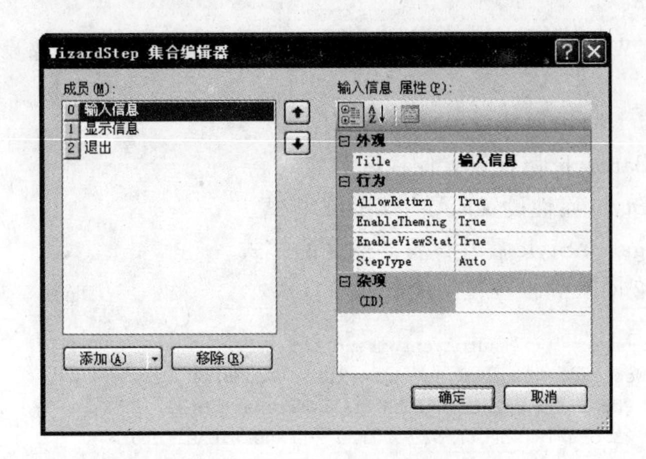

图 4.33　“WizardStep 集合编辑器”对话框

侧栏区中的每个列表项都对应一个向导步骤区，单击某个列表项，对应的向导步骤区为空，可以向其中放置所需的控件。

标题区的样式（前背景颜色、字体大小等）通过 HeaderStyle 属性设置；侧栏区的样式通过 SideBarStyle 属性设置；向导步骤区的样式通过 StepStyle 属性设置；导航区的样式通过 NavigationStyle 属性设置。

【例 4.12】　设计一个说明 Wizard 控件使用方法的网页 WebForm4-12。

其设计步骤如下。

① 在 Myaspnet 网站的 ch4 文件夹中添加一个名称为 WebForm4-12 的空网页。

② 在本网页中添加一个 Wizard 控件，通过“WizardStep 集合编辑器”对话框在侧栏区中设置 3 个列表项，“输入信息”步骤区的设计界面如图 4.31 所示，主要有两个文本框（TextBox1 和 TextBox2）和两个命令按钮（Button1 和 Button2）。它们对应的事件过程如下：

```
protected void Button1_Click(object sender, EventArgs e)
{   //提交命令按钮的单击事件过程
    Label3.Text = "姓名:" + TextBox1.Text + "<br>";
    Label3.Text = Label3.Text + "年龄:" + TextBox2.Text;
}
protected void Button2_Click(object sender, EventArgs e)
{   //重置命令按钮的单击事件过程
    TextBox1.Text = "";
    TextBox2.Text = "";
}
```

③ 单击侧栏区的“显示信息”列表项，设计其步骤区的设计界面如图 4.34 所示，只有一个标签 Label3。

④ 单击侧栏区的“退出”列表项，设计其步骤区的设计界面如图 4.35 所示，只有一个 HTML 标签。

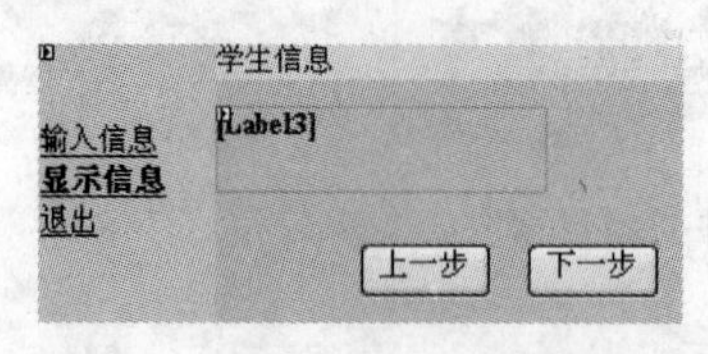

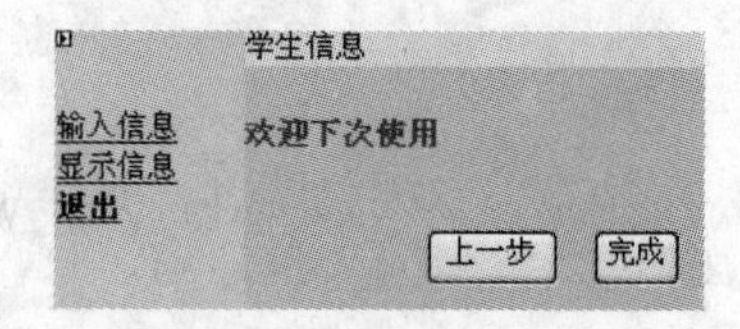

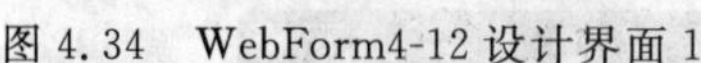
图 4.34　WebForm4-12 设计界面 1　　　图 4.35　WebForm4-12 设计界面 2

⑤ 通过 HeaderStyle 属性设置标题区的样式。

⑥ 通过 SideBarStyle 属性设置侧栏区的样式。

⑦ 通过 StepStyle 属性设置向导步骤区的样式。

⑧ 通过 NavigationStyle 属性设置导航区的样式。

WebForm4-12 网页的 源 视图代码如下：

```
<%@ Page Language = "C#" AutoEventWireup = "true"
  CodeFile = "WebForm4 - 12.aspx.cs" Inherits = "WebForm4_12" %>
<!DOCTYPE html PUBLIC " - //W3C//DTD XHTML 1.0 Transitional//EN"
  "http://www.w3.org/TR/xhtml1/DTD/xhtml1 - transitional.dtd">
<html xmlns = "http://www.w3.org/1999/xhtml" >
  <head runat = "server">
    <title>无标题页</title>
  </head>
  <body>
    <form id = "form1" runat = "server">
      <div>
        <asp:Wizard ID = "Wizard1" runat = "server" ActiveStepIndex = "2"
          BackColor = "White" BorderColor = "White"
          Font - Bold = "False" Font - Size = "Small" ForeColor = "Blue"
          HeaderText = "学生信息" Height = "59px" Width = "282px"
          OnFinishButtonClick = "Wizard1_FinishButtonClick">
          <WizardSteps>
            <asp:WizardStep runat = "server" Title = "输入信息">
              <asp:Label ID = "Label1" runat = "server" Font - Bold = "True"
                Text = "姓名"></asp:Label>
              <asp:TextBox ID = "TextBox1" runat = "server" Font - Size = "10pt"
                Width = "93px"></asp:TextBox>
              <br />
              <asp:Label ID = "Label2" runat = "server" Font - Bold = "True"
                Text = "年龄"></asp:Label>
              <asp:TextBox ID = "TextBox2" runat = "server" Font - Size = "10pt"
                Width = "93px"></asp:TextBox>
              <br />
                   
              <asp:Button ID = "Button1" runat = "server" Font - Bold = "True"
                OnClick = "Button1_Click" Text = "提交" />
                      
```

```
            <asp:Button ID="Button2" runat="server" Font-Bold="True"
              OnClick="Button2_Click" Text="重置" />
          </asp:WizardStep>
          <asp:WizardStep runat="server" Title="显示信息">
            <asp:Label ID="Label3" runat="server" Font-Bold="True"
              ForeColor="#FF0033" Height="37px"
              Width="145px"></asp:Label>
          </asp:WizardStep>
          <asp:WizardStep runat="server" Title="退出">
            <strong><span style="color: orangered">欢迎下次使用
            </span></strong>
          </asp:WizardStep>
        </WizardSteps>
        <StepStyle BackColor="#FFC0FF" />
        <SideBarStyle BackColor="#E0E0E0" />
        <NavigationStyle BackColor="#80FFFF" />
        <HeaderStyle BackColor="#C0FFFF" ForeColor="Red" />
      </asp:Wizard>
    </div>
  </form>
</body>
</html>
```

单击工具栏中的▶按钮运行本网页，运行界面如图 4.36 所示，输入相应信息，单击“提交”命令按钮；单击侧栏区的“显示信息”列表项(或单击导航区的“下一步”按钮)，其结果如图 4.37 所示；单击侧栏区的“退出”列表项(或单击导航区的“下一步”按钮)，其结果如图 4.38 所示。

图 4.36 WebForm4-12 运行界面 1

图 4.37 WebForm4-12 运行界面 2

图 4.38 WebForm4-12 运行界面 3

4.3 验证控件

在用户客户端输入数据时,可能出现输入数据错误或数据格式错误的情况。为了避免不必要的麻烦,在提交数据前需要对用户提交的数据进行验证。

在 ASP.NET 中提供了 6 种数据验证控件,它们位于“工具箱”的“验证”部分,可以拖放到窗体上,以实现对客户端数据进行验证。

4.3.1 RequiredFieldValidator 控件

RequiredFieldValidator 控件又称非空验证控件,常用于文本框数据的非空验证,在工具箱中的图标为 RequiredFieldValidator 。确保用户在 Web 窗体页上输入数据时不会跳过必选字段(必须输入数据的字段),也就是说,检查被验证控件的输入是否为空,如果为空,则在网页中显示提示信息。RequiredFieldValidator 控件的常用属性如表 4.28 所示。

表 4.28 RequiredFieldValidator 控件的常用属性

属性	说明
ControlToValidate	获取或设置要验证的输入控件
Display	获取或设置验证控件中错误信息的显示行为,其取值如表 4.29 所示
InitialValue	获取或设置关联的输入控件的初始值
ErrorMessage	获取或设置验证失败时显示的错误信息的文本
IsValid	获取或设置一个值,该值指示关联的输入控件是否通过验证
Text	获取或设置验证失败时验证控件中显示的文本

表 4.29 Display 属性的取值及其说明

显示行为	说明
None	验证消息从不内联显示
Static	在页面布局中分配用于显示验证消息的空间
Dynamic	如果验证失败,将用于显示验证消息的空间动态添加到页面

使用此控件使输入控件成为一个必选字段。如果输入控件失去焦点时没有从 InitialValue 属性更改值,它将不能通过验证。

使用 Display 属性指定验证控件中错误信息的显示行为,显示行为取决于是否执行客户端验证。如果客户端验证不是活动的(由于浏览器不支持它等情况),则 Static 和 Dynamic 的行为相同,即错误信息仅在显示时才占用空间,在错误信息不显示(Static)时为其动态分配空间的功能只对客户端验证适用。

IsValid 属性指出验证的结果,如果关联的输入控件通过验证,则为 True;否则为 False。默认值为 True。

当同时使用 Text 和 ErrorMessage 属性时,发生错误时将显示 Text 属性的信息。

4.3.2　CompareValidator 控件

CompareValidator 控件又称比较验证控件，在工具箱中的图标为 CompareValidator 。将用户的输入与常数值(由 ValueToCompare 属性指定)、另一个控件(由 ControlToCompare 属性指定)的属性值进行比较，若不相同，则在网页中显示提示信息。CompareValidator 控件的常用属性如表 4.30 所示。

表 4.30　CompareValidator 控件的常用属性

属　性	说　明
ControlToValidate	获取或设置要验证的输入控件
ControlToCompare	获取或设置要与所验证的输入控件进行比较的输入控件
ValueToCompare	获取或设置一个常数值，该值要与由用户输入到所验证的输入控件中的值进行比较
Operator	获取或设置要执行的比较操作
Type	获取或设置在比较之前将所比较的值转换的数据类型，其取值如表 4.31 所示
IsValid	获取或设置一个值，该值指示关联的输入控件是否通过验证
ErrorMessage	获取或设置验证失败时中显示的错误信息的文本

表 4.31　Type 属性的取值及其说明

取　值	说　明
String	指定字符串数据类型
Integer	指定 32 位有符号整数数据类型
Double	指定双精度浮点数数据类型
Date	指定日期数据类型
Currency	指定货币数据类型

通过设置 ControlToValidate 属性指定要验证的输入控件。如果要将特定输入控件与其他输入控件进行比较，需设置 ControlToCompare 属性以指定要与之比较的控件。

如果设置 Type 属性，则在比较操作前，将两个比较值都自动转换为 Type 属性指定的数据类型，然后进行比较。

其他属性的使用与 RequiredFieldValidator 控件的类似。

注意：通常不要同时设置 ControlToCompare 和 ValueToCompare 属性，既可以将输入控件的值与另一个输入控件的值进行比较，也可以将其与常数值进行比较。但如果同时设置了这两个属性，则 ControlToCompare 属性优先。

4.3.3　RangeValidator 控件

RangeValidator 控件又称范围验证控件，在工具箱中的图标为 RangeValidator 。确保用户输入的值在指定的上下限范围之内，当输入不在验证范围内的值时，则在网页中显示提示信息。RangeValidator 控件的常用属性如表 4.32 所示。

MinimumValue 和 MaximumValue 属性指定要比较值的范围。其他属性的使用与 CompareValidator 控件的类似。

表 4.32 RangeValidator 控件的常用属性

属 性	说 明
ControlToValidate	获取或设置要验证的输入控件
ErrorMessage	获取或设置验证失败时显示的错误信息的文本
Display	获取或设置验证控件中错误信息的显示行为
MaximumValue	获取或设置验证范围的最大值
MinimumValue	获取或设置验证范围的最小值
Type	获取或设置在比较之前将所比较的值转换到的数据类型。其取值如表 4.31 所示
IsValid	获取或设置一个值,该值指示关联的输入控件是否通过验证
Text	获取或设置验证失败时验证控件中显示的文本

4.3.4 RegularExpressionValidator 控件

RegularExpressionValidator 控件又称正则表达式验证控件,比非空验证和范围验证控件的功能更强大,在工具箱中的图标为 RegularExpressionValidator 。其常用属性如表 4.33 所示。

表 4.33 RegularExpressionValidator 控件的常用属性

属 性	说 明
ControlToValidate	获取或设置要验证的输入控件
ErrorMessage	获取或设置验证失败时显示的错误信息的文本
Display	获取或设置验证控件中错误信息的显示行为
ValidationExpression	获取或设置确定字段验证模式的正则表达式
IsValid	获取或设置一个值,该值指示关联的输入控件是否通过验证
Text	获取或设置验证失败时验证控件中显示的文本

RegularExpressionValidator 控件确保用户输入信息匹配正则表达式指定的模式(由 ValidationExpression 属性指定),例如,要验证用户输入的是否为 E-mail 地址,只要使用 E-mail 的正则表达式来验证用户输入即可,若不符合,则在网页中显示提示信息。

ValidationExpression 属性用于指定正则表达式,正则表达式由正则表达式字符组成。常用的正则表达式字符及其说明如表 4.34 所示。例如,邮政编码的正则表达式为“\d{6}”。实际上,Visual Studio.NET 2005 预先设好了一些常用的正则表达式,在“属性”窗口中单击 ValidationExpression 属性右侧的⊡按钮,出现如图 4.39 所示的“正则表达式编辑器”对话框,可以从中选择一个标准表达式即可。

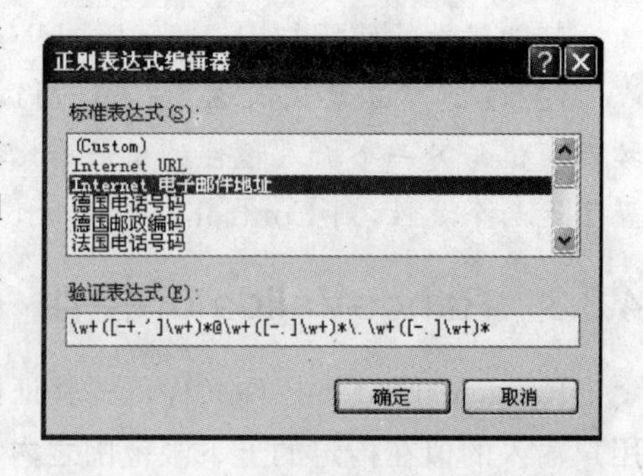

图 4.39 “正则表达式编辑器”对话框

其他属性的使用与 CompareValidator 控件的类似。

表 4.34　常用正则表达式字符及其说明

正则表达式字符	说　明
[......]	匹配括号中的任何一个字符
[^......]	匹配不在括号中的任何一个字符
\w	匹配任何一个字符(a～z、A～Z 和 0～9)
\W	匹配任何一个空白字符
\s	匹配任何一个非空白字符
\S	与任何非单词字符匹配
\d	匹配任何一个数字字符(0～9)
\D	匹配任何一个非数字字符(^0～9)
[\b]	匹配任何一个退格键字符
{n,m}	最少匹配前面表达式 n 次，最大为 m 次
{n,}	最少匹配前面表达式 n 次
?	匹配前面表达式 0 次或 1 次{0,1}
+	至少匹配前面表达式 1 次{1,}
*	至少匹配前面表达式 0 次{0,}
|	匹配前面表达式或后面表达式
{...)	在单元中组合项目
^	匹配字符串的开头
$	匹配字符串的结尾
\b	匹配字符边界
\B	匹配非字符边界的某个位置

【例 4.13】 设计一个说明前 4 个验证控件使用方法的网页 WebForm4-13。

其设计步骤如下。

① 在 Myaspnet 网站的 ch4 文件夹中添加一个名称为 WebForm4-13 的空网页。

② 设计 WebForm4-13 的初始界面如图 4.40 所示，其中有一个 5×3 的表格，在第 1 列中输入文本，如“姓名”等，在它的第 2 列中各添加一个文本框，分别为 TextBox1～TextBox5(TextBox2 和 TextBox3 的 TextMode 属性设为 Password)，另有一个命令按钮 Button1(Text 属性设为“确定”)和一个标签 Label1(Text 属性设为空)。

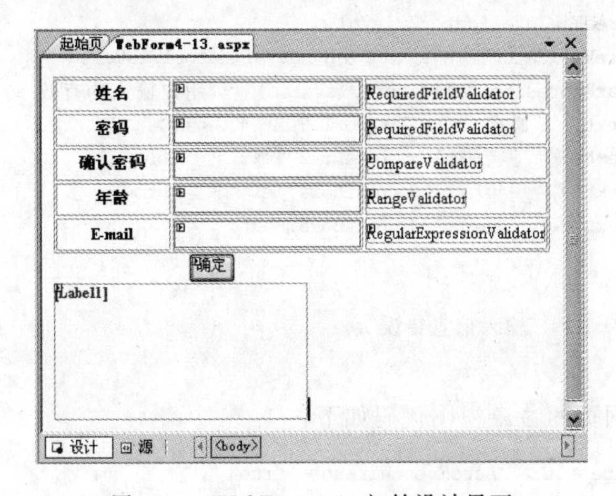

图 4.40　WebForm4-13 初始设计界面

③ 在表格第 3 列各行中依次添加 RequiredFieldValidator1 控件、RequiredFieldValidator2 控件、CompareValidator1 控件、RangeValidator1 控件和一个 RegularExpressionValidator1 控件。

④ 设置各验证控件的 ErrorMessage 属性，得到如图 4.41 所示的最终设计界面。

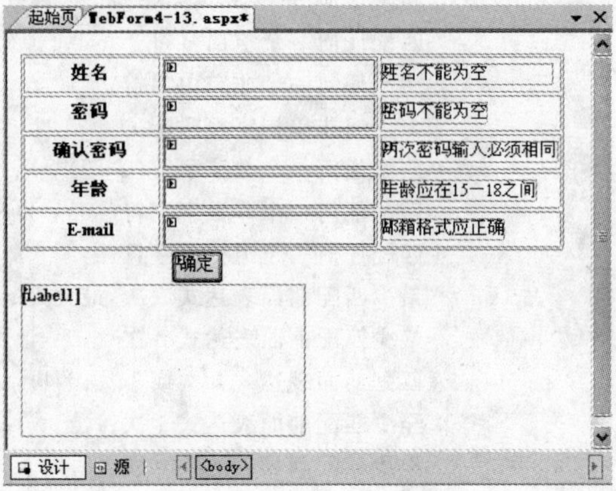

图 4.41　WebForm4-13 最终设计界面

⑤ 设置 RequiredFieldValidator1 控件的 ControlToValidate 属性为 TextBox1。设置 RequiredFieldValidator2 控件 ControlToValidate 属性为 TextBox2。

⑥ 设置 CompareValidator1 控件的 ControlToValidate 属性为 TextBox3，ControlToCompare 属性为 TextBox2。

⑦ 设置 RangeValidator1 控件的 ControlToValidate 属性为 TextBox4，MaximunValue 属性为 80，MinimunValue 属性为 15，Type 属性为 Integer。

⑧ 设置 RegularExpressionValidator1 控件的 ControlToValidate 属性为 TextBox5，ValidationExpression 属性为“Internet 电子邮件地址”。

⑨ 在网页上设计如下事件过程：

```
protected void Button1_Click(object sender, EventArgs e)
{   if (RequiredFieldValidator1.IsValid
        && RequiredFieldValidator2.IsValid
        && CompareValidator1.IsValid && RangeValidator1.IsValid
        && RegularExpressionValidator1.IsValid)   //用户输入均有效
    {   Label1.Text = "姓名:" + TextBox1.Text + "<br>";
        Label1.Text += "密码:" + TextBox2.Text + "<br>";
        Label1.Text += "年龄:" + TextBox4.Text + "<br>";
        Label1.Text += "邮箱:" + TextBox5.Text;
    }
    else
        Label1.Text = "输入信息错误";
}
```

WebForm4-13 网页的 源 视图代码如下：

```
<%@ Page Language = "C#" AutoEventWireup = "true"
  CodeFile = "WebForm4-13.aspx.cs" Inherits = "WebForm4_13" %>
```

```
<!DOCTYPE html PUBLIC "-//W3C//DTD XHTML 1.0 Transitional//EN"
  "http://www.w3.org/TR/xhtml1/DTD/xhtml1-transitional.dtd">
<html xmlns = "http://www.w3.org/1999/xhtml" >
  <head runat = "server">
    <title>无标题页</title>
  </head>
  <body>
    <form id = "form1" runat = "server">
      <div>
        <table>
            <tr>
              <td style = "width: 100px; text-align: center">
                <span style = "font-size: 10pt; color: #0000ff"><strong>
                  姓名</strong></span>
              </td>
              <td style = "width: 100px">
                  <asp:TextBox ID = "TextBox1" runat = "server"
                  Font-Size = "10pt"></asp:TextBox>
              </td>
              <td style = "width: 128px">
                <asp:RequiredFieldValidator
                  ID = "RequiredFieldValidator1" runat = "server"
                  ControlToValidate = "TextBox1"
                  ErrorMessage = "姓名不能为空" Font-Size = "10pt"
                  Width = "127px"></asp:RequiredFieldValidator>
              </td>
            </tr>
            <tr>
              <td style = "width: 100px; text-align: center">
                <strong><span style = "font-size: 10pt; color: #3300ff">
                  密码</span></strong>
              </td>
              <td style = "width: 100px">
                 <asp:TextBox ID = "TextBox2" runat = "server"
                 TextMode = "Password"></asp:TextBox>
              </td>
              <td style = "width: 128px">
                <asp:RequiredFieldValidator
                  ID = "RequiredFieldValidator2" runat = "server"
                  ControlToValidate = "TextBox2"
                  ErrorMessage = "密码不能为空"
                  Font-Size = "10pt"></asp:RequiredFieldValidator>
              </td>
            </tr>
            <tr>
              <td style = "width: 100px; text-align: center">
                <strong><span style = "font-size: 10pt; color: #0000ff">
                  确认密码</span></strong>
              </td>
              <td style = "width: 100px">
                <asp:TextBox ID = "TextBox3" runat = "server"
```

```
            TextMode = "Password"></asp:TextBox>
        </td>
        <td style = "width: 128px">
          <asp:CompareValidator ID = "CompareValidator1"
            runat = "server" ControlToCompare = "TextBox2"
            ControlToValidate = "TextBox3"
            ErrorMessage = "两次密码输入必须相同" Font - Size = "10pt"
            Width = "131px"></asp:CompareValidator>
        </td>
      </tr>
      <tr>
        <td style = "width: 100px; text - align: center">
          <strong><span style = "font - size: 10pt;
          color: #0000ff">年龄</span></strong>
        </td>
        <td style = "width: 100px">
          <asp:TextBox ID = "TextBox4"
            runat = "server"></asp:TextBox>
        </td>
        <td style = "width: 128px">
          <asp:RangeValidator ID = "RangeValidator1"
            runat = "server" ControlToValidate = "TextBox4"
            ErrorMessage = "年龄应在 15～18 之间" Font - Size = "10pt"
            MaximumValue = "80" MinimumValue = "15"
            Type = "Integer"></asp:RangeValidator>
        </td>
      </tr>
      <tr>
        <td style = "width: 100px; text - align: center">
          <strong><span style = "font - size: 10pt; color:
          #0000ff"> E-mail </span></strong>
        </td>
        <td style = "width: 100px">
          <asp:TextBox ID = "TextBox5"
            runat = "server"></asp:TextBox>
        </td>
        <td style = "width: 128px">
          <asp:RegularExpressionValidator
            ID = "RegularExpressionValidator1" runat = "server"
            ControlToValidate = "TextBox5"
            ErrorMessage = "邮箱格式应正确" Font - Size = "10pt"
            ValidationExpression = "\w+([-+.']\w+)*@\w+([-.]
              \w+)*\.\w+([-.]\w+)*">
          </asp:RegularExpressionValidator>
        </td>
      </tr>
    </table>
  </div>
  <asp:Button ID = "Button1" runat = "server" OnClick = "Button1_Click"
    Text = "确定" /><br />
  <asp:Label ID = "Label1" runat = "server" Font - Bold = "True"
```

```
        Font - Size = "10pt" ForeColor = "#FF3333"
        Height = "110px" Width = "211px"></asp:Label>
    </form>
  </body>
</html>
```

单击工具栏中的▶按钮运行本网页，输入姓名和密码后，若再次输入密码时不一致，则出现如图4.42所示的提示信息。当全部输入正确后单击“确定”命令按钮，其结果如图4.43所示。

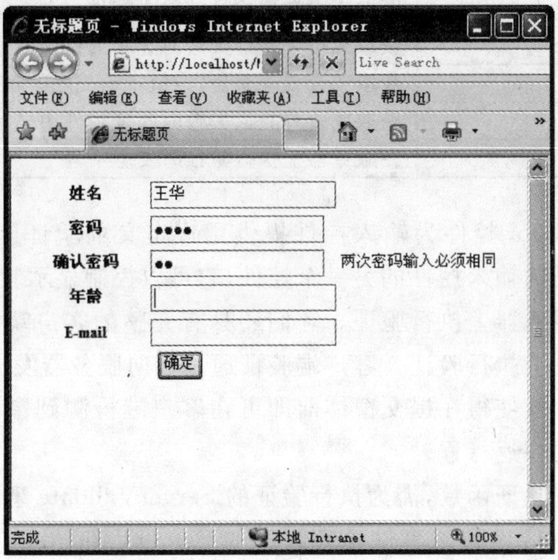

图4.42　WebForm4-13运行界面1

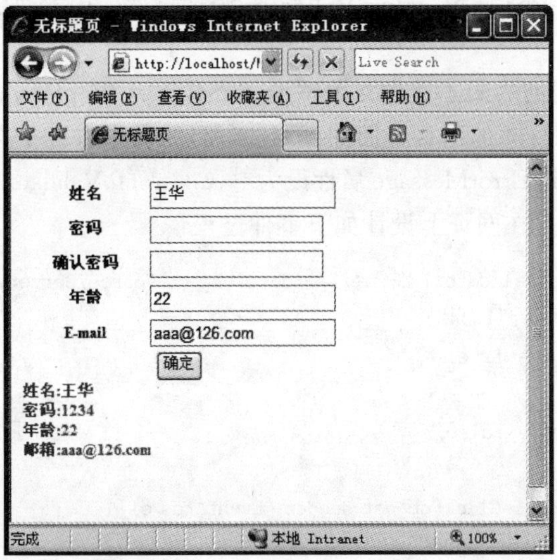

图4.43　WebForm4-13运行界面2

4.3.5 CustomValidator 控件

CustomValidator 控件又称自定义验证控件，在工具箱中的图标为 CustomValidator，确保用户输入的内容符合自己创建的验证逻辑，其常用的属性和事件如表 4.35 所示。

表 4.35 CustomValidator 控件的常用属性和事件

类型	名称	说明
属性	ClientValidationFunction	获取或设置用于验证的自定义客户端脚本函数的名称
	ControlToValidate	获取或设置要验证的输入控件
	ErrorMessage	获取或设置验证失败时显示的错误信息的文本
	IsValid	获取或设置一个值，该值指示关联的输入控件是否通过验证
	Text	获取或设置验证失败时验证控件中显示的文本
事件	ServerValidate	在服务器上执行验证时发生

使用 CustomValidator 控件为输入控件提供用户定义的验证函数。CustomValidator 控件是不同于它所验证的输入控件的另一个控件，它可以控制显示验证消息的位置。

验证控件总是在服务器上执行验证。它们还具有完整的客户端实现，从而使支持脚本的浏览器可以在客户端上执行验证。客户端验证通过在向服务器发送用户输入前检查用户输入来增强验证过程。这使得在提交窗体前即可在客户端检测到错误，从而避免了服务器端验证所需要的信息的往返行程。

若要创建服务器端验证函数，需为执行验证的 ServerValidate 事件提供一个处理程序。可以通过使用作为参数传递到该事件处理程序的 ServerValidateEventArgs 对象的 Value 属性来访问要验证的输入控件中的字符串。然后将验证的结果存储在 ServerValidateEventArgs 对象的 IsValid 属性中。

【例 4.14】 设计一个说明 CustomValidator 验证控件使用方法的网页 WebForm4-14。其设计步骤如下。

① 在 Myaspnet 网站的 ch4 文件夹中添加一个名称为 WebForm4-14 的空网页。

② 设计 WebForm4-14 的网页界面如图 4.44 所示，其中有一个文本框 TextBox1、一个 CustomValidator 控件(其 ErrorMessage 属性设为空，ControlToValidate 属性设为 TextBox1)和一个命令按钮 Button1。在网页上设计如下事件过程：

```
protected void CustomValidator1_ServerValidate(object source, ServerValidateEventArgs args)
{   if (args.Value == "1234")
        args.IsValid = true;
    else
        args.IsValid = false;
}
 protected void Button1_Click(object sender, EventArgs e)
{   if (!CustomValidator1.IsValid)
         CustomValidator1.Text = "验证不成功";
}
```

单击工具栏中的▶按钮运行本网页，输入 12，单击“确定”命令按钮，执行服务器端的

CustomValidator1_ServerValidate 事件过程，将 IsValid 属性设为 False，其结果如图 4.45 所示。

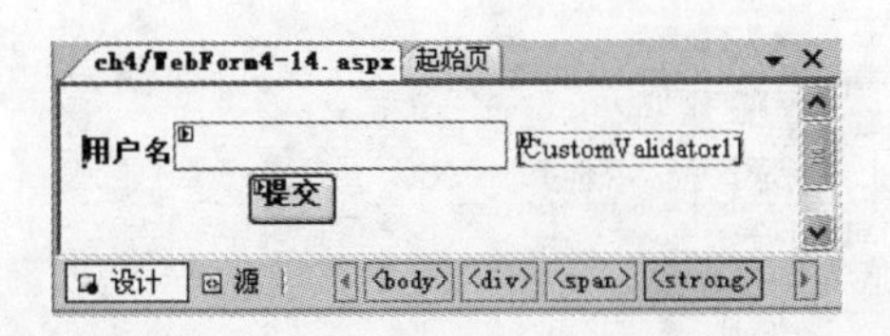

图 4.44　WebForm4-14 设计界面

图 4.45　WebForm4-14 运行界面

4.3.6　ValidationSummary 控件

ValidationSummary 控件又称错误总结控件，在工具箱的图标为 ValidationSummary 。它提供一个集中显示验证错误信息的地方，将本网页中所有验证控件错误信息组织好并一同显示出来。ValidationSummary 控件的常用属性如表 4.36 所示。

表 4.36　ValidationSummary 控件的常用属性

属　　性	说　　明
HeaderText	控件汇总信息
DisplayMode	获取或设置验证摘要的显示模式，其取值如表 4.37 所示
EnableClientScript	获取或设置一个值，用于指示 ValidationSummary 控件是否使用客户端脚本更新自身
ShowMessageBox	获取或设置一个值，该值指示是否在消息框中显示验证摘要。如果在消息框中显示验证摘要，则为 True；否则为 False；默认为 False
ShowSummary	获取或设置一个值，该值指示是否内联显示验证摘要

表 4.37　DisplayMode 属性取值及其说明

取　　值	说　　明
BulletList	显示在项目符号列表中的验证摘要
List	显示在列表中的验证摘要
SingleParagraph	显示在单个段落内的验证摘要

根据 DisplayMode 属性的设置，摘要可以按列表、项目符号列表或单个段落的形式显示。通过分别设置 ShowSummary 和 ShowMessageBox 属性，可在网页上和消息框中显示摘要。

注意：如果 ShowMessageBox 和 ShowSummary 属性都设置为 True，则在消息框和网页上都显示验证摘要。

【例 4.15】　设计一个说明 ValidationSummary 验证控件使用方法的网页 WebForm4-15。其设计步骤如下。

① 在 Myaspnet 网站的 ch4 文件夹中添加一个名称为 WebForm4-15 的空网页。

② 设计 WebForm4-15 的网页界面如图4.46所示，与例4.13类似，有两个 RequiredFieldValidator 控件 RequiredFieldValidator1 和 RequiredFieldValidator2，用于验证姓名和密码不能为空，一个 CompareValidator 控件 CompareValidator1，用于验证两次密码输入应相同。

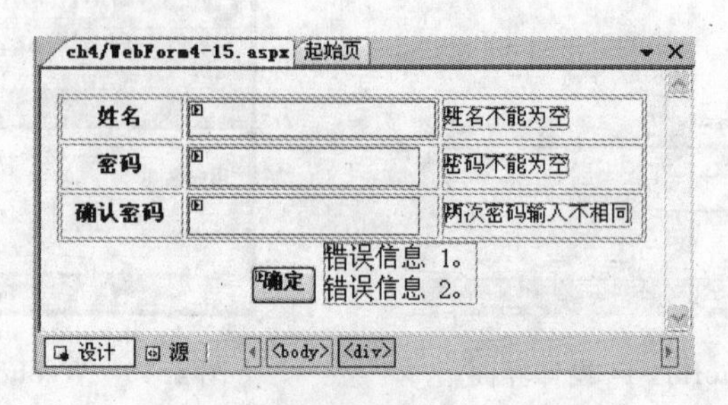

图 4.46　WebForm4-15 设计界面

③ 添加一个 ValidationSummary 控件 ValidationSummary1，其 DisplayMode 属性设为 List，ShowMessageBox 属性设为 True，ShowSummary 属性设为 False。

单击工具栏中的▶按钮运行本网页，不输入任何内容，单击“确定”命令按钮，其结果如图 4.47 所示(其中两个密码文本框均为空，所以没有显示密码不同的信息)。

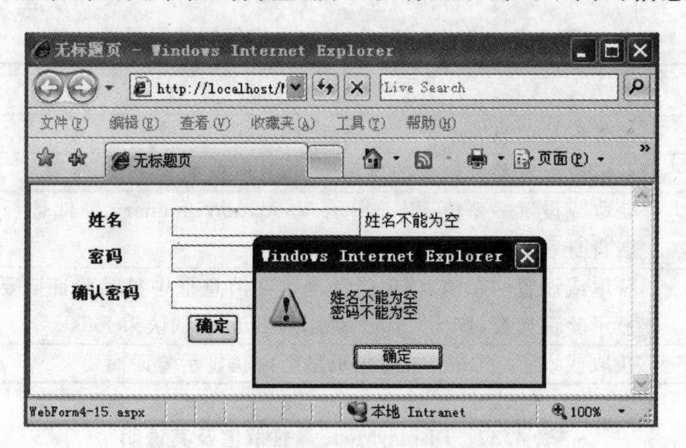

图 4.47　WebForm4-15 运行界面

练习题 4

1. 简述 ASP.NET 服务器控件和 HTML 标记之间的差别。
2. 简述向网页中添加 Web 服务器控件的各种方法。
3. 简述 TextBox 控件的 TextMode 属性设置方法。
4. 简述 Button 控件的常用事件。
5. 简述 Button 控件和 LinkButton、ImageButton 及 HyperLink 控件的异同。
6. 简述 DropDownList、ListBox、CheckBoxList、RadioButtonList 和 BulletedList 控件设置 Items 属性上的异同。
7. 简述 CheckBox 控件和 RadioButton 控件功能上的差别。
8. 简述 Table 控件的作用。

9. 简述 HiddenField 控件的作用。

10. 简述 FileUpload 控件的使用方法。

11. 简述 5 种验证控件即 RequiredFieldValidator、CompareValidator、RangeValidator、RegularExpressionValidator 和 CustomValidator 在功能上的差别。

上机实验题 4

在 Myaspnet 网站的 ch4 文件夹中添加一个名称为 WebForm4-16 的网页，用于输入学生的学号、姓名、性别和班号。学号和姓名不能为空，班号从 DropDownList 控件中选择。当输入成功后单击“确定”命令按钮时在 Label 控件中显示输入的信息，用户单击“重置”命令按钮时实现输入重置功能。其运行界面如图 4.48 所示。

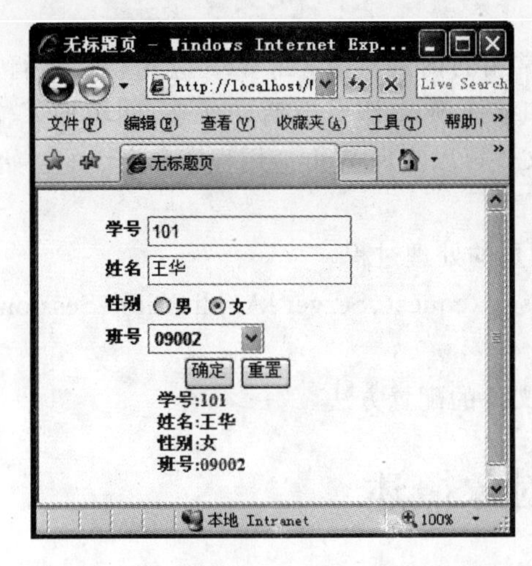

图 4.48　WebForm4-16 网页运行界面

CHAPTER 5

第5章 ASP.NET 的常用对象

ASP.NET 中有一些常用的内置对象，当 Web 应用程序运行时，这些对象提供了丰富的功能，例如维护 Web 服务器活动状态，网页输入输出等。另外，通过配置 Global.asax 文件可以实现 Web 应用程序和会话的初始化设置等。

本章学习要点：

☑ 掌握 ASP.NET 网页的处理过程。

☑ 掌握 Page、Response、Request、Server、Application、Session 和 Cookie 对象的使用方法。

☑ 掌握 Global.asax 文件的配置方法。

5.1 ASP.NET 对象概述

在 ASP 中有几个内置对象，如 Response、Request 等，是 ASP 技术中最重要的一部分。在 ASP.NET 中，这些对象仍然存在，使用的方法也大致相同，不同的是，这些内置对象是由.NET 框架中封装好的类来实现的。因为这些内置对象是在 ASP.NET 网页初始化请求时自动创建的，是全局变量，不需要声明就可以直接使用，如 Response.Write("Hello World")就是直接使用了 Response 对象。

ASP.NET 中常用的内置对象及其说明如表 5.1 所示。

表 5.1 ASP.NET 中常用的内置对象

对象名	说明
Page	用于操作整个网页
Response	用于向浏览器输出信息
Request	提供对当前网页请求的访问
Server	提供服务器端的一些属性和方法
Application	提供对所有会话的应用程序范围的方法和事件的访问，还提供对可用于存储信息的应用程序范围的缓存的访问
Session	用于存储特定用户的会话信息
Cookie	用于设置或获取 Cookie 信息

5.2　Page 对象

Page 对象其实就是 Web 应用程序的.aspx 文件，又称为页面。也就是说，每一个 ASP.NET 网页都是一个 Page 对象，Page 对象是由 System.Web.UI 命名空间中的 Page 类来实现的，Page 类与扩展名为.aspx 的文件相关联，这些文件在运行时被编译为 Page 对象，并缓存在服务器内存中。

由于网页编译后所创建的类由 Page 派生而来，因此网页可以直接使用 Page 对象的属性(包括各种 ASP.NET 的内置对象)、方法和事件。

5.2.1　ASP.NET 网页的处理过程

当浏览器请求一个 ASP.NET 网页和触发页内事件时，处理过程如图 5.1 所示。需说明以下几点。

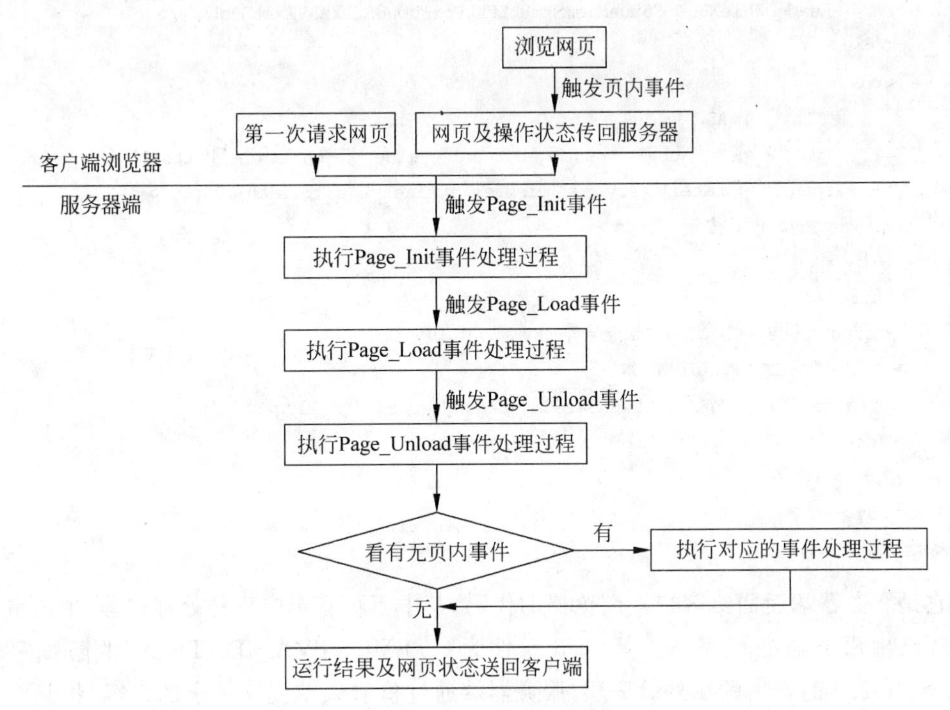

图 5.1　ASP.NET 网页的处理过程

① 服务器端每次处理完请求后，都将生成的结果网页带上状态参数一起返回给客户端浏览器，以便浏览器在显示网页和回传该网页时再次带回参数。

② 在 Page_Load 事件处理过程中，一般都要使用 IsPostBack 属性检查网页是第一次加载还是响应客户端操作产生页内事件回发而加载，以便完成不同的操作。

③ 当客户端操作产生页内事件时，浏览器就将当前的事件、网页和操作状态回发到服务器端。服务器端在执行完 Page_Init、Page_Load 和 Page_Unload 事件处理程序后，再处理页内事件。

例如，对于例 1.1 的网页，它存放在服务器中，当用户运行并单击“单击”命令按钮后，右击鼠标，在出现的快捷菜单中选择“查看源文件”命令，可看到如下代码：

```
<!DOCTYPE html PUBLIC " - //W3C//DTD XHTML 1.0 Transitional//EN"
  "http://www.w3.org/TR/xhtml1/DTD/xhtml1 - transitional.dtd">
< html xmlns = "http://www.w3.org/1999/xhtml" >
   < head >
      <title>无标题页</title>
   </head>
   < body >
      < form name = "form1" method = "post" action = "WebForm1 - 1.aspx"
          id = "form1">
       < div >
         < input type = "hidden" name = "__VIEWSTATE" id = "__VIEWSTATE"
           value = "/wEPDwUKLTMyNDcxODYzNQ9kFgICAw9kFgICAw8PFgIeBFRleHQ
           FEuaCqOWNleWHu + S6huaMiemSrmRkZPKUPpzTdDu8RZhYzFVINAtZ3dLM" />
      </div>
      < div >
          我的第一个 ASP.NET 网页< br />
          < input type = "submit" name = "Button1" value = "单击" id = "Button1" />
          < span id = "Label1" style = "display:inline - block;width:135px;">
             您单击了按钮</span>
      </div>
      < div >
       < input type = "hidden" name = "__EVENTVALIDATION"
         id = "__EVENTVALIDATION"
         value = "/wEWAgK/t6j9DwKM54rGBkjecWgiHCiWOwsKl7q5QTluq/sg" />
      </div>
    </form>
   </body>
</html>
```

它是服务器端返回给客户端浏览器的代码，其中不再有单击事件处理过程，单击事件处理过程已由服务器处理完毕。其中 id 属性为“__EVENTVALIDATION”的隐藏字段是 ASP.NET 2.0 的新增的额外验证层，服务器端通过检验表单提交请求的内容，将其与该隐藏字段中的信息进行匹配，根据匹配结果来验证未在浏览器端添加额外的输入字段(有可能为用户在浏览器端恶意添加的字段)，并且该值是在服务器已知的列表中选择的。

读者可以从中体会 ASP.NET 网页的处理过程。

5.2.2 Page 对象的属性

Page 对象的常用属性及其说明如表 5.2 所示，除此之外，Page 对象还包括 Response、Request、Server、Session 和 Application 对象属性。下面介绍其中两个属性的用法。

表 5.2　Page 对象的常用属性及其说明

属　性	说　明
ClientQueryString	获取请求的 URL 的查询字符串部分
ErrorPage	获取或设置错误页,在发生未处理的页异常的事件时请求浏览器将被重定向到该页
Form	获取网页的 HTML 窗体
IsPostBack	获取一个值,该值指示该页是否正为响应客户端回发而加载,或者它是否正被首次加载和访问
IsValid	获取一个值,该值指示页验证是否成功
Master	获取确定页的整体外观的母版页
MasterPageFile	获取或设置母版页的文件名

1. IsPostBack 属性

获取一个布尔值,为 True 时表示当前网页是为响应客户端回发(PostBack,指网页及操作状态传回服务器)而加载,为 False 时表示首次加载和访问网页。

在 Page_Load 事件处理过程中,通过该属性可以实现首次加载和回发时执行不同的程序代码,例如:

```
void Page_Load(Object o,EventArgs e)
{   if (!Page.IsPostBack)
    {
        //如果网页为首次加载,则进行一些操作
        …
    }
}
```

2. IsValid 属性

获取一个布尔值,指示网页上的验证控件是否验证成功。若网页验证控件全部验证成功,该值为 True,否则为 False。

IsValid 属性在网页验证中起着重要作用。例如,以下事件过程通过 mylabel 标签输出验证结果:

```
void Button1_Click(Object Sender, EventArgs E)
{   if (Page.IsValid)       //也可写成 if (Page.IsValid == true)
        mylabel.Text = "信息验证成功!";
    else
        mylabel.Text = "信息验证失败";
}
```

5.2.3　Page 对象的方法

Page 对象的常用方法及其说明如表 5.3 所示。

表 5.3 Page 对象的常用方法及其说明

方法	说明
DataBind	将数据源绑定到被调用的服务器控件及其所有子控件
FindControl	在页面中搜索指定的服务器控件
RegisterClientScriptBlock	向页面发出客户端脚本块
MapPath	检索虚拟路径(绝对的或相对的)或应用程序相关的路径映射到的物理路径
Validate	指示页面中所有验证控件进行验证

5.2.4 Page 对象的事件

Page 的常用事件及其说明如表 5.4 所示，下面对这 3 个事件做进一步的介绍。

表 5.4 Page 对象的常用事件及其说明

事件	说明
Init	当服务器控件初始化时发生
Load	当服务器控件加载到 Page 对象中时发生
Unload	当服务器控件从内存中卸载时发生

1. Init 事件

Init 事件对应的事件处理过程为 Page_Init。在初始化网页时触发该事件。Init 事件只触发一次。Init 事件通常用来完成系统所需的初始化，如设置网页、控件属性的初始值。

2. Load 事件

Load 事件对应的事件处理过程为 Page_Load。当在内存中加载网页时触发该事件。Load 事件可以触发多次。不管是首次加载，还是按用户要求回送信息再次调用网页的回发加载，Page_Load 事件处理过程都会被执行。

3. Unload 事件

Unload 事件对应的事件处理过程为 Page_Unload。当网页从内存中卸载并将输出结果发送给浏览器时触发该事件。Unload 事件主要用来执行最后的资源清理工作，如关闭文件、关闭数据库连接和释放对象等。由于这个事件是最后事件，网页的所有内容已经传到客户端浏览器，所以不能使用它来改变控件。这个事件并不是指用户在浏览器端关闭网页，而是从 IIS 角度讲，网页从内存中卸载时发生这个事件。

5.2.5 Page 对象的应用

本小节通过一个示例说明 Page 对象的应用。

【例 5.1】 设计一个使用 Page 对象的 IsPostBack 属性的网页 WebForm5-1。

其设计步骤如下。

① 在 Myaspnet 网站的 ch5 文件夹中添加一个名称为 WebForm5-1 的空网页。

② 其设计界面如图 5.2 所示，其中包含一个文本框 TextBox1、一个按钮 Button1 和一个标签 Label1。在该网页上设计如下事件过程：

```
protected void Page_Load(object sender, EventArgs e)
{   if  (Page.IsPostBack == true)
        Label1.Text = TextBox1.Text + ":您好,已经提交了!";
    else
        Label1.Text = "您还没有提交!";
}
protected void Button1_Click(object sender, EventArgs e)
{
    //不含任何代码
}
```

单击工具栏中的 ▶ 按钮运行本网页，初始运行界面如图 5.3 所示，此时 Page.IsPostBack 返回 False，在文本框中输入“王华”，单击“提交”命令按钮，其运行界面如图 5.4 所示，这是因为此时网页是回发状态，所以 Page.IsPostBack 返回 True。

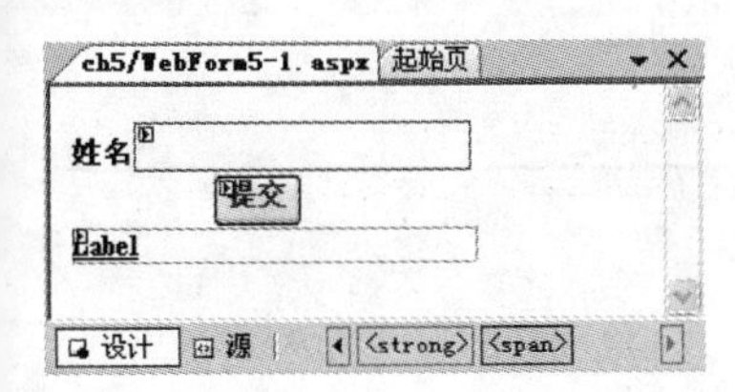

图 5.2　WebForm5-1 设计界面

图 5.3　WebForm5-1 运行界面 1

图 5.4　WebForm5-1 运行界面 2

5.3　Response 对象

Response 对象用于控制服务器发送给浏览器的信息，包括直接发送信息给浏览器、重定向浏览器到另一个 URL 或设置 Cookie 的值。

5.3.1　Response 对象的属性

Response 对象的常用属性及其说明如表 5.5 所示。

表 5.5　Response 对象的常用属性及其说明

属　性	说　明
Buffer	获取或设置一个值，该值指示是否缓冲输出，并在完成处理整个响应之后将其发送
BufferOutput	获取或设置一个值，该值指示是否缓冲输出，并在完成处理整个页之后将其发送
Cache	获取网页的缓存策略(过期时间、保密性、变化子句)
Cookies	获取响应 Cookie 集合
Expires	获取或设置在浏览器上缓存的页过期之前的分钟数。如果用户在页面过期之前返回该页，则显示缓存版本。提供 Expires 是为了与以前版本的 ASP 兼容
IsClientConnected	获取一个值，通过该值指示客户端是否仍连接在服务器上

5.3.2 Response 对象的方法

Response 对象的常用方法及其说明如表 5.6 所示。下面介绍几个主要方法的用法。

表 5.6 Response 对象的常用属性及其说明

属　性	说　明
Output	启动到输出 HTTP 响应流的文本输出
OutputStream	启动到输出 HTTP 内容主体的二进制输出
RedirectLocation	获取或设置 HTTP“位置”标头的值
Status	设置返回到客户端的 Status 栏
AppendCookie	将一个 HTTP Cookie 添加到内部 Cookie 集合
AppendToLog	将自定义日志信息添加到 Internet 信息服务(IIS)日志文件
BinaryWrite	将一个二进制字符串写入 HTTP 输出流
Clear	清除缓冲区流中的所有内容输出
ClearHeaders	清除缓冲区流中的所有头
Close	关闭到客户端的套接字连接
End	将当前所有缓冲的输出发送到客户端,停止该页的执行,并引发 EndRequest 事件
Redirect	将客户端重定向到新的 URL
Write	将信息写入 HTTP 响应输出流
WriteFile	将指定的文件直接写入 HTTP 响应输出流

1. Write 方法

Write 方法可以将一个字符串写入 HTTP 响应输出流。例如:

```
Response.Write("现在时间为:" + DateTime.Now.ToString());
```

用于输出当前的时间。

实际上 Write 方法将指定的字符串输出到客户端,由客户端浏览器解释后输出,所以这个输出字符串中可以包含一些 HTML 输出标记。

2. Redirect 方法

使用 Redirect 方法可以实现在不同页面之间进行跳转的功能,也就是可以从一个网页地址转到另一个网页地址,可以是本机的网页,也可以是远程的网页地址。例如,输入以下代码:

```
Response.Redirect("http://www.whu.edu.cn/");
```

当程序被执行的时候,显示的是武汉大学的主页。

3. End 方法

End 方法用来输出当前缓冲区的内容,并中止当前页面的处理。例如:

```
Response.Write("欢迎光临");
Response.End();
```

```
Response.Write("我的网站!");
```

只输出“欢迎光临”,而不会输出“我的网站!”。End 方法常常用来帮助调试程序。

5.3.3 Response 对象的应用

本小节通过一个示例说明 Response 对象的应用。

【例 5.2】 设计一个使用 Response 对象的 Write 方法输出若干文字的网页窗体 WebForm5-2。

其设计步骤如下。

① 在 Myaspnet 网站的 ch5 文件夹中添加一个名称为 WebForm5-2 的空网页。

② 其设计界面中不包含任何内容。在该网页上设计如下事件过程:

```
protected void Page_Load(object sender, EventArgs e)
{   Response.Write("中华人民共和国<br>");
    Response.Write("<h1>中华人民共和国</h1>");
    Response.Write("<h2>中华人民共和国</h2>");
    Response.Write("<h3>中华人民共和国</h3>");
}
```

单击工具栏中的▶按钮运行本网页,其运行界面如图 5.5 所示。

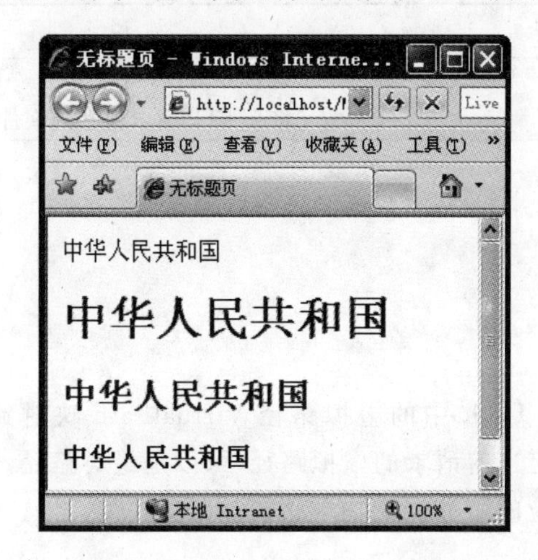

图 5.5　WebForm5-2 网页运行界面

5.4 Request 对象

Request 对象的主要功能是从客户端获取数据。使用该对象可以访问任何 HTTP 请求传递的信息,包括使用 POST 方法或者 GET 方法传递的参数、Cookie 和用户验证。

5.4.1 Request 对象的属性

Request 对象的常用属性及其说明如表 5.7 所示。

表5.7 Request对象的常用属性及其说明

属　性	说　明
ApplicationPath	获取ASP.NET应用的虚拟目录(URL)
PhysicalPath	获得ASP.NET应用的物理目录
Browser	获取有关正在请求客户的客户端的浏览器功能的信息
Cookies	获取在请求中发送的Cookies集
FilePath	获取当前请求的虚拟路径
Form	获取回传到网页的窗体变量集
Headers	获取HTTP头部
ServerVariables	获取服务器变量的名字/值集
QueryString	获取HTTP查询字符串变量集合
Url	获取有关当前请求的URL的信息
UserHostAddress	获取客户端主机的地址

5.4.2 Request对象的方法

Request对象的常用方法及其说明如表5.8所示。下面介绍几个主要方法的用法。

表5.8 Request对象的常用方法及其说明

方　法	说　明
MapPath	返回URL的物理路径
SaveAs	将HTTP请求保存到文件中

1. MapPath方法

其使用语法格式如下：

```
MapPath(VirtualPath)
```

该方法将当前请求的URL中的虚拟路径VirtualPath映射到服务器上的物理路径。参数VirtualPath用于指定当前请求的虚拟路径(可以是绝对路径,也可以是相对路径)。返回值为与VirtualPath对应的服务器端物理路径。

例如,语句：

```
Response.Write(Request.MapPath("aa"));
```

在浏览器中输出aa所在的物理路径。

2. SaveAs方法

其使用语法格式如下：

```
SaveAs(filename, includeHeaders)
```

该方法将客户端的HTTP请求保存到磁盘。参数filename用于指定文件在服务器上保存的位置；布尔型参数includeHearders用于指示是否同时保存HTTP头。

例如：

```
Request.SaveAs("H:\aaa", True);
```

则执行后在 H 盘根目录产生 aaa 文件。

5.4.3 Request 对象的应用

1. 获取客户端机器和浏览器的相关信息

通常使用 Request 对象的 Browser、Url、Path 和 PhysicalPath 等属性获取客户端机器和浏览器的相关信息。

【例 5.3】 设计一个获取客户端机器和浏览器的信息的网页 WebForm5-3。

其设计步骤如下。

① 在 Myaspnet 网站的 ch5 文件夹中添加一个名称为 WebForm5-3 的空网页。

② 其设计界面中不包含任何内容。在该网页上设计如下事件过程：

```
protected void Page_Load(object sender, EventArgs e)
{   Response.Write("浏览器名称和主版本号: "
        + Request.Browser.Type + "<br>");
    Response.Write("浏览器名称: " + Request.Browser.Browser + "<br>");
    Response.Write("浏览器平台: " + Request.Browser.Platform + "<br>");
    Response.Write("客户端 IP 地址: " + Request.UserHostAddress + "<br>");
    Response.Write("当前请求的 URL: " + Request.Url + "<br>");
    Response.Write("当前请求的虚拟路径: " + Request.Path + "<br>");
    Response.Write("当前请求的物理路径: " + Request.PhysicalPath + "<br>");
}
```

单击工具栏中的▶按钮运行本网页，其运行界面如图 5.6 所示。

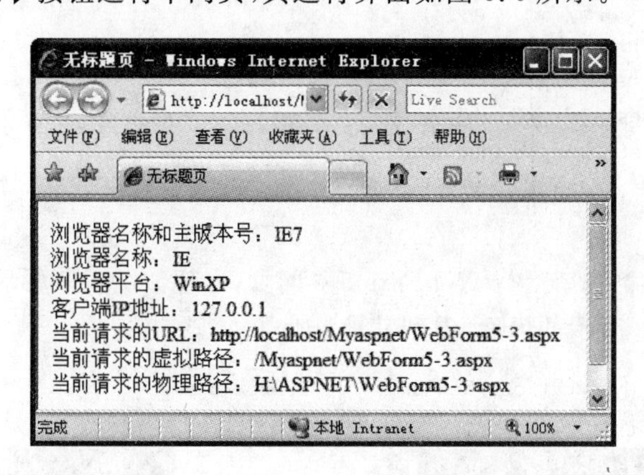

图 5.6　WebForm5-3 网页运行界面

2. 使用 QueryString 属性在网页之间传递数据

在上网的过程中，经常发现网址后面有一串字符，这就是通过 URL 后面的字符串在两个网页之间传递参数，QueryString 属性保存这些参数和值，因此可以通过 Request 的 QueryString 在网页之间传递信息。

【例 5.4】 设计两个网页 WebForm5-4 和 WebForm5-4-1，说明 QueryString 属性的使用方法。

其设计步骤如下。

① 在 Myaspnet 网站的 ch5 文件夹中添加一个名称为 WebForm5-4 的空网页。

② 在其中添加一个文字串和一个超链接，对应的源视图代码如下(仅修改黑体部分代码)：

```
<%@ Page Language="C#" AutoEventWireup="true"
    CodeFile="WebForm5-5.aspx.cs" Inherits="WebForm4_4" %>
<!DOCTYPE html PUBLIC "-//W3C//DTD XHTML 1.0 Transitional//EN"
"http://www.w3.org/TR/xhtml1/DTD/xhtml1-transitional.dtd">
<html xmlns="http://www.w3.org/1999/xhtml" >
  <head runat="server">
    <title>无标题页</title>
  </head>
  <body>
    <form id="form1" method="get" runat="server">
      <div>
        <strong><span style="font-size: 10pt; color: #cc33ff">
            请单击以下超链接<br />
           <a href="WebForm5-4-1.aspx?uname=王华&uage=20">
            显示</a></span></strong>
      </div>
    </form>
  </body>
</html>
```

③ 在 Myaspnet 网站中添加一个名称为 WebForm5-4-1 的空网页。其中包含一个文字串和一个标签 Label1，在该网页上设计如下事件过程：

```
protected void Page_Load(object sender, EventArgs e)
{   string uname,uage;
    uname = Request.QueryString["uname"];
    uage = Request.QueryString["uage"];
    Label1.Text = uname + ":您好! 您的年龄为" + uage + "岁";
}
```

单击工具栏中的▶按钮运行 WebForm5-4 网页，出现如图 5.7 所示的界面，单击“显示”超链接，出现如图 5.8 所示的界面，看到其地址为：

```
http://localhost/Myaspnet/ch5/WebForm5-4-1.aspx?uname=王华&uage=20
```

图 5.7　WebForm5-4 网页运行界面

图 5.8　WebForm5-4-1 网页运行界面

这就是 URL，WebForm5-4-1 网页的 Page_Load 事件过程从中提取 QueryString 属性中对应变量的值并输出。

3. 使用 Form 属性在网页之间传递数据

使用 Request 的 Form 属性可以获取客户端通过 POST 方式传递的表单数据，从而实现网页之间的数据传递。

【例 5.5】 设计两个网页 WebForm5-5 和 WebForm5-5-1，说明 Form 属性的使用方法。

其设计步骤如下。

① 在 Myaspnet 网站的 ch5 文件夹中添加一个名称为 WebForm5-5 的空网页。

② 其中包含一个文字串、一个命令按钮和两个隐蔽文本框，对应的 源 视图代码如下(仅修改黑体部分代码)：

```
<%@ Page Language="C#" AutoEventWireup="true"
    CodeFile="WebForm5-5.aspx.cs" Inherits="WebForm4_5" %>
<!DOCTYPE html PUBLIC "-//W3C//DTD XHTML 1.0 Transitional//EN"
"http://www.w3.org/TR/xhtml1/DTD/xhtml1-transitional.dtd">
<html xmlns="http://www.w3.org/1999/xhtml" >
  <head id="Head1" runat="server">
    <title>无标题页</title>
  </head>
  <body>
    <form id="form1" method="post" action="WebForm5-5-1.aspx">
      <div>
        <strong><span style="font-size: 10pt; color: #cc33ff">
          请单击提交按钮<br />
          <br /></span></strong>
        <input id="Submit1" type="submit" value="提交" /><br />
        <input id="Hidden1" name="uname" value="王华"
          style="width: 40px" type="hidden" />
        <input id="Hidden2" name="uage" value="20" style="width: 36px;
          height: 17px" type="hidden" />
      </div>
    </form>
  </body>
</html>
```

③ 在 Myaspnet 网站的 ch5 文件夹中添加一个名称为 WebForm5-5-1 的空网页。其中包含一个文字串和一个标签 Label1，在该网页上设计如下事件过程：

```
protected void Page_Load(object sender, EventArgs e)
{   string uname, uage;
    uname = Request.Form["uname"];
    uage = Request.Form["uage"];
    Label1.Text = uname + ":您好! 您的年龄为" + uage + "岁";
}
```

单击工具栏中的▶按钮运行 WebForm5-5 网页，出现如图 5.9 所示的界面，单击“提交”

命令按钮,出现如图 5.10 所示的界面,看到其地址为:

```
http://localhost/Myaspnet/ch5/WebForm5-5-1.aspx
```

其中看不到两个网页之间传递的参数值,达到安全的目的。WebForm5-5-1 网页的 Page_Load 事件过程从中提取 Form 属性中对应变量的值并输出。

图 5.9 WebForm5-5 网页运行界面

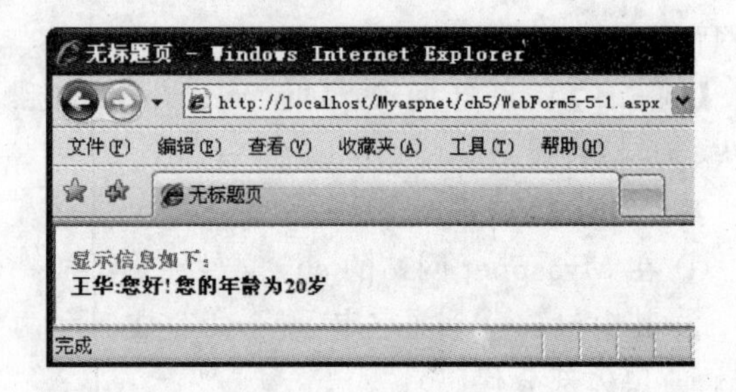

图 5.10 WebForm5-5-1 网页运行界面

上述两例都用于网页之间的数据传递,区别如下。

- 例 5.4 采用 QueryString 属性传递数据;而例 5.5 采用 Form 属性传递数据。
- 例 5.4 的表单在服务器端运行,采用 GET 方式;而例 5.5 的表单在客户端运行,采用 POST 方式。
- 例 5.4 通过超链接实现网页转向,带有传递数据的参数值;而例 5.5 通过命令按钮并用 action 属性直接转向网页,不带有传递数据的参数值。
- 例 5.4 通过地址直接指定传递参数值;而例 5.5 通过提交表单,其中包含传递的参数值。

5.5 Server 对象

Server 对象提供了对服务器的方法和属性的访问,可以获取服务器的信息,对 HTML 文本进行编码和解码等,如文件的物理路径等。

5.5.1 Server 对象的属性

Server 对象的常用属性及其说明如表 5.9 所示。

表 5.9 Server 对象的常用属性及其说明

属性	说明
MachineName	作用是获取服务器的名称
ScriptTimeOut	获取和设置请求超时值(以秒计)

5.5.2 Server 对象的方法

Server 对象的常用方法及其说明如表 5.10 所示。下面介绍几个主要方法的用法。

表 5.10　Server 对象的常用方法及其说明

方　法	说　明
CreateObject	创建 COM 对象的一个服务器实例
Execute	运行另一个网页以执行当前请求
HtmlEncode	对要在浏览器中显示的字符串进行编码
HtmlDecode	对已被编码以消除无效 HTML 字符的字符串进行解码
UrlEncode	对指定字符串以 URL 格式进行编码
UrlPathEncode	对 URL 字符串的路径部分进行 URL 编码，并返回已编码的字符串
MapPath	返回与 Web 服务器上的指定虚拟路径相对应的物理文件路径
Transfer	终止当前网页的执行，并开始执行新的请求网页

1. MapPath 方法

使用 MapPath 方法可以获得服务器文件的物理路径。其使用语法格式如下：

```
Server.MapPath(虚拟路径字符串);
```

2. Transfer 方法

用户可能希望将用户从一个 ASP. NET 网页重定向到另一个网页。重定向页的方法很多，使用 Server. Transfer 方法就是其中的一种方法，其语法格式如下：

```
Server.Transfer(URL);
```

Transfer 方法执行完新的网页后，不再返回原网页执行。

例如，有一个 default3. aspx 网页，它只输出“default3 网页”文字；另有一个 default2. aspx 网页，其 Page_Load 中包含以下语句：

```
Server.Transfer("default3.aspx");
Response.Write("default2 网页");
```

执行 default2. aspx 网页，当遇到该语句时重定向到 default3. aspx 网页，网页输出 default3. aspx 执行的结果，而不会再执行 Response. Write("default2 网页")语句，如图 5.11 所示。

3. Execute 方法

有时用户希望在网页运行时执行其他网页的内容后继续执行当前网页的内容，可以使用 Server. Execute 方法。其语法格式如下：

```
Server.Execute(URL);
```

Execute 方法执行完新的网页后再返回原网页执行。

将前例中的 Server. Transfer 改为 Server. Execute，其他不变。执行 default2. aspx 网页，当遇到该语句时重定向到 default3. aspx 网页，网页输出 default3. aspx 执行的结果，再继续执行 default2. aspx 网页的 Response. Write("default2 网页")语句，如图 5.12 所示。

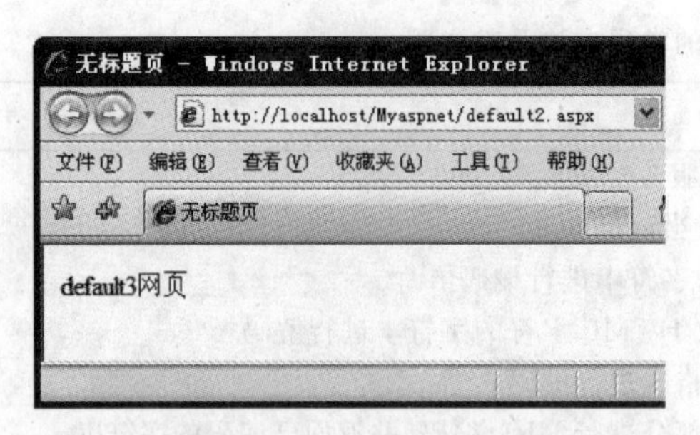

图 5.11 使用 Server.Transfer 方法的结果

图 5.12 使用 Server.Execute 方法的结果

5.5.3 Server 对象的应用

本小节通过一个示例说明 Server 对象的应用。

【例 5.6】 设计一个获取服务器端相关信息的网页 WebForm5-6。

其设计步骤如下。

① 在 Myaspnet 网站的 ch5 文件夹中添加一个名称为 WebForm5-6 的空网页。

② 其设计界面如图 5.13 所示，其中包含两个命令按钮(Button1 和 Button2)和两个标签(Label1 和 Label2)。在该网页上设计如下事件过程：

```
protected void Button1_Click(object sender, EventArgs e)
{   Label1.Text = "服务器名称:" + Server.MachineName + "<br>" +
        "网页请求超时时间:" + Server.ScriptTimeout.ToString() + "秒";
}
protected void Button2_Click(object sender, EventArgs e)
{   string mystr1 = "<b>一个字符串</b>";
    string mystr2 = "ab12&@ * % #";
    Label2.Text = "服务器路径:" + Server.MapPath(".") + "<br>" +
        "HtmlEncode:" + Server.HtmlEncode(mystr1) + "<br>" +
        "HtmlDecode:" + Server.HtmlDecode(mystr1) + "<br>" +
        "UrlEncode:" + Server.UrlEncode(mystr2) + "<br>" +
        "UrlDecode:" + Server.UrlDecode(mystr2);
  }
```

单击工具栏中的▶按钮运行本网页，分别单击其中的两个命令按钮，其结果如图 5.14 所示，从中看到 Server 对象的相关属性值和通过调用 Server 对象的相关方法返回的结果。

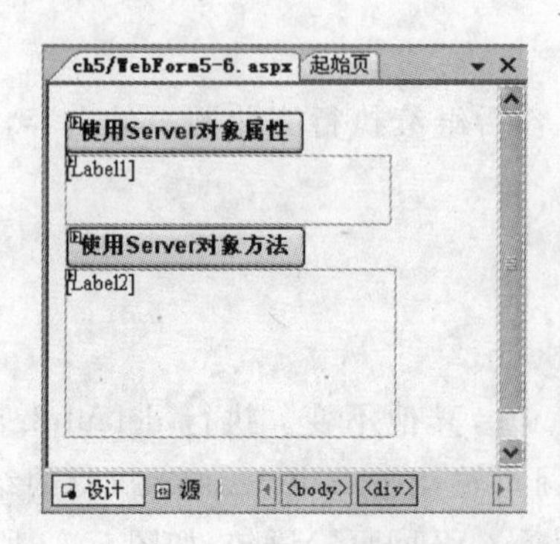

图 5.13 WebForm5-6 网页设计界面

图 5.14 WebForm5-6 网页运行界面

5.6 Application 对象

Application 对象是运行在 Web 应用服务器上的虚拟目录及其子目录下所有文件、页面、模块和可执行代码的总和。一旦网站服务器被打开，就创建了 Application 对象；所有的用户共用一个 Application 对象并可以对其进行修改；Application 对象的这一特性使得网站设计者可以方便地创建诸如聊天室和网站计数器等常用 Web 应用程序。

Application 对象是一个对象集合，可看做是存储信息的容器，为所有用户共享。

5.6.1 Application 对象的属性

Application 对象的常用属性及其说明如表 5.11 所示。

表 5.11　Application 对象的常用属性及其说明

属　性	说　明
Count	返回 Application 集合中的对象个数
Contents	表示 Application 对象中对象集合，主要是为了与以前版本的 ASP 兼容

5.6.2 Application 对象的方法

Application 对象的常用方法及其说明如表 5.12 所示。下面介绍几个主要方法的用法。

表 5.12　Application 对象的常用方法及其说明

方　法	说　明
Add	向 Application 集合中添加新对象
Clear	从 Application 集合中移除所有对象
Remove	从 Application 集合中移除指定名称的对象
RemoveAt	从 Application 集合中移除指定索引的对象
RemoveAll	从 Application 集合中移除所有对象
Lock	禁止其他用户修改 Application 集合中的对象
Unlock	允许其他用户修改 Application 集合中的对象

1. Add 方法

用于将新对象添加到 Application 集合中。其语法格式如下：

```
Application.Add(字符串,对象值)
```

其中，“字符串”指定对象名。例如：

```
string str1 = "mystr";
int int1 = 34;
Application.Add("var1",str1);
Application.Add("var2",int1);
```

这样 Application 集合中新增了 var1 和 var2 两个对象，它们的值分别是“mystr”和 34。也可以采用以下方式新增对象：

```
Application["var1"] = str1;
Application["var2"] = int1;
```

可以采用以下方式读取 Application 集合中的信息：

```
int intvar;
string strvar;
object obj1 = Application[0];          //或 obj1 = Application.Contents[0];
objecto bj2 = Application["var2"];
                                       //或 obj2 = Application.Contents["var2"];
strvar = (string)obj1;                 //强制转换类型
intvar = (int)Application["var2"];     //强制转换类型
```

如果 Application 集合中指定的对象不存在，则访问该对象时返回 null。

2. Remove 和 RemoveAt 方法

它们都用于删除 Application 集合中的指定对象，其使用语法格式如下：

```
Application.Remove(对象名);
Application.RemoveAt(对象索引);
```

例如：

```
Application.Remove("var1")        //删除 var1 对象
Application.RemoveAt(1);          //删除 var2 对象
```

5.6.3 Application 对象的事件

Application 对象的常用事件及其说明如表 5.13 所示。这些事件处理过程应该放在 Global.asax 文件中。

表 5.13 Application 对象的常用事件及其说明

事　件	说　明
Start	在整个 ASP.NET 应用程序第一次执行时引发
End	在整个 ASP.NET 应用程序结束时引发

5.6.4 Application 对象的应用

本小节通过一个示例说明 Application 对象的应用。

【例 5.7】 设计一个实现简单聊天功能的网页 WebForm5-7。

其设计步骤如下。

① 在 Myaspnet 网站的 ch5 文件夹中添加一个名称为 WebForm5-7 的空网页。

② 其设计界面如图 5.15 所示，其中包含一个标签(Label1，用于显示聊天内容)、两个文本框(TextBox1 和 TextBox2，分别用于输入姓名和聊天记录，TextBox2 的 TextMode 属性设为 MultiLine)和一个命令按钮(Button1，用于提交聊天记录)。在该网页上设计如下事

件过程：

```
protected void Page_Load(object sender, EventArgs e)
{    if (Application["chat"]! = null)
         Label1.Text = (string)Application["chat"];
}
protected void Button1_Click(object sender, EventArgs e)
{    if (TextBox1.Text ! = "")
     {    Application.Lock();
          Application["chat"] = TextBox1.Text + "说:" +
               TextBox2.Text + "<br>" + Application["chat"];
          Application.UnLock();
          Label1.Text = (string)Application["chat"];
     }
     else
          Response.Write("<script>alert('必须输入姓名')</script>");
}
```

单击工具栏中的▶按钮运行本网页，输入姓名开始聊天。再次启动 IE 浏览器，输入地址 http://localhost/Myaspnet/WebForm5-7.aspx 启动本网页，这样两个人就可以相互聊天了，如图 5.16 所示。

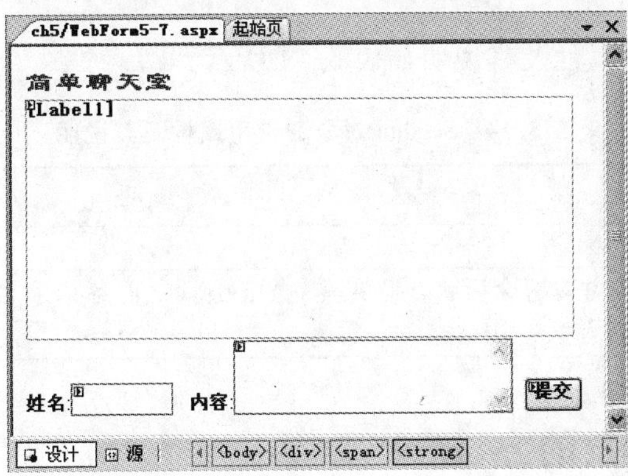

图 5.15　WebForm5-7 网页设计界面

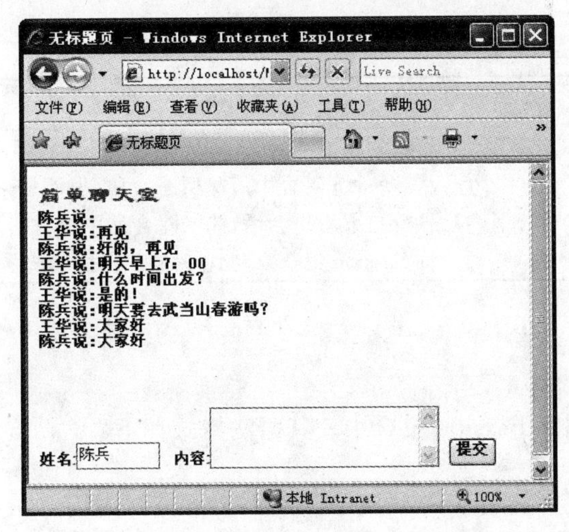

图 5.16　WebForm5-7 网页运行界面

上述程序中，Response. Write("<script>alert('必须输入姓名')</script>")语句是向网页发送<script>alert('必须输入姓名')</script>语句，也就是在客户端执行 alert('必须输入姓名')脚本语句，从而在浏览器中输出一个 alert 对话框，如图 5.17 所示。

图 5.17　alert 对话框

5.7　Session 对象

当用户请求一个 ASP.NET 页面时，系统将自动创建一个 Session(会话)，退出应用程序或关闭服务器时该会话撤销。系统在创建会话时将为其分配一个长长的字符串(SessionID)标识，以实现对会话进行管理和跟踪。该字符串中只包含 URL 中所允许的 ASCII 字符。SessionID 具有的随机性和唯一性保证了会话不会冲突，也不会被怀有恶意的人利用新 SessionID 推算出现有会话的 SessionID。

和 Application 对象一样，Session 对象也是一个对象集合，但 Session 是针对某个特定用户的，用户之间不会产生共享情况。

5.7.1　Session 对象的属性

Session 对象的常用属性及其说明如表 5.14 所示。

表 5.14　Session 对象的常用属性及其说明

属　性	说　明
SessionID	用来标识一个 Session 对象
TimeOut	获取并设置会话状态提供程序终止会话之前各请求之间所允许的超时期限(以分钟为单位)

5.7.2　Session 对象的方法

Session 对象的常用方法及其说明如表 5.15 所示。下面介绍几个主要方法的用法。

表 5.15　Session 对象的常用方法及其说明

方　法	说　明
Add	将新的项添加到 Session 集合中
Clear	从 Session 集合中清除所有对象，但不结束会话
Abandon	强行结束用户会话，并清除会话中所有信息
CopyTo	将 Session 集合复制到一维数组中

1. Add 方法

用于将新对象添加到 Session 集合中。其语法格式如下：

```
Session.Add(字符串,对象值)
```

其中，“字符串”指定对象名。例如：

```
string str1 = "mystr";
int int1 = 34;
Session.Add("var1",str1);
Session.Add("var2",int1);
```

这样 Session 集合中新增了 var1 和 var2 两个对象，它们的值分别是"mystr"和 34。也可以采用以下方式新增对象：

```
Session["var1"] = str1;
Session["var2"] = int1;
```

可以采用以下方式读取 Session 集合中的信息：

```
int intvar;
string strvar;
object obj1 = Session[0];
object bj2 = Session["var2"];
strvar = (string)obj1;              //强制转换类型
intvar = (int)Session["var2"];      //强制转换类型
```

2. Clear 方法

用于清除 Session 集合中所有对象，其使用语法格式如下：

```
Session.Clear();
```

5.7.3 Session 对象的事件

Session 对象的常用事件及其说明如表 5.16 所示。

表 5.16　Session 对象的常用事件及其说明

事　件	说　明
Start	建立 Session 对象时发生
End	结束 Session 对象时发生

说明：当用户在客户端直接关闭浏览器退出 Web 应用程序时，并不会触发 End 事件，因为关闭浏览器的行为是一种典型的客户端行为，是不会被通知到服务器端的。End 事件只有在服务器重新启动、用户调用了 Abandon 方法或未执行任何操作达到了 Timeout 设置的值(超时)时才会被触发。

5.7.4 Session 对象的应用

本小节通过示例说明 Session 对象的应用。

【例 5.8】 设计一个采用 Session 对象在网页之间传递数据的网页 WebForm5-8 和 WebForm5-8-1.aspx。

其设计步骤如下。

① 在 Myaspnet 网站的 ch5 文件夹中添加一个名称为 WebForm5-8 的空网页。

② 其设计界面如图 5.18 所示，其中包含两个文本框(TextBox1 和 TextBox2，分别用

于输入用户名和口令，TextBox2 的 TextMode 属性设置为 Password）和一个命令按钮（Button1）。在该网页上设计如下事件过程：

```
protected void Button1_Click(object sender, EventArgs e)
{   Session["uname"] = TextBox1.Text;
    Session["upass"] = TextBox2.Text;
    Server.Transfer("WebForm5 - 8 - 1.aspx");
}
```

图 5.18　WebForm5-8 设计界面

③ 再添加一个名称为 WebForm5-8-1.aspx 的空网页，不放置任何控件，在该网页上设计如下事件过程：

```
protected void Page_Load(object sender, EventArgs e)
{   string mystr;
    mystr = "用户名:" + Session["uname"].ToString() +
           "<br>口  令:" + Session["upass"].ToString();
    Response.Write(mystr);
}
```

运行 WebForm5-8.aspx 网页，输入用户名和口令，如图 5.19 所示，单击“确定”命令按钮，转向 WebForm5-8-1.aspx 网页，输出结果如图 5.20 所示。

图 5.19　WebForm5-8 运行界面

图 5.20　WebForm5-8-1 运行界面

通过上例看到，Session 对象通常用于网页之间传递数据。

在设计网站时，经常需要禁止用户后退或者刷新以及重复提交数据，解决方法有多种。可以通过 Session 对象来解决，其思路是设置一个标志，将这个标志放在 Session 中，在“提交”命令按钮 Button1 中设计相应的判断功能，基本代码如下：

```
protected void Page_Load(object sender,EventArgs e)
{
    if (!Page.IsPostBack)
    {   //如果第一次载入网页就将 Updata 设为 False
        Session["Updada"] = false;
    }
}
protected void Button1_Click(object sender,EventArgs e)
{   //如果网页已经提交过(Updata 为 true)就不进行任何操作,直接返回
    if (Session["Updata"] == true) return
    //这里放置表单验证代码,验证正确后将 Updata 设为 True
```

```
    Session["Updata"] = true;
    //这里放置转向其他网页的代码
}
```

这样用户只要成功提交之后，在提交过程中刷新网页或提交一次后单击“后退”按钮都不能再反复提交了。

5.8 Cookie 对象

Response 和 Request 对象都有一个 Cookies 属性，它是存放 Cookie 对象的集合。一个 Cookie 是一段文本信息，能随着用户请求和页面在 Web 服务器和浏览器之间传递。用户每次访问站点时，Web 应用程序都可以读取 Cookie 包含的信息，从而知道用户上次登录的时间等具体信息。

Cookie 对象和 Application、Session 对象一样，都是为了保存信息的，但它们之间的区别是，Cookie 对象的信息保存在客户端，而 Application 和 Session 对象的信息保存在服务器端。

通常使用 Response 对象的 Cookies 集合属性设置 Cookie 信息，使用 Request 对象的 Cookies 集合属性读取 Cookie 信息。Cookies 集合属性有 Count(返回集合中 Cookie 对象个数)属性和 Add(向 Cookies 集合中新增一个 Cookie 对象)、Clear(删除 Cookies 集合中的所有对象)及 Remove(删除 Cookies 集合中指定名称的对象)等方法。

5.8.1 Cookie 对象的属性

Cookie 对象的常用属性及其说明如表 5.17 所示。下面介绍其中几个主要的属性。

表 5.17　Cookie 对象的常用属性及其说明

属　性	说　明
Name	获取或设置 Cookie 的名称
Expires	获取或设置 Cookie 的过期日期和时间
Domain	获取或设置 Cookie 关联的域
Path	获取或设置要与 Cookie 一起传输的虚拟路径
Secure	获取或设置一个值，通过该值指示是否安全传输 Cookie
Value	获取或设置单个 Cookie 值
Values	获取在单个 Cookie 对象中包含的键值对的集合

1. Name 属性

通过 Cookie 的 Name 属性来指定 Cookie 的名称，因为 Cookie 是按名称保存的，如果设置了两个名称相同的 Cookie，那么后保存的那一个将覆盖前一个，所以创建多个 Cookie 时，每个 Cookie 都必须具有唯一的名称，以便日后读取时识别。

例如，mycookie 是一个 Cookie 对象，则 mycookie.Name 返回该 Cookie 对象的名称。

2. Value 属性

Cookie 的 Value 属性用来指定 Cookie 中保存的值，因为 Cookie 中的值都是以字符串的形式保存的，所以为 Value 指定值时，如果不是字符串类型的要进行类型转换。

例如，mycookie 是一个 Cookie 对象，则 mycookie. Value 返回该 Cookie 对象的值。

5.8.2 Cookie 对象的方法

Cookie 对象的常用方法及其说明如表 5.18 所示。

表 5.18 Cookie 对象的常用方法及其说明

方　法	说　明
Equals	判断指定的 Cookie 对象是否等于当前的 Cookie 对象
ToString	返回此 Cookie 对象的一个字符串表示形式

5.8.3 Cookie 对象的应用

1. 创建 Cookie 对象

在.NET 框架中，Cookie 对象是由 HttpCookie 类来实现的，创建一个 Cookie 对象就是建立 HttpCookie 类的一个实例。HttpCookie 类具有以下构造函数：

```
public HttpCookie (string name)
public HttpCookie(string name,string value)
```

其中，name 表示 Cookie 对象的名称(对应 Name 属性)，value 表示 Cookie 对象的值(对应 Value 属性)。例如：

```
HttpCookie cookie1 = new HttpCookie("mycookie1");
                                    //新建名称为 mycookie1 的 Cookie 对象
cookie1.Value = "mystring";         //其值设为"mystring"
Response.Cookies.Add(cookie1);      //添加 cookie1 对象
HttpCookie cookie2 = new HttpCookie("mycookie2","good");
                                    //新建名称为 mycookie2 的 Cookie 对象,其值为"good"
Response.Cookies.Add(cookie2);      //添加 cookie2 对象
```

2. 设置多值 Cookie

一个 Cookie 对象可以有多个值，通过子键区分。

例如，当一个名称为 mycookie 的 Cookie 对象已添加到 Response 对象中，可以通过以下语句设置两个子键的值。

```
Response.Cookies["mycookie"]["uname"] = "Smith";
Response.Cookies["mycookie"]["uage"] = 23.ToString();
```

或者在创建 Cookie 对象同时设置多个值。

```
HttpCookie cookie = new HttpCookie("mycookie");
```

```
cookie.Values["uname"] = "Smith";
cookie.Values["uage"] = 23.ToString();
Response.Cookies.Add(cookie);
```

3. 读取 Cookie 对象

对于单值 Cookie 对象，直接用 Request.Cookies[Cookie 的 Name 属性值]来读取其 Cookie 值。

对于多值 Cookie 对象，还需加上子键名称，例如，以下语句将 Name 为 mycookie1 的 Cookie 对象的两个子键值分别在两个文本框中输出。

```
TextBox1.Text = Request.Cookies["mycookie1"]["uname"];
TextBox2.Text = Request.Cookies["mycookie1"]["uage"];
```

4. Cookie 的有效期

Cookie 的 Expires 属性为 DateTime 类型的，用来指定 Cookie 的过期日期和时间即 Cookie 的有效期。浏览器在适当的时候删除已经过期的 Cookie。如果不给 Cookie 指定过期日期和时间，则为会话 Cookie，不会存入用户的硬盘，在浏览器关闭后就被删除。

应根据应用程序的需要来设置 Cookie 的有效期，如果用来保存用户的首选项，则可以把其设置为永远有效(例如 100 年)，如果用来统计用户访问次数，则可以把有效期设置为半年。即使设置长期有效，用户也可以自行决定将其全部删除。

5. 修改和删除 Cookie

修改某个 Cookie 实际上是指用新的值创建新的 Cookie，并把该 Cookie 发送到浏览器，覆盖客户机上旧的 Cookie。

删除 Cookie 是修改 Cookie 的一种形式。由于 Cookie 位于用户的计算机中，所以无法直接将其删除。但是，可以修改 Cookie 将其有效期设置为过去的某个日期，从而让浏览器删除这个已过期的 Cookie。

【例 5.9】 设计一个说明 Cookie 对象使用方法的网页 WebForm5-9。

其设计步骤如下。

① 在 Myaspnet 网站的 ch5 文件夹中添加一个名称为 WebForm5-9 的空网页。

② 其设计界面如图 5.21 所示，其中包含两个文本框(TextBox1 和 TextBox2)和两个命令按钮(Button1 和 Button2)。在该网页上设计如下事件过程：

```
protected void Button1_Click(object sender, EventArgs e)
//写入 Cookie 事件过程
{   HttpCookie cookie = new HttpCookie("mycookie");
    cookie.Value = TextBox1.Text;
    cookie.Expires = DateTime.Now.AddDays(3);  //保存 3 天
    Response.Cookies.Add(cookie);
}
protected void Button2_Click(object sender, EventArgs e)
//读取 Cookie 事件过程
{   if (Request.Cookies["mycookie1"]! = null)
```

```
        TextBox2.Text = Request.Cookies["mycookie"].Value;
    else
        Response.Write("<script>alert('NULL')</script>");
}
```

运行本网页，在 TextBox1 文本框中输入一个字符串，单击“写入 Cookie”命令按钮，再单击“读取 Cookie”命令按钮，则在 TextBox2 文本框输出 Cookie 的值，如图 5.22 所示。

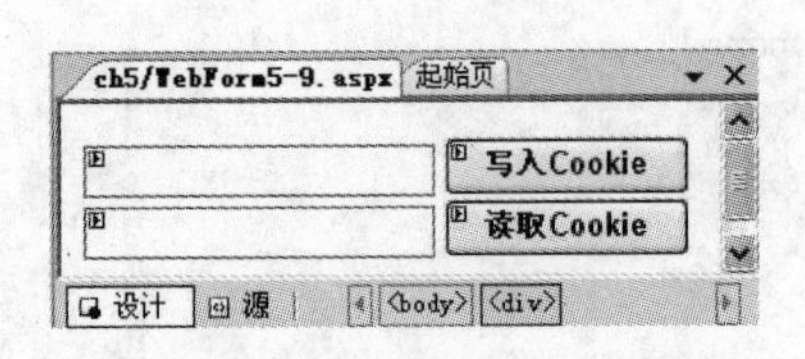

图 5.21　WebForm5-9 网页设计界面

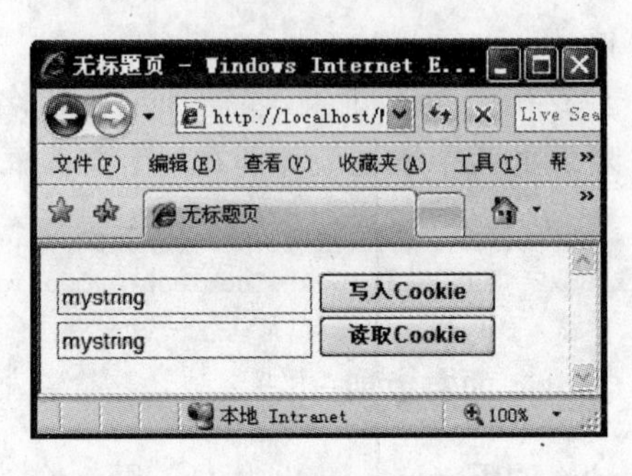

图 5.22　WebForm5-9 网页运行界面

5.9　配置 Global. asax 文件

每个 ASP.NET 网页中都会存在许多事件，如 Page_Load 等，可以在网页中进行编程来处理这些事件。作为一个 ASP.NET 应用程序也存在这样的事件，如应用程序开始时要执行什么操作；一个新 Session 被创建的时候要进行什么操作，等等。那么对这些事件的处理要写在什么地方呢？通常情况下这些事件处理过程应放在 Global.asax 和 Web.config 这两个文件中。有关 Web.config 文件的内容在以后介绍，这里只讨论 Global.asax 文件。

在 ASP.NET 中都不会自动创建 Global.asax 文件，如果要创建该文件，选择“网站”|“添加新项”菜单命令，在打开的“添加新项”对话框中选择“全局应用程序类”选项，如图 5.23 所示，单击“添加”按钮即可创建一个 Global. asax 文件。该文件位于 ASP.NET 应用程序的根目录下，其作用就是用来处理与应用程序相关的一些事件。

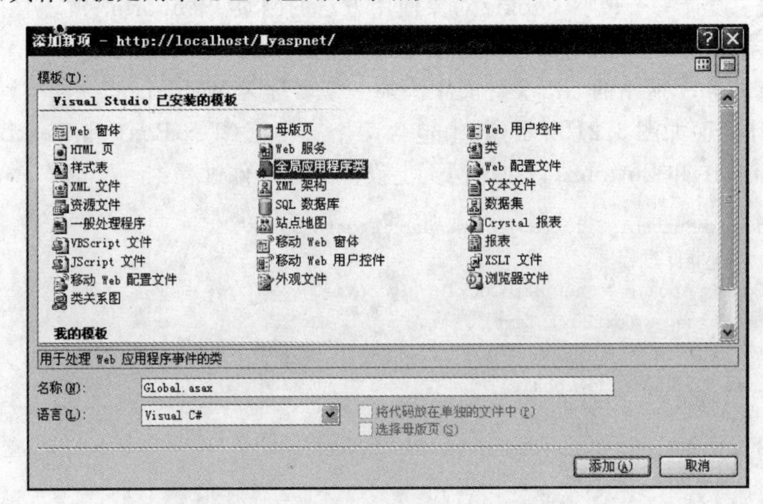

图 5.23　添加 Global.asax 文件

常用的应用程序相关事件及事件被触发时间如表 5.19 所示。

表 5.19 应用程序相关事件

事件名称	事件被触发的时间
Application_Start	应用程序启动时
Session_Start	会话启动时
Application_BeginRequest	每个请求开始时
Application_Error	发生错误时
Session_End	会话结束时
Application_End	应用程序结束时

下面通过一个示例说明 Global. asax 文件的作用。

【例 5.10】 设计一个统计在线人数的网页 WebForm5-10。

其设计步骤如下。

① 打开 Myaspnet 网站。

② 若本网站中没有 Global. asax 文件,则添加一个,否则打开该文件,修改其内容如下(只添加黑体代码部分,其他不变):

```
<%@ Application Language="C#" %>
<script runat="server">
  void Application_Start(object sender, EventArgs e)
  {
       //在应用程序启动时运行的代码
       Application.Lock();
       Application["counter"] = 0;
       Application.UnLock();
  }
  void Application_End(object sender, EventArgs e)
  {
       //  在应用程序关闭时运行的代码
  }
  void Application_Error(object sender, EventArgs e)
  {
       //在出现未处理的错误时运行的代码
  }
  void Session_Start(object sender, EventArgs e)
  {
       //在新会话启动时运行的代码
       Application.Lock();
       Application["counter"] = (int)Application["counter"] + 1;
       Application.UnLock();
  }
  void Session_End(object sender, EventArgs e)
  {
      //在会话结束时运行的代码
      //注意: 只有在 Web.config 文件中的 sessionstate 模式设置为
      //InProc 时,才会引发 Session_End 事件.如果会话模式设置为 StateServer
      //或 SQLServer,则不会引发该事件
```

```
        Application.Lock();
        Application["counter"] = (int)Application["counter"] - 1;
        Application.UnLock();
    }
</script>
```

③ 在 ch5 文件夹添加一个名称为 WebForm5-10 的空网页。在该网页上设计如下事件过程：

```
protected void Page_Load(object sender, EventArgs e)
{
    Response.Write("当前在线人数:" + Application["counter"].ToString());
}
```

运行本网页，看到在线人数为 1，如图 5.24 所示，不关闭 IE，再次启动并输入地址 http://localhost/Myaspnet/WebForm5-10.aspx，此时的网页界面如图 5.25 所示，在线人数变为 2。这是因为在第一次启动本网页时，执行一次 Global.asax 文件中的 Application_Start 事件过程，将 Application["counter"]置为 0，以后每次出现一次会话，便执行一次 Global.asax 文件中的 Session_Start 事件过程，使 Application["counter"]增 1，当退出会话时，执行一次 Global.asax 文件中的 Session_End 事件过程，使 Application["counter"]减 1，所以 Application["counter"]的值就是在线的人数。

图 5.24 WebForm5-10 网页运行界面 1

图 5.25 WebForm5-10 网页运行界面 2

练习题 5

1. 简述 ASP.NET 网页的处理过程。

2. 简述 Page 对象的 IsPostBack 属性和 IsValid 属性的含义，分别说明 Page 对象的 Init 事件、Load 事件和 Unload 事件何时发生。

3. 简述 Response 对象的作用。

4. 简述 Request 对象的作用。

5. 简述使用 Response.Redirect 方法、Server.Transfer 方法和 Server.Execute 方法实现页面转向上的差异。

6. 简述使用 Application 对象和 Session 对象保存用户信息上的差异。

7. 简述 Cookie 对象的作用。

上机实验题 5

在 Myaspnet 网站的 ch5 文件夹中添加一个名称为 WebForm5-11 的网页，其功能与上机实验题 4 相似，只是在用户单击“确定”命令按钮后，在 WebForm5-11-1 网页中显示输入的学生信息，如图 5.26 所示。

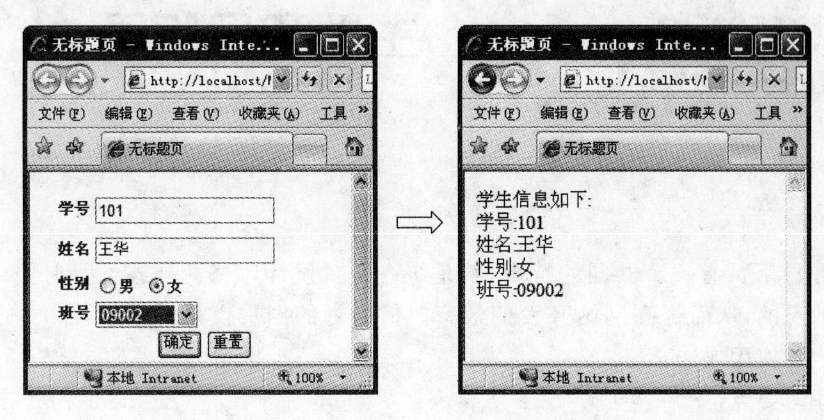

图 5.26　上机实验题 5 运行界面

CHAPTER 6

第 6 章　主题和母版页

主题和母版页有一个共同的特点，就是统一网页设计风格和样式，达到代码共享的目的，从而提高网站开发的效率。但两者的侧重点是不同的，本章介绍它们的使用方法。

本章学习要点：

☑ 掌握主题的概念、特点和主题的构成。

☑ 掌握创建主题的过程，应用主题和禁用主题的方法。

☑ 掌握母版页和内容页的概念与特点。

☑ 掌握母版页和内容页的设计方法。

☑ 掌握内容页中访问母版页内容的方法。

6.1　主题

6.1.1　主题概述

主题(Theme)是指网页和控件外观属性设置的集合，其工作原理类似于CSS，为网站提供统一的风格。在 CSS 中，可以定义一个 Link 的样式，将这个样式存放在一个. CSS 样式文件中，然后在网站各网页中包含对这个文件的引用，结果网站中所有的 Link 样式便统一成这个文件中定义的那样了。

主题提供了一种简易方式，可以独立于应用程序的网页，来为网站的控件和网页设置样式，因此便于 Web 应用程序对其进行维护。一个网站可以有多个主题，这样在设计网站时可以先不考虑样式，在以后要进行样式设计时，也无须更新网页或更改代码。另外，可以从外部获得自定义主题，例如将另一个网站的主题复制到本网站中，因此主题可以方便地重用。

实际上，主题是存在于 App_Themes 文件夹中的一个子文件夹，每个子文件夹就是一个主题，其中包括外观文件(. skin)、CSS 文件(. css，样式表文件)、图像文件和其他资源。

在设计网页时不必在网页中显式引用主题，只需把它们放到 App_Thems

文件夹中，应用程序会自动加载相关的主题。

注意：一个主题下必须至少包含一个外观文件，也可以有多个外观文件。其他类型的文件可以放在该文件夹下，也可以不放在该文件夹下。

1. CSS 文件

CSS 文件在主题出现之前已经得到广泛的应用（在第 2 章已介绍），将 CSS 文件放到主题文件夹中便作为主题的一部分。主题中的 CSS 文件和非主题中的 CSS 文件没有本质的区别，只是主题 CSS 文件自动作为主题的一部分，在网页中只引用主题即可，不必再单独引用 CSS 文件；另外，非主题中的 CSS 文件多针对 HTML 控件，而主题中的 CSS 文件多针对服务器控件。

2. 外观文件

外观文件也称为皮肤文件，是主题的核心内容，用于定义网页中各种服务器控件（如 Button、TextBox 或 Label 控件等）的外观属性。由一组控件的特定主题标记组成，其扩展名为. skin 文件。例如，如下代码设置 Button 控件的外观：

```
<asp:Button runat = "server" BackColor = "black" ForeColor = "Red" />
```

同一类型控件的外观分为默认外观和命名外观两种。

① 默认外观：不设置控件的 SkinID 属性，它自动应用于同一类型的所有控件。在同一主题中只能有同一类型控件的一个默认外观，哪怕同一主题下有多个外观文件，但同一类型控件的默认外观也只能有一个。

② 命名外观：通过设置控件的 SkinID 属性，将命名外观应用于服务器控件，解决同一控件有多种属性设置的问题。例如，前面的代码指定命令按钮的默认外观，应用于网页中所有命令按钮，而以下代码属于命名外观。

```
<asp:Button SkinID = "buttonskin1" BackColor = "gray" />
<asp:Button SkinID = "buttonskin2" BackColor = "white" />
```

这样为命令按钮设置了两种外观，在应用时需指定命令按钮控件的 SkinID 属性是 buttonskin1 或 buttonskin2，这就是几乎所有控件都有 SkinID 属性的原因。

外观文件和样式表文件的主要区别和联系如下。

- 可以通过外观文件使网页中的多个服务器控件具有相同的外观，而如果用样式表来实现，则必须设置每个控件的 CssClass 属性，才能将样式表中定义的样式类应用于这些控件，非常烦琐。
- 使用样式表文件虽然能够控制网页中各种元素的样式，但是有些服务器控件的属性却无法用样式表控制，而外观文件则可以轻松完成这些功能。
- 当控制属性比较多的服务器控件外观时，可能需要在 CSS 文件中定义很多 CSS 类，如果这些 CSS 类之间定义不好就有可能产生不希望产生的效果。而用外观文件则不会出现这些问题。

3. 图像文件和其他资源

主题中还可以包含图像文件和其他资源，例如声音文件等。例如，在 Blue 主题中有一

个 filename. jpg 文件,以下代码设置了 Image 控件的图像文件:

```
<asp:Image runat = "server" ImageUrl = "~/Bule/filename.jpg" />
```

6.1.2 创建主题

1. 创建主题的过程

主题必须存放于网站根目录下的 App_Themes 文件夹中,且每个主题本身就是一个子文件夹,创建主题的步骤如下。

① 在"解决方案资源管理器"窗口中,右击项目名称,选择"添加 ASP. NET 文件夹"|"主题"命令,然后系统会自动创建一个位于根目录下的 App_Themes 文件夹,并在该文件夹中创建一个待命名的主题(默认名称为"主题1"),如图 6.1 所示。将"主题 1"子文件夹改为 Blue。

图 6.1 添加主题

② 右击主题 Blue,在弹出的菜单中选择"添加新项"命令,打开"添加新项"对话框,选择"外观文件"模板,如图 6.2 所示。

添加新项 - http://localhost/Myaspnet/
模板(T):
Visual Studio 已安装的模板
样式表 XML 文件 文本文件
报表 XSLT 文件 外观文件
类关系图
我的模板
搜索联机模板...
用于定义 ASP.NET 主题的文件
名称(N): SkinFile.skin
语言(L): Visual C# 将代码放在单独的文件中(P) 选择母版页(S)
添加(A) 取消

图 6.2 "添加新项"对话框

③ 单击"添加"按钮,将会为 Blue 主题添加一个外观文件,这里默认的外观文件名为 SkinFile. skin,然后双击对该外观文件进行编辑,例如,编辑内容如下(只输入黑体部分,其他注释内容是由系统自动生成的):

```
<% --
默认的外观模板.以下外观仅作为示例提供.
1. 命名的控件外观.SkinId 的定义应唯一,因为在同一主题中不允许一个控件类型有重复的 SkinId.
<asp:GridView runat = "server" SkinId = "gridviewSkin" BackColor = "White" >
   <AlternatingRowStyle BackColor = "Blue" />
</asp:GridView>
2. 默认外观.未定义 SkinId.在同一主题中每个控件类型只允许有一个默认的控件外观.
```

```
<asp:Image runat = "server" ImageUrl = "~/images/image1.jpg" />
-- %>
<asp:Label runat = "server" BackColor = "Gainsboro" BorderWidth = "0px"
  Font - Bold = "True" Font - Size = "Small" ForeColor = "Fuchsia" />
<asp:Button runat = "server" Font - Size = "Small" Font - Bold = "True"
  ForeColor = "Red" />
<asp:TextBox runat = "server" BackColor = "White" Font - Size = "Small"
  ForeColor = "#000040" />
```

④ 如果要建立其他的主题，在“解决方案资源管理器”窗口中右击 App_Themes，在弹出的快捷菜单中选择“添加新项”命令，打开“添加新项”对话框。选择“外观文件”模板，为其命名为.skin 的文件，单击“添加”按钮即建立另一个主题。将新建主题名改为 White，这样网站中有 Blue 和 White 两个主题，如图 6.3 所示。

⑤ 一个主题中可以有多个外观文件。在一个主题中创建另一个外观文件的方法是，右击主题名 Blue，在弹出的快捷菜单中选择“添加新项”命令，打开“添加新项”对话框。选择“外观文件”模板，指定外观文件名为 SkinFile2.skin。单击“添加”按钮为 Blue 主题添加了另一个外观文件 SkinFile2.skin，如图 6.4 所示。

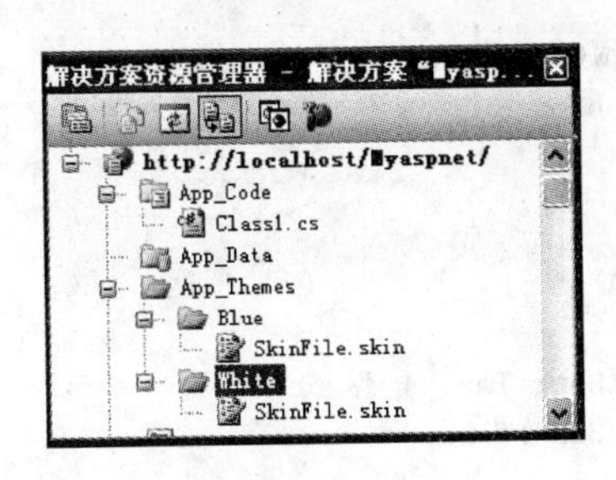

图 6.3　建立另一个主题 White

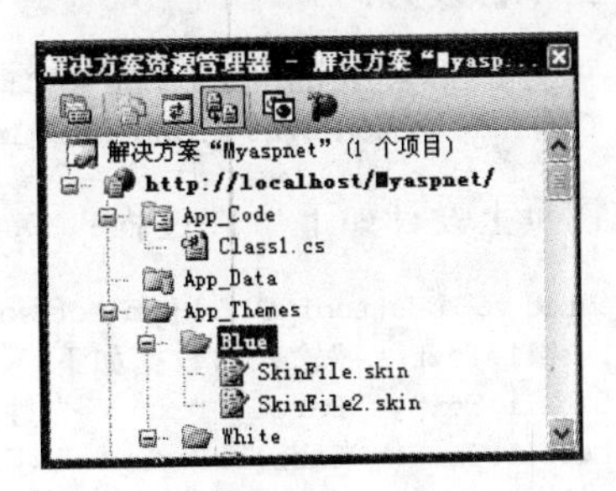

图 6.4　建立另一个外观文件

2. 主题文件的组织方式

以外观文件为例，常见的组织方式有以下 4 种。

- 无组织：将一个网站中所有控件属性设置放在一个外观文件中，对于初学者或小型网站可以采用这种方式。
- 根据控件类型组织：将同一类型控件的所有属性设置放在一个外观文件中，每种类型的控件对应一个外观文件。
- 根据 SkinID 组织：将具有相同 SkinID 属性的属性设置放在一个外观文件中，每个 SkinID 属性值对应一个外观文件。
- 根据网页组织：将网页中每个网页的属性设置放在一个外观文件中，每个网页对应一个外观文件，这种方式很少使用。

6.1.3　应用主题

1. 指定主题

常见的指定主题的方式有以下几种。

（1）在网页的页指令中指定主题

将网页 Theme 属性设置为指定的主题。其操作是在“属性”窗口中指定 DOCUMENT 的 Theme 属性为指定的主题，如图 6.5 所示。这样网页的页指令自动变为：

```
<%@ Page Theme="Blue" … %>
```

也可以直接在页指令中添加上述粗体属性。

这种方式指定主题的作用在设计时不会显现，只有在网页运行时外观文件的作用才显现出来。

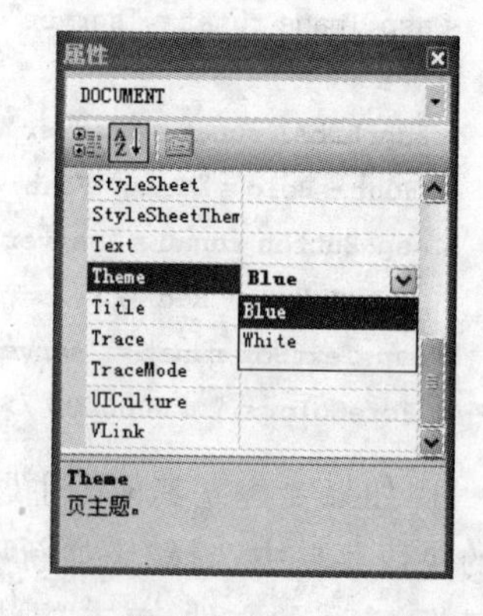

图 6.5 指定网页的 Theme 属性

【例 6.1】 设计一个应用 Blue 主题的网页窗体 WebForm6-1。

其设计步骤如下。

① 在 Myaspnet 网站的 ch6 文件夹中添加一个名称为 WebForm6-1 的空网页。

② 其设计界面如图 6.6 所示，有两个文本框（TextBox1 和 TextBox2）、一个命令按钮 Button1（其 Text 属性设置为“确定”）和一个标签 Label1（其 Text 设置为空）。在源视图代码中将页指令修改为：

```
%@ Page Theme = "Blue" Language = "C#" AutoEventWireup = "true"
    CodeFile = "WebForm6-1.aspx.cs" Inherits = "WebForm6_1" %>
```

在该网页上设计如下事件过程：

```
protected void Button1_Click(object sender, EventArgs e)
{   Label1.Text = "输入的数据如下:" + "<br>";
    Label1.Text = Label1.Text + "姓名:" + TextBox1.Text + "<br>";
    Label1.Text = Label1.Text + "年龄:" + TextBox2.Text;
}
```

单击工具栏中的▶按钮运行本网页，输入姓名和年龄，单击“确定”命令按钮，其结果如图 6.7 所示。对比设计界面和运行界面，从中可以看到主题的作用。

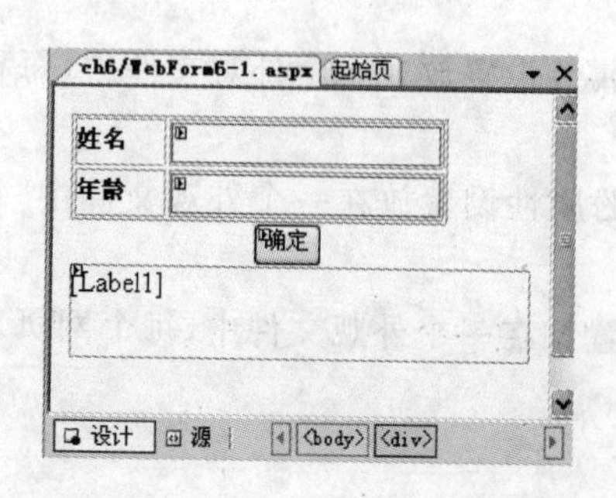

图 6.6 WebForm6-1 网页设计界面

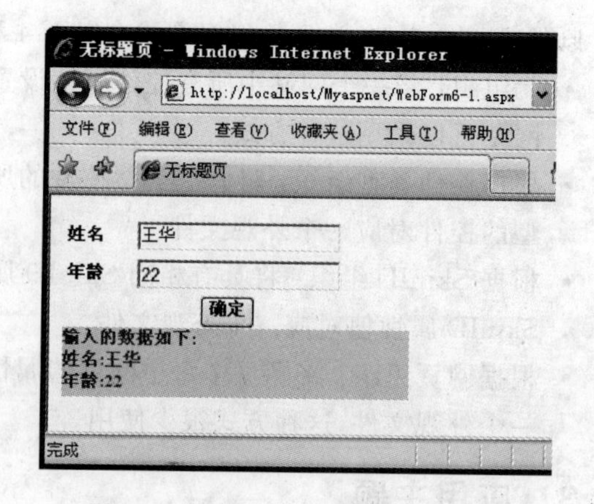

图 6.7 WebForm6-1 网页运行界面

（2）在代码中指定主题

可以在代码中为本网页指定主题，但需要放在 Page_PreInit 事件处理过程中才会生效，其一般格式如下：

```
protected void Page_PreInit()
{
    Page.Theme = "主题名";
}
```

(3) 在 web.config 文件中指定主题

与前两种方法相比，这是一种一劳永逸的方法，只需在 web.config 文件中<pages>节中定义 theme 属性，便可应用于整个网站。例如：

```
<configuration>
    <system.web>
        <pages theme = "主题名"></pages>
    </system.web>
</configuration>
```

(4) 设置网页的 StyleSheetTheme 属性指定样式表主题

将网页的 StyleSheetTheme 属性设置为指定的主题，这样指定的主题称为样式表主题。其操作是在"属性"窗口中指定 DOCUMENT 的 StyleSheetTheme 属性为指定的主题，如图 6.8 所示。这样网页的页指令自动变为：

```
<%@ Page Language = "C#" StyleSheetTheme = "Blue" … %>
```

也可以直接在页指令中添加上述粗体属性。

样式表主题和 Theme 属性指定的主题的区别是，后者只有在运行时外观才呈现出来，而前者在设计时外观便立即呈现出来。

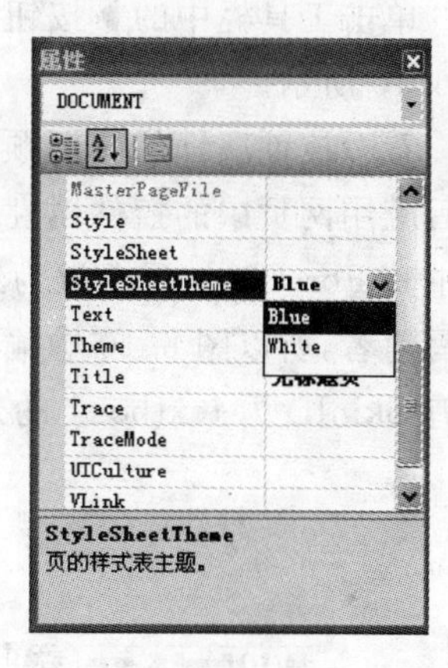

图 6.8　指定网页的 StyleSheet Theme 属性

2. 控件属性的应用顺序

如果对网页既设置 Theme 属性又设置 StyleSheetTheme 属性，则按以下顺序应用控件的属性。

① 首先应用 StyleSheetTheme 属性。

② 然后应用网页中的控件属性(重写 StyleSheetTheme)。

③ 最后应用 Theme 属性(重写控件属性和 StyleSheetTheme)。

【例 6.2】 设计一个说明控件属性应用顺序的网页窗体 WebForm6-2。

其设计步骤如下。

① 在 Myaspnet 网站的 ch6 文件夹中添加一个名称为 WebForm6-2 的空网页。

② 其设计界面如图 6.6 所示，与 WebForm6-1 网页界面和后台代码完全相同。

③ 在 Myaspnet 网站中添加一个 White 主题，其中包含一个外观文件 SkinFile.skin，其输入的代码如下：

```
<asp:Label runat = "server" BackColor = "Gainsboro" BorderWidth = "0px"
    Font - Bold = "True" Font - Size = "Small" ForeColor = "Blue"></asp:Label>
<asp:Button runat = "server" Font - Size = "Small" Font - Bold = "True"
```

```
    ForeColor = "Blue" />
<asp:TextBox runat = "server" BackColor = "White" Font - Size = "Small"
    ForeColor = "Red" />
<asp:TextBox SkinID = "textbox1" runat = "server" BackColor = "#E0E0E0"
    BorderStyle = "Outset" Font - Bold = "True" Font - Names = "华文隶书"
    Font - Size = "Medium" ForeColor = "Red" />
<asp:TextBox SkinID = "textbox2" runat = "server" BackColor = "ButtonFace"
   BorderColor = "Gainsboro" BorderStyle = "Inset" BorderWidth = "5px" />
```

其中,包含有 Label、Button 和 TextBox 控件的默认外观,另有 TextBox 控件的两个命名外观。与 Blue 主题中 TextBox 控件默认外观相比,ForeColor 属性改为红色。

④ 将本网页的 Theme 属性设为 Blue,StyleSheetTheme 属性设为 White,将网页中 TextBox2 控件的 SkinID 属性设为 textbox2。此时设计界面变为图 6.9 所示的样子,从而看到样式表主题 White 产生了作用。

单击工具栏中的▶按钮运行本网页,输入姓名和年龄,单击"确定"命令按钮,其结果如图 6.10 所示。

看看控件属性的应用顺序,首先应用样式本主题 White,这可从设计界面看到其作用;然后应用网页中的控件属性;最后应用 Theme 属性。以 TextBox1 控件为例,在 White 主题中其 ForeColor 属性设为红色,在 Blue 主题中其 ForeColor 属性设为黑色,在运行时后者重写前者,所以图 6.10 中输入姓名时仍为黑色。至于 TextBox2 控件,由于 Blue 主题中并没有 SkinID 为 textbox1 的外观,所以没有重写,仍采用 White 主题中的外观。

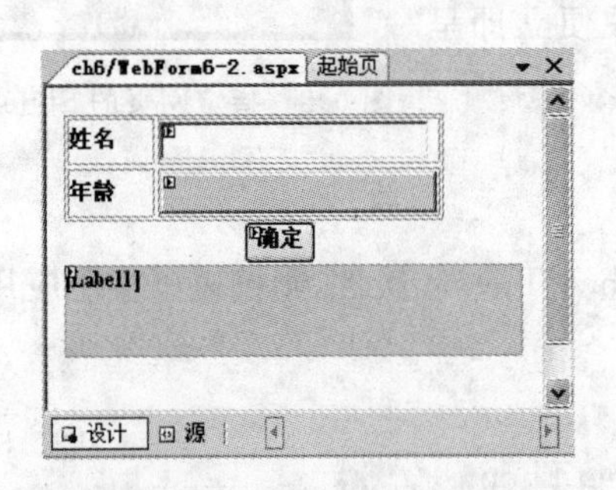

图 6.9　WebForm6-2 网页设计界面

图 6.10　WebForm6-2 网页运行界面

6.1.4　禁用主题

(1) 单个网页禁用主题

在网页的页指令中通过设置 EnableTheming 属性为 False 来使本网页禁用主题,其一般格式如下:

```
<%@ Page EnableTheming = "主题名" … %>
```

(2) 单个网页中单个控件禁用主题

如果要使网页某个控件禁用主题,只需把这个控件的 EnableTheming 属性设置为

False 即可，例如，以下代码使得 Button1 控件禁用主题。

```
<asp:Button ID = "Button1" runat = "server" EnableThemeing = "false" />
```

注意：禁用主题只影响外观文件的作用，不会影响主题中的 CCS 文件的作用。

6.2　母版页

在设计网页时经常会遇到多个网页部分内容相同的情况，如果每个网页都设计一次显然是重复劳动且非常烦琐，为此 ASP.NET 提供了母版页来解决这个问题。母版页提供了统一管理和定义网页的功能，使多个网页具有相同的布局风格，给网页设计和修改带来很大方便。

6.2.1　母版页和内容页

1. 母版页

母版页是指其他网页可以将其作为模板来引用的特殊网页。母版页的扩展名为.master。在母版页中，界面被分为公用区和可编辑区，公用区的设计方法与一般网页的设计方式相同，可编辑区用 ContentPlaceHolder 控件预留出来，ContentPlaceHolder 控件起到占位符的作用，它在母版页中标识出某个区域，该区域将预留给内容页。一个母版页中可以有一个可编辑区，也可以有多个可编辑区。

2. 内容页

引用母版页的.aspx 网页即为内容页。在内容页中，母版页的 ContentPlaceHolder 控件预留的可编辑区会被自动替换为 Content 控件，开发人员只需在 Content 控件区域中填充内容即可，在母版页中定义的其他标记将自动出现在使用了该母版页的.aspx 页面中。

3. 母版页和内容页的关系

在网页运行时，母版页和内容页的页面内容组合到一起，母版页中的占位符包含内容页中的内容，最后将完整的网页发送到客户浏览器。母版页和内容页的关系如图 6.11 所示。

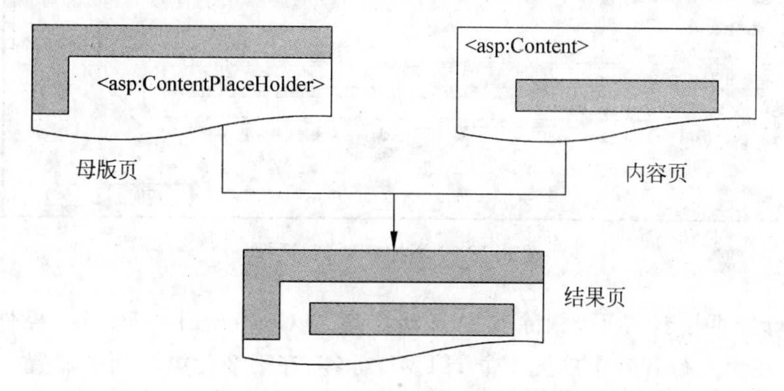

图 6.11　母版页和内容页的关系

母版页和内容页合并后所执行的事件顺序如下。

① 母版页中控件的 Init 事件。

② 内容页中控件的 Init 事件。

③ 母版页的 Init 事件。

④ 内容页的 Init 事件。

⑤ 内容页的 Load 事件。

⑥ 母版页的 Load 事件。

⑦ 内容页中控件的 Load 事件。

⑧ 内容页的 PreRender 事件。

⑨ 母版页的 PreRender 事件。

⑩ 母版页中控件的 PreRender 事件。

⑪ 内容页中控件的 PreRender 事件。

6.2.2 创建母版页

创建母版页的方法与一般网页相似，区别仅仅是不能单独在浏览器中查看母版页，而必须通过内容页在浏览器中查看。

通过一个例子说明创建母版页的操作步骤。

【例 6.3】 设计一个用于显示诗人和诗歌的母版页 MasterPage.master。

其设计步骤如下。

① 选择“网站”|“添加新项”命令，出现“添加新项”对话框。选中“母版页”模板，保持默认文件名 MasterPage.master，如图 6.12 所示，单击“添加”按钮。

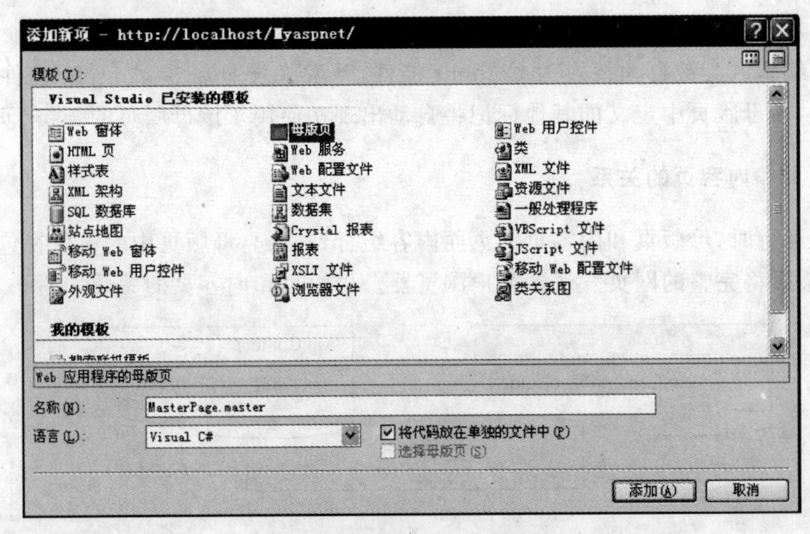

图 6.12 “添加新项”对话框

② 出现母版页设计界面，删除其中自动产生的 ContentPlaceHolder 控件，插入一个 2×4 的表格，在第 1 行各列中放置 4 个 HTML 标签，在第 2 行第 1 列中放置一个 Label 控件 Label1，在第 2 行第 2 列中放置一个 ContentPlaceHolder 控件 ContentPlaceHolder1，在第 2 行第 3 列中放置一个 ContentPlaceHolder 控件 ContentPlaceHolder2，在第 2 行第 4 列

中放置一个 ListBox 控件 ListBox1，如图 6.13 所示。

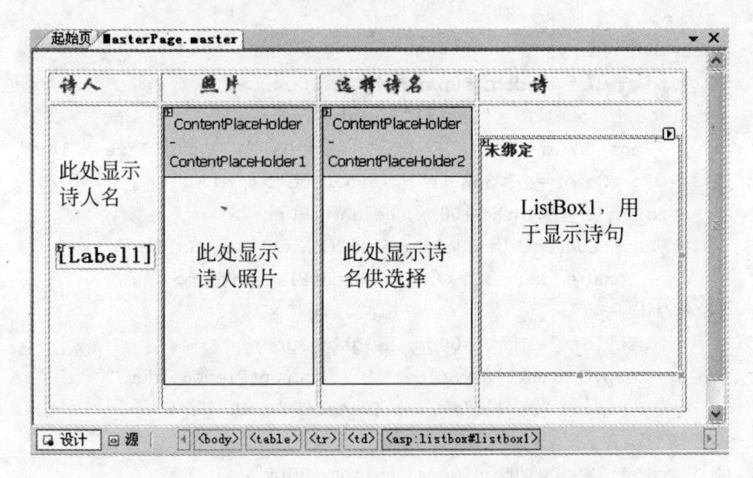

图 6.13 MasterPage.master 母版页设计界面

其中，公用区主要有一个 Label 控件 Label1(用于显示诗人名)和一个 ListBox 控件 ListBox1(用于显示用户所选诗名的诗句)。两个 ContentPlaceHolder 控件占用的地方在内容页中设计，分别用于放诗人照片和诗名列表(供用户选择诗名)。

进入 源 视图，看到该母版页的代码如下：

```
<%@ Master Language="C#" AutoEventWireup="true"
 CodeFile="MasterPage.master.cs" Inherits="MasterPage" %>
<!DOCTYPE html PUBLIC "-//W3C//DTD XHTML 1.0 Transitional//EN"
"http://www.w3.org/TR/xhtml1/DTD/xhtml1-transitional.dtd">
<html xmlns="http://www.w3.org/1999/xhtml" >
  <head runat="server">
    <title>无标题页</title>
  </head>
  <body>
    <form id="form1" runat="server">
        <table border="1">
            <tr>
              <td style="width: 50px; height: 21px; text-align: center;">
                <strong><span style="font-size: 14pt; color: #ff3333;
                font-family: 华文行楷">诗人</span></strong>
              </td>
              <td style="width: 100px; height: 21px; text-align: center;">
                <span style="font-size: 14pt; color: #ff3300;
                font-family: 华文行楷"><strong>照片</strong></span>
              </td>
              <td style="width: 100px; height: 21px; text-align: center;">
                <strong><span style="font-size: 14pt; color: #ff3300;
                font-family: 华文行楷">选择诗名</span></strong>
              </td>
              <td style="width: 100px; height: 21px; text-align: center">
                <strong><span style="font-size: 14pt; color: #ff3300;
                font-family: 华文行楷">诗</span></strong>
```

```
                </td>
              </tr>
              <tr>
                <td style = "width: 50px; height: 80px;">
                  <asp:Label ID = "Label1" runat = "server"
                   Font - Bold = "True" Font - Names = "隶书" Font - Size = "14pt"
                   ForeColor = "#3300FF"></asp:Label></td>
                <td style = "width: 100px; height: 80px;">
                  <asp:ContentPlaceHolder ID = "ContentPlaceHolder1"
                     runat = "server"></asp:ContentPlaceHolder>
                </td>
                <td style = "width: 100px; height: 80px;">
                   <asp:ContentPlaceHolder ID = "ContentPlaceHolder2"
                     runat = "server"></asp:ContentPlaceHolder>
                </td>
                <td style = "width: 100px; height: 80px">
                   <asp:ListBox ID = "ListBox1" runat = "server"
                       Height = "200px" Width = "173px" Font - Bold = "True"
                        Font - Size = "10pt" ForeColor = "#0066FF"></asp:ListBox>
                </td>
              </tr>
            </table>
        </form>
    </body>
</html>
```

除了将 Page 页指令改为 Master 指令以及使用 ContentPlaceHolder 控件外，上述代码与一般的网页十分类似。

注意：母版页不支持主题。

6.2.3 创建内容页

在创建一个完整的母版页之后，接下来必然根据母版页创建内容页，主要有以下两种方法。

① 在创建网页的“添加新项”对话框中勾选“选择母版页”复选框。

② 在母版页中右击，在弹出的快捷菜单中选择“添加内容页”命令。

在设计内容页时注意以下两点。

① 内容页的所有内容都包含在 Content 控件中。母版页中的 ContentPlaceHolder 控件在内容页中显示为 Content 控件。

② 内容页必须绑定到母版页，其方式是在内容页的页指令中设置 MasterPageFile 属性为指定的母版页。

通过一个例子说明创建内容页的操作步骤。

【例 6.4】 设计一个使用母版页 MasterPage.master 的内容页 WebForm6-3，用以显示诗人李白的相关诗篇。

其设计步骤如下。

① 选择“网站”|“添加新项”命令，出现“添加新项”对话框。选中“Web 窗体”模板，修改

文件名为 WebForm6-3. aspx,勾选“选择母版页”复选框,如图 6.14 所示,单击“添加”按钮。

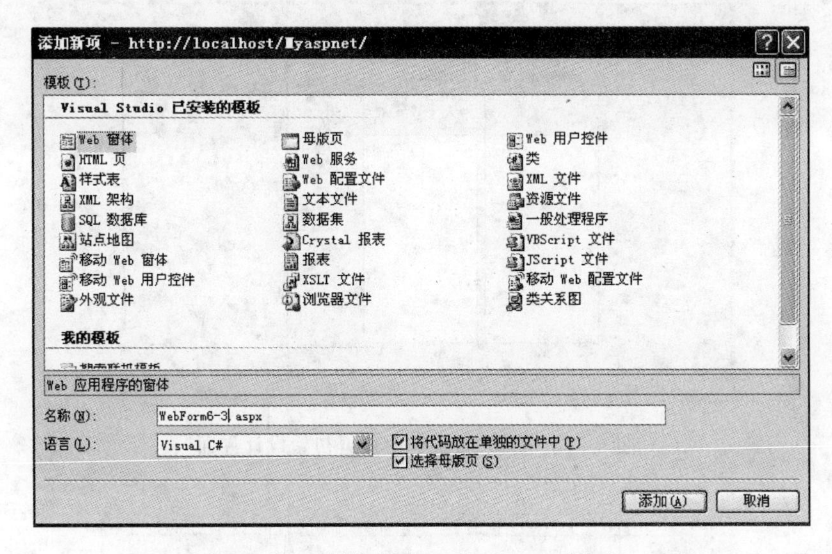

图 6.14　添加 WebForm6-3. aspx 网页

② 出现如图 6.15 所示的“选择母版页”对话框,选中 MasterPage. master 选项,单击“确定”按钮。

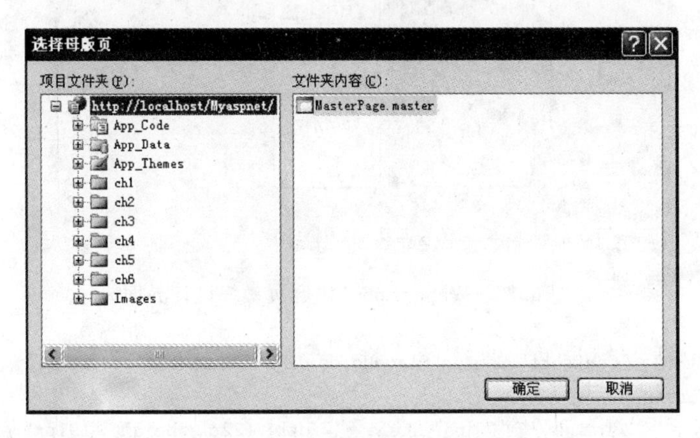

图 6.15　“选择母版页”对话框

③ 出现 WebForm6-3 内容页的设计界面,如图 6.16 所示,除了母版页中对应的 Content 控件外,其他部分呈灰色,表示是只读不可编辑的。

④ 从“解决方案资源管理器”窗口将“李白. jpg”图像拖放到 Content1 控件中。向 Content2 控件中添加 3 个 RadioButton 控件(从上到下为 RadioButton1～RadioButton3,修改它们的 Text 属性并将 GroupName 属性均设置为 sn)和一个 Button 控件 Button1。WebForm6-3 内容页的最终设计界面如图 6.17 所示。

WebForm6-3 内容页对应的 源 视图代码如下:

```
<%@ Page Language = "C#" MasterPageFile = "~/MasterPage.master"
  AutoEventWireup = "true" CodeFile = "WebForm6-3.aspx.cs"
  Inherits = "ch6_WebForm6_3" Title = "Untitled Page"  %>
```

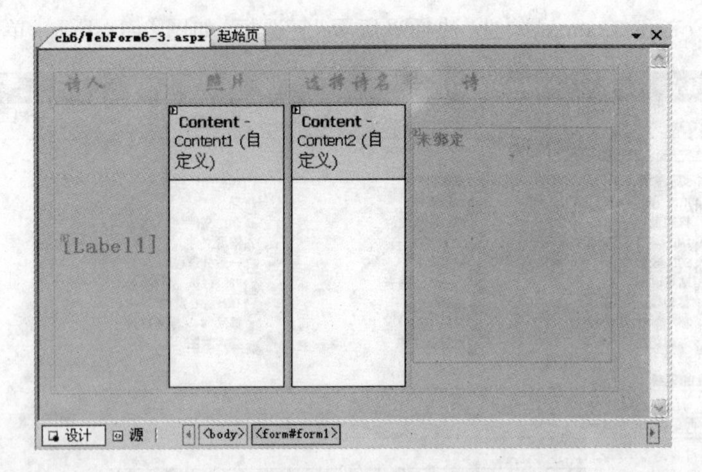

图 6.16 WebForm6-3 内容页初始设计界面

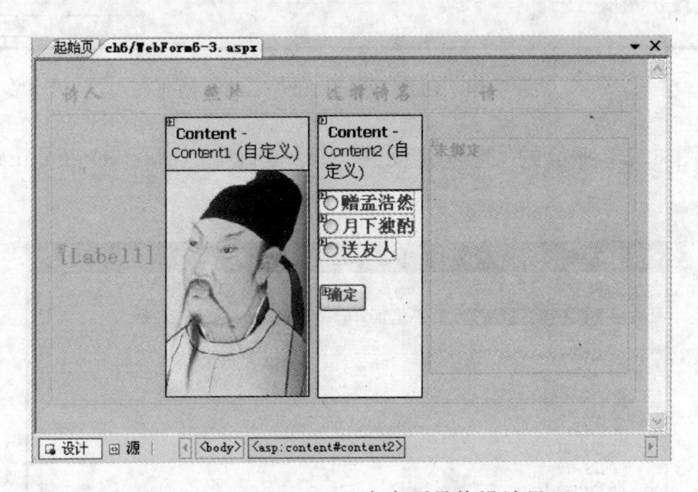

图 6.17 WebForm6-3 内容页最终设计界面

```
<asp:Content ID = "Content1" ContentPlaceHolderID = "ContentPlaceHolder1"
  Runat = "Server">
    <img src = "../Images/李白.jpg" style = "width: 122px; height: 191px" />
</asp:Content>
<asp:Content ID = "Content2" ContentPlaceHolderID = "ContentPlaceHolder2"
  Runat = "Server">
    <asp:RadioButton ID = "RadioButton1" runat = "server" Font-Bold = "True"
      Font-Size = "11pt" ForeColor = "#FF00FF" Text = "赠孟浩然"
      GroupName = "sn" />
    <br />
    <asp:RadioButton ID = "RadioButton2" runat = "server" Font-Bold = "True"
      Font-Size = "11pt" ForeColor = "#FF00FF" Text = "月下独酌"
      GroupName = "sn" />
      <br />
    <asp:RadioButton ID = "RadioButton3" runat = "server" Font-Bold = "True"
      Font-Size = "11pt" ForeColor = "#FF00FF" Text = "送友人"
      GroupName = "sn" />
```

```
    <br />
    <br />
    <asp:Button ID = "Button1" runat = "server" Font - Bold = "True"
      Font - Size = "10pt" ForeColor = "#009999"
      OnClick = "Button1_Click" Text = "确定" />
</asp:Content>
```

从中看到，内容页的源视图代码与一般网页的源视图代码不同，不包含<html>、<body>等 Web 元素，这些元素包含在母版页中。内容页的源视图代码主要由两部分组成：代码头声明和 Content 控件区。在代码头声明中页指令重要的属性是 MasterPageFile（设置所绑定的母版页）和 Title（设置网页标题）。Content 控件区中包含一个或多个 Content 控件，用来包含网页中的非公共内容。Content 控件通过 ContentPlaceHolderID 属性与母版页中的 ContentPlaceHolder 控件关联。

6.2.4　从内容页中访问母版页中的内容

母版页和内容页都可以包含控件的事件处理过程。对于控件而言，事件是本地处理的，即内容页中的控件在内容页中引发事件，母版页中的控件在母版页中引发事件。控件的事件不会从内容页发送到母版页，同样，也不能在内容页中处理来自母版页控件的事件。如果需要从内容页访问母版页的控件和属性，将会是非常困难的。本小节介绍这种访问方法。

1. 使用 FindControl 方法获取母版页控件的引用

一个网页（无论是母版页、内容页还是普通网页）就是一个 Page 类对象。Page 类有一个 Master 属性用于获取确定页的整体外观的母版页，还有一个 FindControl 方法用于在页容器中搜索指定的服务器控件，其使用语法格式如下：

```
public override Control FindControl (string id)
```

其中，参数 id 指出要查找的控件的标识符。该方法的返回值是指定的控件，或为空引用（如果指定的控件不存在的话）。

因此，可以在内容页中通过 Master.FindControl(id)来获取母版页中 ID 属性为 id 的控件的引用，因为 Master 指出当前内容页的母版页，再调用 FindControl 方法在母版页中找指定的控件。例如，母版页中有一个 ID 属性为 Label1 的 Label 控件，可以在内容页中设计以下事件过程来设置母版页中该控件的 Text 属性。

```
protected void Page_LoadComplete(object sender, EventArgs e)
{   Label lab;                    //声明对象引用
    lab = Master.FindControl("Label1") as Label;
    lab.Text = "通过内容页访问母版页控件";
}
```

这里使用了 LoadComplete 事件，它在页生命周期的加载阶段结束时发生。能不能改用内容页的 Load 事件呢？答案是不能。因为内容页的 Page_Load 事件过程在母版页的 Page_Load 事件过程之前引发，在前者中无法访问母版页中的控件。

【例 6.5】　修改内容页 WebForm6-3，实现诗人李白的诗名选择和诗句显示功能。

保持前面 WebForm6-3 网页的设计不变，在其上设计如下事件过程：

```
protected void Page_LoadComplete(object sender, EventArgs e)
{   Label lab1;
    lab1 = Master.FindControl("Label1") as Label;
    lab1.Text = "李白";
}
protected void Button1_Click(object sender, EventArgs e)
{    ListBox list1;
     list1 = Master.FindControl("ListBox1") as ListBox;
     list1.Items.Clear();
     if (RadioButton1.Checked)
     {   list1.Items.Add("吾爱孟夫子,风流天下闻");
         list1.Items.Add("红颜弃轩冕,白首卧松云");
         list1.Items.Add("醉月频中圣,迷花不事君");
         list1.Items.Add("高山安可仰,徒此揖清芬");
     }
     else if (RadioButton2.Checked)
     {    list1.Items.Add("花间一壶酒,独酌无相亲");
         list1.Items.Add("举杯邀明月,对影成三人");
         list1.Items.Add("月既不解饮,影徒随我身");
         list1.Items.Add("暂伴月将影,行乐须及春");
         list1.Items.Add("我歌月徘徊,我舞影零乱");
         list1.Items.Add("醒时同交欢,醉后各分散");
         list1.Items.Add("永结无情游,相期邈云汉");
     }
     else if (RadioButton3.Checked)
     {    list1.Items.Add("青山横北郭,白水绕东城");
         list1.Items.Add("此地一为别,孤蓬万里征");
         list1.Items.Add("浮云游子意,落日故人情");
         list1.Items.Add("挥手自兹去,萧萧班马鸣");
     }
}
```

运行本网页,其初始界面如图 6.18 所示,选中"送友人"单选按钮,单击"确定"命令按钮,在右边列表框中显示对应的诗句,如图 6.19 所示。

图 6.18　WebForm6-3 网页运行界面 1

图 6.19　WebForm6-3 网页运行界面 2

2. 使用@MasterType 指令获取母版页中控件的引用

从内容页中访问指定的母版页的成员，可通过创建@ MasterType 指令创建对此母版页的强类型引用。该指令的常用形式如下：

```
<%@ MasterType VirtualPath="母版页文件路径" %>
```

另外，母版页中将被访问的属性或方法声明为公共成员。

【例 6.6】　设计一个使用母版页 MasterPage. master 的内容页 WebForm6-4，用以显示诗人杜甫的相关诗篇，与 WebForm6-3 内容页的功能类似。

其设计步骤如下。

① 打开 MasterPage. master 文件，添加以下公共方法：

```
public void setname(string sn)    //用于设置 Label1 控件 Text 属性
{
    Label1.Text = sn;
}
public void clear()               //用于清除 ListBox1 控件所有项
{
    ListBox1.Items.Clear();
}
public void add(string sz)        //用于向 ListBox1 控件中添加一个项
{
    ListBox1.Items.Add(sz);
}
```

② 采用设计 WebForm6-3 内容页的方法设计 WebForm6-4 内容页，设计界面如图 6.20 所示。在 源 视图代码中页指令下方添加以下语句：

```
<%@ MasterType VirtualPath = "~/MasterPage.master" %>
```

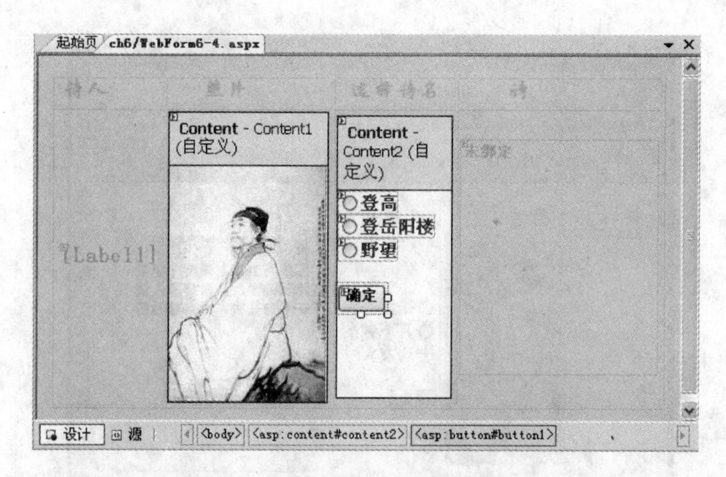

图 6.20 WebForm6-4 网页设计界面

③ 在 WebForm6-4 内容页上设计如下事件过程：

```
protected void Page_Load(object sender, EventArgs e)
{
    Master.setname("杜甫");
}
protected void Button1_Click(object sender, EventArgs e)
{   Master.clear();
    if (RadioButton1.Checked)
    {   Master.add("风急天高猿啸哀,渚清沙白鸟飞回");
        Master.add("无边落木萧萧下,不尽长江滚滚来");
        Master.add("万里悲秋常作客,百年多病独登台");
        Master.add("艰难苦恨繁霜鬓,潦倒新停浊酒杯");
    }
    else if (RadioButton2.Checked)
    {   Master.add("昔闻洞庭水,今上岳阳楼");
        Master.add("吴楚东南坼,乾坤日夜浮");
        Master.add("亲朋无一字,老病有孤舟");
        Master.add("戎马关山北,凭轩涕泗流");
    }
    else if (RadioButton3.Checked)
    {   Master.add("西山白雪三城戍,南浦清江万里桥");
        Master.add("海内风尘诸弟隔,天崖涕泪一身遥");
        Master.add("惟将迟暮供多病,未有涓埃答圣朝");
        Master.add("跨马出郊时极目,不堪人事日萧条");
    }
}
```

运行本网页,选中“登岳阳楼”单选按钮,单击“确定”命令按钮,在右边列表框中显示对应的诗句,如图 6.21 所示。

图 6.21　WebForm6-4 网页运行界面

练习题 6

1. 简述主题和母版页的作用。
2. 简述主题的创建和使用方法。
3. 简述母版页的创建和使用方法。

上机实验题 6

在 Myaspnet 网站的 ch6 文件夹中添加一个名称为 WebForm6-5 的网页，其功能与上机实验题 5 相似，在用户单击"确定"命令按钮后，在 WebForm6-5-1 网页中显示输入的学生信息，如图 6.22 所示。要求采用母版页设计网页的边缘外框，并在设计内容页时使用 Blue 主题。

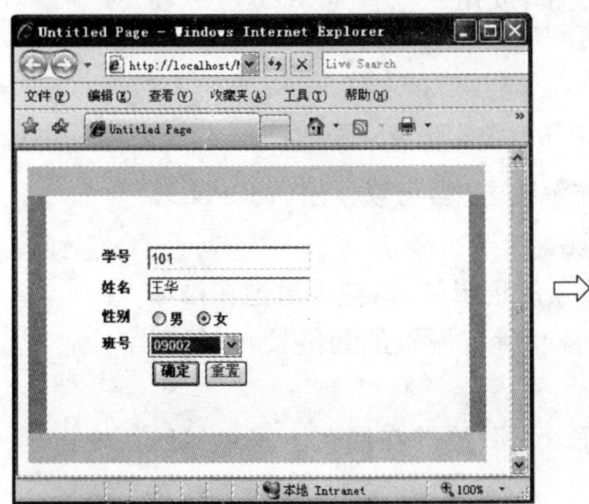

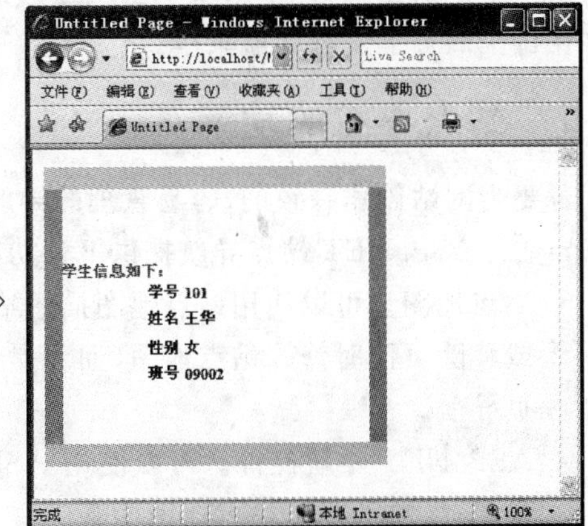

图 6.22　上机实验题 6 网页运行界面

CHAPTER 7

第7章 站点导航控件

对于较大型的网站，可以利用 ASP. NET 站点导航控件实现站点导航。站点导航的作用就像城市道路的路标，使用户操作时清楚了解自己所处的位置。本章介绍利用站点导航控件实现站点导航设计。

本章学习要点：

☑ 掌握站点导航的基本概念。
☑ 掌握站点地图的创建和使用方法。
☑ 掌握站点导航控件 TreeView、Menu 和 SiteMapPath 的使用方法。
☑ 灵活使用站点导航控件实现大型网站的导航设计。

7.1 ASP. NET 站点导航概述

使用 ASP. NET 站点导航功能可以为用户导航站点提供一致的方法。随着站点内容的增加以及用户在站点内来回移动网页，管理所有的链接可能会变得比较困难。ASP. NET 站点导航使用户能够将指向所有网页的链接存储在一个中央位置，并在列表中呈现这些链接，或用一个特定 Web 服务器控件在每个网页上呈现导航菜单。

7.1.1 站点导航的功能

若要为网站创建一致的、容易管理的导航解决方案，可以使用 ASP. NET 站点导航。ASP. NET 站点导航提供下列功能。

- 站点地图。可以使用站点地图描述站点的逻辑结构，接着通过在添加或移除页面时修改站点地图（而不是修改所有网页的超链接）来管理页导航。
- ASP. NET 导航控件。可以使用 ASP. NET 控件在网页上显示导航菜单，导航菜单以站点地图为基础。
- 编程控件。可以以代码的方式使用 ASP. NET 站点导航，以创建自定义导航控件或修改在导航菜单中显示的信息的位置。

- 访问规则。可以配置用于在导航菜单中显示或隐藏链接的访问规则。
- 自定义站点地图提供程序。可以创建自定义站点地图提供程序，以便使用自己的站点地图后端（如存储链接信息的数据库），并将提供程序插入到 ASP. NET 站点导航系统。

7.1.2 站点导航的工作方式

通过 ASP. NET 站点导航，可以按层次结构描述站点的布局。例如，一个大学网站共有 11 页，其布局如下：

```
中华大学
    院系设置
        计算机学院
        电子信息学院
        数学学院
        物理学院
    职能部门
        教务处
        财务处
        学生工作处
        科技处
```

若要使用站点导航，先创建一个站点地图或站点的表示形式。可以用 XML 文件描述站点的层次结构，但也可以使用其他方法。在创建站点地图后，可以使用站点导航控件在 ASP. NET 页上显示导航结构。

默认的 ASP. NET 站点地图提供程序会加载站点地图数据作为 XML 文档，并在应用程序启动时将其作为静态数据进行缓存。在更改站点地图文件时，ASP. NET 会重新加载站点地图数据。

7.1.3 站点导航控件

创建一个反映站点结构的站点地图只完成了 ASP. NET 站点导航系统的一部分。导航系统的另一部分是在 ASP. NET 网页中显示导航结构，这样用户就可以在站点内轻松地移动。通过使用下列 ASP. NET 站点导航控件，可以轻松地在页面中建立导航信息。

- TreeView：此控件显示一个树状结构或菜单，让用户可以遍历访问站点中的不同页面。单击包含子节点的节点可将其展开或折叠。
- Menu：此控件显示一个可展开的菜单，让用户可以遍历访问站点中的不同页面。将光标悬停在菜单上时，将展开包含子节点的节点。
- SiteMapPath：此控件显示导航路径（也称为面包屑或眉毛链接）向用户显示当前页面的位置，并以链接的形式显示返回主页的路径。此控件提供了许多可供自定义链接的外观的选项。

所有站点导航控件均位于工具箱的“导航”选项卡中，可以像其他服务器控件一样使用。

7.2 站点地图

站点地图是一种以.sitemap 为扩展名的标准 XML 文件，主要为站点导航控件提供站点层次结构信息，默认名为 Web.sitemap。下面通过一个示例说明创建站点地图的过程。

【例 7.1】 创建一个表示前面所列的大学网站层次结构的站点地图。

创建站点地图的过程如下。

① 在 Visual Studio.NET 2005 的网站工作界面中，选择“网站”|“添加新项”命令，打开“添加新项”对话框。

② 选中“站点地图”模板，保持默认名称为 Web.sitemap（只有名称为 Web.sitemap 的站点地图才会被自动加载，并且必须出现在网站的根目录中），如图 7.1 所示，单击“添加”按钮。

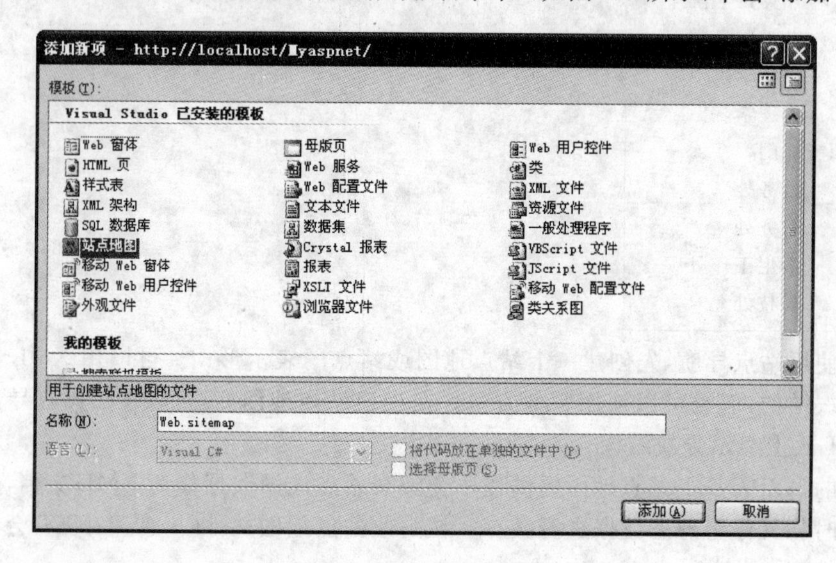

图 7.1 “添加新项”对话框

③ 出现站点地图的编辑窗口，编辑该站点地图包含的内容如图 7.2 所示。

```
<?xml version="1.0" encoding="utf-8" ?>
<siteMap xmlns="http://schemas.microsoft.com/AspNet/SiteMap-File-1.0" >
  <siteMapNode  url="~/ch7/WebForm7-3.aspx" title="中华大学"  description="">
    <siteMapNode url="~/ch7/school.aspx" title="院系设置"  description="">
      <siteMapNode url="~/ch7/school1.aspx" title="计算机学院"  description="" />
      <siteMapNode url="~/ch7/school2.aspx" title="电子信息学院"  description="" />
      <siteMapNode url="~/ch7/school3.aspx" title="数学学院"  description="" />
      <siteMapNode url="~/ch7/school4.aspx" title="物理学院"  description="" />
    </siteMapNode>
    <siteMapNode url="~/ch7/depart.aspx" title="职能部门"  description="">
    <siteMapNode url="~/ch7/depart1.aspx" title="教务处"  description="" />
    <siteMapNode url="~/ch7/depart2.aspx" title="财务处"  description="" />
    <siteMapNode url="~/ch7/depart3.aspx" title="学生工作处"  description="" />
    <siteMapNode url="~/ch7/depart4.aspx" title="科技处"  description="" />
    </siteMapNode>
  </siteMapNode>
</siteMap>
```

图 7.2 Web.sitemap 站点地图

站点地图是一个标准 XML 文件。其中，第一个标记用于标识版本和编码方式，siteMap 是站点地图根节点标记，包含若干个 siteMapNode 子节点，一个 siteMapNode 子节点下又可以包含若干个 siteMapNode 子节点，构成一种层次结构。

siteMapNode 节点的常用属性如表 7.1 所示。

表 7.1　siteMapNode 节点的常用属性

属　性	说　明
url	设置用于节点导航的 URL 地址。在整个站点地图文件中，该属性必须唯一
title	设置节点名称
description	设计节点说明文字
key	定义当前节点的关键字
roles	定义允许查找该站点地图文件的角色集合，多个角色可用分号(;)或逗号(,)分隔
Provider	定义处理其他站点地图文件的站点导航提供程序名称，默认为 XmlSiteMapProvider
siteMapFile	设置包含其他相关 SiteMapNode 元素的站点地图文件

注意：一个站点地图中 siteMapNode 节点的 url 属性所指定的网页不能重复，否则造成导航控件无法正常显示，最后运行时会产生错误。

7.3　TreeView 控件

TreeView 控件又称树形导航控件，在工具箱中的图标为 TreeView 。它的显示类似于一棵横向的树，可以展开或折叠树的节点来分类查看、管理信息，非常直观。

TreeView 控件由节点组成。树中的每个项都称为一个节点，它由一个 TreeNode 对象表示。节点类型的定义如下。

- 包含其他节点的节点称为父节点(ParentNode)。
- 被其他节点包含的节点称为子节点(ChildNode)。
- 没有子节点的节点称为叶节点(LeafNode)。
- 不被其他任何节点包含，同时是所有其他节点的上级的节点是根节点(RootNode)。

一个节点可以同时是父节点和子节点，但是不能同时为根节点、父节点和叶节点。节点为根节点、父节点还是叶节点决定着节点的几种可视化属性和行为属性。

尽管通常的树结构只具有一个根节点，但是 TreeView 控件允许向树结构中添加多个根节点。如果要在不显示单个根节点的情况下显示选项列表，这种控件就非常有用。

7.3.1　TreeNode 类

TreeView 控件中一个节点就是一个 TreeNode 类对象。TreeNode 类的常用属性如表 7.2 所示，常用方法如表 7.3 所示。

每个 TreeView 对象都具有一个 Text 属性和一个 Value 属性。Text 属性的值显示在 TreeView 控件中，而 Value 属性用于存储有关节点的任何其他数据，例如传递到与该节点相关联的回发事件的数据。在 TreeView 控件中，节点(即 TreeView 对象)可以处于以下两种状态之一：选定状态和导航状态。在默认情况下，会有一个节点处于选定状态(该节点的 Selected 属性为 True)。若要使一个节点处于导航状态，需将该节点的 NavigateUrl 属性值设置为空字符串以外的值。若要使一个节点处于选定状态，需将该节点的 NavigateUrl 属性值设置为空字符串。

表 7.2 TreeNode 类的常用属性及其说明

属　　性	说　　明
Checked	获取或设置一个值,该值指示节点的复选框是否被选中
ChildNodes	获取 TreeNodeCollection 集合,该集合包含当前节点的第一级子节点
Depth	获取节点的深度
Expanded	获取或设置一个值,该值指示是否展开节点
ImageToolTip	获取或设置在节点旁边显示的图像的工具提示文本
ImageUrl	获取或设置节点旁显示的图像的 URL
NavigateUrl	获取或设置单击节点时导航到的 URL
Parent	获取当前节点的父节点
Selected	获取或设置一个值,该值指示是否选择节点
ShowCheckBox	获取或设置一个值,该值指示是否在节点旁显示一个复选框
Target	获取或设置用来显示与节点关联的网页内容的目标窗口或框架
Text	获取或设置为 TreeView 控件中的节点显示的文本
ToolTip	获取或设置节点的工具提示文本
Value	获取或设置用于存储有关节点的任何其他数据(如用于处理回发事件的数据)的非显示值
ValuePath	获取从根节点到当前节点的路径

表 7.3 TreeNode 类的常用方法及其说明

方　　法	说　　明
Collapse	折叠当前树节点
CollapseAll	折叠当前节点及其所有子节点
Expand	展开当前树节点
ExpandAll	展开当前节点及其所有子节点
Select	选择 TreeView 控件中的当前节点
ToggleExpandState	切换节点的展开和折叠状态

TreeNode 类提供了以下构造函数:

```
public TreeNode()
public TreeNode (string text)
public TreeNode (string text,string value)
public TreeNode (string text,string value,string imageUrl)
public TreeNode (string text,string value,string imageUrl,
    string navigateUrl,string target)
```

其中,参数 text 指定 TreeView 控件中的节点显示的文本;value 指定与节点关联的补充数据,如用于处理回发事件的数据;imageUrl 指定节点旁显示的图像的 URL;navigateUrl 指定单击节点时链接到的 URL;target 指定单击节点时用来显示链接到的网页内容的目标窗口或框架。

7.3.2 TreeView 控件的属性、方法和事件

1. TreeView 控件的属性

TreeView 控件的常用属性及其说明如表 7.4 所示。下面介绍几个主要的属性。

表 7.4 TreeView 控件的常用属性及其说明

属性	说明
CheckedNodes	获取 TreeNode 对象的集合,这些对象表示在 TreeView 控件中显示的选中了复选框的节点
DataSourceID	设置数据源对象
ExpandDepth	获取或设置第一次显示 TreeView 控件时所展开的层次数
NodeIndent	获取或设置 TreeView 控件的子节点的缩进量(以像素为单位)
Nodes	获取或设置 TreeNode 对象的集合,表示 TreeView 控件中节点
NodeStyle	获取对 TreeNodeStyle 对象的引用,该对象用于设置 TreeView 控件中节点的默认外观
NodeWrap	获取或设置一个值,指示空间不足时节点中的文本是否换行
RootNodeStyle	获取对 TreeNodeStyle 对象的引用,该对象用于设置 TreeView 控件中根节点的外观
SelectedNode	获取表示 TreeView 控件中选定节点的 TreeNode 对象
SelectedValue	获取选定节点的值
ShowCheckBoxes	获取或设置一个值,它指示哪些节点类型将在 TreeView 控件中显示复选框
ShowExpandCollapse	获取或设置一个值,它指示是否显示展开节点指示符
ShowLines	获取或设置一个值,它指示是否显示连接子节点和父节点的线条
CollapseImageUrl	可折叠节点的指示符所显示图像的 URL,此图像通常为一个减号(-)
ExpandImageUrl	可展开节点的指示符所显示图像的 URL,此图像通常为一个加号(+)
LineImagesFolder	包含用于连接父节点和子节点的线条图像的文件夹的 URL。ShowLines 属性还必须设置为 True,该属性才能有效
NoExpandImageUrl	不可展开节点的指示符所显示图像的 URL

(1) DataSourceID 属性

该属性指定 TreeView 控件的数据源控件的 ID 属性。例如,可以指定与 XML 文件绑定的 XmlDataSource 控件或与站点地图绑定的 SiteDataSource 控件的 ID。

(2) ExpandDepth 属性

该属性获取或设置第一次显示 TreeView 控件时所展开的层次数。例如,若该属性设为 2,则将展开根节点及根节点下方紧邻的所有子节点。

(3) SelectedNode 属性

该属性返回用户从 TreeView 控件中选定的一个 TreeNode 对象。例如,以下语句在标签 Label1 中显示选择节点的文本:

```
Label1.Text = "选择的节点是:" + TreeView1.SelectedNode.Text;
```

(4) Nodes 属性

Nodes 属性是 TreeView 控件中所有节点的集合,一个节点是一个 TreeNode 对象。可

以通过索引来表示 Nodes 集合中的元素(索引从零开始),举例如下。

TreeView1.Nodes 表示 TreeView1 控件的所有节点集合。

TreeView1.Nodes[0]表示 TreeView1 控件中的第一个根节点。

TreeView1.Nodes[0].ChildNodes 表示 TreeView1 控件中第一个根节点的子节点集合。

TreeView1.Nodes[0].ChildNodes[1]表示 TreeView1 控件中第一个根节点的第 2 个子节点。

2. TreeView 控件的方法

TreeView 控件的常用方法及其说明如表 7.5 所示。

表 7.5 TreeView 控件的常用方法及其说明

方 法	说 明
ExpandAll	打开树中的每个节点
FindNode	检索 TreeView 控件中指定值路径处的 TreeNode 对象

3. TreeView 控件的事件

TreeView 控件的常用事件及其说明如表 7.6 所示。

表 7.6 TreeView 控件的常用事件及其说明

事 件	说 明
SelectedNodeChanged	当选择 TreeView 控件中的节点时发生
TreeNodeCheckChanged	当 TreeView 控件中的复选框在向服务器的两次发送过程之间状态有所更改时发生
TreeNodeCollapsed	当折叠 TreeView 控件中的节点时发生
TreeNodeDataBound	当数据项绑定到 TreeView 控件中的节点时发生
TreeNodeExpanded	当扩展 TreeView 控件中的节点时发生
TreeNodePopulate	当其 PopulateOnDemand 属性设置为 True 的节点在 TreeView 控件中展开时发生

7.3.3 TreeNodeCollection 类

TreeView 控件中所有节点构成一个 TreeNodeCollection 类对象,也就是说,TreeView 控件的 Nodes 属性就是一个 TreeNodeCollection 类对象。TreeNodeCollection 类的常用属性如表 7.7 所示。

表 7.7 TreeNodeCollection 类的常用属性及其说明

属 性	说 明
Count	获取 TreeNodeCollection 对象中的项数
Item	获取 TreeNodeCollection 对象中指定索引处的 TreeNode 对象

TreeNodeCollection 类的主要方法如下。

(1) Add 方法

该方法用于向 TreeNodeCollection 对象中添加一个 TreeNode 对象。其使用格式如下：

```
public void Add (TreeNode child)
```

其中，参数 child 指出要添加的 TreeNode 对象。

(2) AddAt 方法

该方法用于向 TreeNodeCollection 对象中指定位置添加一个 TreeNode 对象。其使用格式如下：

```
public void AddAt (int index,TreeNode child)
```

其中，参数 index 指出将在该处插入 TreeNode 对象的从零开始的索引位置；child 指出要添加的 TreeNode 对象。

(3) Clear 方法

该方法用于从 TreeNodeCollection 对象中移除所有 TreeNode 对象。其使用格式如下：

```
public void Clear ()
```

(4) Contains 方法

该方法指出 TreeNodeCollection 对象中是否包含指定的 TreeNode 对象。其使用格式如下：

```
public bool Contains (TreeNode c)
```

其中，参数 c 指出要查找的 TreeNode 对象。如果指定的 TreeNode 对象包含在 TreeNodeCollection 对象中，则返回值为 True；否则返回值为 False。

(5) IndexOf 方法

该方法查找指定的 TreeNode 对象在 TreeNodeCollection 对象中的位置。其使用格式如下：

```
public int IndexOf (TreeNode value)
```

其中，参数 value 指出要定位的 TreeNode 对象。如果找到 TreeNodeCollection 中 value 的第一个匹配项的从零开始的索引，则为该索引；否则为－1。

(6) Remove 方法

该方法从 TreeNodeCollection 对象中删除指定的 TreeNode 对象。其使用格式如下：

```
public void Remove(TreeNode value)
```

其中，参数 value 指出要移除的 TreeNode 对象。

使用 Remove 方法可从集合中移除指定的节点，然后跟在该节点之后的所有项都将上移以填充空白位置，同时还会更新所移动的项的索引。

(7) RemoveAt 方法

该方法从 TreeNodeCollection 对象中删除指定位置处的 TreeNode 对象。其使用格式如下：

```
public void RemoveAt(int index)
```

其中，参数 index 指出要移除的节点的从零开始的索引位置。

使用 RemoveAt 方法从 TreeNodeCollection 中的指定的从零开始的索引位置移除 TreeNode 对象。然后跟在该节点之后的所有项都将上移以填充空白位置。同时还会更新所移动的项的索引。

7.3.4 向 TreeView 控件中添加节点的方法

向 TreeView 控件添加节点有以下几种方法。

1. 手工方式添加节点

向网页中拖放一个 TreeView 控件时，出现“TreeView 任务”列表，如图 7.3 所示，从中选择“编辑节点”命令，打开“TreeView 节点编辑器”对话框，可以从中添加和删除节点，如图 7.4 所示，每个节点至少应设置 Text 和 Vlaue 属性，还可以根据需要设置 NavigateUrl 和 Target 属性等。

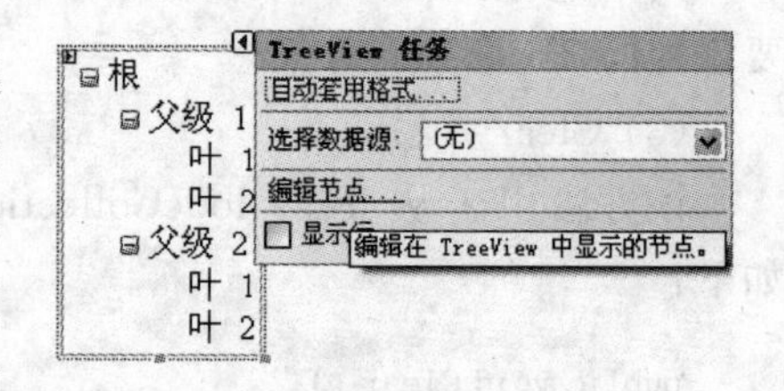

图 7.3 “TreeView 任务”列表

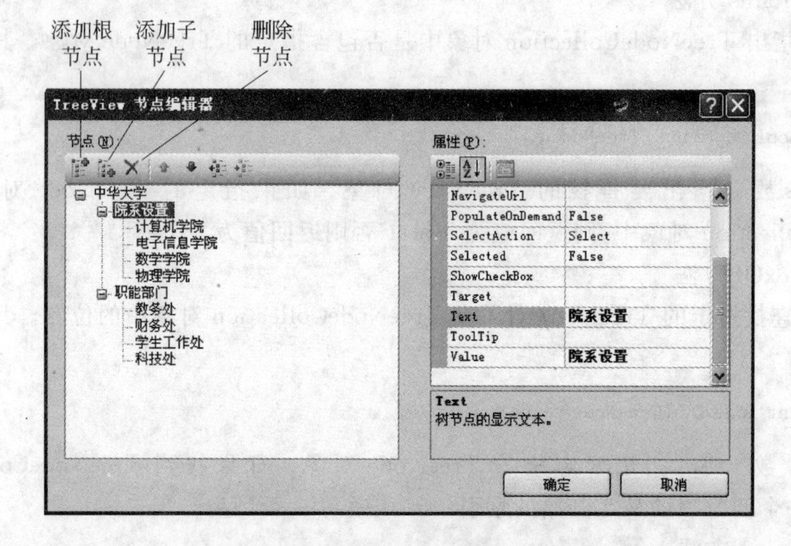

图 7.4 “TreeView 节点编辑器”对话框

2. 通过 DataSourceID 属性设置数据源控件

ASP.NET 提供了 SiteMapDataSource 和 XmlDataSource 两个服务器控件，位于工具箱的“数据”选项卡中，用于 ASP.NET 站点导航，前者检索站点地图提供程序的导航数据，后者检索指定的 XML 文件的导航数据，并将导航数据传递到可显示该数据的控件（如 TreeView 和 Menu 控件）中。

例如，在网页中拖放一个 TreeView 控件后，再从工具箱“数据”选项卡中将

SiteMapDataSource 控件拖放到网页上，不设置其任何属性，只需将 TreeView 控件的 DataSourceID 设置为该 SiteMapDataSource 控件的 ID 即可。SiteMapDataSource 控件自动读取站点地图的数据并在 TreeView 控件中显示。

3. 通过编程方式添加节点

由于 TreeView 控件的 Nodes 属性是一个 TreeNodeCollection 类对象，因此采用 Add 方法向其中添加 TreeNode 对象。这种方式可以在运行时动态地增删 TreeView 控件的节点。下面通过一个示例说明。

【例 7.2】 创建一个 WebForm7-1 网页，采用编程方式通过 TreeView 控件显示前面所列的大学网站层次结构。

其设计步骤如下。

① 在 Myaspnet 网站的 ch7 文件夹中添加一个名称为 WebForm7-1 的空网页。

② 其设计界面如图 7.5 所示，其中只包含一个 TreeView 控件 TreeView1。在该网页上设计如下事件过程：

```
protected void Page_Load(object sender, EventArgs e)
{   TreeView1.Nodes.Clear();
    TreeNode node = new TreeNode("中华大学");
    TreeView1.Nodes.Add(node);
    node = new TreeNode("院系设置");
    TreeView1.Nodes[0].ChildNodes.Add(node);
    node = new TreeNode("计算机学院");
    TreeView1.Nodes[0].ChildNodes[0].ChildNodes.Add(node);
    node = new TreeNode("电子信息学院");
    TreeView1.Nodes[0].ChildNodes[0].ChildNodes.Add(node);
    node = new TreeNode("数学学院");
    TreeView1.Nodes[0].ChildNodes[0].ChildNodes.Add(node);
    node = new TreeNode("物理学院");
    TreeView1.Nodes[0].ChildNodes[0].ChildNodes.Add(node);
    node = new TreeNode("职能部门");
    TreeView1.Nodes[0].ChildNodes.Add(node);
    node = new TreeNode("教务处");
    TreeView1.Nodes[0].ChildNodes[1].ChildNodes.Add(node);
    node = new TreeNode("财务处");
    TreeView1.Nodes[0].ChildNodes[1].ChildNodes.Add(node);
    node = new TreeNode("学生工作处");
    TreeView1.Nodes[0].ChildNodes[1].ChildNodes.Add(node);
    node = new TreeNode("科技处");
    TreeView1.Nodes[0].ChildNodes[1].ChildNodes.Add(node);
}
```

单击工具栏中的▶按钮运行本网页，其结果如图 7.6 所示。

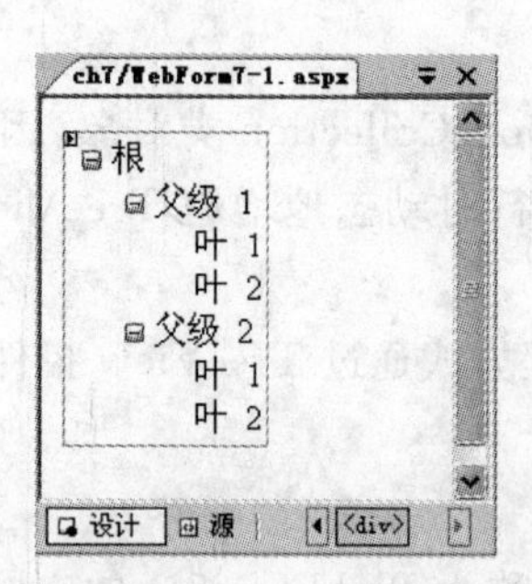

图 7.5　WebForm7-1 网页设计界面

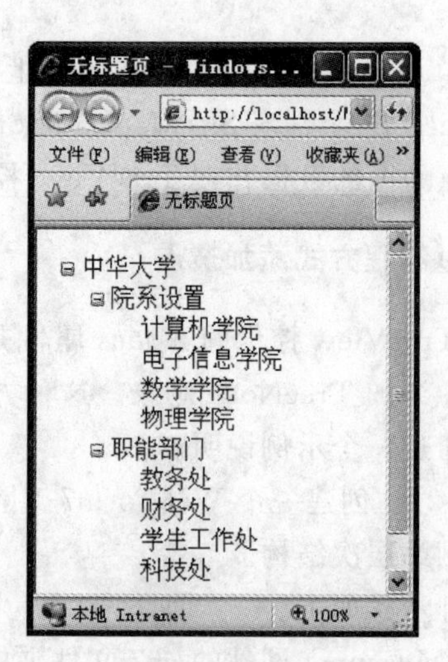

图 7.6　WebForm7-1 网页运行界面

7.4　Menu 控件

Menu 控件又称菜单控件，在工具箱中的图标为 Menu。Menu 控件主要用于创建一个菜单，让用户快速选择不同页面，从而完成导航功能。其使用方法与 TreeView 控件十分相似。

Menu 控件由菜单项(由 MenuItem 对象表示)树组成。顶级(级别 0)菜单项称为根菜单项，具有父菜单项的菜单项称为子菜单项。所有根菜单项都存储在 Items 集合中，子菜单项存储在父菜单项的 ChildItems 集合中。

7.4.1　MenuItem 类

Menu 控件中一个菜单项就是一个 MenuItem 类对象。MenuItem 类的常用属性如表 7.8 所示。

表 7.8　MenuItem 类的常用属性及其说明

属　性	说　明
ChildItems	获取该对象包含当前菜单项的子菜单项
DataItem	获取绑定到菜单项的数据项
DataPath	获取绑定到菜单项的数据的路径
Depth	获取菜单项的显示级别
ImageUrl	获取或设置显示在菜单项文本旁边的图像的 URL
NavigateUrl	获取或设置单击菜单项时要导航到的 URL
Parent	获取当前菜单项的父菜单项
Selectable	获取或设置一个值，该值指示 MenuItem 对象是否可选或可单击
Selected	获取或设置一个值，该值指示 Menu 控件的当前菜单项是否已被选中
Target	获取或设置用来显示菜单项的关联网页内容的目标窗口或框架
Text	获取或设置 Menu 控件中显示的菜单项文本
ToolTip	获取或设置菜单项的工具提示文本
Value	获取或设置一个非显示值，该值用于存储菜单项的任何其他数据，如用于处理回发事件的数据

每个菜单项都具有 Text 属性和 Value 属性。Text 属性的值显示在 Menu 控件中，而 Value 属性则用于存储菜单项的任何其他数据(如传递给与菜单项关联的回发事件的数据)。在单击时，菜单项可导航到 NavigateUrl 属性指示的另一个网页。

注意：如果菜单项未设置 NavigateUrl 属性，则单击该菜单项时，Menu 控件只是将页提交给服务器进行处理。通过设置 ImageUrl 属性，也可选择在菜单项中显示图像。

TreeNode 类提供了以下构造函数：

```
public MenuItem()
public MenuItem (string text)
public MenuItem(string text,string value)
public MenuItem(string text,string value,string imageUrl)
public MenuItem(string text,string value,string imageUrl,string navigateUrl)
public MenuItem(string text,string value,string imageUrl,string navigateUrl,string target)
```

其中，参数 text 指出 Menu 控件中为菜单项显示的文本；value 指出与菜单项关联的补充数据，如用于处理回发事件的数据；imageUrl 指出显示在菜单项中的文本旁边的图像的 URL；navigateUrl 指出单击菜单项时链接到的 URL；target 指出单击菜单项时，显示菜单项所链接到的网页内容的目标窗口或框架。

7.4.2 Menu 控件的属性和事件

1. Menu 控件的属性

Menu 控件的常用属性及其说明如表 7.9 所示。下面介绍几个主要的属性。

表 7.9　Menu 控件的常用属性及其说明

属　　性	说　　明
DataSourceID	设置数据源对象
DisappearAfter	获取或设置鼠标指针不再置于菜单上后显示动态菜单的持续时间
Items	获取 MenuItemCollection 对象，该对象包含 Menu 控件中的所有菜单项
ItemWrap	获取或设置一个值，该值指示菜单项的文本是否换行
Orientation	获取或设置 Menu 控件的呈现方向
PathSeparator	获取或设置用于分隔 Menu 控件的菜单项路径的字符
SelectedItem	获取选定的菜单项
SelectedValue	获取选定菜单项的值
StaticDisplayLevels	获取或设置静态菜单的菜单显示级别数
Target	获取或设置用来显示菜单项的关联网页内容的目标窗口或框架

(1) DataSourceID 属性

该属性指定 Menu 控件的数据源控件的 ID 属性。例如，可以指定与 XML 文件绑定的 XmlDataSource 控件或与站点地图绑定的 SiteDataSource 控件的 ID。

(2) Items 属性

Items 属性是 Menu 控件中所有菜单项的集合，一个菜单项是一个 MenuItem 对象。可以通过索引来表示 Items 集合中的元素(索引从零开始)，举例如下。

Menu1.Items 表示 Menu1 控件的所有菜单项集合。

Menu1.Items[0]表示 Menu1 控件中第一个菜单项。

Menu1.Items[0].ChildItems 表示 Menu1 控件中第一个菜单项的子菜单项集合。

Menu1.Items[0].ChildItems[1]表示 Menu1 控件中第一个菜单项的第 2 个子菜单项。

(3) Orientation 属性

该属性取或设置 Menu 控件的呈现方向,可取 Horizontal(表示水平呈现 Menu 控件,如图 7.7 所示)或 Vertical(表示垂直呈现 Menu 控件,如图 7.8 所示)。

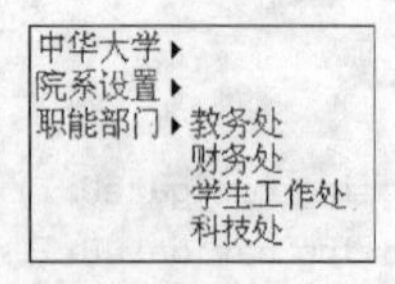

图 7.7 水平呈现 Menu 控件

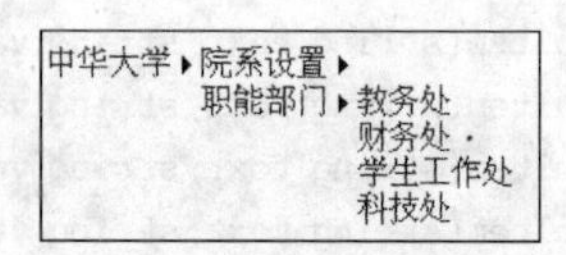

图 7.8 垂直呈现 Menu 控件

(4) Target 属性

该属性获取或设置用来显示菜单项的关联网页内容的目标窗口或框架。Target 属性影响控件中的所有菜单项。若要为单个菜单项指定一个窗口或框架,直接设置 MenuItem 对象的 Target 属性即可。

2. Menu 控件的事件

Menu 控件的常用事件及其说明如表 7.10 所示。

表 7.10 Menu 控件的常用事件及其说明

事　件	说　明
MenuItemClick	单击菜单项时发生。此事件通常用于将页上的一个 Menu 控件与另一个控件进行同步
MenuItemDataBound	当菜单项绑定到数据时发生。此事件通常用来在菜单项呈现在 Menu 控件中之前对菜单项进行修改

7.4.3 MenuItemCollection 类

Menu 控件中所有菜单项构成一个 MenuItemCollection 类对象,也就是说,Menu 控件的 Items 属性就是一个 MenuItemCollection 类对象。MenuItemCollection 类的常用属性如表 7.11 所示。

表 7.11 MenuItemCollection 类的常用属性及其说明

属　性	说　明
Count	获取当前 MenuItemCollection 对象所含菜单项的数目
Item	获取当前 MenuItemCollection 对象中指定索引处的 MenuItem 对象

MenuItemCollection 类的主要方法如下。

（1）Add 方法

该方法用于向 MenuItemCollection 对象中添加一个 MenuItem 对象。其使用格式如下：

```
public void Add (MenuItem child)
```

其中，参数 child 指出要添加的 MenuItem 对象。

（2）AddAt 方法

该方法用于向 MenuItemCollection 对象中指定位置添加一个 MenuItem 对象。其使用格式如下：

```
public void AddAt (int index,MenuItem child)
```

其中，参数 index 指出将在该处插入 MenuItem 对象的从零开始的索引位置。child 指出要添加的 MenuItem 对象。

（3）Clear 方法

该方法用于从 MenuItemCollection 对象中移除所有 MenuItem 对象。其使用格式如下：

```
public void Clear ()
```

（4）Contains 方法

该方法指出 MenuItemCollection 对象中是否包含指定的 MenuItem 对象。其使用格式如下：

```
public bool Contains (MenuItem c)
```

其中，参数 c 指出要查找的 MenuItem 对象。如果指定的 MenuItem 对象包含在 MenuItemCollection 对象中，则返回值为 True；否则返回值为 False。

（5）IndexOf 方法

该方法查找指定的 MenuItem 对象在 MenuItemCollection 对象中的位置。其使用格式如下：

```
public int IndexOf (MenuItem value)
```

其中，参数 value 指出要定位的 MenuItem 对象。如果找到 MenuItemCollection 中 value 的第一个匹配项的从零开始的索引，则为该索引；否则为－1。

（6）Remove 方法

该方法从 MenuItemCollection 对象中删除指定的 MenuItem 对象。其使用格式如下：

```
public void Remove(MenuItem value)
```

其中，参数 value 指出要移除的 MenuItem 对象。

使用 Remove 方法可从集合中移除指定的节点，然后跟在该节点之后的所有项都将上移以填充空白位置，同时还会更新所移动的项的索引。

（7）RemoveAt 方法

该方法从 MenuItemCollection 对象中删除指定位置处的 MenuItem 对象。其使用格式如下：

```
public void RemoveAt(int index)
```

其中,参数 index 指出要移除的节点的从零开始的索引位置。

使用 RemoveAt 方法从 MenuItemCollection 中的指定的从零开始的索引位置移除 MenuItem 对象,然后跟在该节点之后的所有项都将上移以填充空白位置,同时还会更新所移动的项的索引。

7.4.4 向 Menu 控件中添加菜单项的方法

向 Menu 控件添加菜单项有以下几种方法。

1. 手工方式添加节点

向网页中拖放一个 Menu 控件时,出现"Menu 任务"列表,如图 7.9 所示,从中选择"编辑菜单项"命令,打开"菜单项编辑器"对话框,可以从中添加和删除菜单项,如图 7.10 所示,每个菜单项至少应设置 Text 和 Vlaue 属性,还可以根据需要设置 NavigateUrl 和 Target 属性等。

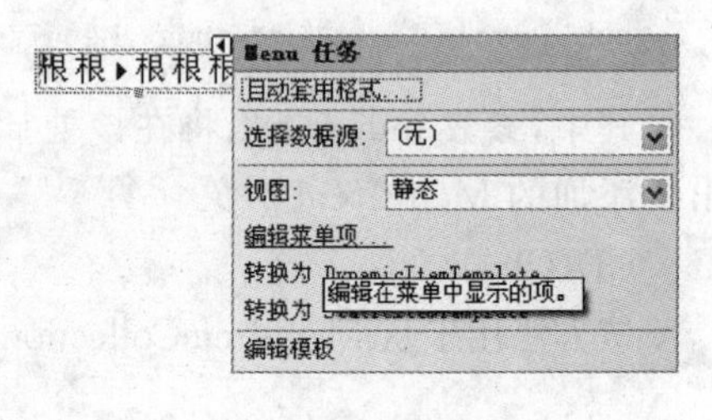

图 7.9 "Menu 任务"列表

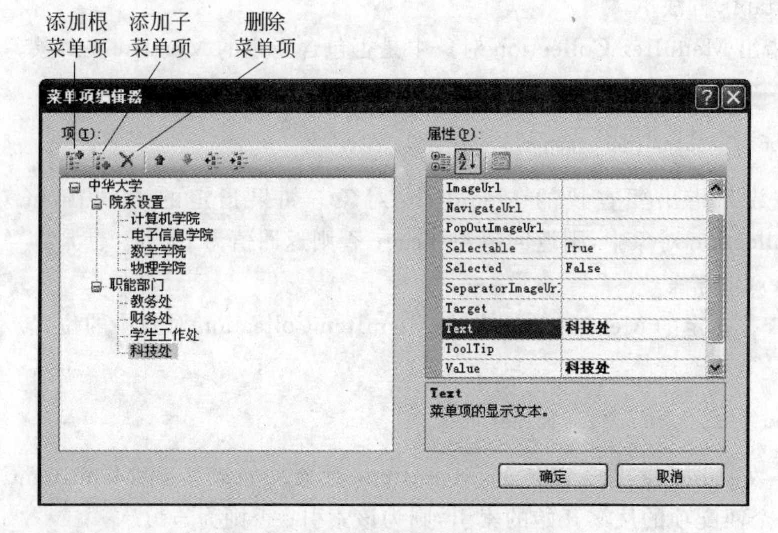

图 7.10 "菜单项编辑器"对话框

2. 通过 DataSourceID 属性设置数据源控件

在网页中拖放一个 Menu 控件后,再从工具箱"数据"选项卡中将 SiteMapDataSource 控件拖放到网页上,不设置其任何属性,只需将 Menu 控件的 DataSourceID 设置为该 SiteMapDataSource 控件的 ID 即可。SiteMapDataSource 控件自动读取站点地图的数据并在 Menu 控件中显示。

3. 通过编程方式添加节点

由于 Menu 控件的 Items 属性是一个 MenuItemCollection 类对象,因此采用 Add 方法向其中添加 MenuItem 对象。这种方式可以在运行时动态地增删 Menu 控件的菜单项。下面通过一个示例说明。

【例 7.3】 创建一个 WebForm7-2 网页，采用编程方式通过 Menu 控件显示前面所列的大学网站层次结构。

其设计步骤如下。

① 在 Myaspnet 网站的 ch7 文件夹中添加一个名称为 WebForm7-2 的空网页。

② 其设计界面如图 7.11 所示，其中只包含一个 Menu 控件 Menu1。在该网页上设计如下事件过程：

```
protected void Page_Load(object sender, EventArgs e)
{   Menu1.Orientation = Orientation.Horizontal;
    Menu1.StaticDisplayLevels = 2; //静态显示两层
    Menu1.Items.Clear();
    MenuItem node = new MenuItem("中华大学");
    Menu1.Items.Add(node);
    node = new MenuItem("院系设置");
    Menu1.Items[0].ChildItems.Add(node);
    node = new MenuItem("计算机学院");
    Menu1.Items[0].ChildItems[0].ChildItems.Add(node);
    node = new MenuItem("电子信息学院");
    Menu1.Items[0].ChildItems[0].ChildItems.Add(node);
    node = new MenuItem("数学学院");
    Menu1.Items[0].ChildItems[0].ChildItems.Add(node);
    node = new MenuItem("物理学院");
    Menu1.Items[0].ChildItems[0].ChildItems.Add(node);
    node = new MenuItem("职能部门");
    Menu1.Items[0].ChildItems.Add(node);
    node = new MenuItem("教务处");
    Menu1.Items[0].ChildItems[1].ChildItems.Add(node);
    node = new MenuItem("财务处");
    Menu1.Items[0].ChildItems[1].ChildItems.Add(node);
    node = new MenuItem("学生工作处");
    Menu1.Items[0].ChildItems[1].ChildItems.Add(node);
    node = new MenuItem("科技处");
    Menu1.Items[0].ChildItems[1].ChildItems.Add(node);
}
```

单击工具栏中的▶按钮运行本网页，将鼠标指针移到“院系设置”菜单项上，其结果如图 7.12 所示。

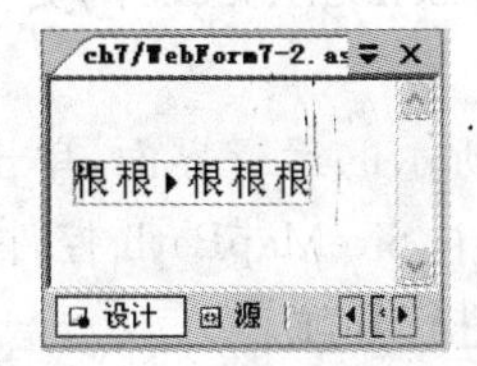

图 7.11　WebForm7-2 网页设计界面

图 7.12　WebForm7-2 网页运行界面

7.5 SiteMapPath 控件

SiteMapPath 控件在工具箱中的图标为 SiteMapPath 。SiteMapPath 控件会显示一个导航路径(也称为当前位置或页眉导航),此路径为用户显示当前页的位置,并显示返回到主页的路径链接。此控件提供了许多可供自定义链接的外观的选项。

SiteMapPath 控件的常用属性如表 7.12 所示。

表 7.12　SiteMapPath 控件的常用属性及其说明

属　性	说　明
CurrentNodeStyle	定义当前节点的样式,包括字体、颜色、样式等
NodeStyle	定义导航路径上所有节点的样式
ParentLevelsDisplayed	指定在导航路径上显示的相对于当前节点的父节点层数。默认值为 -1,表示父节点级别数没有限制
PathDirection	指定导航路径上各节点的显示顺序。默认值为 RootToCurrent,即按从左到右的顺序显示从根节点到当前节点的路径。另一选项为 CurrentToRoot,即按相反的顺序显示导航路径
PathSeparator	指定导航路径中节点之间分隔符。默认值为“>”,也可自定义为其他符号
PathSeparatorStyle	定义分隔符的样式
RenderCurrentNodeAsLink	是否将导航路径上当前页名称显示为超链接。默认值为 False
RootNodeStyle	定义根节点的样式
ShowToolTips	当鼠标悬停于导航路径的某个节点时,是否显示相应的工具提示信息。默认值为 True,即当鼠标悬停于某节点上时,显示该节点在站点地图中定义的 Description 属性值

【例 7.4】 创建一个 WebForm7-3 网页,说明 SiteMapPath 控件的使用方法。

其设计步骤如下。

① 在 Myaspnet 网站的 ch7 文件夹中添加一个名称为 WebForm7-3 的空网页。

② 在其中放置一个 TreeView 控件 TreeView1 和一个 SiteMapSource 控件 SiteMapSource1(自动加载前面创建的 Web.sitemap 站点地图),将 TreeView1 控件的 DataSourceID 属性设置为 SiteMapSource1,如图 7.13 所示。

③ 新建一个 school1.aspx 网页,添加一个 HTML 标记(显示“您的位置”),一个 SiteMapPath 控件 SiteMapPath1(不设置属性),下方再添加一个 HTML 标记(显示“计算机学院”)。设置其中控件和标记的字体及大小,如图 7.14 所示。

④ 新建 Web.sitemap 站点地图中链接的其他网页,与 school1.aspx 网页类似,只是将第 2 个 HTML 标记的文字改为相应的提示文字。

单击工具栏中的▶按钮运行本网页,出现如图 7.15 所示的运行界面,单击“计算机学院”节点,自动转向 school1.aspx 网页,如图 7.16 所示,其中 SiteMapPath 控件自动显示当前的位置,可以单击其中的“中华大学”或“院系设置”节点进行导航。

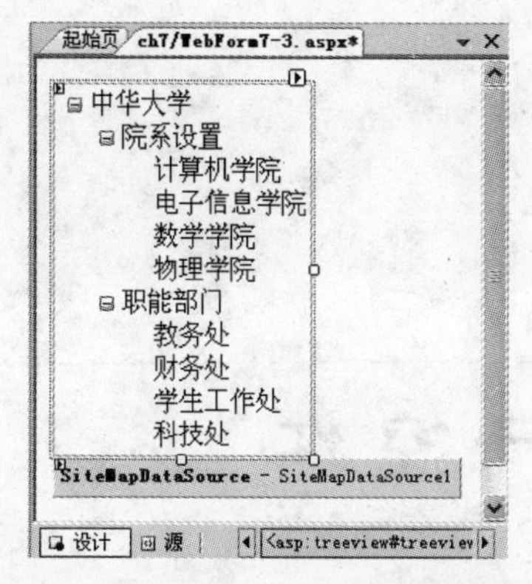

图 7.13　WebForm7-3 网页设计界面

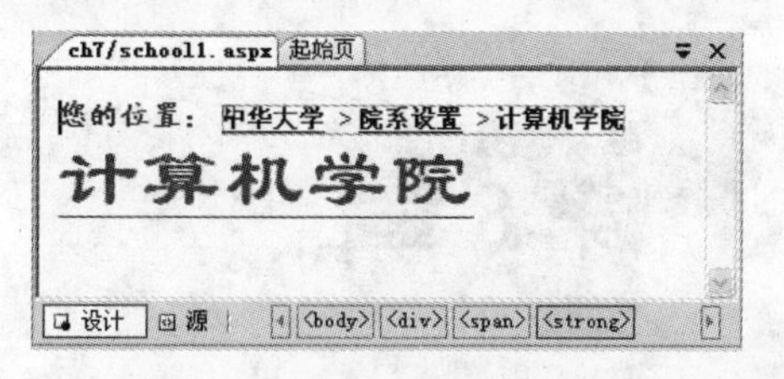

图 7.14　school1 网页设计界面

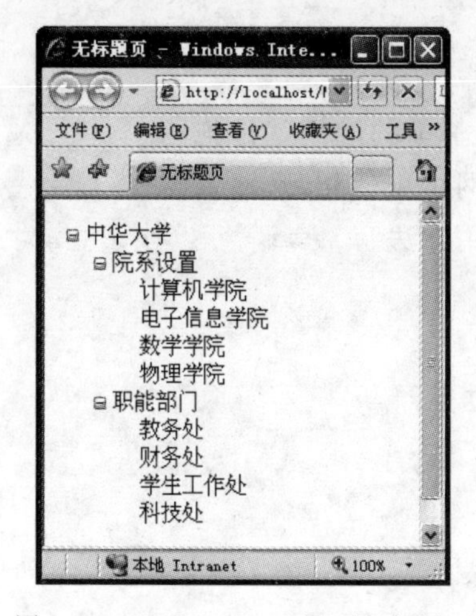

图 7.15　WebForm7-3 网页运行界面

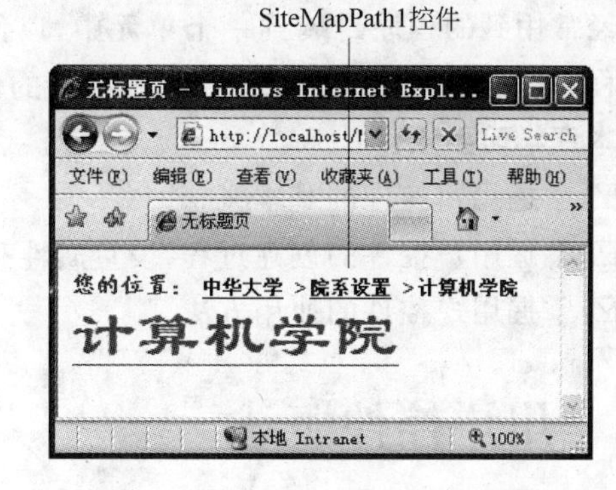

图 7.16　school1 网页运行界面

练习题 7

1. 简述 ASP.NET 站点导航的基本功能。
2. 简述站点地图的创建和使用方法。
3. 简述 TreeView 控件的使用方法。
4. 简述 Menu 控件的使用方法。
5. 简述 SiteMapPath 控件的使用方法。

上机实验题 7

在 Myaspnet 网站的 ch7 文件夹中添加一个名称为 WebForm7-4 的网页，其中放置一个 TreeView 控件和一个标签，采用手工方式添加 TreeView 控件的节点，当用户单击某节点时，在标签中显示该节点标题，如图 7.17 所示。

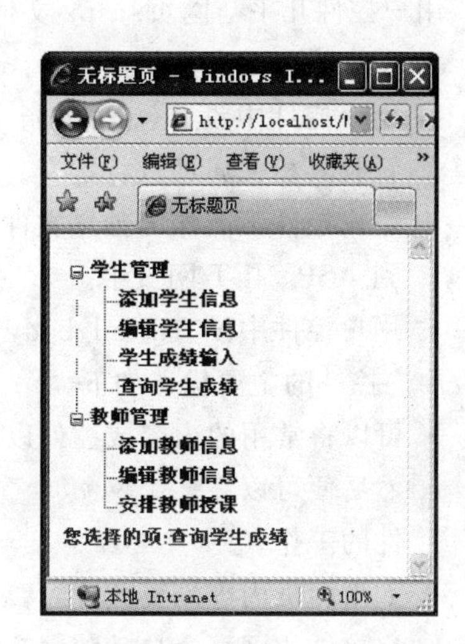

图 7.17　WebForm7-4 网页运行界面

CHAPTER 8

第8章 用户控件

ASP. NET 提供了用户控件设计功能。用户控件基本的应用就是把网页中经常用到的程序封装到一个单元中,以便在其他网页中使用,从而提高应用程序的开发效率。本章介绍用户控件的创建和使用方法。

本章学习要点:

☑ 掌握用户控件的基本概念。

☑ 掌握用户控件的创建过程,设置属性和方法的过程。

☑ 掌握用户控件的使用方法。

8.1 用户控件概述

用户控件由一个或多个 ASP. NET 服务器控件(如 Button 控件、TextBox 控件等)以及相关的功能代码组成。用户控件还可以包括自定义属性或方法,这些属性或方法向 ASP. NET 网页显示用户控件的功能。

用户控件几乎与网页. aspx 文件相似,但仍有以下不同之处。

- 用户控件的文件扩展名为. ascx。
- 用户控件中没有@Page 指令,而是包含@Control 指令,该指令对配置及其相关属性进行定义。
- 用户控件不能作为独立文件运行,而必须像其他控件一样,将其添加到 ASP. NET 网页中。
- 用户控件中没有 html、body 或 form 元素。

用户控件的主要优点如下。

- 可以将常用的内容或控件以及控件的运行程序逻辑设计为用户控件,然后便可以在多个网页中重复使用该用户控件,从而省略许多重复性的工作。
- 如果网页内容需要改变时,只需修改用户控件中的内容,其他应用用户控件的网页会自动随之改变,因此网页的设计和维护更加方便。

8.2　创建 ASP.NET 用户控件

8.2.1　创建用户控件的过程

创建用户控件的过程与网页文件十分相似，下面通过一个示例说明。

【例 8.1】 创建一个包含姓名和年龄文本框的用户控件 WebUserControl.ascx。

其设计步骤如下。

① 打开 Myaspnet 网站，选择“网站”|“添加新项”命令，打开“添加新项”对话框，选中“Web 用户控件”模板，保持默认名称为 WebUserControl.ascx，如图 8.1 所示，单击“添加”按钮。

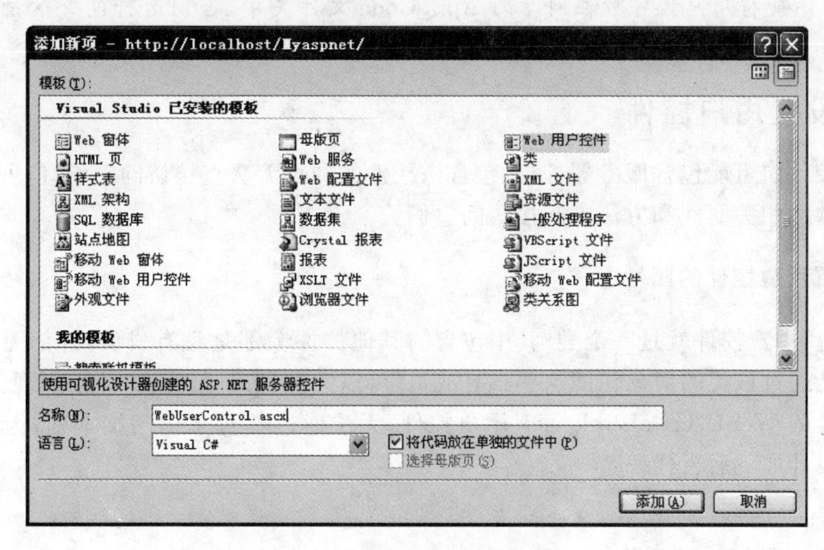

图 8.1　“添加新项”对话框

② 出现用户控件设计窗口，插入一个 2×2 的表格，输入两个 HTML 标签，拖放两个文本框（TextBox1 和 TextBox2），如图 8.2 所示。

③ 打开源设计视图，看到其代码如下：

图 8.2　WebUserControl.ascx 设计界面

```
<%@ Control Language = "C#" AutoEventWireup = "true"
  CodeFile = " WebUserControl.ascx.cs" Inherits = " ch8_
WebUserControl" %>
<table style = "width: 214px; height: 28px" border = "1">
    <tr>
      <td style = "width: 40px; text - align: right; height:
20px;">
            < span style = " font - size: 10pt; color: #
3300ff"><strong>姓名
              </strong></span></td>
      <td style = "width: 52px; height: 20px;">
          <asp:TextBox ID = "TextBox1" runat = "server" Width = "119px"
              Height = "18px"></asp:TextBox></td>
```

```
    </tr>
    <tr>
        <td style="width: 40px; text-align: right; height: 20px;">
            <span style="font-size: 10pt; color: #0000ff"><strong>年龄
              </strong></span></td>
        <td style="width: 52px; height: 20px;">
            <asp:TextBox ID="TextBox2" runat="server" Font-Size="10pt"
              Height="18px" Width="82px"></asp:TextBox></td>
    </tr>
</table>
```

此新控件的标记与 ASP. NET 网页的标记相似，只是它包含@Control 指令，而不含@Page 指令，并且用户控件没有 html、body 和 form 元素。

注意：不能将用户控件放在网站的 App_Code 文件夹中，否则运行包含该控件的网页时将出错。

8.2.2 设置用户控件

用户控件中可能包含服务器控件，包含该控件的网页无法直接访问它们，但可以通过设计用户控件的相关属性和方法来间接访问它们。

1. 设置用户控件的属性

实际上，用户控件就是一个类，其中包含的其他控件等都是私有成员，外部无法访问它们。为了能通过该类的对象访问这些私有成员，可以通过设计属性的方式来实现。例如，对于前面设计的 WebUserControl. ascx 用户控件，无法通过其对象访问文本框，为此在该用户控件上设计如下后台代码：

```
public string sname  //公共属性
{   get { return TextBox1.Text; }
    set { TextBox1.Text = value; }
}
public string sage   //公共属性
{   get { return TextBox2.Text; }
    set { TextBox2.Text = value; }
}
```

上述代码定义了用户控件的两个属性，均为 get 和 set 属性。sname 属性对应 TextBox1 文本框的读写，sage 属性对应 TextBox2 文本框的读写。这样就可以通过 sname 和 sage 属性访问其中的两个文本框了。

2. 设置用户控件的方法

和设置用户控件的属性一样，可以通过设置用户控件的公共方法来达到访问用户控件中成员的目的。下面通过一个示例说明。

【例 8.2】 创建一个用户控件 WebUserControl1. ascx，其中包含一个列表框 ListBox1，并设计相关公共方法实现对列表框的操作。

其设计步骤如下。

① 采用例 8.1 的方式创建用户控件 WebUserControl1.ascx。

② 其设计界面如图 8.3 所示，包含一个 HTML 标签和一个列表框 ListBox1。

③ 在该用户控件上设计如下方法：

```
public int count()                        //返回列表框中项目个数
{
   return ListBox1.Items.Count;
}
public void clear()                       //删除所有项目
{
   ListBox1.Items.Clear();
}
public void add(string item)              //添加一个字符串
{
   ListBox1.Items.Add(item);
}
public void add(ListItem item)            //重载函数,添加一个 ListItem 项目
{
   ListBox1.Items.Add(item);
}
public void remove(int i)                 //删除指定索引的项目
{
   ListBox1.Items.RemoveAt(i);
}
public int selectedindex()                //返回当前选择项目的索引
{
   return ListBox1.SelectedIndex;
}
public ListItem indexitem(int i)          //返回指定索引的项目
{
   return ListBox1.Items[i];
}
```

图 8.3　WebUserControl1.ascx 用户界面

上述方法都是通过 ListBox 控件的相关属性和方法来实现的，只不过不能通过 WebUserControl1 用户控件的对象直接调用 ListBox1 控件的这些属性和方法罢了，而是改为调用上述方法实现相同的功能。

8.3　使用用户控件

将 ASP.NET 用户控件添加到网页类似于将其他服务器控件添加到网页。但是，务必遵循下列过程，以便将所有必需的元素添加到网页中。向网页添加 ASP.NET 用户控件的过程如下。

① 打开要添加 ASP.NET 用户控件的网页。

② 切换到“设计”视图。

③ 在“解决方案资源管理器”窗口中选择自定义用户控件文件，并将其拖到网页上。

ASP.NET 用户控件被添加到该网页面时，设计器会创建@ Register 指令，网页需要它来识别用户控件。现在就可以处理该控件的公共属性和方法了。

【例 8.3】 设计一个使用 WebUserControl 用户控件的网页窗体 WebForm8-1。

其设计步骤如下。

① 在 Myaspnet 网站中添加一个名称为 WebForm8-1 的空网页。

② 切换到网页"设计"视图,在"解决方案资源管理器"窗口中选择 WebUserControl.ascx 文件并将其拖到网页上,这样在网页中生成一个名称为 WebUserControl1 的用户控件。另外添加两个 Button 控件("确定"命令按钮 Button1 和"重置"命令按钮 Button2)和一个 Label 控件 Label1(其 Text 属性设为空)。设置网页的 StyleSheetTheme 属性为 Blue(该主题在上一章创建),设计界面如图 8.4 所示。在该网页上设计如下事件过程:

```
protected void Button1_Click(object sender, EventArgs e)
{   Label1.Text = "输入数据如下:" + "<br>";
    Label1.Text = Label1.Text + "姓名:" + WebUserControl1.sname + "<br>";
    Label1.Text = Label1.Text + "年龄:" + WebUserControl1.sage;
}
protected void Button2_Click(object sender, EventArgs e)
{   WebUserControl1.sname = "";
    WebUserControl1.sage = "";
}
```

单击工具栏中的▶按钮运行本网页,在两个文本框中分别输入"王华"和 22,单击"确定"命令按钮,其结果如图 8.5 所示。本网页的源视图代码如下:

```
<%@ Page Language = "C#" AutoEventWireup = "true"
  CodeFile = "WebForm8-1.aspx.cs"
  Inherits = "ch8_WebForm8_1" StylesheetTheme = "Blue" %>
<%@ Register Src = "WebUserControl.ascx" TagName = "WebUserControl"
  TagPrefix = "uc1" %>
<!DOCTYPE html PUBLIC " - //W3C//DTD XHTML 1.0 Transitional//EN"
  "http://www.w3.org/TR/xhtml1/DTD/xhtml1 - transitional.dtd">
<html xmlns = "http://www.w3.org/1999/xhtml" >
  <head runat = "server">
    <title>无标题页</title>
  </head>
  <body>
    <form id = "form1" runat = "server">
      <div>
        <uc1:WebUserControl ID = "WebUserControl1" runat = "server" />
        <br />
               
        <asp:Button ID = "Button1"
          runat = "server" Text = "确定" OnClick = "Button1_Click" />
        <asp:Button ID = "Button2" runat = "server" OnClick = "Button2_Click"
          Text = "重置" /><br />
        <br />
        <asp:Label ID = "Label1" runat = "server" Height = "50px"
          Width = "212px"></asp:Label><br />
      </div>
    </form>
  </body>
</html>
```

其中自动添加的@ Register 指令用来标识用户控件 WebUserControl。

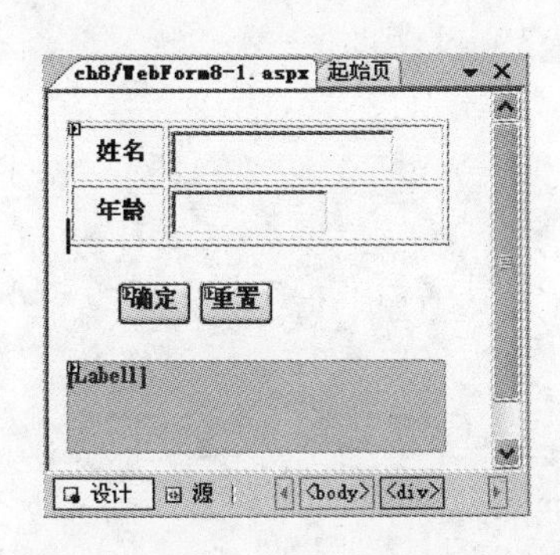

图 8.4　WebForm8-1 网页设计界面

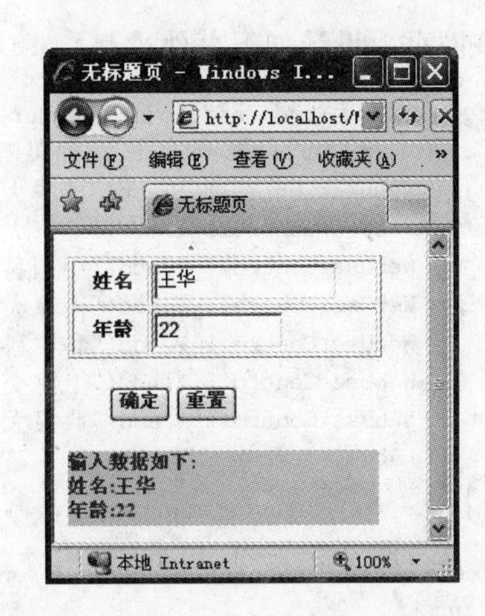

图 8.5　WebForm8-1 网页运行界面

上例说明了用户控件中属性的使用，实际上代码 WebUserControl1. sname 就是使用 WebUserControl1 用户控件的 sname 属性。由于该属性为 get 和 set 属性，所以可以进行读写操作。

下面再介绍一个使用用户控件方法的示例。

【例 8.4】　设计一个使用 WebUserControl1 用户控件的网页窗体 WebForm8-2。

其设计步骤如下。

① 在 Myaspnet 网站中添加一个名称为 WebForm8-2 的空网页。

② 切换到网页“设计”视图，添加一个 4×3 的表格，将第 1 列的所有单元格合并，在其中加入一个 WebUserControl1 用户控件 WebUserControl1_1，在第 2 列中各行加入一个 Button 控件(从上到下分别为 Button1～Button4)，将第 3 列的所有单元格合并，在其中加入一个 WebUserControl1 用户控件 WebUserControl1_2。再在表格下方添加一个 Label 控件 Label1。设置网页的 StyleSheetTheme 属性为 Blue(该主题在上一章创建)，设计界面如图 8.6 所示，其中 4 个命令按钮的功能如下。

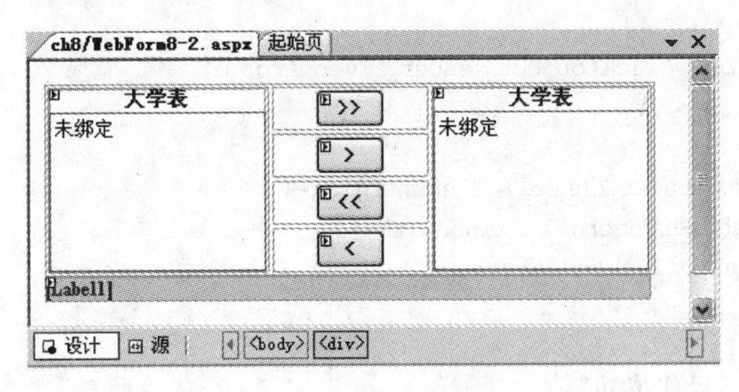

图 8.6　WebForm8-2 网页设计界面

- ＞＞：将左列表框中所有项目移动到右列表框中。
- ＞：将左列表框中选定的项目移动到右列表框中。
- ＜＜：将右列表框中所有项目移动到左列表框中。
- ＜：将右列表框中选定的项目移动到左列表框中。

在该网页上设计如下事件过程：

```
protected void Page_Load(object sender, EventArgs e)
{   if (!Page.IsPostBack)      //如果网页为首次加载,则执行以下语句
    {   WebUserControl1_1.add("清华大学");
        WebUserControl1_1.add("北京大学");
        WebUserControl1_1.add("中国科技大学");
        WebUserControl1_1.add("南京大学");
        WebUserControl1_1.add("华中科技大学");
        WebUserControl1_1.add("上海交通大学");
        WebUserControl1_1.add("武汉大学");
        Label1.Text = "";
    }
}
protected void Button1_Click(object sender, EventArgs e)
{   int i;
    ListItem item;
    for (i = 0; i < WebUserControl1_1.count(); i++)
    {   item = WebUserControl1_1.indexitem(i);
        WebUserControl1_2.add(item);
    }
    WebUserControl1_1.clear();
    Label1.Text = "操作成功";
}
protected void Button2_Click(object sender, EventArgs e)
{   int i;
    ListItem item;
    i = WebUserControl1_1.selectedindex();
    if (i >= 0 && i < WebUserControl1_1.count())
    {   item = WebUserControl1_1.indexitem(i);
        WebUserControl1_2.add(item);
        WebUserControl1_1.remove(i);
        Label1.Text = "操作成功";
    }
    else
        Label1.Text = "没有选择任何项目";
}
protected void Button3_Click(object sender, EventArgs e)
{   int i;
    ListItem item;
    for (i = 0; i < WebUserControl1_2.count(); i++)
    {   item = WebUserControl1_2.indexitem(i);
        WebUserControl1_1.add(item);
    }
    WebUserControl1_2.clear();
    Label1.Text = "操作成功";
}
protected void Button4_Click(object sender, EventArgs e)
{   int i;
    ListItem item;
    i = WebUserControl1_2.selectedindex();
    if (i >= 0 && i < WebUserControl1_2.count())
    {   item = WebUserControl1_2.indexitem(i);
        WebUserControl1_1.add(item);
```

```
        WebUserControl1_2.remove(i);
        Label1.Text = "操作成功";
    }
    else
        Label1.Text = "没有选择任何项目";
}
```

单击工具栏中的▶按钮运行本网页，首先在左列表框中显示几所大学名称，选中“北京大学”选项，单击“>”命令按钮将其移到右列表框中，再选中“武汉大学”选项，单击“>”命令按钮将其移到右列表框中，其结果如图 8.7 所示。

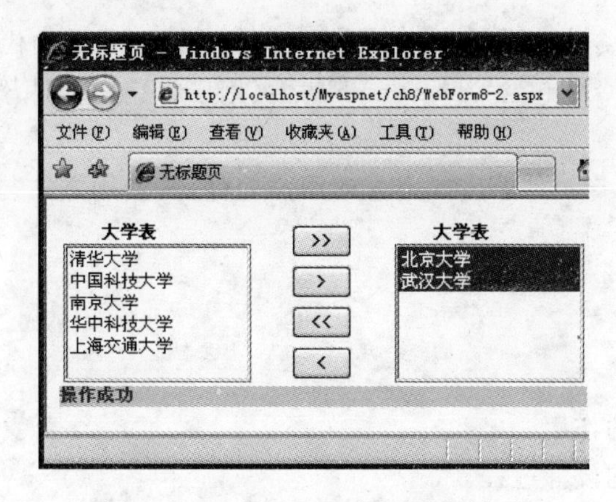

图 8.7　WebForm8-2 网页运行界面

8.4　将网页转化为用户控件

在应用程序开发过程中，有些网页会经常用到且使用频率较高，可以将其略加改动变为一个用户控件。

将网页转换为用户控件分为两种情况，下面分别介绍。

8.4.1　将单个网页转换成用户控件

将单个网页转换成用户控件的步骤如下。

① 重命名控件，将文件扩展名改为.ascx。

② 从网页中删除 html、body 和 form 元素。

③ 将@Page 指令更改为@Control 指令。

④ 删除@Control 指令中除 Language、AutoEventWireup（如果存在）、CodeFile 和 Inherits 之外的所有属性。

⑤ 在@Control 指令中包含 ClassName 属性（用于将用户控件添加到网页时进行强类型化）。

8.4.2　将代码隐藏网页转换成用户控件

将代码隐藏网页转换成用户控件的步骤如下。

① 重命名.aspx 文件，使其文件扩展名为.ascx。

② 将代码隐藏文件的扩展名更改为.ascx.cs。

③ 打开代码隐藏文件并将该文件继承的类从Page更改为UseControl，即将System.Web.UI.Page语句更改为System.Web.UI.UserControl。

④ 在.aspx文件中，执行以下操作。

a. 从网页中删除html、body和form元素。

b. 将@Page指令更改为@Control指令。

c. 删除@Control指令中除Language、AutoEventWireup(如果存在)、CodeFile和Inherits之外的所有属性。

d. 在@Control指令中，将CodeFile属性更改为指向重命名的代码隐藏文件。

e. 在@Control指令中包含ClassName属性(用于将用户控件添加到网页时进行强类型化)。

采用网页转化为用户控件的方式建立的用户控件，其使用方式与直接创建的用户控件的完全相同。

练习题8

1. 简述用户控件的作用。
2. 简述用户控件的设计过程。
3. 简述用户控件的使用方法。
4. 简述将网页转化为用户控件的方法。

上机实验题8

在Myaspnet网站的ch8文件夹中添加一个用户控件WebUserControl2.ascx，其功能是用于登录信息输入。建立一个网页WebForm8-3使用该用户控件实现用户登录，在单击“确定”命令按钮后在一个标签中显示登录信息，如图8.8所示。

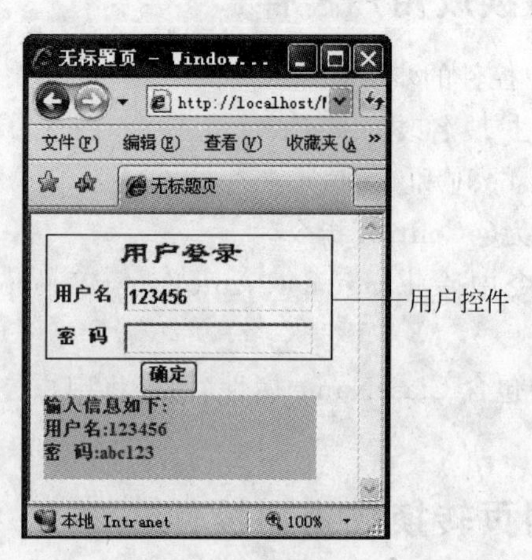

图8.8 WebForm8-3网页运行界面

CHAPTER 9

ADO.NET 数据库访问技术 第9章

ActiveX Data Objects(ADO)是 Microsoft 公司开发的面向对象的数据库访问技术，目前已经得到了广泛的应用，而 ADO.NET 则是 ADO 的后续技术。但 ADO.NET 并不是 ADO 的简单升级，而是有非常大的改进。利用 ADO.NET，程序员可以非常简单而快速地访问各种数据库。本章先介绍数据库的基本概念，然后讨论通过 ADO.NET 访问 Access 数据库的网页设计技术。

本章学习要点：

☑ 掌握数据库的基本概念，并使用 Access 2003 数据库管理系统创建数据库。

☑ 掌握使用基本 SQL 语句实现数据库的操作。

☑ 掌握 ADO.NET 的体系结构和访问数据库的方式。

☑ 掌握 ADO.NET 的数据访问对象，如 OleDbConnection、OleDbCommand、OleDbDataReader 和 OleDbDataAdapter 等对象的使用方法。

☑ 掌握 DataSet 数据库访问组件的使用方法。

☑ 掌握各种数据源控件的使用方法。

☑ 掌握各种数据绑定控件的使用方法。

☑ 采用 ASP.NET+Access+C# 开发较复杂的 Web 应用程序。

9.1 数据库概述

数据库用于存储结构化数据。数据组织有多种数据模型，目前主要的数据模型是关系数据模型，以关系模型为基础的数据库就是关系数据库。

9.1.1 关系数据库的基本结构

关系数据库以表的形式(即关系)组织数据。关系数据库以关系的数学理论为基础。在关系数据库中，用户可以不必关心数据的存储结构，同时，关系数据库的查询可用高级语言来描述，这大大提高了查询效率。

下面讨论关系数据库的基本术语。

1. 表

表用于存储数据，它以行列方式组织，可以使用SQL从中获取、修改和删除数据。表是关系数据库的基本元素。表在现实生活中随处可见，如职工表、学生表和统计表等。表具有直观、方便和简单的特点。表9.1是一个学生情况表student，其中“学号”为主键(主关键字)。表9.2是一个学生成绩表score，其中“学号+课程名”为主键。从中看到，表是一个二维结构，行和列的顺序并不影响表的内容。

表9.1 学生情况表student

学号	姓名	性别	民族	班号
1	王华	女	汉族	07001
2	孙丽	女	满族	07002
3	李兵	男	汉族	07001
6	张军	男	汉族	07001
8	马棋	男	回族	07002

表9.2 学生成绩表score

学号	课程名	分数
1	C语言	80
1	数据结构	83
2	C语言	70
2	数据结构	52
3	C语言	76
3	数据结构	70
6	C语言	90
6	数据结构	92
8	C语言	88
8	数据结构	79

说明：采用Access 2003创建数据库文件Stud.mdb，存放在Myaspnet网页的App_Data文件夹中，它包含student(包含表9.1的记录)和score(包含表9.2的记录)两个表，其中的记录作为样本数据，后面的例子使用该样本数据介绍数据库编程方法。

2. 记录

记录是指表中的一行，在一般情况下，记录和行的意思是相同的。在表9.1中，每个学生所占据的一行是一个记录，描述了一个学生的情况。

3. 字段

字段是表中的一列，在一般情况下，字段和列所指的内容是相同的。在表9.1中，如“学号”列就是一个字段。

4. 关系

关系是一个从数学中来的概念，在关系代数中，关系是指二维表，表既可以用来表示数据，也可以用来表示数据之间的联系。

在数据库中，关系是建立在两个表之间的链接，以表的形式表示其间的链接，使数据的处理和表达有更大的灵活性。有 3 种关系，即一对一关系、一对多关系和多对多关系。

5. 索引

索引是建立在表上的单独的物理数据库结构，基于索引的查询使数据获取更为快捷。索引是表中的一个或多个字段，索引可以是唯一的，也可以是不唯一的，主要是看这些字段是否允许重复。主索引是表中的一列和多列的组合，作为表中记录的唯一标识。外部索引是相关联的表的一列或多列的组合，通过这种方式来建立多个表之间的联系。

6. 视图

视图是一个与真实表相同的虚拟表，用于限制用户可以看到和修改的数据量，从而简化数据的表达。

7. 存储过程

存储过程是一个编译过的 SQL 程序。在该过程中可以嵌入条件逻辑、传递参数、定义变量和执行其他编程任务。

9.1.2 结构化查询语言

结构化查询语言(SQL)是目前各种关系数据库管理系统广泛采用的数据库语言，很多数据库和软件系统都支持 SQL 或提供 SQL 语言接口。本节将在 Access 数据库管理系统中介绍 SQL 语句的使用。

说明：读者只需了解 SQL 语言的基本知识，不需要完整掌握 Acess 数据库管理系统。

1. SQL 语言的组成

SQL 语言包含查询、操纵、定义和控制等几个部分。它们都是通过命令动词分开的，各种语句类型对应的命令动词如下。

- 数据查询的命令动词为 SELECT。
- 数据定义的命令动词为 CREATE、DROP。
- 数据操纵的命令动词为 INSERT、UPDATE、DELETE。
- 数据控制的命令动词为 GRANT、REVOKE。

2. 数据定义语言

(1) CREATE 语句

CREATE 语句用于建立数据表，其基本格式如下：

```
CREATE TABLE 表名
```

```
(列名 1 数据类型 1 [NOT NULL]
[,列名 2 数据类型 2 [NOT NULL]]...)
```

【例 9.1】 给出建立一个学生表 student 的 SQL 语句。

对应的 SQL 语句如下：

```
CREATE TABLE student
( 学号 CHAR(5),
  姓名 CHAR(10),
  性别 ChAR(2),
  民族 CHAR(10),
  班号 CHAR(6))
```

(2) DROP 语句

DROP 语句用于删除数据表,其基本格式如下：

```
DROP TABLE 表名
```

3. 数据操纵语言

(1) INSERT 语句

INSERT 语句用于在一个表中添加新记录,然后给新记录的字段赋值。其基本格式如下：

```
INSERT INTO 表名[(列名 1[,列名 2, ...])]
VALUES(表达式 1[,表达式 2, ...])
```

【例 9.2】 给出向 score 表中插入表 9.2 所示记录的 SQL 语句。

对应的 SQL 语句如下：

```
INSERT INTO score(学号,课程名,分数) VALUES('1','C 语言',80)
INSERT INTO score(学号,课程名,分数) VALUES('1','数据结构',83)
INSERT INTO score(学号,课程名,分数) VALUES('2','C 语言',70)
INSERT INTO score(学号,课程名,分数) VALUES('2','数据结构',52)
INSERT INTO score(学号,课程名,分数) VALUES('3','C 语言',76)
INSERT INTO score(学号,课程名,分数) VALUES('3','数据结构',70)
INSERT INTO score(学号,课程名,分数) VALUES('6','C 语言',90)
INSERT INTO score(学号,课程名,分数) VALUES('6','数据结构',92)
INSERT INTO score(学号,课程名,分数) VALUES('8','C 语言',88)
INSERT INTO score(学号,课程名,分数) VALUES('8','数据结构',79)
```

(2) UPDATE 语句

UPDATE 语句用于新的值更新表中的记录。其基本格式如下：

```
UPDATE 表名
   SET 列名 1 = 表达式 1
   [,SET 列名 2 = 表达式 2]...
WHERE 条件表达式
```

(3) DELETE 语句

DELETE 语句用于删除记录,其基本格式如下：

```
DELETE FROM 表名
[WHERE 条件表达式]
```

4. 数据查询语句

SQL 的数据查询语句是使用很频繁的语句。SELECT 的基本格式如下：

```
SELECT 字段表
FORM 表名
WHERE 查询条件
GROUP BY 分组字段
HAVING 分组条件
ORDER BY 字段[ASC|DESC]
```

各子句的功能如下。

- SELECT：指定要查询的内容。
- FORM：指定从其中选定记录的表名。
- WHERE：指定所选记录必须满足的条件。
- GROUP BY：把选定的记录分成特定的组。
- HAVING：说明每个组需要满足的条件。
- ORDER BY：按特定的次序将记录排序。

其中，在"字段表"中可使用聚合函数对记录进行合计，它返回一组记录的单一值，可以使用的 SQL 的聚合函数如表 9.3 所示。"查询条件"由常量、字段名、逻辑运算符、关系运算符等组成，其中的关系运算符如表 9.4 所示。

表 9.3　SQL 的聚合函数

聚合函数	说明
AVG	返回特定字段中值的平均数
COUNT	返回选定记录的个数
SUM	返回特定字段中所有值的总和
MAX	返回特定字段中的最大值
MIN	返回特定字段中的最小值

表 9.4　关系运算符

符号	说明
<	小于
<=	小于等于
>	大于
>=	大于等于
=	等于
<>	不等于
BETWEEN 值 1 AND 值 2	在两数值之间
IN	(一组值) 在一组值中
LIKE*	与一个通配符匹配

* 通配符可使用"?"代表一个字符位，"%"代表零个或多个字符位。

对于前面建立的 student 表(它包含表 9.1 中的记录)和 score 表完成以下各例题。

【例 9.3】 查询所有学生记录。

对应的 SQL 语句如下：

```
SELECT * FROM student
```

其运行结果如图 9.1 所示。

【例 9.4】 查询 07002 班所有学生记录。

对应的 SQL 语句如下：

```
SELECT * FROM student WHERE 班号 = '07002'
```

其运行结果如图 9.2 所示。

查询1 ：选择查询

学号	姓名	性别	民族	班号
1	王华	女	汉族	07001
2	孙丽	女	满族	07002
3	李兵	男	汉族	07001
6	张军	男	汉族	07001
8	马棋	男	回族	07002

记录：1 共有记录数：5

图 9.1 SELECT 语句运行结果 1

查询1 ：选择查询

学号	姓名	性别	民族	班号
8	马棋	男	回族	07002
2	孙丽	女	满族	07002

记录：1 共有记录数：2

图 9.2 SELECT 语句运行结果 2

【例 9.5】 查询所有学生的学号、姓名、课程名和分数。

对应的 SQL 语句如下：

```
SELECT student.学号,student.姓名,score.课程名,score.分数
FROM student,score
WHERE student.学号 = score.学号
```

其运行结果如图 9.3 所示。

查询1 ：选择查询

学号	姓名	课程名	分数
1	王华	C语言	80
1	王华	数据结构	83
3	李兵	C语言	76
3	李兵	数据结构	70
8	马棋	C语言	88
8	马棋	数据结构	79
2	孙丽	C语言	70
2	孙丽	数据结构	52
6	张军	C语言	90
6	张军	数据结构	92

记录：1 共有记录数：10

图 9.3 SELECT 语句运行结果 3

【例 9.6】 查询所有学生的学号、姓名、课程名和分数,要求按学号排序。

对应的 SQL 语句如下：

```
SELECT student.学号,student.姓名,score.课程名,score.分数
FROM student,score
WHERE student.学号 = score.学号
ORDER BY student.学号
```

其运行结果如图 9.4 所示。

学号	姓名	课程名	分数
1	王华	数据结构	83
1	王华	C语言	80
2	孙丽	数据结构	52
2	孙丽	C语言	70
3	李兵	数据结构	70
3	李兵	C语言	76
6	张军	数据结构	92
6	张军	C语言	90
8	马棋	数据结构	79
8	马棋	C语言	88

图 9.4 SELECT 语句运行结果 4

【例 9.7】 查询分数在 80～90 之间的所有学生的学号、姓名、课程名和分数。

对应的 SQL 语句如下：

```
SELECT student.学号,student.姓名,score.课程名,score.分数
FROM student,score
WHERE student.学号 = score.学号 AND score.分数 BETWEEN 80 AND 90
```

其运行结果如图 9.5 所示。

【例 9.8】 查询每个班每门课程的平均分。

对应的 SQL 语句如下：

```
SELECT student.班号,score.课程名,AVG(score.分数) AS '平均分'
FROM student,score
WHERE student.学号 = score.学号
GROUP BY student.班号,score.课程名
```

其运行结果如图 9.6 所示。

学号	姓名	课程名	分数
1	王华	C语言	80
6	张军	C语言	90
8	马棋	C语言	88
1	王华	数据结构	83

图 9.5 SELECT 语句运行结果 5

班号	课程名	'平均分'
07001	C语言	82
07001	数据结构	81.6666666667
07002	C语言	79
07002	数据结构	65.5

图 9.6 SELECT 语句运行结果 6

【例 9.9】 查询最高分的学生姓名和班号。

对应的 SQL 语句如下：

```
SELECT student.姓名,student.班号
FROM student,score
WHERE student.学号 = score.学号 AND score.分数 = (SELECT MAX
(分数) FROM score)
```

其运行结果如图 9.7 所示。

姓名	班号
张军	07001

图 9.7 SELECT 语句运行结果 7

9.2 ADO.NET模型

9.2.1 ADO.NET简介

ADO.NET是微软公司新一代.NET数据库的访问模型，ADO目前最新版本为ADO.NET 2.0。ADO.NET是目前数据库程序设计人员用来开发数据库应用程序的主要接口。

ADO.NET是在.NET框架上访问数据库的一组类库，它利用.NET Data Provider(数据提供程序)进行数据库的连接与访问，通过ADO.NET，数据库程序设计人员能够很轻易地使用各种对象来访问符合自己需求的数据库内容。换句话说，ADO.NET定义了一个数据库访问的标准接口，让提供数据库管理系统的各个厂商可以根据此标准开发对应的.NET Data Provider，这样编写数据库应用程序的人员不必了解各类数据库底层运作的细节，只要学会ADO.NET所提供对象的模型，便可轻易地访问所有支持.NET Data Provider的数据库。

ADO.NET是应用程序和数据源之间沟通的桥梁。通过ADO.NET所提供的对象，再配合SQL语句就可以访问数据库中的数据，而且凡是能通过ODBC或OLEDB接口访问的数据库(如dbase、FoxPro、Excel、Access、SQL Server和Oracle等)，也可通过ADO.NET来访问。

ADO.NET可提高数据库的扩展性。ADO.NET可以将数据库中的数据以XML格式传送到客户端(Client)的DataSet对象中，此时客户端可以和数据库服务器端离线，当客户端程序对数据进行新建、修改、删除等操作后，再和数据库服务器联机，将数据送回数据库服务器端完成更新的操作。如此一来，就可以避免当客户端和数据库服务器联机时，虽然客户端不对数据库服务器作任何操作，却一直占用数据库服务器的资源。此种模型使得数据处理由相互连接的双层架构，向多层式架构发展，因而提高了数据库的扩展性。

使用ADO.NET处理的数据可以通过HTTP来传输。在ADO.NET模型中特别针对分布式数据访问提出了多项改进，为了适应互联网上的数据交换，ADO.NET不论是内部运作或是与外部数据交换的格式都采用XML格式，因此能很轻易地直接通过HTTP来传输数据，而不必担心防火墙的问题，而且对于异质性(不同类型)数据库的集成，也提供最直接的支持。

9.2.2 ADO.NET体系结构

ADO.NET模型主要希望在处理数据的同时，不要一直和数据库联机，从而发生一直占用系统资源的现象。为了解决此问题，ADO.NET将访问数据和数据处理的部分分开，以达到离线访问数据的目的，使得数据库能够运行其他工作。

因此将ADO.NET模型分成.NET Data Provider(数据提供程序)和DataSet数据集(数据处理的核心)两大主要部分，其中包含的主要组件及其关系如图9.8所示。

1. .NET Data Provider

.NET Data Provider是指访问数据源的一组类库，主要是为了统一对于各类型数据源

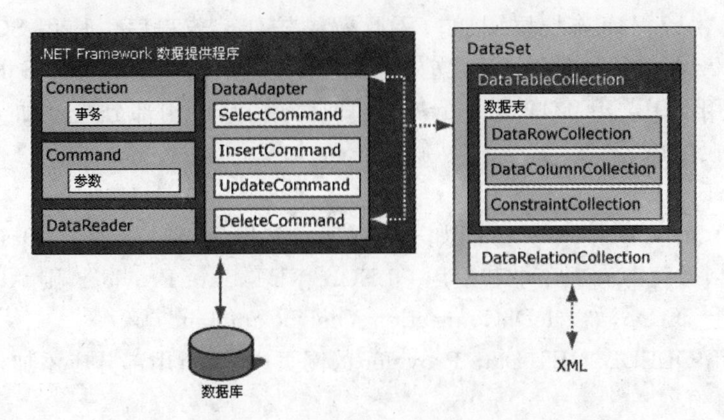

图 9.8　ADO.NET 组件结构模型

的访问方式而设计的一套高效能的类数据库。表 9.5 给出了.NET Data Provider 中包含的 4 个对象。

表 9.5　.NET Data Provider 中包含的 4 个对象及其说明

对象名称	功能说明
Connection	提供和数据源的连接功能
Command	提供运行访问数据库命令，传送数据或修改数据的功能，例如运行 SQL 命令和存储过程等
DataAdapter	是 DataSet 对象和数据源间的桥梁。DataAdapter 使用 4 个 Command 对象来运行查询、新建、修改、删除的 SQL 命令，把数据加载到 DataSet，或者把 DataSet 内的数据送回数据源
DataReader	通过 Command 对象运行 SQL 查询命令取得数据流，以便进行高速、只读的数据浏览

通过 Connection 对象可与指定的数据库进行连接；Command 对象用来运行相关的 SQL 命令(如 SELECT、INSERT、UPDATE 或 DELETE)，以读取或修改数据库中的数据。通过 DataAdapter 对象中所提供的 4 个 Command 对象来进行离线式的数据访问，这 4 个 Command 对象分别为 SelectCommand、InsertCommand、UpdateCommand 和 DeleteCommand，其中 SelectCommand 用来将数据库中的数据读出并放到 DataSet 对象中，以便进行离线式的数据访问；至于其他 3 个命令对象(InsertCommand、UpdateCommand 和 DeleteCommand)则用来修改 DataSet 中的数据，并写回数据库中；通过 DataAdapter 对象的 Fill 方法可以将数据读到 DataSet 中；通过 Update 方法则可以将 DataSet 对象的数据更新到指定的数据库中。

在使用程序管理数据库之前，要先确定使用哪个 Data Provider(数据提供程序)来访问数据库，Data Provider 是一组用来访问数据库的对象，在.NET Framework 中常用的有如下 4 组数据提供程序。

(1) SQL.NET Data Provider

支持 Microsoft SQL Server 7.0 及以上版本，由于它使用自己的通信协议并且做过最优化，所以可以直接访问 SQL Server 数据库，而不必使用 OLEDB(对象链接与嵌入数据库)

或 ODBC(开放式数据库连接层)接口,因此效果较佳。若程序中使用 SQL. NET Data Provider,则该 ADO. NET 对象名称之前都要加上 Sql,如 SqlConnection、SqlCommand 等。

在所有使用 SQL. NET Data Provider 的网页中,其引用部分应添加 using System. Data. SqlClient;语句。

(2) OLEDB. NET Data Provider

支持通过 OLEDB 接口来访问如 dBase、FoxPro、Excel、Access、Oracle 以及 SQL Server 等各类型数据源。程序中若使用 OLEDB. NET Data Provider,则 ADO. NET 对象名称之前要加上 OleDb,如 OleDbConnection、OleDbCommand 等。

在所有使用 OLEDB. NET Data Provider 的网页中,其引用部分应添加 using System. Data. OleDb;语句。

(3) ODBC. NET Data Provider

支持通过 ODBC 接口来访问如 dBase、FoxPro、Excel、Access、Oracle 以及 SQL Server 等各类型数据源。程序中若使用 ODBC. NET Data Provider,则 ADO. NET 对象名称之前要加上 Odbc,如 OdbcConnection、OdbcCommand 等。

在所有使用 ODBC. NET Data Provider 的网页中,其引用部分应添加 using System. Data. Odbc;语句。

(4) ORACLE. NET Data Provider

支持通过 ORACLE 接口来访问 ORACLE 数据源。程序中若使用 ORACLE. NET Data Provider,则 ADO. NET 对象名称之前要加上 Oracle,如 OracleConnection、OracleCommand 等。

在所有使用 ORACLE. NET Data Provider 的网页中,其引用部分应添加 using System. Data. OracleClient;语句。

从以上介绍看到,访问 Access 数据库,可以使用 OLEDB. NET Data Provider 和 ODBC. NET Data Provider,但前者可以直接访问 Access 数据库,若使用后者,还需建立 Access 数据库对应的 ODBC 数据源。本章主要介绍使用 OLEDB. NET Data Provide 直接访问 Access 数据库的方法。

2. DataSet

DataSet(数据集)是 ADO. NET 离线数据访问模型中的核心对象,主要使用时机是在内存中暂存并处理各种从数据源中所取回的数据。DataSet 其实就是一个存放在内存中的数据暂存区,这些数据必须通过 DataAdapter 对象与数据库进行数据交换。在 DataSet 内部允许同时存放一个或多个不同的数据表(DataTable)对象。这些数据表是由数据列和数据域所组成的,并包含有主索引键、外部索引键、数据表间的关系(Relation)信息以及数据格式的条件限制(Constraint)。

DataSet 的作用类似内存中的数据库管理系统,因此在离线时,DataSet 也能独自完成数据的新建、修改、删除、查询等操作,而不必一直局限在和数据库联机时才能做数据维护的工作。DataSet 可以用于访问多个不同的数据源、XML 数据或者作为应用程序暂存系统状态的暂存区。

数据库通过 Connection 对象连接后,便可以通过 Command 对象将 SQL 语法(如 INSERT、UPDATE、DELETE 或 SELECT)交由数据库引擎(例如 Microsoft. Jet. OLEDB.

4.0)运行,并通过DataAdapter对象将数据查询的结果存放到离线的DataSet对象中,进行离线数据修改,这对降低数据库联机负担具有极大的帮助。至于数据查询部分,还通过Command对象设置SELECT查询语法和Connection对象设置数据库连接,运行数据查询后利用DataReader对象,以只读的方式逐步从前向后浏览记录。

9.2.3 ADO.NET数据库的访问流程

ADO.NET数据库访问的一般流程如下。

① 建立Connection对象,创建一个数据库连接。

② 在建立连接的基础上可以使用Command对象对数据库发送查询、新增、修改和删除等命令。

③ 创建DataAdapter对象,从数据库中取得数据。

④ 创建DataSet对象,将DataAdapter对象填充到DataSet对象(数据集)中。

⑤ 如果需要,可以重复操作,一个DataSet对象可以容纳多个数据集合。

⑥ 关闭数据库。

⑦ 在DataSet上进行所需要的操作。数据集的数据要输出到窗体中或者网页上面,需要设定数据显示控件的数据源为数据集。

9.3 ADO.NET的数据访问对象

ADO.NET的数据访问对象有Connection、Command、DataReader和DataAdapter等。由于每种.NET Data Provider都有自己的数据访问对象,因此它们的使用方式相似。本节主要介绍OLEDB.NET Data Provider的各种数据访问对象的使用。

9.3.1 OleDbConnection对象

在数据访问中首先必须建立数据库的物理连接。OLEDB.NET Data Provider使用OleDbConnection类的对象标识与一个数据库的物理连接。

1. OleDbConnection类

OleDbConnection类的常用属性如表9.6所示,其常用的方法如表9.8所示。

表9.6　OleDbConnection类的常用属性及其说明

属　性	说　明
ConnectionString	获取或设置用于打开数据库的字符串
ConnectionTimeout	获取在尝试建立连接时终止尝试并生成错误之前所等待的时间
Database	获取当前数据库或连接打开后要使用的数据库的名称
DataSource	获取数据源的服务器名或文件名
Provider	获取在连接字符串的"Provider="子句中指定的OLEDB提供程序的名称
State	获取连接的当前状态,其取值及其说明如表9.7所示

表 9.7 State 枚举成员值

成员名称	说　明
Broken	与数据源的连接中断，只有在连接打开之后才可能发生这种情况，可以关闭处于这种状态的连接，然后重新打开
Closed	连接处于关闭状态
Connecting	连接对象正在与数据源连接
Executing	连接对象正在执行命令
Fetching	连接对象正在检索数据
Open	连接处于打开状态

表 9.8 OleDbConnection 类的常用方法及其说明

方法名称	说　明
Open	使用 ConnectionString 所指定的属性设置打开数据库连接
Close	关闭与数据库的连接，这是关闭任何打开连接的首选方法
CreateCommand	创建并返回一个与 OleDbConnection 关联的 OleDbCommand 对象
ChangeDatabase	为打开的 OleDblConnection 更改当前数据库

2. 建立连接字符串 ConnectionString

建立连接字符串的方式是先创建一个 OleDbConnection 对象，将其 ConnectionString 属性设置为如下值：

```
Provider = Microsoft.Jet.OLEDB.4.0;DataSource = Access 数据库;
    UserId = 用户名;Password = 密码;
```

其中 Provider(指定数据提供程序)和 Data Source(指定数据库文件)是必选项，如果 Access 数据库没有密码，UserId 和 Password 可以省略。由于 Access 数据库是基于文件的数据库，因此在实际项目中应该将 Data Source 属性值转化为服务器的绝对路径。

最后用 Open 方法打开连接。

说明：OLEDB.NET Data Provider 中由 ConnectionString 属性的 Provider 指定的数据提供程序有 Microsoft.Jet.OLEDB.4.0(用于 Microsoft Jet 的 OLEDB 提供程序)、SQLOLEDB(用于 SQL Server 的 Microsoft OLEDB 提供程序)和 MSDAORA(用于 Oracle 的 Microsoft OLEDB 提供程序)。指定不同的数据提供程序可以访问不同类型的数据库。也就是说，OLEDB.NET Data Provider 也可以访问 SQL Server 和 Oracle 数据库，本章通过指定 Provider 为 Microsoft.Jet.OLEDB.4.0 用来访问 Access 数据库。

【例 9.10】 设计一个说明直接建立连接字符串的连接过程的网页 WebForm9-1.aspx。其设计步骤如下。

① 在 Myaspnet 网站的 ch9 文件夹中添加一个名称为 WebForm9-1 的空网页。

② 其设计界面如图 9.9 所示，其中包含一个 Button 控件 Button1 和一个标签 Label1，将该网页的 StyleSheetTheme 属性设置为 Blue。在该网页上设计如下事件过程：

```
protected void Button1_Click(object sender, EventArgs e)
{   string mystr;
```

```
    OleDbConnection myconn = new OleDbConnection();
    mystr = "Provider = Microsoft.Jet.OLEDB.4.0;" +
        "Data Source =" + Server.MapPath("~\\App_data\\Stud.mdb");
    myconn.ConnectionString = mystr;
    myconn.Open();
    if (myconn.State == ConnectionState.Open)
        Label1.Text = "成功连接到 Access 数据库";
    else
        Label1.Text = "不能连接到 Access 数据库";
    myconn.Close();
}
```

注意：在本网页和后面所有示例中的后台代码引用部分添加语句 using System.Data.OleDb。

单击工具栏中的▶按钮运行本网页，单击“连接”命令按钮，其运行结果如图 9.10 所示，表示连接成功。

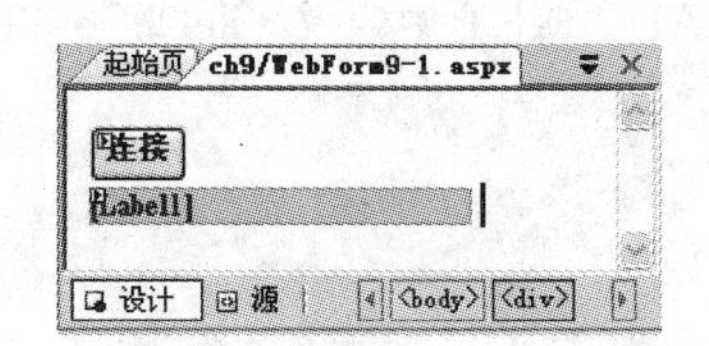

图 9.9　WebForm9-1 网页设计界面

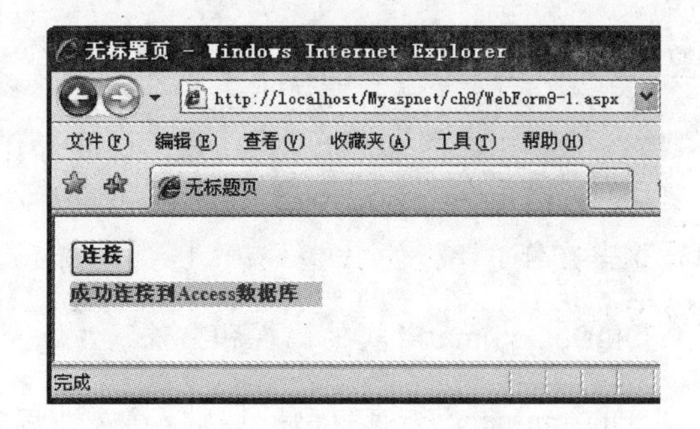

图 9.10　WebForm9-1 网页运行界面

3. 将连接字符串存放在 Web.config 文件中

可以在 Web.config 文件中保存用于连接数据库的连接字符串，再通过对 Web.config 文件加密，从而达到保护连接字符串的目的。例如，在<configuration>节中插入以下代码：

```
<connectionStrings>
    <add name="myconnstring"
        connectionString="Provider=Microsoft.Jet.OLEDB.4.0;
        Data Source=|DataDirectory|Stud.mdb"
        providerName="System.Data.OleDb" />
</connectionStrings>
```

注意：如果将 Access.mdb 文件存放在网站的 App_Data 目录中(推荐使用以增强安全性)，则可以使用语法|DataDirectory|*path* 来指定位置。|DataDirectory|字符串在运行时解析为网站的 App_Data 文件夹。

这样，以下代码自动获取 Web.config 文件中的连接字符串 myconnstring：

```
string mystr =
  ConfigurationManager.ConnectionStrings["myconnstring"].ToString();
```

```
OleDbConnection myconn = new OleDbConnection();
myconn.ConnectionString = mystr;
myconn.Open();
```

也可以在Web.config文件的<configuration>节中插入以下代码：

```
<appSettings>
    <add key = "myconnstring"
        value = "Provider = Microsoft.Jet.OLEDB.4.0;
        Data Source = |DataDirectory|Stud.mdb" />
</appSettings>
```

这样，以下代码自动获取Web.config文件中的连接字符串myconnstring：

```
string mystr = ConfigurationManager.AppSettings["myconnstring"];
OleDbConnection myconn = new OleDbConnection();
myconn.ConnectionString = mystr;
myconn.Open();
```

9.3.2 OleDbCommand对象

建立数据连接之后，就可以执行数据访问操作和数据操纵操作了。一般对数据库的操作被概括为CRUD—Create、Read、Update和Delete。在ADO.NET中定义OleDbCommand类去执行这些操作。

1. OleDbCommand类的属性和方法

OleDbCommand类有自己的属性，其属性包含对数据库执行命令所需要的全部信息，通常包括以下内容。

- 一个连接：命令引用一个连接，使它与数据库通信。
- 命令的名称或者文本：包含某SQL语句的实际文本或者要执行的存储过程的名称。
- 命令类型：指明命令的类型，如命令是存储过程还是普通的SQL文本。
- 参数：命令可能要求随命令传递参数，命令还可能返回值或者通过输出参数的形式返回值。每个命令都有一个参数集合，可以分别设置或者读取这些参数以传递或接收值。

OldbCommand类的常用属性如表9.9所示，其常用方法如表9.11所示。

表9.9 OldbCommand类的常用属性及其说明

属 性	说 明
CommandText	获取或设置要对数据源执行的SQL语句或存储过程
CommandTimeout	获取或设置在终止执行命令的尝试并生成错误之前的等待时间
CommandType	获取或设置一个值，该值指示如何解释CommandText属性，其取值如表9.10所示
Connection	获取或设置OleDbCommand的此实例使用的OleDbConnection
Parameters	参数集合(OleDbParameterCollection)

表 9.10　CommandType 枚举成员值

成员名称	说　明
StoredProcedure	CommandType 属性应设置为存储过程的名称，如果存储过程名称包含任何特殊字符，则可能会要求用户使用转义符语法；当调用 Execute 方法之一时，该命令将执行此存储过程
TableDirect	CommandType 属性应设置为要访问的表的名称，当调用 Execute 方法之一时，将返回命名表的所有行和列
Text	OLE DB.NET 提供程序不支持将参数传递给 OleDbCommand 调用的 SQL 语句或存储过程的命名参数，在这种情况下，必须使用问号(?)占位符，例如，SELECT* FROM student WHERE 学号 = ?

表 9.11　OleDbCommand 类的常用方法及其说明

常用方法	说　明
CreateParameter	创建 OleDbParameter 对象的新实例
ExecuteNonQuery	针对 Connection 执行 SQL 语句并返回受影响的行数
ExecuteReader	将 CommandText 发送到 Connection 并生成一个 OleDbDataReader
ExecuteScalar	执行查询，并返回查询所返回的结果集中第 1 行的第 1 列，忽略其他列或行

2. 创建 OleDbCommand 对象

OleDbCommand 类的主要构造函数如下：

```
OleDbCommand();
OleDbCommand(cmdText);
OleDbCommand(cmdText,connection);
```

其中，cmdText 参数指定查询的文本；connection 参数是一个 OleDbConnection，它表示到 Access 数据库的连接。例如，以下语句创建一个 OleDbCommand 对象 mycmd。

```
OleDbConnection myconn = new OleDbConnection();
string mystr = "Provider = Microsoft.Jet.OLEDB.4.0;" +
    "Data Source =" + Server.MapPath("~\\App_data\\Stud.mdb");
myconn.ConnectionString = mystr;
myconn.Open();
OleDbCommand mycmd = new OleDbCommand("SELECT * FROM student",myconn);
```

3. 通过 OleDbCommand 对象返回单个值

在 OleDbCommand 的方法中，ExecuteScalar 方法执行返回单个值的 SQL 命令，例如，如果想获取 student 数据库中学生的总人数，则可以使用这个方法执行 SQL 查询 SELECT Count(*) FROM student。

【例 9.11】　设计一个通过 OleDbCommand 对象求 score 表中的平均分的网页 WebForm9-2.aspx。

其设计步骤如下。

① 在 Myaspnet 网站的 ch9 文件夹中添加一个名称为 WebForm9-2 的空网页。

② 其设计界面如图 9.11 所示，其中包含一个 HTML 标签、一个文本框 TextBox1 和一个 Button 控件 Button1，将该网页的 StyleSheetTheme 属性设置为 Blue。在该网页上设计如下事件过程：

```
protected void Button1_Click(object sender, EventArgs e)
{   string mystr, mysql;
    OleDbConnection myconn = new OleDbConnection();
    OleDbCommand mycmd = new OleDbCommand();
    mystr = "Provider = Microsoft.Jet.OLEDB.4.0;" +
        "Data Source = " + Server.MapPath("~\\App_data\\Stud.mdb");
    myconn.ConnectionString = mystr;
    myconn.Open();
    mysql = "SELECT AVG(分数) FROM score";
    mycmd.CommandText = mysql;
    mycmd.Connection = myconn;
    TextBox1.Text = mycmd.ExecuteScalar().ToString();
    myconn.Close();
}
```

单击工具栏中的▶按钮运行本网页，单击“求平均分”命令按钮，其运行结果如图 9.12 所示。

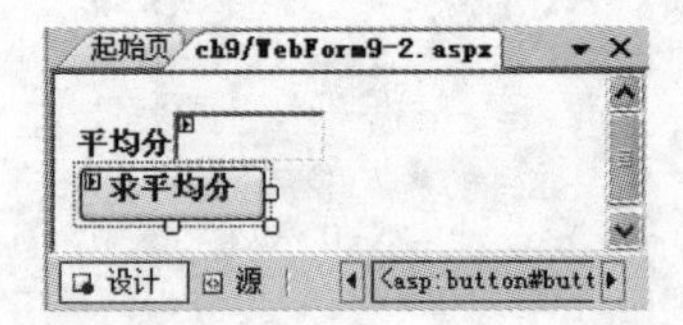

图 9.11 WebForm9-2 网页设计界面

图 9.12 WebForm9-2 网页运行界面

4. 通过 OleDbCommand 对象执行修改操作

在 OleDbCommand 的方法中，ExecuteNonQuery 方法执行不返回结果的 SQL 命令。该方法主要用来更新数据，通常使用它来执行 UPDATE、INSERT 和 DELETE 语句。该方法不返回行，对于 UPDATE、INSERT 和 DELETE 语句，返回值为该命令所影响的行数，对于所有其他类型的语句，返回值为－1。

【例 9.12】 设计一个通过 OleDbCommand 对象将 score 表中所有分数增 5 分和减 5 分的网页 WebForm9-3。

其设计步骤如下。

① 在 Myaspnet 网站的 ch9 文件夹中添加一个名称为 WebForm9-3 的空网页。

② 其设计界面如图 9.13 所示，其中包含两个 Button 控件 Button1 和 Button2，将该网页的 StyleSheetTheme 属性设置为 Blue。在该网页上设计如下事件过程：

```
public partial class WebForm9_3: System.Web.UI.Page
{   OleDbCommand mycmd = new OleDbCommand();      //公共字段
```

```
    OleDbConnection myconn = new OleDbConnection();//公共字段
    protected void Page_Load(object sender, EventArgs e)
    {   string mystr;
        mystr = "Provider = Microsoft.Jet.OLEDB.4.0;" +
          "Data Source = " + Server.MapPath("~\\App_data\\Stud.mdb");
        myconn.ConnectionString = mystr;
        myconn.Open();
    }
    protected void Page_Unload()
    {
        myconn.Close(); //关闭本网页时关闭连接
    }
    protected void Button1_Click(object sender, EventArgs e)
    {   string mysql;
        mysql = "UPDATE score SET 分数 = 分数 + 5";
        mycmd.CommandText = mysql;
        mycmd.Connection = myconn;
        mycmd.ExecuteNonQuery();
    }
    protected void Button2_Click(object sender, EventArgs e)
    {   string mysql;
        mysql = "UPDATE score SET 分数 = 分数 - 5";
        mycmd.CommandText = mysql;
        mycmd.Connection = myconn;
        mycmd.ExecuteNonQuery();
    }
}
```

上述代码先建立连接，然后通过 ExecuteNonQuery 方法执行 SQL 命令，不返回任何结果，在关闭网页时关闭连接。运行本网页，单击“分数＋5”命令按钮，此时 score 表中所有分数都增加 5 分，为了保持 score 表不变，再单击“分数－5”命令按钮，此时 score 表中所有分数都恢复成原来的数据，其运行界面如图 9.14 所示。

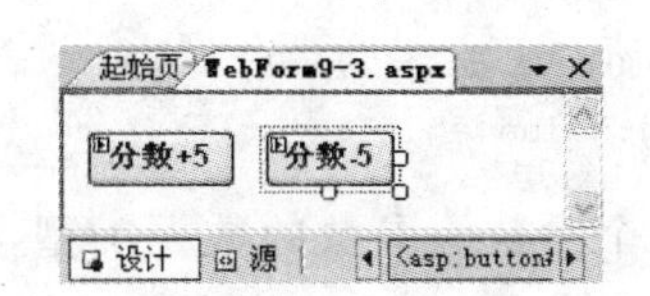

图 9.13　WebForm9-3 网页设计界面

图 9.14　WebForm9-3 网页运行界面

5. 在 OleDbCommand 对象的命令中指定参数

OLEDB.NET Data Provider 支持执行命令中包含参数的情况，也就是说，可以使用包含参数的数据命令或存储过程执行数据筛选操作和数据更新等操作，其主要流程如下。

① 创建 Connection 对象，并设置相应的属性值。

② 打开 Connection 对象。

③ 创建 Command 对象并设置相应的属性值，其中 SQL 语句含有占位符。

④ 创建参数对象，将建立好的参数对象添加到 Command 对象的 Parameters 集合中。

⑤ 为参数对象赋值。

⑥ 执行数据命令。

⑦ 关闭相关对象。

例如，下面的更新语句：

```
UPDATE course SET cName = @Name WHERE cID = @ID
```

其中，course 是一个课程表，有 cID(课程号)和 cName(课程名)两个列，该命令是将指定 cID 的课程记录的 cName 替换成指定的值；@ID 和@Name 均为参数，在执行该语句之前需要为参数赋值。

说明：*在访问 Access 数据库时，参数可用"?"代替。*

如何为参数赋值呢？OleDbCommand 对象的 Parameters 属性能够取得与 OleDbcommand 相关联的参数集合(也就是 OleDbParameterCollection)，从而通过调用其 Add 方法即可将 SQL 语句中的参数添加到参数集合中，每个参数都是一个 OleDbParameter 类对象，其常用属性及说明如表 9.12 所示。

表 9.12 OleDbParameter 的常用属性及其说明

属　性	说　明
ParameterName	用于指定参数的名称
OleDbType	用于指定参数的数据类型，例如整型、字符型等
Value	设置输入参数的值
Size	设置数据的最大长度(以字节为单位)
Scale	设置小数位数
Direction	指定参数的方向，可以是下列值之一。ParameterDirection.Input：指明为输入参数；ParameterDirection.Output：指明为输出参数；ParameterDirection.InputOutput：指明为输入参数或者输出参数；ParameterDirection.ReturnValue：指明为返回值类型

例如，假设 mycmd 数据命令对象包含前面带参数的命令，可以使用以下命令向 Parameters 参数集合中添加参数值。

```
mycmd.Parameters.Add("@Name",OleDbType.VarChar,10).Value = Name1;
mycmd.Parameters.Add("@ID", OleDbType.VarChar,5).Value = ID1;
```

上面 Add 方法中的第 1 个参数为参数名，第 2 个参数为参数的数据类型，第 3 个参数为参数值的最大长度，并分别将参数值设置为 Name1 和 ID1 变量。上述语句也可以等价地改为：

```
OleDbParameter myparm1 = new OleDbParameter();
myparm1.ParameterName = "@Name";
myparm1.OleDbType = OleDbType.VarChar;
myparm1.Size = 10;
myparm1.Value = Name1;        //设置参数值
mycmd.Parameters.Add(myparm1);
```

```
OleDbParameter myparm2 = new OleDbParameter();
myparm2.ParameterName = "@ID";
myparm2.OleDbType = OleDbType.VarChar;
myparm2.Size = 5;
myparm2.Value = ID1;            //设置参数值
mycmd.Parameters.Add(myparm2);
```

【例 9.13】 设计一个通过 OleDbCommand 对象求出指定学号学生的平均分的网页 WebForm9-4。

其设计步骤如下。

① 在 Myaspnet 网站的 ch9 文件夹中添加一个名称为 WebForm9-4 的空网页。

② 其设计界面如图 9.15 所示，其中包含两个 HTML 标签、两个文本框（TextBox1 和 TextBox2）和一个 Button 控件 Button1，将该网页的 StyleSheetTheme 属性设置为 Blue。在该网页上设计如下事件过程：

```
protected void Button1_Click(object sender, EventArgs e)
{   string mystr, mysql;
    OleDbConnection myconn = new OleDbConnection();
    OleDbCommand mycmd = new OleDbCommand();
    mystr = "Provider = Microsoft.Jet.OLEDB.4.0;" +
        "Data Source =" + Server.MapPath("~\\App_data\\Stud.mdb");
    myconn.ConnectionString = mystr;
    myconn.Open();
    mysql = "SELECT AVG(分数) FROM score WHERE 学号 = @no";
    mycmd.CommandText = mysql;
    mycmd.Connection = myconn;
    mycmd.Parameters.Add("@no", OleDbType.VarChar, 5).Value =
    TextBox1.Text; //设置参数值
    TextBox2.Text = mycmd.ExecuteScalar().ToString();
    myconn.Close();
}
```

上述代码先建立连接，然后通过 ExecuteScalar 方法执行 SQL 命令，通过@no 替换返回指定学号的平均分。运行本网页，输入学号 8，单击"求平均分"命令按钮，其运行界面如图 9.16 所示。

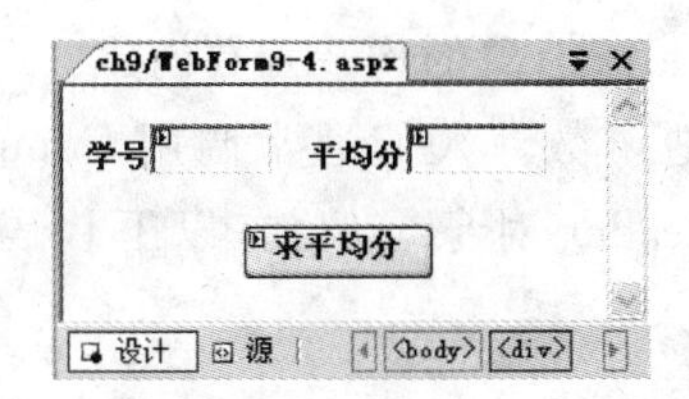

图 9.15　WebForm9-4 网页设计界面

图 9.16　WebForm9-4 网页运行界面

9.3.3 DataReader 对象

当执行返回结果集的命令时，需要一个方法从结果集中提取数据。处理结果集的方法有两个：第一，使用 DataReader(数据阅读器)对象；第二，同时使用 DataAdapter(数据适配器)对象和 ADO.NET DataSet。

不过，使用 DataReader 对象可以从数据库中得到只读的、只能向前的数据流。使用 DataReader 对象还可以提高应用程序的性能，减少系统开销，因为同一时间只有一条行记录在内存中。

1. DataReader 类的属性和方法

DataReader 类的常用属性如表 9.13 所示，其常用方法如表 9.14 所示。

表 9.13 DataReader 类的常用属性及其说明

属　性	说　明
FieldCount	获取当前行中的列数
IsClosed	获取一个布尔值，指出 DataReader 对象是否关闭
RecordsAffected	获取执行 SQL 语句时修改的行数

表 9.14 DataReader 类的常用方法及其说明

方　法	说　明
Read	将 DataReader 对象前进到下一行并读取，返回布尔值指示是否有多行
Close	关闭 DataReader 对象
IsDBNull	返回布尔值，表示列是否包含 NULL 值
NextResult	将 DataReader 对象移到下一个结果集，返回布尔值指示该结果集是否有多行
GetBoolean	返回指定列的值，类型为布尔值
GetString	返回指定列的值，类型为字符串
GetByte	返回指定列的值，类型为字节
GetInt32	返回指定列的值，类型为整型值
GetDouble	返回指定列的值，类型为双精度值
GetDataTime	返回指定列的值，类型为日期时间值
GetOrdinal	返回指定列的序号或数字位置(首列序号为 0)
GetBoolean	返回指定列的值，类型为对象

2. 创建 DataReader 对象

在 ADO.NET 中从来不会显式地使用 DataReader 对象的构造函数创建的 DataReader 对象。事实上，DataReader 类没有提供公有的构造函数。人们通常调用 Command 类的 ExecuteReader 方法，这个方法将返回一个 DataReader 对象。例如，以下代码创建一个 OleDbDataReader 对象 myreader。

```
OleDbCommand cmd = new OleDbCommand(CommandText, ConnectionObject);
OleDbDataReader myreader = cmd.ExecuteReader();
```

注意：OleDbDataReader 对象不能使用 new 来创建。

DataReader 对象最常见的用法就是检索 SQL 查询或存储过程执行后返回的记录集。另外，DataReader 是一个连接的、只向前的和只读的记录集，也就是说，当使用数据阅读器时，必须保持连接处于打开状态。除此之外，可以从头到尾浏览记录集，而且也只能以这样的次序浏览。这就意味着，不能在某条记录处停下来往回移动。记录是只读的，因此数据阅读器类不提供任何修改数据库记录的方法。

注意：DataReader 对象使用底层的连接，该连接是它专有的。当 DataReader 对象打开时，不能使用对应的连接对象执行其他任何任务，例如执行另外的命令等。当不再需要 DataReader 对象的记录时，应该立刻关闭它。

3. 遍历 OleDbDataReader 对象的记录

当 ExecuteReader 方法返回 DataReader 对象时，当前光标的位置是在第一条记录的前面。必须调用 OleDbDataReader 对象的 Read 方法把光标移动到第一条记录，然后，第一条记录将变成当前记录。如果 OleDbDataReader 对象中包含的记录不止一条，Read 方法就返回一个 Boolean 值 True。想要移动到下一条记录，需要再次调用 Read 方法。重复上述过程，直到最后一条记录，此时 Read 方法将返回 False。经常使用以下 While 循环来遍历记录。

```
while (myreader.Read())
{
    //读取数据
}
```

只要 Read 方法返回的值为 True，就可以访问当前记录中包含的字段。

4. 访问字段中的值

使用以下语句获取一个 OleDbDataReader 对象：

```
OleDbDataReader myreader = mycmd.ExecuteReader();
```

然后 ADO.NET 提供了两种方法来访问记录中的字段。第一种是 Item 属性，此属性返回由字段索引或字段名指定的字段值；第二种方法是 Get 方法，此方法返回由字段索引指定的字段的值。

(1) Item 属性

每一个 DataReader 对象都定义了一个 Item 属性，此属性返回一个代码字段属性的对象。Item 属性是 DataReader 对象的索引。需要注意的是 Item 属性总是基于 0 开始编号的。

```
myreader[FieldName]
myreader[FieldIndex]
```

可以把包含字段名的字符串传递给 Item 属性，也可以把指定字段索引的 32 位整数传递给 Item 属性。例如，如果命令是如下的 SELECT 查询：

```
SELECT ID,cName FROM course
```

使用下面任意一种方法，都可以得到两个被返回字段的值。

```
myreader["ID"]
myreader["cName"]
```

或

```
myreader[0]
myreader[1]
```

(2) Get 方法

每一个 DataReader 对象都定义了一组 Get 方法，那些方法将返回适当类型的值。例如，GetInt32 方法把返回的字段值作为 32 位整数，每一个 Get 方法都将接受字段的索引。例如，在上面的例子中，使用以下代码可以检索 ID 字段和 cName 字段的值。

```
myreader.GetInt32[0]
myreader.GetString[1]
```

【例 9.14】 设计一个通过 OleDbDataReader 对象在一个列表框中输出所有学生记录的网页 WebForm9-5。

其设计步骤如下。

① 在 Myaspnet 网站的 ch9 文件夹中添加一个名称为 WebForm9-5 的空网页。

② 其设计界面如图 9.17 所示，其中包含一个列表框 ListBox1(Rows 属性设为 8)和一个 Button 控件 Button1，将该网页的 StyleSheetTheme 属性设置为 Blue。在该网页上设计如下事件过程：

```
protected void Button1_Click(object sender, EventArgs e)
{   string mystr,mysql;
    OleDbConnection myconn = new OleDbConnection();
    OleDbCommand mycmd = new OleDbCommand();
    mystr = "Provider = Microsoft.Jet.OLEDB.4.0;" +
        "Data Source = " + Server.MapPath("~\\App_data\\Stud.mdb");
    myconn.ConnectionString = mystr;
    myconn.Open();
    mysql = "SELECT * FROM student";
    mycmd.CommandText = mysql;
    mycmd.Connection = myconn;
    OleDbDataReader myreader = mycmd.ExecuteReader();
    ListBox1.Items.Add("学号 姓名 性别 民族 班号");
    ListBox1.Items.Add("==========================");
    while (myreader.Read())//循环读取信息
        ListBox1.Items.Add(String.Format("{0} {1} {2} {3} {4}",
            myreader[0].ToString(), myreader[1].ToString(),
            myreader[2].ToString(), myreader[3].ToString(),
            myreader[4].ToString()));
    myconn.Close();
    myreader.Close();
}
```

单击工具栏中的▶按钮运行本网页，单击“输出所有学生”命令按钮，运行界面如图 9.18 所示。

图 9.17　WebForm9-5 网页设计界面

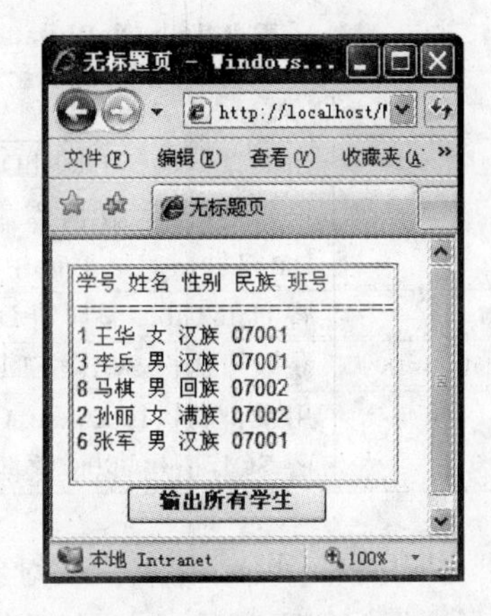

图 9.18　WebForm9-5 网页运行界面

9.3.4　OleDbDataAdapter 对象

OleDbDataAdapter 对象(数据适配器)可以执行 SQL 命令以及调用存储过程、传递参数，最重要的是取得数据结果集，在数据库和 DataSet 对象之间来回传输数据。

1. OleDbDataAdapter 类的属性和方法

OleDbDataAdapter 类的常用属性如表 9.15 所示，其常用方法如表 9.16 所示。

表 9.15　OleDbDataAdapter 类的常用属性及其说明

属　性	说　明
SelectCommand	获取或设置 SQL 语句用于选择数据源中的记录。该值为 OleDbCommand 对象
InsertCommand	获取或设置 SQL 语句用于将新记录插入到数据源中。该值为 OleDbCommand 对象
UpdateCommand	获取或设置 SQL 语句用于更新数据源中的记录。该值为 OleDbCommand 对象
DeleteCommand	获取或设置 SQL 语句用于从数据集中删除记录。该值为 OleDbCommand 对象
AcceptChangesDuringFill	获取或设置一个值，该值指示在任何 Fill 操作过程中时，是否接受对行所做的修改
AcceptChangesDuringUpdate	获取或设置在 Update 期间是否调用 AcceptChanges
FillLoadOption	获取或设置 LoadOption，后者确定适配器如何从 DbDataReader 中填充 DataTable
MissingMappingAction	确定传入数据没有匹配的表或列时需要执行的操作
MissingSchemaAction	确定现有 DataSet 架构与传入数据不匹配时需要执行的操作
TableMappings	获取一个集合，它提供源表和 DataTable 之间的主映射

表 9.16 OleDbDataAdapter 类的常用方法及其说明

方法	说明
Fill	用来自动执行 OleDbDataAdapter 对象的 SelectCommand 属性中相对应的 SQL 语句，以检索数据库中的数据，然后更新数据集中的 DataTable 对象，如果 DataTable 对象不存在，则创建它
FillSchema	将 DataTable 添加到 DataSet 中，并配置架构以匹配数据源中的架构
GetFillParameters	获取当执行 SQL SELECT 语句时由用户设置的参数
Update	用来自动执行 UpdateCommand、InsertCommand 或 DeleteCommand 属性相对应的 SQL 语句，以使数据集中的数据来更新数据库

实际上，使用 OleDbDataAdapter 对象的主要目的是取得 DataSet 对象，另外它还有一个功能，就是数据写回更新的自动化。因为 DataSet 对象为离线存取，因此，数据的添加、删除、修改都在 DataSet 中进行，当需要数据批次写回数据库时，OleDbDataAdapter 对象提供了一个 Update 方法，它会自动将 DataSet 中不同的内容取出，然后自动判断添加的数据并使用 InsertCommand 所指定的 INSERT 语句，修改的记录使用 UpdateCommand 所指定的 UPDATE 语句，以及删除的记录使用 DeleteCommand 指定的 DELETE 语句来更新数据库的内容。

在写回数据来源时，DataTable 与实际数据的数据表及列的对应关系，可以通过 TableMappings 属性来定义。

2. 创建 OleDbDataAdapter 对象

OleDbDataAdapter 类有以下构造函数：

```
OleDbDataAdapter();
OleDbDataAdapter(selectCommandText);
OleDbDataAdapter(selectCommandText,selectConnection);
OleDbDataAdapter(selectCommandText,selectConnectionString);
```

其中，selectCommandText 是一个字符串，包含 SQL SELECT 语句或存储过程；selectConnection 是当前连接的 OleDbConnection 对象；selectConnectionString 是连接字符串。

采用上述第 3 个构造函数创建 OleDbDataAdapter 对象的过程是：先建立 OleDbConnection 连接对象，接着建立 OleDbDataAdapter 对象，建立该对象的同时可以传递两个参数，命令字符串(mysql)和连接对象(myconn)。例如：

```
string mystr,mysql;
OleDbConnection myconn = new OleDbConnection();
mystr = "Provider = Microsoft.Jet.OLEDB.4.0;" +
    "Data Source =" + Server.MapPath("~\\App_data\\Stud.mdb");
myconn.ConnectionString = mystr;
myconn.Open();
mysql = "SELECT * FROM student";
OleDbDataAdapter myadapter = new OleDbDataAdapter(mysql,myconn);
myconn.Close();
```

以上代码仅创建了 OleDbDataAdapter 对象，没有使用它。在后面介绍 DataSet 对象时大量使用 OleDbDataAdapter 对象。

3. 使用 Fill 方法

Fill 方法用于向 DataSet 对象填充从数据源中读取的数据。调用 Fill 方法的语法格式有多种，常见的格式如下：

```
OleDbDataAdapter 对象名.Fill(DataSet 对象名,"数据表名");
```

其中第一个参数是数据集对象名，表示要填充的数据集对象；第二个参数是一个字符串，表示在本地缓冲区中建立的临时表的名称。例如，以下语句用 course 表数据填充数据集 mydataset1。

```
OleDbDataAdapter1.Fill(mydataset1,"course");
```

使用 Fill 方法要注意以下几点。

① 如果调用 Fill()之前连接已关闭，则先将其打开以检索数据，数据检索完成后再将连接关闭。如果调用 Fill()之前连接已打开，连接仍然会保持打开状态。

② 如果数据适配器在填充 DataTable 时遇到重复列，它们将以"columnname1"、"columnname2"、"columnname3"…形式命名后面的列。

③ 如果传入的数据包含未命名的列，它们将以"column1"、"column2"形式命名并存入 DataTable。

④ 向 DataSet 添加多个结果集时，每个结果集都放在一个单独的表中。

⑤ 可以在同一个 DataTable 中多次使用 Fill()方法。如果存在主关键字，则传入的行会与已有的匹配行合并；如果不存在主关键字，则传入的行会追加到 DataTable 中。

4. 使用 Update 方法

Update 方法用于将数据集 DataSet 对象中的数据按 InsertCommand 属性、DeleteCommand 属性和 UpdateCommand 属性所指定的要求更新数据源，即调用 3 个属性中所定义的 SQL 语句来更新数据源。

Update 方法常见的调用格式如下：

```
OleDbDataAdapter 对象名.Update(DataSet 对象名,[数据表名]);
```

其中第一个参数是数据集对象名，表示要将哪个数据集对象中的数据更新到数据源中；第二个参数是一个字符串，表示临时表的名称。

由于 OleDbDataAdapter 对象介于 DataSet 对象和数据源之间，Update 方法只能将 DataSet 中的修改回存到数据源中，有关修改 DataSet 对象中数据的方法将在下一节介绍。当用户修改 DataSet 对象中的数据时，如何产生 OleDbDataAdapter 对象的 InsertCommand、DeleteCommand 和 UpdateCommand 属性呢？

系统提供了 OleDbCommandBuilder 类，它根据用户对 DataSet 对象数据的操作自动生成相应的 InsertCommand、DeleteCommand 和 UpdateCommand 属性值。该类的构造函数如下：

```
OleDbCommandBuilder(adapter);
```

其中，adapter 是一个 OleDbDataAdapter 对象的名称。例如，以下语句创建一个 OleDbCommandBuilder 对象 mycmdbuilder，用于产生 myadp 对象的 InsertCommand、DeleteCommand 和 UpdateCommand 属性值，然后调用 Update 方法执行这些修改命令以更新数据源。

```
OleDbCommandBuilder mycmdbuilder = new OleDbCommandBuilder(myadp);
myadp.Update(myds, "student");
```

9.4 DataSet 对象

DataSet 是 ADO.NET 数据库访问组件的核心，主要是用来支持 ADO.NET 的不连贯连接及数据分布。它的数据驻留内存，可以保证和数据源无关的一致性的关系模型，并用于多个异种数据源的数据操作。

9.4.1 DataSet 对象概述

ADO.NET 包含多个组件，每个组件在访问数据库时具有自己的功能，如图 9.19 所示。首先通过 Connection 组件建立与实际数据库的连接，Command 组件发送数据库的操作命令。一种方式是使用 DataReader 组件（含有命令执行提取的数据库数据）与 C#窗体控件进行数据绑定，即在窗体中显示 DataReader 组件中的数据集，这在上一节已介绍过；另一种方式是通过 DataAdapter 组件将命令执行提取的数据库数据填充到 DataSet 组件中，再通过 DataSet 组件与 C#窗体控件进行数据绑定，这是本节要介绍的内容，这种方式功能更强。

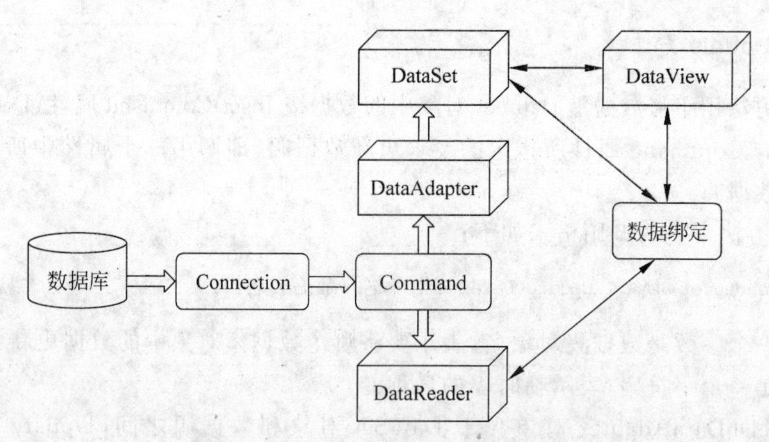

图 9.19 ADO.NET 组件访问数据库的方式

数据集 DataSet 对象可以分为类型化数据集和非类型化数据集。

类型化数据集继承自 DataSet 基类，包含结构描述信息，是结构描述文件所生成类的实例，C#对类型化数据集提供了较多的可视化工具支持，使访问类型化数据集中的数据表和字段内容更加方便、快捷且不容易出错，类型化数据集提供了编译阶段的类型检查功能。

非类型化的 DataSet 没有对应的内建结构描述,本身所包括的表、字段等数据对象以集合的方式来呈现,对于动态建立的且不需要使用结构描述信息的对象则应该使用非类型化数据集,可以使用 DataSet 的 WriteXmlSchema 方法来将非类型化数据集的结构导出到结构描述文件中。

创建 DataSet 对象有多种方法,既可以使用设计工具,也可以使用程序代码来创建 DataSet 对象。使用程序代码创建 DataSet 对象的语法格式如下:

```
DataSet 对象名 = new DataSet();
```

或

```
DataSet 对象名 = new DataSet(dataSetName);
```

其中,dataSetName 为一个字符串,用于指出 DataSet 的名称。

9.4.2 DataSet 对象的属性和方法

1. DataSet 对象的属性

DataSet 对象的常用属性如表 9.17 所示。DataSet 对象如同内存中的数据库,一个 DataSet 对象包含一个 Tables 属性(表集合)和一个 Relations 属性(表之间关系的集合)。

表 9.17　DataSet 对象的常用属性及其说明

属　性	说　明
CaseSensitive	获取或设置一个值,该值指示 DataTable 对象中的字符串比较是否区分大小写
DataSetName	获取或设置当前 DataSet 的名称
Relations	获取用于将表连接起来并允许从父表浏览到子表的关系的集合
Tables	获取包含在 DataSet 中的表的集合

2. DataSet 对象的方法

DataSet 对象的常用方法如表 9.18 所示。

表 9.18　DataSet 对象的常用方法及其说明

方　法	说　明
AcceptChanges	提交自加载此 DataSet 或上次调用 AcceptChanges 以来对其进行的所有更改
Clear	通过移除所有表中的所有行来清除任何数据的 DataSet
CreateDataReader	为每个 DataTable 返回带有一个结果集的 DataTableReader,顺序与 Tables 集合中表的显示顺序相同
GetChanges	获取 DataSet 的副本,该副本包含自上次加载以来或自调用 AcceptChanges 以来对该数据集进行的所有更改
HasChanges	获取一个值,该值指示 DataSet 是否有更改,包括新增行、已删除的行或已修改的行
Merge	将指定的 DataSet、DataTable 或 DataRow 对象的数组合并到当前的 DataSet 或 DataTable 中
Reset	将 DataSet 重置为初始状态

9.4.3 Tables 集合和 DataTable 对象

DataSet 对象的 Tables 属性由表组成，每个表是一个 DataTable 对象。实际上，每一个 DataTable 对象代表了数据库中的一个表，每个 DataTable 数据表都由相应的行和列组成。

可以通过索引来引用 Tables 集合中的一个表，例如，Tables[i]表示第 *i* 个表，其索引值从 0 开始编号。

1. Tables 集合的属性和方法

Tables 集合的常用属性如表 9.19 所示，其常用方法如表 9.20 所示。

表 9.19 Tables 集合的常用属性及其说明

属 性	说 明
Count	Tables 集合中表的个数
Item	检索 Tables 集合中指定索引处的表

表 9.20 Tables 集合的常用方法及其说明

方 法	说 明
Add	向 Tables 集合中添加一个表
AddRange	向 Tables 集合中添加一个表的数组
Clear	移除 Tables 集合中的所有表
Contains	确定指定表是否在 Tables 集合中
Equals	判断是否等于当前对象
GetType	获取当前实例的 Type
Insert	将一个表插入到 Tables 集合中指定的索引处
IndexOf	检索指定的表在 Tables 集合中的索引
Remove	从 Tables 集合中移除指定的表
RemoveAt	移除 Tables 集合中指定索引处的表

2. DataTable 对象

DataTable 对象的常用属性如表 9.21 所示，一个 DataTable 对象包含一个 Columns 属性即列集合和一个 Rows 属性即行集合，DataTable 对象的常用方法如表 9.22 所示。

表 9.21 DataTable 对象的常用属性及其说明

属 性	说 明
CaseSensitive	指示表中的字符串比较是否区分大小写
ChildRelations	获取此 DataTable 的子关系的集合
Columns	获取属于该表的列的集合
Constraints	获取由该表维护的约束的集合
DataSet	获取此表所属的 DataSet
DefaultView	返回可用于排序、筛选和搜索 DataTable 的 DataView
ExtendedProperties	获取自定义用户信息的集合
ParentRelations	获取该 DataTable 的父关系的集合
PrimaryKey	获取或设置充当数据表主键的列的数组
Rows	获取属于该表的行的集合
TableName	获取或设置 DataTable 的名称

表9.22 DataTable对象的常用方法及其说明

方法	说明
AcceptChanges	提交自上次调用AcceptChanges以来对该表进行的所有更改
Clear	清除所有数据的DataTable
Compute	计算用来传递筛选条件的当前行上的给定表达式
CreateDataReader	返回与此DataTable中的数据相对应的DataTableReader
ImportRow	将DataRow复制到DataTable中,保留任何属性设置以及初始值和当前值
Merge	将指定的DataTable与当前的DataTable合并
NewRow	创建与该表具有相同架构的新DataRow
Select	获取DataRow对象的数组

DataSet对象由若干个DataTable对象组成,可以使用DataSet.Tables["表名"]或DataSet.Tables["表索引"]来引用其中的DataTable对象。

3. 建立包含在数据集中的表

建立包含在数据集中的表的方法主要有以下两种。

(1) 利用数据适配器的Fill方法自动建立DataSet中的DataTable对象

先通过OleDbDataAdapter对象从数据源中提取记录数据,然后调用其Fill方法,将所提取的记录存入DataSet中对应的表内,如果DataSet中不存在对应的表,Fill方法会先建立表再将记录填入其中。例如,以下语句向DataSet对象myds中添加一个表course及其包含的数据记录。

```
DataSet myds = new DataSet();
OleDbDataAdapter myda =
    new OleDbDataAdapter("SELECT * From course",myconn);
myda.Fill(myds, "course");
```

(2) 将建立的DataTable对象添加到DataSet中

先建立DataTable对象,然后调用DataSet的表集合属性Tables的Add方法,将DataTable对象添加到DataSet对象中。例如,以下语句向DataSet对象myds中添加一个表,并返回表的名称course。

```
DataSet myds = new DataSet();
DataTable mydt = new DataTable("course");
myds.Tables.Add(mydt);
textBox1.Text = myds.Tables["course"].TableName; //文本框中显示"course"
```

9.4.4 Columns集合和DataColumn对象

DataTable对象的Columns属性是由列组成的,每个列是一个DataColumn对象。DataColumn对象描述数据表列的结构,要向数据表添加一个列,必须先建立一个DataColumn对象,设置其各项属性,然后将它添加到DataTable的列集合DataColumns中。

1. Columns集合的属性和方法

Columns集合的常用属性如表9.23所示,其常用方法如表9.24所示。

表 9.23 Columns 集合的常用属性及其说明

属 性	说 明
Count	Columns 集合中列的个数
Item	检索 Columns 集合中指定索引处的列

表 9.24 Columns 集合的常用方法及其说明

方 法	说 明
Add	向 Columns 集合中添加一个列
AddRange	向 Columns 集合中添加一个列的数组
Clear	移除 Columns 集合中的所有列
Contains	确定指定列是否在 Columns 集合中
Equals	判断是否等于当前对象
GetType	获取当前实例的 Type
Insert	将一个列插入到 Columns 集合中指定的索引处
IndexOf	检索指定的列在 Columns 集合中的索引
Remove	从 Columns 集合中移除指定的列
RemoveAt	移除 Columns 集合中指定索引处的列

2. DataColumn 对象

DataColumn 对象的常用属性如表 9.25 所示，其方法很少使用。

表 9.25 DataColumn 对象的常用属性及其说明

属 性	说 明
AllowDBNull	获取或设置一个值，该值指示对于属于该表的行，此列中是否允许空值
Caption	获取或设置列的标题
ColumnName	获取或设置 DataColumnCollection 中列的名称
DataType	获取或设置存储在列中的数据的类型
DefaultValue	在创建新行时获取或设置列的默认值
Expression	获取或设置表达式，用于筛选行、计算列中的值或创建聚合列
MaxLength	获取或设置文本列的最大长度
Table	获取列所属的 DataTable
Unique	获取或设置一个值，该值指示列的每一行中的值是否必须是唯一的

例如，以下语句在内存中建立一个 DataSet 对象 myds，向其中添加一个 DataTable 对象 mydt，向 mydt 中添加 3 个列，列名分别为 ID、cName 和 cBook，数据类型均为 String。

```
DataTable mydt = new DataTable();
DataColumn mycol1 =
    mydt.Columns.Add("ID", Type.GetType("System.String"));
mydt.Columns.Add("cName", Type.GetType("System.String"));
mydt.Columns.Add("cBook", Type.GetType("System.String"));
```

9.4.5 Rows集合和DataRow对象

DataTable对象的Rows属性是由行组成的,每个行都是一个DataRow对象。DataRow对象用来表示DataTable中单独的一条记录,每一条记录都包含多个字段,DataRow对象的Item属性表示这些字段,Item属性加上索引值或字段名表示指定的字段值。

1. Rows集合的属性和方法

Rows集合的常用属性如表9.26所示,其常用方法如表9.27所示。

表9.26　Rows集合的常用属性及其说明

属　性	说　明
Count	Rows集合中行的个数
Item	检索Rows集合中指定索引处的行

表9.27　Rows集合的常用方法及其说明

方　法	说　明
Add	向Rows集合中添加一个行
AddRange	向Rows集合中添加一个行的数组
Clear	移除Rows集合中的所有行
Contains	确定指定行是否在Rows集合中
Equals	判断是否等于当前对象
GetType	获取当前实例的Type
Insert	将一个行插入到Rows集合中指定的索引处
IndexOf	检索指定的行在Rows集合中的索引
Remove	从Rows集合中移除指定的行
RemoveAt	移除Rows集合中指定索引处的行

2. DataRow对象

DataRow对象的常用属性如表9.28所示,其方法如表9.29所示。

表9.28　DataRow对象的常用属性及其说明

属　性	说　明
Item	已重载。获取或设置存储在指定列中的数据
ItemArray	通过一个数组来获取或设置此行的所有值
Table	获取该行拥有其架构的DataTable

表9.29　DataRow对象的常用方法及其说明

方　法	说　明
AcceptChanges	提交自上次调用AcceptChanges以来对该行进行的所有更改
Delete	删除DataRow
EndEdit	终止发生在该行的编辑
IsNull	获取一个值,该值指示指定的列是否包含空值

【例 9.15】 设计一个通过 DataSet 对象创建一个表并显示其中添加的记录的网页 WebForm9-6。

其设计步骤如下。

① 在 Myaspnet 网站的 ch9 文件夹中添加一个名称为 WebForm9-6 的空网页。

② 其设计界面如图 9.20 所示，其中包含一个 GridView 控件 GridView1 和一个 Button 控件 Button1，将该网页的 StyleSheetTheme 属性设置为 Blue。在该网页上设计如下事件过程：

```
protected void Button1_Click(object sender, EventArgs e)
{   DataSet myds = new DataSet();
    DataTable mydt = new DataTable("course");
    myds.Tables.Add(mydt);
    mydt.Columns.Add("ID", Type.GetType("System.String"));
    mydt.Columns.Add("cName", Type.GetType("System.String"));
    mydt.Columns.Add("cBook", Type.GetType("System.String"));
    DataRow myrow1 = mydt.NewRow();
    myrow1["ID"] = "101";
    myrow1["cName"] = "C 语言";
    myrow1["cBook"] = "C 语言教程";
    myds.Tables[0].Rows.Add(myrow1);
    DataRow myrow2 = mydt.NewRow();
    myrow2["ID"] = "120";
    myrow2["cName"] = "数据结构";
    myrow2["cBook"] = "数据结构教程";
    myds.Tables[0].Rows.Add(myrow2);
    GridView1.DataSource = mydt;
    //或 GridView1.DataSource = myds.Tables["course"];
    GridView1.DataBind();
}
```

上述事件过程在内存中建立一个 DataSet 对象 myds，向其中添加一个 DataTable 对象 mydt，向 mydt 中添加 3 个列，列名分别为 ID、cName 和 cBook，数据类型均为 String，再向 mydt 中添加 2 行数据。

单击工具栏中的▶按钮运行本网页，单击“显示”命令按钮，运行结果如图 9.21 所示。

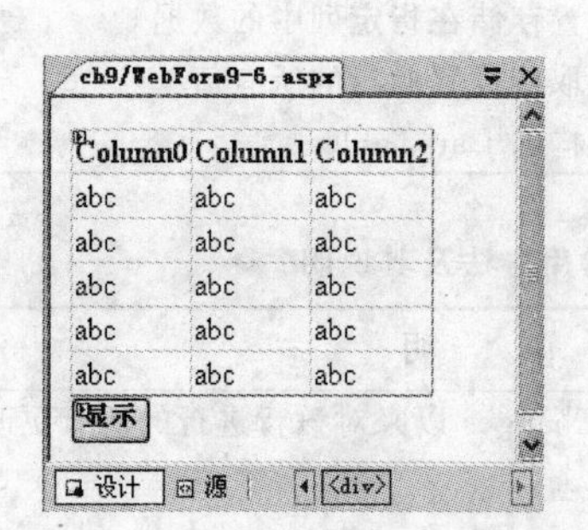

图 9.20 WebForm9-6 网页设计界面

图 9.21 WebForm9-6 网页运行界面

9.4.6 Relations 集合和 DataRelation 对象

DataSet 对象的 Relations 属性由关系组成，每个关系都是一个 DataRelation 对象。

可以通过索引引用 Relations 集合中的一个关系，例如，Relations[i]表示第 *i* 个关系，其索引值从 0 开始编号。

1. Relations 集合的属性和方法

Relations 集合的常用属性如表 9.30 所示，其常用方法如表 9.31 所示。

表 9.30　Relations 集合的常用属性及其说明

属　性	说　明
Count	Relations 集合中关系的个数
Item	检索 Relations 集合中指定索引处的关系

表 9.31　Relations 集合的常用方法及其说明

方　法	说　明
Add	向 Relations 集合中添加一个关系
AddRange	向 Relations 集合中添加一个关系的数组
Clear	移除 Relations 集合中的所有关系
Contains	确定指定关系是否在 Relations 集合中
Equals	判断是否等于当前对象
GetType	获取当前实例的 Type
Insert	将一个关系插入到 Relations 集合中指定的索引处
IndexOf	检索指定的关系在 Relations 集合中的索引
Remove	从 Relations 集合中移除指定的关系
RemoveAt	移除 Relations 集合中指定索引处的关系

2. DataRelation 对象

DataRelation 对象的常用属性如表 9.32 所示，其方法较少使用。DataRelation 对象的常用的构造函数如下：

```
DataRelation(relName,parentColumn,childColumn)
DataRelation(relName,parentColumn,childColumn,createConstraints)
```

表 9.32　DataRelation 对象的常用属性及其说明

属　性	说　明
ChildColumns	获取此关系的子 DataColumn 对象
ChildTable	获取此关系的子表
DataSet	获取 DataRelation 所属的 DataSet
ExtendedProperties	获取存储自定义属性的集合
ParentKeyConstraint	获取 UniqueConstraint，它确保 DataRelation 的父列中的值是唯一的
ParentColumns	获取作为此 DataRelation 的父列的 DataColumn 对象的数组
ParentTable	获取此 DataRelation 的父级 DataTable
RelationName	获取或设置 DataRelation 的名称

其中,relName 是 DataRelation 的名称。如果为空引用或空字符串(""),则当创建的对象添加到 DataRelationCollection 时,将指定一个默认名称；parentColumn 指出关系中的父级 DataColumn；childColumn 指出关系中的子级 DataColumn；createConstraints 是一个指示是否要创建约束的值,如果要创建约束,则为 True,否则为 False。

例如,若有一个 DataSet 对象 myds,其中有两个表 table1 和 table2,均包含 id 列,以下语句建立它们之间的关联关系 relation。

```
DataRelation dr = new DataRelation("relation",table1.Columns["id"],
    table2.Columns["id"]);
myds.Relations.Add(dr);
```

9.5 数据源控件

ASP. NET 包含一些数据源控件,这些数据源控件允许用户使用不同类型的数据源,如数据库、XML 文件或中间层业务对象。数据源控件连接到数据源,从中检索数据,并使得其他控件可以绑定到数据源而无须代码。数据源控件还支持修改数据。

. NET 框架提供了支持不同数据绑定方案的数据源控件,常用的数据源控件如表 9.33 所示,数据源控件的类层次结构如图 9.22 所示。根据继承基类的不同,可以将数据源控件分为关系型数据源控件(SqlDataSource、ObjectDataSource 和 AccessDataSource)和层次型数据源控件(SiteMapDataSource 和 XmlDataSource),前者主要处理包含有行和列的基于集合的数据的数据源,后者主要处理包含层次结构数据的数据源。

表 9.33 常用的数据源控件及其说明

数据源控件	说明
SqlDataSource	允许使用 Microsoft SQLServer、OLEDB、ODBC 或 Oracle 数据库。与 SQLServer 一起使用时支持高级缓存功能。当数据作为 DataSet 对象返回时,此控件还支持排序、筛选和分页
AccessDataSource	允许使用 Microsoft Access 数据库。当数据作为 DataSet 对象返回时,支持排序、筛选和分页
ObjectDataSource	允许使用业务对象或其他类,以及创建依赖中间层对象管理数据的 Web 应用程序。支持对其他数据源控件不可用的高级排序和分页方案
XmlDataSource	允许使用 XML 文件,特别适用于分层的 ASP. NET 服务器控件,如 TreeView 或 Menu 控件。支持使用 XPath 表达式来实现筛选功能,并允许对数据应用 XSLT 转换。XmlDataSource 允许通过保存更改后的整个 XML 文档来更新数据
SiteMapDataSource	结合 ASP. NET 站点导航使用

使用数据源控件的优势在于：一是可以得到完全声明性的数据绑定模型,新的模型减少了以内联方式插入到. aspx 网页中,再分散在代码隐藏类中的松散代码；二是数据源控件从本质上改变了代码的质量,原来添加在事件过程中的代码消失,被插入到现有框架中的组件所代替,这些组件派生于抽象类,实现了已知的接口,意味着更高级别的可重用性。

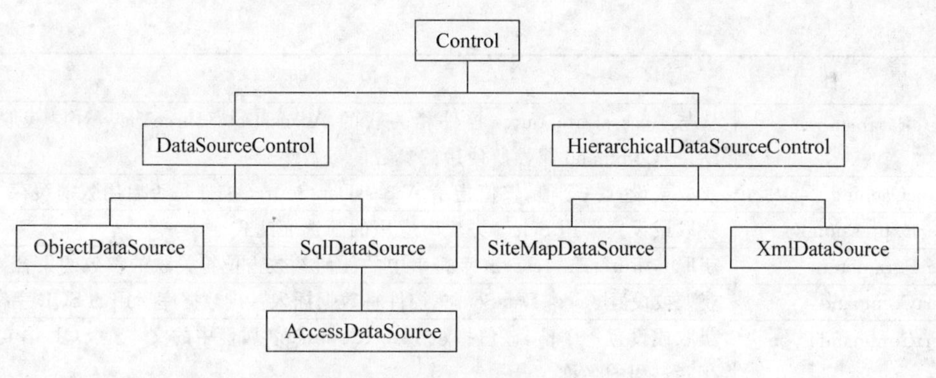

图 9.22　数据源控件类层次结构图

9.5.1　SqlDataSource 控件

SqlDataSource 控件对应的类为 SqlDataSource，它表示到 Web 应用程序中数据库的直接连接。数据绑定控件（如 GridView、DetailsView 和 FormView 控件）可以使用 SqlDataSource 控件自动检索和修改数据，可以将用来选择、插入、更新和删除数据的命令指定为 SqlDataSource 控件的一部分，并让该控件自动执行这些操作。用户无须编写代码（例如使用 System.Data 命名空间中的类的 ADO.NET 代码）来创建连接并指定用于查询和更新数据库的命令。

可以使用 SqlDataSource 控件连接到 SQL Server、Access 和 ODBC 数据库。SqlDataSource 类派生出 AccessDataSource 类，后面重点介绍 AccessDataSource 类的使用方法。

9.5.2　AccessDataSource 控件

AccessDataSource 控件对应的类为 AccessDataSource，它是从 SqlDataSource 类继承的。AccessDataSource 控件简化与 Microsoft Access 数据库文件（.mdb 文件）建立连接。

1. AccessDataSource 控件的属性、方法和事件

AccessDataSource 控件的常用属性如表 9.34 所示，其中 AccessDataSourceView 类支持 AccessDataSource 控件并为数据绑定控件提供一个接口，以便使用结构化查询语言（SQL）对 Access 数据库执行数据检索。

表 9.34　AccessDataSource 控件的常用属性及其说明

属　性	说　明
ConnectionString	获取用来连接到 Access 数据库的连接字符串
Controls	获取 ControlCollection 对象，该对象表示 UI 层次结构中指定服务器控件的子控件
DataFile	获取或设置 Access.mdb 文件的位置
DataSourceMode	获取或设置 AccessDataSource 控件获取数据所用的数据检索模式
DeleteCommand	获取或设置 AccessDataSource 控件从基础数据库删除数据所用的 SQL 字符串
DeleteCommandType	获取或设置一个值，该值指示 DeleteCommand 属性中的文本是 SQL 语句还是存储过程的名称

续表

属　性	说　明
DeleteParameters	从与 AccessDataSource 控件相关联的 AccessDataSourceView 对象获取包含 DeleteCommand 属性所使用的参数的参数集合
EnableCaching	获取或设置一个值,该值指示 AccessDataSource 控件是否启用数据缓存
FilterExpression	获取或设置调用 Select 方法时应用的筛选表达式
FilterParameters	获取与 FilterExpression 字符串中的任何参数占位符关联的参数的集合
InsertCommand	获取或设置 AccessDataSource 控件将数据插入基础数据库所用的 SQL 字符串
InsertCommandType	获取或设置一个值,该值指示 InsertCommand 属性中的文本是 SQL 语句还是存储过程的名称
InsertParameters	从与 AccessDataSource 控件相关联的 AccessDataSourceView 对象获取包含 InsertCommand 属性所使用的参数的参数集合
NamingContainer	获取对服务器控件的命名容器的引用,此引用创建唯一的命名空间,以区分具有相同 Control.ID 属性值的服务器控件
ProviderName	获取用于连接到 Access 数据库的 AccessDataSource 控件的.NET 数据提供程序的名称
SelectCommand	获取或设置 AccessDataSource 控件从基础数据库检索数据所用的 SQL 字符串
SelectCommandType	获取或设置一个值,该值指示 SelectCommand 属性中的文本是 SQL 查询还是存储过程的名称
SelectParameters	从与 AccessDataSource 控件相关联的 AccessDataSourceView 对象获取包含 SelectCommand 属性所使用的参数的集合
SortParameterName	获取或设置存储过程参数的名称,在使用存储过程执行数据检索时,该存储过程参数用于对检索到的数据进行排序
UpdateCommand	获取或设置 AccessDataSource 控件更新基础数据库中的数据所用的 SQL 字符串
UpdateCommandType	获取或设置一个值,该值指示 UpdateCommand 属性中的文本是 SQL 语句还是存储过程的名称
UpdateParameters	从与 AccessDataSource 控件相关联的 AccessDataSourceView 控件获取包含 UpdateCommand 属性所使用的参数的集合

若要连接到 Access 数据库,可以由 DataFile 属性提供文件路径。除了 AccessDataSource 控件连接到 Access 数据库的方法不同以外,该控件的工作方式与 SqlDataSource 控件几乎完全相同。

注意:无法设置 AccessDataSource 控件的 ConnectionString 属性,它是自动生成的。

AccessDataSource 控件的常用方法和事件分别如表 9.35 和表 9.36 所示。

表 9.35　AccessDataSource 控件的常用方法及其说明

方　法	说　明
DataBind	将数据源绑定到被调用的服务器控件及其所有子控件
Delete	使用 DeleteCommand SQL 字符串和 DeleteParameters 集合中的所有参数执行删除操作
Select	使用 SelectCommand SQL 字符串以及 SelectParameters 集合中的所有参数从基础数据库中检索数据
Update	使用 UpdateCommand SQL 字符串和 UpdateParameters 集合中的所有参数执行更新操作

表 9.36 AccessDataSource 控件的常用事件及其说明

事件	说明
DataBinding	当服务器控件绑定到数据源时发生
Deleted	完成删除操作后发生
Deleting	执行删除操作前发生
Filtering	执行筛选操作前发生
Init	当服务器控件初始化时发生；初始化是控件生存期的第一步
Inserted	完成插入操作后发生
Inserting	执行插入操作前发生
Load	当服务器控件加载到 Page 对象中时发生
Selected	完成数据检索操作后发生
Selecting	执行数据检索操作前发生
Unload	当服务器控件从内存中卸载时发生
Updated	完成更新操作后发生
Updating	执行更新操作前发生

2. AccessDataSource 控件的功能

AccessDataSource 控件提供了选择和显示数据，对数据进行排序、分页和缓存，更新、插入和删除数据，使用运行时参数筛选数据等，其主要的功能及其要求如表 9.37 所示。

表 9.37 AccessDataSource 控件的功能及其要求

功能	要求
排序	将 DataSourceMode 属性设置为 DataSet 值
筛选	将 FilterExpression 属性设置为在调用 Select 方法时用于筛选数据的筛选表达式
分页	AccessDataSource 不支持直接在 Access 数据库上进行分页操作。如果将 DataSourceMode 属性设置为 DataSet 值，则数据绑定控件(如 GridView)可以在 AccessDataSource 返回的项上进行分页
更新	将 UpdateCommand 属性设置为用来更新数据的 SQL 语句，此语句通常是参数化的
删除	将 DeleteCommand 属性设置为用来删除数据的 SQL 语句，此语句通常是参数化的
插入	将 InsertCommand 属性设置为用来插入数据的 SQL 语句，此语句通常是参数化的
缓存	将 DataSourceMode 属性设置为 DataSet 值，EnableCaching 属性设置为 true，并根据希望缓存数据所具有的缓存行为设置 CacheDuration 和 CacheExpirationPolicy 属性

3. 使用 AccessDataSource 控件连接到 Access 数据库

可以将 AccessDataSource 控件连接到 Access 数据库，然后使用某些控件(例如 GridView)来显示或编辑数据，其操作步骤如下。

① 新建用来连接到 Access 数据库的网页 WebForm9-7.aspx。

② 切换到“设计”视图。

③ 从工具箱的“数据”选项卡中将 AccessDataSource 控件拖动到页面上。

④ 如果智能标记面板没有显示，单击该控件右上方的智能标记◀。

⑤ 在“AccessDataSource 任务”列表中，单击“配置数据源”按钮将显示“配置数据源”向导。

⑥ 在“选择数据库”对话框中，输入或选择 Access 数据库的路径，该数据库的扩展名为.mdb。如图 9.23 所示选择数据库为 Stud.mdb，单击“下一步”按钮。

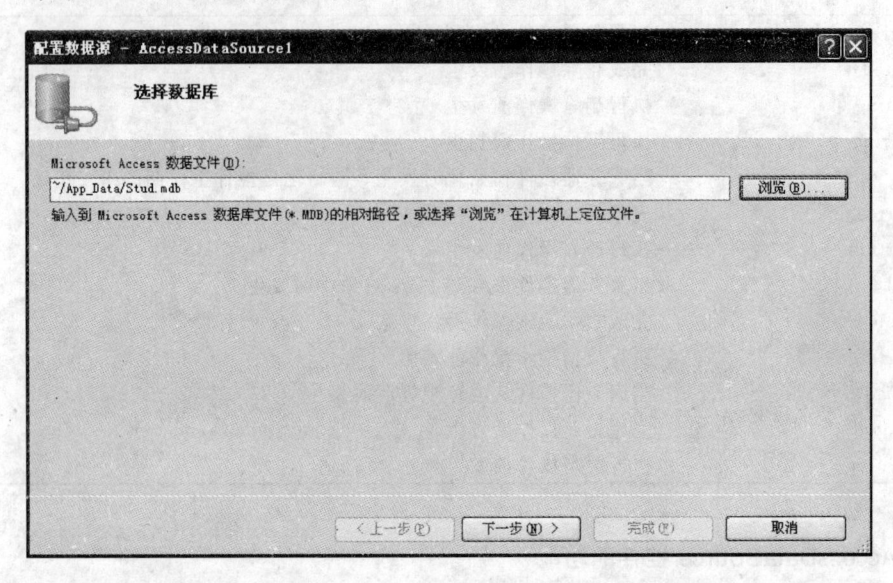

图 9.23 “选择数据库”对话框

⑦ 出现“配置 Select 语句”对话框，选择 student 表，勾选所有列名复选框，如图 9.24 所示。

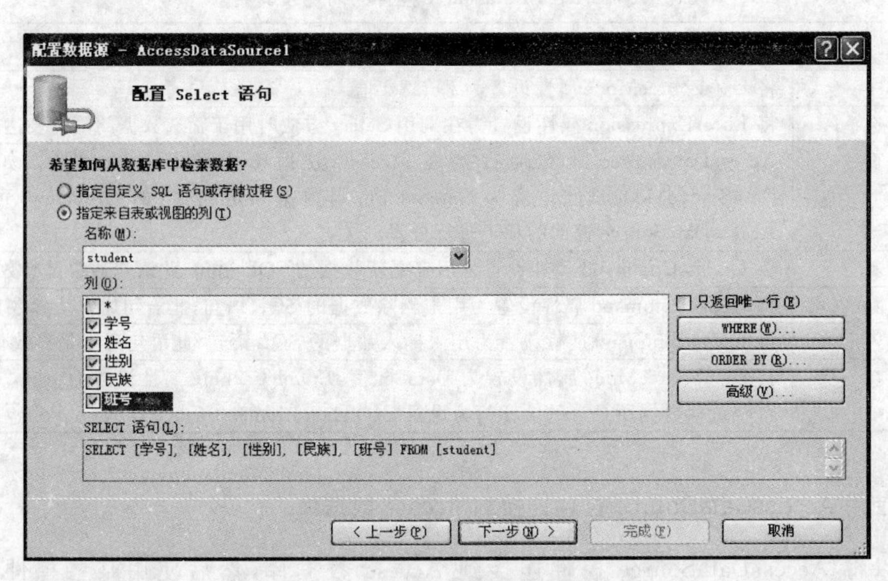

图 9.24 “配置 Select 语句”对话框

⑧ 单击“高级”按钮，出现“高级 SQL 生成选项”对话框，勾选“生成 INSERT、UPDATE 和 DELETE 语句”复选框，如图 9.25 所示，单击“确定”按钮。

⑨ 单击“下一步”按钮，在出现的对话框中单击“测试查询”按钮，出现如图 9.26 所示的对话框，表示查找成功，单击“完成”按钮。

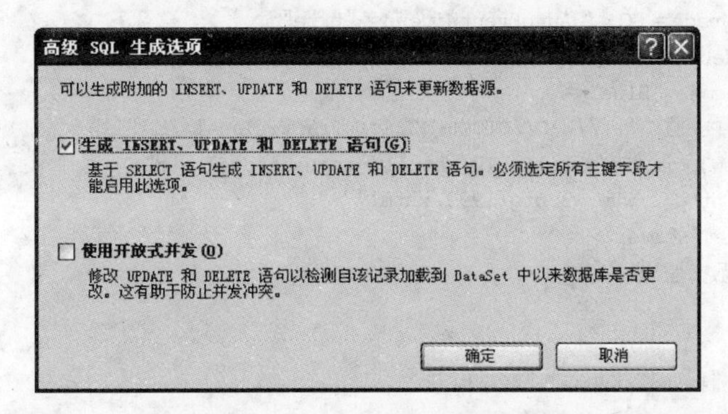

图 9.25 “高级 SQL 生成选项”对话框

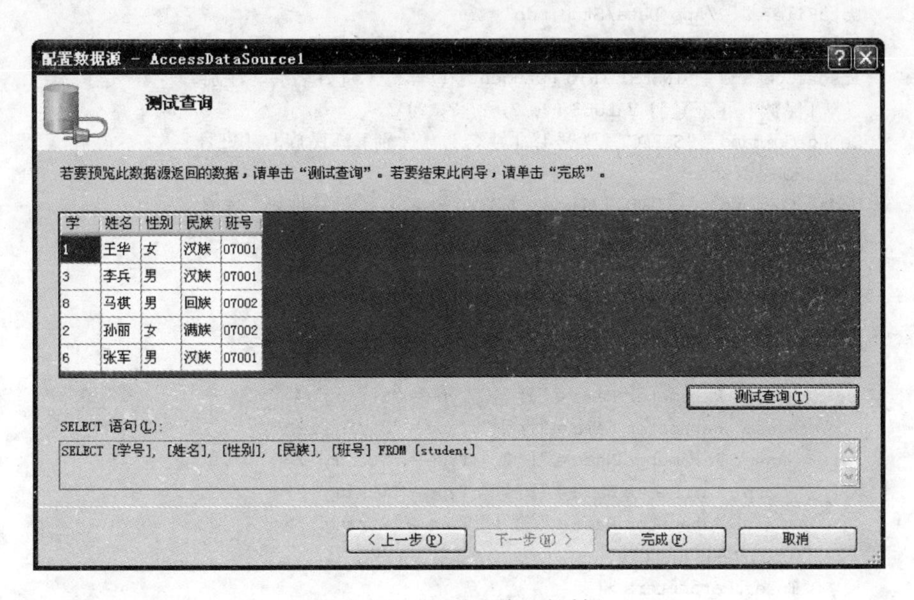

图 9.26 “测试查询”对话框

这样就在网页中建立好了 AccessDataSource 控件，其 SelectQuery 属性自动设置为：

```
SELECT [学号], [姓名], [性别], [民族], [班号] FROM [student]
```

InsertQuery 属性自动设置为：

```
INSERT INTO [student] ([学号], [姓名], [性别], [民族], [班号]) VALUES (?, ?, ?, ?, ?)
```

UpdateQuery 属性自动设置为：

```
UPDATE [student] SET [姓名] = ?, [性别] = ?, [民族] = ?, [班号] = ? WHERE [学号] = ?
```

DeleteQuery 属性自动设置为：

```
DELETE FROM [student] WHERE [学号] = ?
```

这些 SQL 语句分别用于 AccessDataSource 控件执行查询、插入、修改和删除操作，而且只能执行这样的操作，不能像 ObjectDataSource 控件那样指定更加复杂的业务逻辑。

WebForm9-7 网页对应的源视图代码如下：

```
<%@ Page Language = "C#" AutoEventWireup = "true"
  CodeFile = "WebForm9 - 7.aspx.cs" Inherits = "ch9_WebForm9_7"
  StylesheetTheme = "Blue" %>
<!DOCTYPE html PUBLIC " - //W3C//DTD XHTML 1.0 Transitional//EN"
  "http://www.w3.org/TR/xhtml1/DTD/xhtml1 - transitional.dtd">
<html xmlns = "http://www.w3.org/1999/xhtml" >
  <head runat = "server">
    <title>无标题页</title>
  </head>
  <body>
   <form id = "form1" runat = "server">
   <div>
     <asp: AccessDataSource ID = "AccessDataSource1" runat = "server"
     DataFile = "~/App_Data/Stud.mdb"
     DeleteCommand = "DELETE FROM [student] WHERE [学号] = ?"
     InsertCommand = "INSERT INTO [student] ([学号], [姓名], [性别],
         [民族], [班号]) VALUES (?, ?, ?, ?, ?)"
     SelectCommand = "SELECT [学号], [姓名], [性别], [民族], [班号]
         FROM [student]"
     UpdateCommand = "UPDATE [student] SET [姓名] = ?, [性别] = ?,
         [民族] = ?, [班号] = ? WHERE [学号] = ?">
         <DeleteParameters>
           <asp: Parameter Name = "学号" Type = "String" />
         </DeleteParameters>
         <UpdateParameters>
           <asp: Parameter Name = "姓名" Type = "String" />
           <asp: Parameter Name = "性别" Type = "String" />
           <asp: Parameter Name = "民族" Type = "String" />
           <asp: Parameter Name = "班号" Type = "String" />
           <asp: Parameter Name = "学号" Type = "String" />
         </UpdateParameters>
         <InsertParameters>
           <asp: Parameter Name = "学号" Type = "String" />
           <asp: Parameter Name = "姓名" Type = "String" />
           <asp: Parameter Name = "性别" Type = "String" />
           <asp: Parameter Name = "民族" Type = "String" />
           <asp: Parameter Name = "班号" Type = "String" />
         </InsertParameters>
      </asp: AccessDataSource>
      </div>
     <asp: GridView ID = "GridView1" runat = "server"
       AutoGenerateColumns = "False" DataKeyNames = "学号"
       DataSourceID = "AccessDataSource1" AllowPaging = "True"
       PageSize = "3" Width = "364px">
       <Columns>
           <asp: CommandField ButtonType = "Button"
             ShowDeleteButton = "True" ShowEditButton = "True" />
           <asp: BoundField DataField = "学号" HeaderText = "学号"
             ReadOnly = "True" SortExpression = "学号" />
           <asp: BoundField DataField = "姓名" HeaderText = "姓名"
             SortExpression = "姓名" />
```

```
            <asp:BoundField DataField="性别" HeaderText="性别"
              SortExpression="性别" />
            <asp:BoundField DataField="民族" HeaderText="民族"
              SortExpression="民族" />
            <asp:BoundField DataField="班号" HeaderText="班号"
              SortExpression="班号" />
          </Columns>
        </asp:GridView>
      </form>
    </body>
</html>
```

从中看到 AccessDataSource1 控件和 GridView1 各属性自动设置的情况。

说明：建议将 Access 数据库存储在网站的 App_Data 文件夹中，这样可以保证不会出现 Web 服务器返回.mdb 文件来响应 Web 请求的情况。

9.5.3 ObjectDataSource 控件

1. ASP.NET 应用程序结构

根据所实现的逻辑功能，将 ASP.NET 应用程序结构大致分为 3 层，即表示层、业务逻辑层和数据访问层。

表示层负责直接跟用户进行交互，一般指应用程序的界面，用于数据录入、数据显示等。

业务逻辑层用于做一些有效性验证的工作，以更好地保证程序运行的健壮性。如完成数据添加、修改和查询业务等；不允许指定的文本框中输入空字符串，数据格式是否正确及数据类型验证；用户的权限的合法性判断；等等。通过以上的诸多判断以决定是否将操作继续向后传递，尽量保证程序的正常运行。

数据访问层专门跟数据库进行交互，执行数据的添加、删除、修改和显示等。需要强调的是，所有的数据对象只在这一层被引用，如 System.Data.OleDb 等，除数据层之外的任何地方都不应该出现这样的引用。

这样分层有利于系统的开发、维护、部署和扩展。采用“分而治之”的思想，把问题划分开来各个解决，易于控制、易于延展、易于分配资源。

2. ObjectDataSource 控件与 SqlDataSource 和 AccessDataSource 控件的区别

SqlDataSource 和 AccessDataSource 控件极大简化了数据库的访问，无须编写代码就可以选择、更新、插入和删除数据库数据，对于开发两层体系结构（只包含表示层和数据访问层）的应用程序非常容易，适合于规模较小的应用程序，但对于开发企业级 N 层体系结构的应用程序就效果不佳，因为这些数据源控件的灵活性欠缺，它们将表示层和业务逻辑层混合在一起。

ObjectDataSource 控件就解决了这一问题，它帮助开发人员在表示层与数据访问层、表示层与业务逻辑层之间建立联系，从而将来自数据访问层或业务逻辑层的数据对象与表示层中的数据绑定控件绑定，实现数据的选择、更新或排序等。

ObjectDataSource 控件可以从.aspx 网页和表示层中抽象出特定的数据库设置，并将它们移至 N 层体系结构中的较低层，如图 9.27 所示，其中，ObjectDataSource 控件通过接口对象或业务实体对象将数据传递给数据绑定控件，从而实现各项功能。

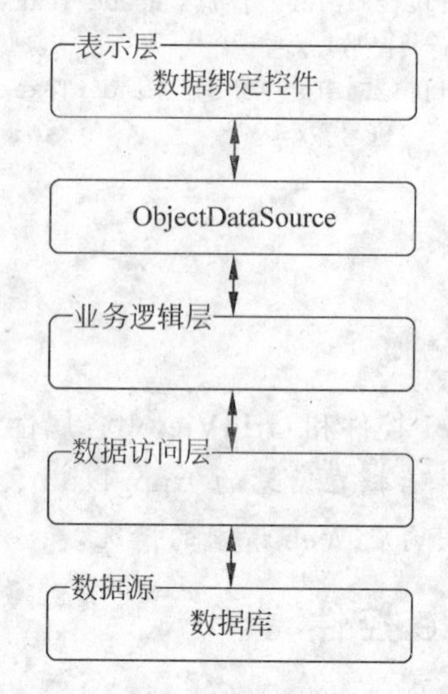

图 9.27 利用 ObjectDataSource 控件的 N 层应用程序体系结构图

SqlDataSource 控件中的 ConnectionString、ProviderName 和 SelectCommand 属性在 ObjectDataSource 控件中不存在，相反，它们被替换成告诉 ObjectDataSource 控件实例化哪个业务类以及使用哪个方法来查询或修改数据的其他属性，这些业务类和方法位于数据访问层或业务逻辑层中。

3. ObjectDataSource 控件的使用方法

ObjectDataSource 控件包含的属性等与 AccessDataSource 控件的类似，但增加了若干用于个性化的属性。

若要从业务对象中检索数据，需用检索数据的方法的名称设置 SelectMethod 属性。该方法通常返回一个 DataSet 对象，如果方法签名带参数，可以将 Parameter 对象添加到 SelectParameters 集合，然后将它们绑定到要传递给由 SelectMethod 方法指定的方法的值。为使 ObjectDataSource 能够使用参数，这些参数必须与方法签名中的参数名称和类型相匹配。每次调用 Select 方法时，ObjectDataSource 控件都检索数据，此方法提供对 SelectMethod 属性所指定的方法的编程访问。当调用绑定到 ObjectDataSource 的控件的 DataBind 方法时，这些控件自动调用 SelectMethod 属性指定的方法。如果设置数据绑定控件的 DataSourceID 属性，该控件根据需要自动绑定到数据源中的数据。建议通过设置 DataSourceID 属性将 ObjectDataSource 控件绑定到数据绑定控件，或者可以设置 DataSource 属性，但之后必须显式调用数据绑定控件的 DataBind 方法，可以随时以编程方式调用 Select 方法以检索数据。

根据 ObjectDataSource 控件使用的业务对象的功能，可以执行数据操作，如更新、插入和删除。若要执行这些数据操作，需要为执行的操作设置适当的方法名称和任何关联的参数。例如，对于更新操作，将 UpdateMethod 属性设置为业务对象方法的名称，该方法执行更新并将所需的任何参数添加到 UpdateParameters 集合中。如果 ObjectDataSource 控件与数据绑定控件相关联，则由数据绑定控件添加参数。这种情况下，需要确保方法的参数名称与数据绑定控件中的字段名称相匹配。调用 Update 方法时，由代码显式执行更新或由数据绑定控件自动执行更新。Delete 和 Insert 操作遵循相同的常规模式，假定业务对象以逐个记录（而不是以批处理）的方式执行这些类型的数据操作。

由 SelectMethod、UpdateMethod、InsertMethod 和 DeleteMethod 属性标识的方法可以是实例方法或 static（静态）方法。如果方法为 static，则不创建业务对象的实例，也不引发 ObjectCreating、ObjectCreated 和 ObjectDisposing 事件。

如果数据作为 DataSet、DataView 或 DataTable 对象返回，ObjectDataSource 控件可以筛选由 SelectMethod 属性检索的数据。可以使用格式字符串语法将 FilterExpression 属性设置为筛选表达式，并将表达式中的值绑定到 FilterParameters 集合中指定的参数。

4. 使用 ObjectDataSource 控件关联数据访问层和表示层

数据访问层主要封装了对数据的存储、访问和管理。反映到组件类中就体现对数据库执行以下任务的方法。

- 读取数据库中的数据记录，并将结果集返回给调用者。
- 在数据库中修改、删除和新增数据记录。

在实现以上方法的过程中，必然涉及 SELECT、UPDATE、DELETE 和 INSERT 等 SQL 语句，所涉及的数据表可能是单个表也可能是一组相关表。

例如，在网站中建立一个组件类文件 StudentDB.cs（放在 App_Code 文件夹中），其代码如下：

```
using System;
using System.Data;
using System.Configuration;
using System.Web;
using System.Web.Security;
using System.Web.UI;
using System.Web.UI.WebControls;
using System.Web.UI.WebControls.WebParts;
using System.Web.UI.HtmlControls;
using System.Data.OleDb;
public class StudentDB
{
    public StudentDB()  //构造函数
    {
    }
    public DataSet SelectData()
    {   string mystr,mysql;
        mystr = ConfigurationManager.AppSettings["myconnstring"];
        using (OleDbConnection myconn = new OleDbConnection())
        {   myconn.ConnectionString = mystr;
            myconn.Open();
            mysql = "SELECT * FROM student";
            using (OleDbDataAdapter myda = new OleDbDataAdapter(mysql,myconn))
```

```
            {   DataSet myds = new DataSet();
                myda.Fill(myds, "student");//将 student 表填充到 myds 中
                return myds;
                }
            }
        }
    }
```

上述代码中只包含 StudentDB 类的 SelectData 的方法，它返回一个 DataSet 对象。其中 using 语句用于定义一个范围，将在此范围之外释放一个或多个对象，如定义一个 myconn 对象，在其范围外自动释放它。

建立一个用 ObjectDataSource 控件关联数据访问层的过程如下：

① 新建一个空白网页 WebForm9-7.aspx。

② 将 ObjectDataSource 控件 ObjectDataSource1 拖放到网页中，单击该控件右上方的智能标记◀，在"ObjectDataSource 任务"列表中，再单击"配置数据源"按钮将显示"配置数据源"向导。

③ 如图 9.28 所示，从"选择业务对象"下拉列表中选择"StudentDB"选项，单击"下一步"按钮。

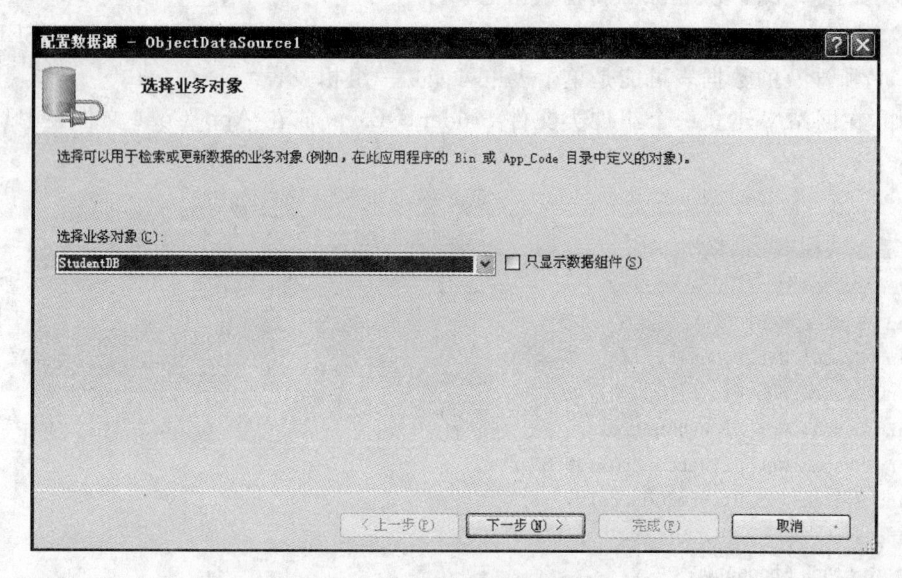

图 9.28 "选择业务对象"对话框

④ 出现"定义数据方法"对话框，指定与 SELECT 操作关联并返回数据业务对象的方法为 StudentDB 类的 SelectData 方法，如图 9.29 所示，单击"完成"按钮。

说明：这里仅设置了 SelectMethod 属性，UpdateMethod、DeleteMethod 和 InsertMethod 属性的设置与此类似。

表示层向用户提供一个操作界面。在 ObjectDataSource 控件建立好后，下面的步骤实现 ObjectDataSource 控件与表示层的关联。

① 打开 WebForm9-7 网页。

② 向其中拖放一个 GridView 控件 GridView1。

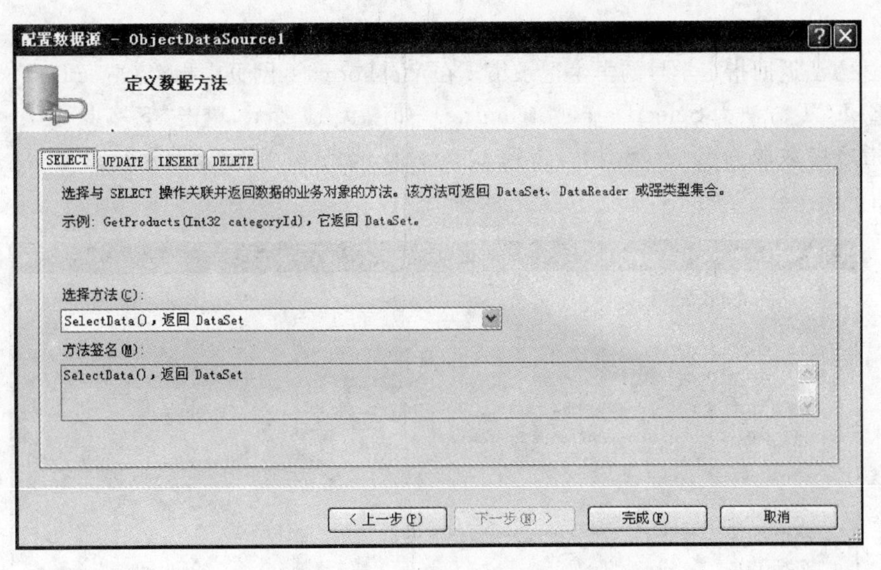

图 9.29　"定义数据方法"对话框

③ 将 GridView1 控件的 DataSourceID 属性设置为 ObjectDataSource1。

单击工具栏中的▶按钮运行本网页，其结果如图 9.30所示。

学号	姓名	性别	民族	班号
1	王华	女	汉族	07001
3	李兵	男	汉族	07001
8	马祺	男	回族	07002
2	孙丽	女	满族	07002
6	张军	男	汉族	07001

图 9.30　WebForm9-7 网页运行界面

上例似乎和 AccessDataSource 控件的用法差不多，下面对该例进行改进以说明和 AccessDataSource 控件的差别。

在组件类文件 StudentDB.cs 的 StudentDB 类中添加如下方法：

```
public DataSet SelectData1(string no)
{    string mystr, mysql;
     mystr = ConfigurationManager.AppSettings
     ["myconnstring"];
     using (OleDbConnection myconn = new OleDbConnection())
     {    myconn.ConnectionString = mystr;
          myconn.Open();
          OleDbCommand mycmd = new OleDbCommand();
          mycmd.CommandText = "SELECT * FROM student WHERE 学号 = @sno";
          mycmd.Connection = myconn;
          mycmd.Parameters.Add("@sno", OleDbType.VarChar, 5).Value = no;
               //设置参数值
          using (OleDbDataAdapter myda = new OleDbDataAdapter())
          {    myda.SelectCommand = mycmd;
               DataSet myds = new DataSet();
               myda.Fill(myds, "student");//将 student 表填充到 myds 中
               return myds;
          }
     }
```

```
}
```

上述方法返回指定学号的学生记录集。在 WebForm9-8 网页中指定 ObjectDataSource1 控件的 SELECT 方法为 SelectData1(String no)，如图 9.31 所示，单击“下一步”按钮。对于参数 no，指定参数源为 QueryString，指定 QueryStringField 为 no，如图 9.32 所示，单击“完成”按钮。

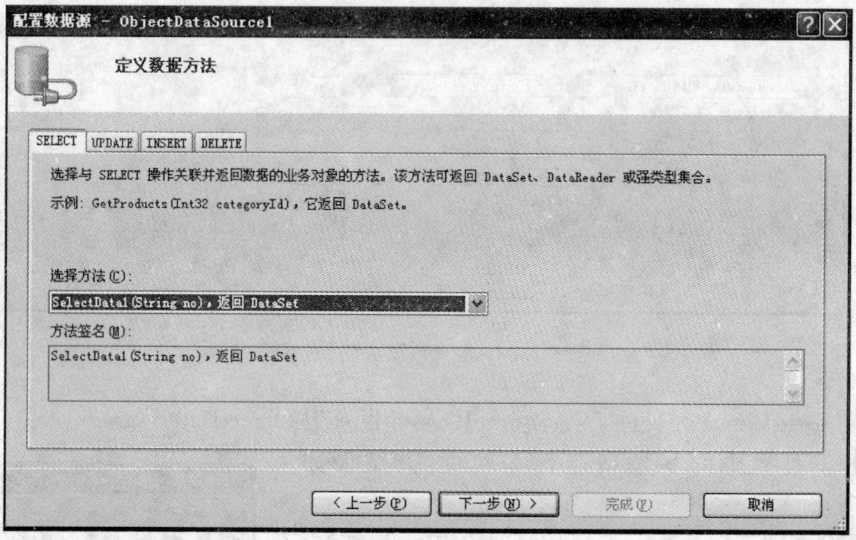

图 9.31 “定义数据方法”对话框

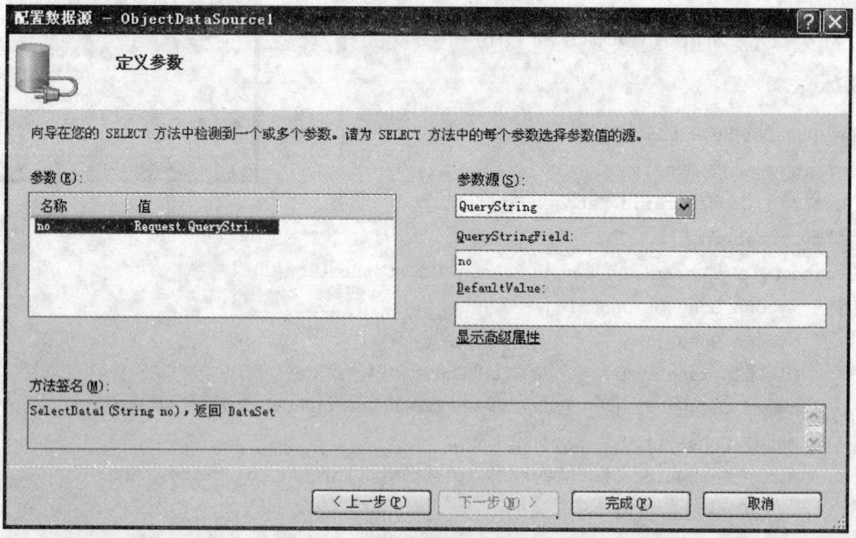

图 9.32 “定义参数”对话框

WebForm9-8 网页的 源 视图代码如下：

```
<%@ Page Language = "C#" AutoEventWireup = "true"
   CodeFile = "WebForm9 - 8.aspx.cs" Inherits = "ch9_WebForm9_8" %>
<!DOCTYPE html PUBLIC " - //W3C//DTD XHTML 1.0 Transitional//EN"
```

```
  "http://www.w3.org/TR/xhtml1/DTD/xhtml1-transitional.dtd">
<html xmlns="http://www.w3.org/1999/xhtml">
  <head runat="server">
   <title>无标题页</title>
  </head>
  <body>
   <form id="form1" runat="server">
    <div>
     <asp:ObjectDataSource ID="ObjectDataSource1" runat="server"
      SelectMethod="SelectData1" TypeName="StudentDB">
      <SelectParameters>
       <asp:QueryStringParameter Name="no" QueryStringField="no"
          Type="String" />
      </SelectParameters>
     </asp:ObjectDataSource>
     </div>
     <asp:GridView ID="GridView1" runat="server"
        DataSourceID="ObjectDataSource1">
    </asp:GridView>
   </form>
  </body>
</html>
```

从中看到,ObjectDataSource1 控件的 SelectMethod 属性为 StudentDB.SelectData1,其参数为 no。

在 IE 浏览器中输入 http://localhost/Myaspnet/ch9/WebForm9-8.aspx? no=2,带参数运行 WebForm9-8 网页,其运行结果如图 9.33 所示。

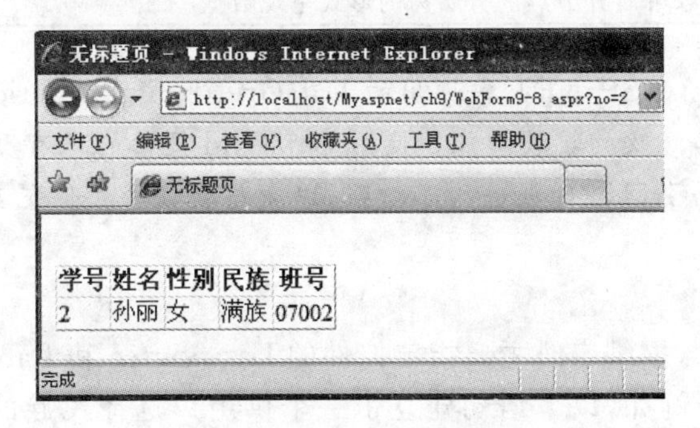

图 9.33 WebForm9-8 网页运行界面

注意:由于要输入参数 no,所以 WebForm9-8 网页不能通过单击工具栏中的▶按钮来运行。

对于 WebForm9-8 网页的改进,使用 AccessDataSource 控件无法达到同样的效果。实际上,可以在组件类文件 StudentDB.cs 的 StudentDB 类中加入更多的方法以实现更复杂的业务逻辑功能。

9.6 数据绑定控件

数据绑定就是把数据连接到网页的过程。在数据绑定后,可以通过网页界面来操作数据库中的数据。

9.6.1 数据绑定概述

数据绑定控件将数据以标记的形式呈现给请求数据的浏览器。数据绑定控件可以绑定到数据源控件;并自动在页请求生命周期的适当时间获取数据。数据绑定控件可以利用数据源控件提供的功能,包括排序、分页、缓存、筛选、更新、删除和插入。数据绑定控件通过其 DataSourceID 属性连接到数据源控件。

ASP.NET 包括的数据绑定控件如表 9.38 所示。

表 9.38 ASP.NET 包括的数据绑定控件及其说明

数据绑定控件	说明
列表控件	以各种列表形式呈现数据。列表控件包括 BulletedList、CheckBoxList、DropDownList、ListBox 和 RadioButtonList 控件
GridView	以表的形式显示数据,并支持在不编写代码的情况下对数据进行编辑、更新、排序和分页
DataList	以表的形式呈现数据。每一项都使用用户定义的项模板呈现
DetailsView	以表格布局一次显示一个记录,并允许编辑、删除和插入记录,还可以翻阅多个记录
FormView	与 DetailsView 控件类似,但允许用户为每一个记录定义一种自动格式的布局。对于单个记录,FormView 控件与 DataList 控件类似
AdRotator	将广告作为图像呈现在网页上,用户可以单击该图像来转到与广告关联的 URL
Menu	在可以包括子菜单的分层动态菜单中呈现数据
Repeater	以列表的形式呈现数据。每一项都使用用户定义的项模板呈现
TreeView	以可展开节点的分层树的形式呈现数据

注意:以前版本的 ASP.NET 中可用的 DataGrid 控件已被 GridView 控件取代,后者具有数据排序、分页和修改的扩展功能。使用 DataGrid 控件的现有页仍可正常工作。与其他数据控件一样,DataGrid 控件也进行了增强,以便与数据源控件交互。

9.6.2 列表控件

列表控件在实现数据绑定时主要指定控件的 DataSource 和 DataTextField 属性,然后调用 DataBind 方法。例如,以下语句建立了一个供用户选择民族的 DropDownList 控件 DropDownList1。

```
string mystr = ConfigurationManager.AppSettings["myconnstring"];
OleDbConnection myconn = new OleDbConnection();
myconn.ConnectionString = mystr;
myconn.Open();
DataSet myds = new DataSet();
OleDbDataAdapter myda = new OleDbDataAdapter("SELECT distinct 民族
    FROM student", myconn);
myda.Fill(myds, "student");
DropDownList1.DataSource = myds.Tables["student"];
DropDownList1.DataTextField = "民族";
DropDownList1.DataBind();
myconn.Close();
```

9.6.3 GridView 控件

GridView 控件在表中显示数据源的值，其中每列表示一个字段，每行表示一条记录。它允许用户选择和编辑这些项以及对它们进行排序等。

1. GridView 控件的属性、方法和事件

GridView 控件的常用属性及其说明如表 9.39 所示，下面主要介绍几个常用的属性。

表 9.39　GridView 控件的常用属性及其说明

属　性	说　明
AllowPaging	获取或设置一个值，该值指示是否启用分页功能
AllowSorting	获取或设置一个值，该值指示是否启用排序功能
AutoGenerateColumns	获取或设置一个值，该值指示是否为数据源中的每个字段自动创建绑定字段
Columns	获取表示 GridView 控件中列字段的 DataControlField 对象的集合
DataKeyNames	获取或设置一个数组，该数组包含了显示在 GridView 控件中的项的主关键字段的名称
DataKeys	获取一个 DataKey 对象集合，这些对象表示 GridView 控件中的每一行的数据键值
DataMember	当数据源包含多个不同的数据项列表时，获取或设置数据绑定控件绑定到的数据列表的名称
DataSource	获取或设置对象，数据绑定控件从该对象中检索其数据项列表
DataSourceID	获取或设置控件的 ID
GridLines	获取或设置 GridView 控件的网格线样式
PageCount	获取在 GridView 控件中显示数据源记录所需的页数
PageIndex	获取或设置当前显示页的索引
PageSettings	获取对 PageSettings 对象的引用，使用该对象可以设置 GridView 控件中的页导航按钮的属性
PageStyle	获取对 TableItemStyle 对象的引用，使用该对象可以设置 GridView 控件中的页导航行的外观
PageTemplate	获取或设置 GridView 控件中页导航行的自定义内容
PageSize	获取或设置 GridView 控件在每页上所显示的记录的数目
Rows	获取表示 GridView 控件中数据行的 GridViewRow 对象的集合
SelectedDataKey	获取 DataKey 对象，该对象包含 GridView 控件中选中行的数据键值
SelectedIndex	获取或设置 GridView 控件中的选中行的索引
SelectedRow	获取对 GridViewRow 对象的引用，该对象表示控件中的选中行
SelectedValue	获取 GridView 控件中选中行的数据键值
SortDirection	获取正在排序的列的排序方向
SortExpression	获取与正在排序的列关联的排序表达式

(1) PageSettings 属性

使用 PageSettings 属性控制 GridView 控件中页导航行的设置，它是一个 PageSettings 对象的引用。

如果想进行分页设置的话(需将 AllowPaging 属性设置为 True)，可以在 HTML 代码中为 GridView 控件添加分页导航条形式代码。也就是启用 GridView 的 PageSettings 属性，在 PageSettings 属性中可以根据需要设置 Mode 的值，来实现分页的显示效果，例如：

```
<PageSettings
 Mode = "NextPreviousFirstLast"
 FirstPageText = "第一页"
 LastPageText = "末页">
</PageSettings>
```

其中,PageSettings 属性的 Mode 有 4 种取值如下。

- NextPrevious:上一页按钮和下一页按钮。
- NextPreviousFirstLast:上一页按钮、下一页按钮、第一页按钮和最后一页按钮。
- Numeric:可直接访问页面的带编号的链接按钮。
- NumericFirstLast:带编号的链接按钮、第一个链接按钮和最后一个链接按钮。

在 Mode 属性设置为 NextPrevious、NextPreviousFirstLast 或 NumericFirstLast 值时,可以通过设置 PageSettings 属性的以下属性来自定义非数字按钮的文字。

- FirstPageText:第一页按钮的文字。
- PreviousPageText:上一页按钮的文字。
- NextPageText:下一页按钮的文字。
- LastPageText:最后一页按钮的文字。

也可以通过设置 PageSettings 属性的以下属性为非数字按钮显示图像。

- FirstPageImageUrl:第一页按钮显示的图像的 URL。
- PreviousPageImageUrl:上一页按钮显示的图像的 URL。
- NextPageImageUrl:下一页按钮显示的图像的 URL。
- LastPageImageUrl:最后一页按钮显示的图像的 URL。

(2) PageSize、PageCount 和 PageIndex 属性

PageSize 属性获取或设置一个页面中显示的记录个数,PageCount 属性获取或设置总的页数,PageIndex 获取或设置当前的页号。正确地使用这些属性可以实现分页功能。

(3) AutoGenerateColumns 属性

该属性获取或设置网页运行时是否基于关联的数据源自动生成列。其默认值为 True,也就是说,一旦指定了 GridView 控件的数据源,便自动生成相应的列。在有些情况下,不希望自动生成列,而是通过“GridView 任务”列表的“编辑列”命令来设置相关的列,此时要将 AutoGenerateColumns 属性设为 False。

(4) DataKeyNames 和 DataKeys 属性

DataKeyNames 属性是一个字符串数组,指定表示数据源主关键字的字段。当设置了 DataKeyNames 属性时,GridView 控件自动为该控件中的每一行创建一个 DataKey 对象。DataKey 对象是包含在 DataKeyNames 属性中的指定的字段的值,DataKey 对象随后被添加到控件的 DataKeys 集合中。使用 DataKeys 属性检索 GridView 控件中特定数据行的 DataKey 对象,这提供了一种访问每个行的主关键字的便捷方法。例如:

```
GridView1.DataKeyNames = new string[] {"学号"};
…
TextBox1.Text = GridView1.DataKeys[0].Value.ToString();
```

(5) Rows属性

获取表示GridView控件中数据行的GridViewRow对象的集合，有关GridViewRow类在后面进一步介绍。

通过使用GridViewRow对象的Cells属性，可以访问一行的单独单元格。如果某个单元格包含其他控件，则通过使用单元格的Controls集合，可以从单元格检索控件。如果控件指定了ID，还可以使用单元格的FindControl方法来查找该控件。

若要从BoundField字段列或自动生成的字段列检索字段值，需使用单元格的Text属性。若要从将字段值绑定到控件的其他字段列类型检索字段值，需先从相应的单元格检索控件，然后访问该控件的相应属性。

例如，以下代码显示第2行的姓名：

```
TextBox1.Text = GridView1.Rows[1].Cells[1].Text; //第2个单元格为姓名
```

GridView控件的常用方法及其说明如表9.40所示，其常用事件及其说明如表9.41所示。

表9.40 GridView控件的常用方法及其说明

方法	说明
DataBind	将数据源绑定到GridView控件
DeleteRow	从数据源中删除位于指定索引位置的记录
Sort	根据指定的排序表达式和方向对GridView控件进行排序
UpdateRow	使用行的字段值更新位于指定行索引位置的记录

表9.41 GridView控件的常用事件及其说明

事件	说明
DataBinding	当服务器控件绑定到数据源时发生
DataBound	在服务器控件绑定到数据源后发生
PageIndexChanged	在单击某一页导航按钮时，但在GridView控件处理分页操作之后发生
PageIndexChanging	在单击某一页导航按钮时，但在GridView控件处理分页操作之前发生
RowCommand	当单击GridView控件中的按钮时发生
RowDataBound	在GridView控件中将数据行绑定到数据时发生
RowDeleted	在单击某一行的“删除”按钮时，但在GridView控件删除该行之后发生
RowDeleting	在单击某一行的“删除”按钮时，但在GridView控件删除该行之前发生
RowEditing	发生在单击某一行的“编辑”按钮以后，GridView控件进入编辑模式之前
RowUpdated	发生在单击某一行的“更新”按钮，并且GridView控件对该行进行更新之后
RowUpdating	发生在单击某一行的“更新”按钮以后，GridView控件对该行进行更新之前
SelectedIndexChanged	发生在单击某一行的“选择”按钮，GridView控件对相应的选择操作进行处理之后
SelectedIndexChanging	发生在单击某一行的“选择”按钮以后，GridView控件对相应的选择操作进行处理之前
Sorted	在单击用于列排序的超链接时，但在GridView控件对相应的排序操作进行处理之后发生
Sorting	在单击用于列排序的超链接时，但在GridView控件对相应的排序操作进行处理之前发生

2. 绑定到数据

GridView 控件可绑定到数据源控件(如 AccessDataSource、ObjectDataSource 等),以及实现 System. Collections. IEnumerable 接口的任何数据源(如 System. Data. DataView、System. Collections. ArrayList 或 System. Collections. Hashtable)。使用以下方法之一将 GridView 控件绑定到适当的数据源类型。

- 若要绑定到某个数据源控件,需将 GridView 控件的 DataSourceID 属性设置为该数据源控件的 ID 值。GridView 控件自动绑定到指定的数据源控件,并且可利用该数据源控件的功能来执行排序、更新、删除和分页功能。这是绑定到数据的首选方法。
- 若要绑定到某个实现 System. Collections. IEnumerable 接口的数据源,需以编程方式将 GridView 控件的 DataSource 属性设置为该数据源,然后调用 DataBind 方法。当使用此方法时,GridView 控件不提供内置的排序、更新、删除和分页功能,需要使用适当的事件提供此功能。

3. 基本数据操作

GridView 控件提供了很多内置功能,这些功能使得用户可以对控件中的项进行排序、更新、删除、选择和分页。当 GridView 控件绑定到某个数据源控件时,GridView 控件可利用该数据源控件的功能并提供自动排序、更新和删除功能。

注意:GridView 控件可为其他类型的数据源提供对排序、更新和删除的支持;但必须提供一个适当的事件处理程序,其中包含对这些操作的实现。

排序允许用户通过单击某个特定列的标题来根据该列排序 GridView 控件中的项。若要启用排序,需将 AllowSorting 属性设置为 True。

当单击 ButtonField 或 TemplateField 列字段中命令名分别为"Edit"、"Delete"和"Select"的按钮时,自动更新、删除和选择功能启用。如果 AutoGenerateEditButton、AutoGenerateDeleteButton 或 AutoGenerateSelectButton 属性分别设置为 True 时,GridView 控件可自动添加带有"编辑"、"删除"或"选择"按钮的 CommandField 列字段。

注意:GridView 控件不直接支持将记录插入数据源。但是,通过将 GridView 控件与 DetailsView 或 FormView 控件结合使用则可以插入记录。

GridView 控件可自动将数据源中的所有记录分成多页,而不是同时显示这些记录。若要启用分页,需将 AllowPaging 属性设置为 True。

【例 9.16】 设计一个通过 GridView 控件显示 student 表记录的网页 WebForm9-9。

其设计步骤如下。

① 在 Myaspnet 网站的 ch9 文件夹中添加一个名称为 WebForm9-9 的空网页。

② 向其中拖放一个 GridView 控件 GridView1。

③ 在"GridView 任务"列表中选择"新建数据源"命令,如图 9.34 所示。

④ 单击"新建数据源"命令,出现如图 9.35 所示的"选择数据源类型"对话框,选中"Access 数据库"选项,保持默认的名称为 AccessDataSource1,单击"确定"按钮。

⑤ 按照前面建立 AccessDataSource 控件数据源的方式指定数据源为 Stud. mdb 数据库的 student 表。将 GridView1 控件的 PageSize 属性设置为 3,此时的"GridView 任务"列

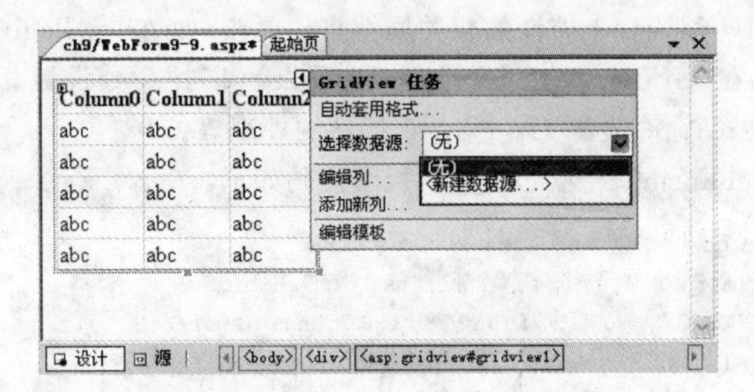

图 9.34 “GridView 任务”列表

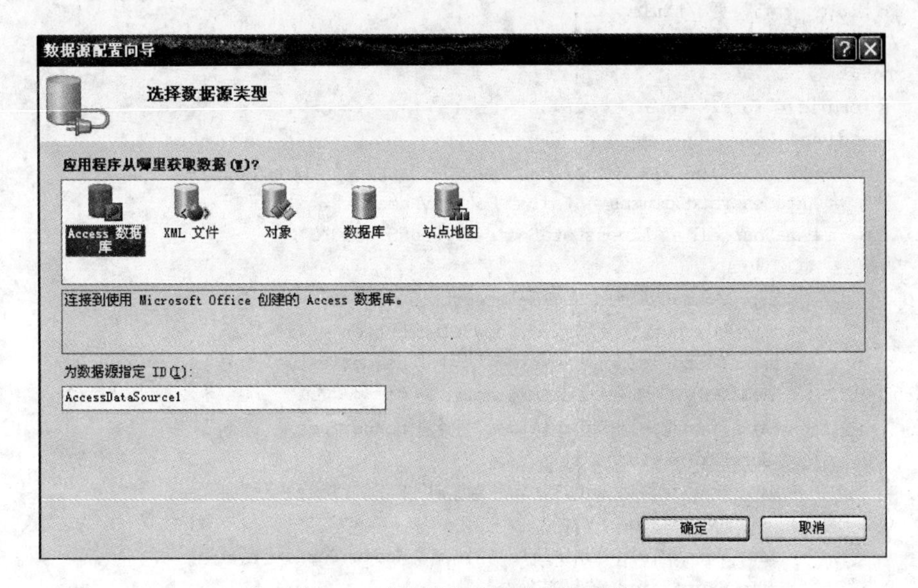

图 9.35 “选择数据源类型”对话框

表如图 9.36 所示,勾选相关选项。

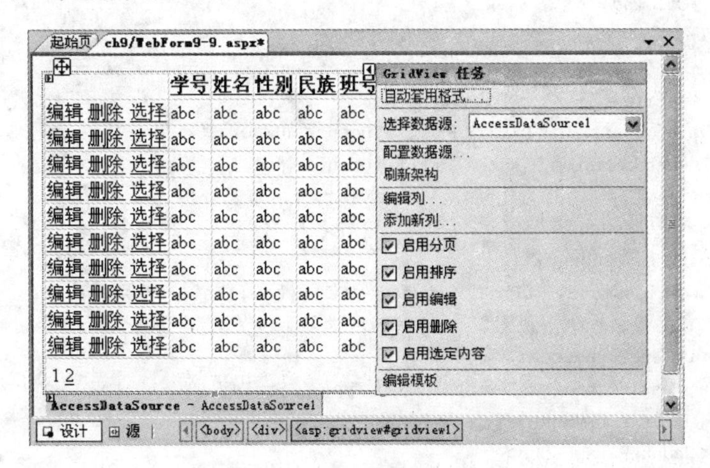

图 9.36 “GridView 任务”列表

在上述操作后，GridView1 控件的相关属性自动更改，如 AllowPaging 属性自动设置为 True 等。用户可以在“GridView 任务”列表中选择“编辑列”命令设置相关的列属性，还可以选择“自动套用格式”命令设置 GridView1 控件的外观等。

最后生成的 WebForm9-9 网页的 源 视图代码如下：

```
<%@ Page Language = "C#" AutoEventWireup = "true"
  CodeFile = "WebForm9 - 9.aspx.cs" Inherits = "ch9_WebForm9_9" %>
<!DOCTYPE html PUBLIC " - //W3C//DTD XHTML 1.0 Transitional//EN"
  "http://www.w3.org/TR/xhtml1/DTD/xhtml1 - transitional.dtd">
<html xmlns = "http://www.w3.org/1999/xhtml" >
  <head runat = "server">
    <title>无标题页</title>
  </head>
  <body>
    <form id = "form1" runat = "server">
      <div>
        <asp:GridView ID = "GridView1" runat = "server" AllowPaging = "True"
          AutoGenerateColumns = "False" DataKeyNames = "学号"
          DataSourceID = "AccessDataSource1" PageSize = "3">
          <Columns>
            <asp:CommandField ShowDeleteButton = "True"
              ShowEditButton = "True" ShowSelectButton = "True" />
            <asp:BoundField DataField = "学号" HeaderText = "学号"
              ReadOnly = "True" SortExpression = "学号" />
            <asp:BoundField DataField = "姓名" HeaderText = "姓名"
              SortExpression = "姓名" />
            <asp:BoundField DataField = "性别" HeaderText = "性别"
              SortExpression = "性别" />
            <asp:BoundField DataField = "民族" HeaderText = "民族"
              SortExpression = "民族" />
            <asp:BoundField DataField = "班号" HeaderText = "班号"
              SortExpression = "班号" />
          </Columns>
        </asp:GridView>
        <asp:AccessDataSource ID = "AccessDataSource1" runat = "server"
          DataFile = "~/App_Data/Stud.mdb"
          DeleteCommand = "DELETE FROM [student] WHERE [学号] = ?"
          InsertCommand = "INSERT INTO [student] ([学号], [姓名],
            [性别], [民族], [班号]) VALUES (?, ?, ?, ?, ?)"
          SelectCommand = "SELECT [学号], [姓名], [性别], [民族], [班号]
            FROM [student]"
          UpdateCommand = "UPDATE [student] SET [姓名] = ?, [性别] = ?,
            [民族] = ?, [班号] = ? WHERE [学号] = ?">
          <DeleteParameters>
            <asp:Parameter Name = "学号" Type = "String" />
          </DeleteParameters>
          <UpdateParameters>
            <asp:Parameter Name = "姓名" Type = "String" />
            <asp:Parameter Name = "性别" Type = "String" />
            <asp:Parameter Name = "民族" Type = "String" />
```

```
            <asp: Parameter Name = "班号" Type = "String" />
            <asp: Parameter Name = "学号" Type = "String" />
          </UpdateParameters>
          < InsertParameters>
            <asp: Parameter Name = "学号" Type = "String" />
            <asp: Parameter Name = "姓名" Type = "String" />
            <asp: Parameter Name = "性别" Type = "String" />
            <asp: Parameter Name = "民族" Type = "String" />
            <asp: Parameter Name = "班号" Type = "String" />
          </InsertParameters>
        </asp: AccessDataSource>
      </div>
    </form>
  </body>
</html>
```

单击工具栏中的▶按钮运行本网页，其结果如图 9.37 所示。

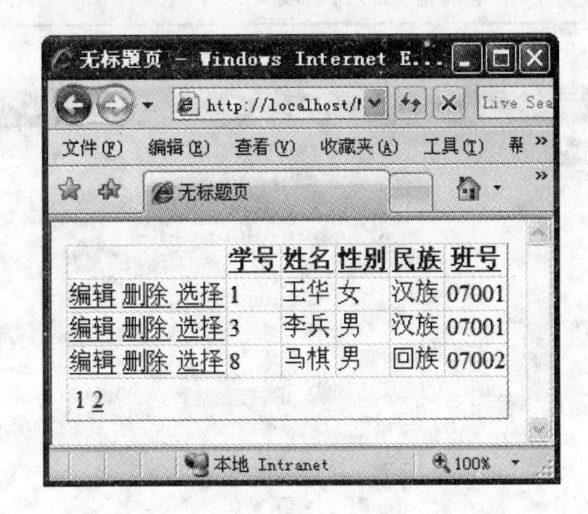

图 9.37　WebForm9-9 网页运行结果

4. 列对象处理

(1) 列字段

GridView 控件中的每一列由一个 DataControlField 对象表示。在默认情况下，AutoGenerateColumns 属性被设置为 True，为数据源中的每一个字段创建一个 AutoGeneratedField 对象。然后每个字段作为 GridView 控件中的列呈现，其顺序同于每一字段在数据源中出现的顺序。

通过将 AutoGenerateColumns 属性设置为 False，然后定义自己的列字段集合，也可以手动控制哪些列字段将显示在 GridView 控件中。不同的列字段类型决定控件中各列的行为。表 9.42 列出了可以使用的不同列字段类型。

选择“GridView 列表”中的“编辑列”命令，打开“字段”对话框，如图 9.38 所示，通过该对话框可进行列字段的添加、删除，或对列字段的属性进行设置等，如利用 HeaderText 属性设置列字段呈现的文本。

表 9.42　GridView 控件列字段类型及其说明

列字段类型	说　明
BoundField	显示数据源中某个字段的值。这是 GridView 控件的默认列类型
ButtonField	为 GridView 控件中的每个项显示一个命令按钮。这样可以创建一列自定义按钮控件，如“添加”按钮或“移除”按钮
CheckBoxField	为 GridView 控件中的每一项显示一个复选框。此列字段类型通常用于显示具有布尔值的字段
CommandField	显示用来执行选择、编辑或删除操作的预定义命令按钮
HyperLinkField	将数据源中某个字段的值显示为超链接。此列字段类型允许将另一个字段绑定到超链接的 URL
ImageField	为 GridView 控件中的每一项显示一个图像
TemplateField	根据指定的模板为 GridView 控件中的每一项显示用户定义的内容。此列字段类型允许创建自定义的列字段

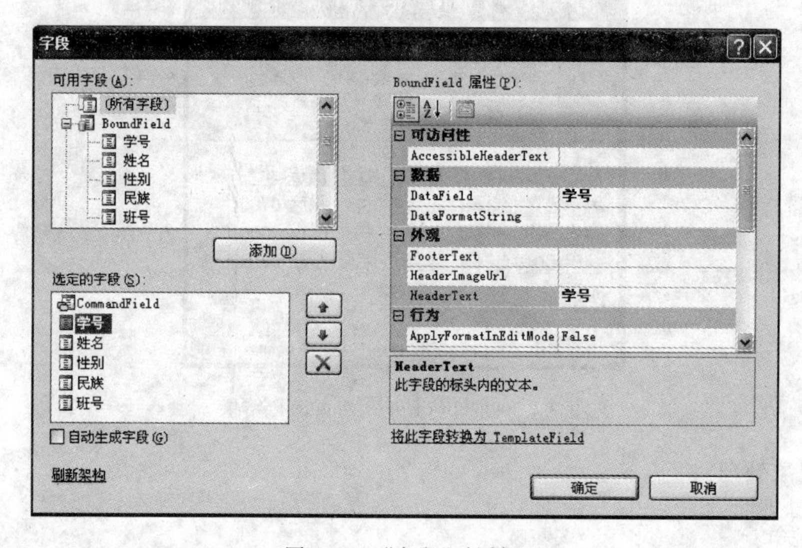

图 9.38　“字段”对话框

(2) 使用列模板

有时候，需要的功能是系统提供的列字段类型中不具备的，这样则需要为应用程序添加列模板。

添加列模板有两种方式：第一种是在“字段”对话框中的“可用字段”列表中选取 TemplateField 选项，单击“添加”按钮，就在“选定的字段”列表中创建了一个模板列。第二种方式是通过把一个“选定的字段”列表中现有的列转换为模板列，通过单击“将此字段转换为 TemplateField”超链接完成。

在完成模板的转换后，选择“GridView 任务”中的“编辑模板”命令，就可以编辑该模板。TemplateField 类包含如表 9.43 所示的多个模板。

表 9.43　模板类型及其说明

模板类型	说　明
HeaderTemplate	在列头部显示一个单元格
FootTemplate	在列尾部显示一个单元格
ItemTemplate	显示模式下的每行单元格
AlternatiingItemTemplate	显示模式下的隔行单元格
EditItemTemplate	编辑模式下的单元格
EmptyDataTemplate	当没有相应数据时，呈现给用户的外观表示
PagerTemplate	分页模式下呈现的外观

【例 9.17】 设计一个通过 GridView 控件显示 score 表记录的网页 WebForm9-10，要求显示分数对应的等级。

其设计步骤如下。

① 在 Myaspnet 网站的 ch9 文件夹中添加一个名称为 WebForm9-10 的空网页。

② 向其中拖放一个 GridView 控件 GridView1。

③ 在“GridView 任务”列表中选择“自动套用格式”命令设置 GridView1 控件的外观，再选择“新建数据源”命令，在出现的“选择数据源类型”对话框中选中“Access 数据库”选项，保持默认的名称为 AccessDataSource1，单击“确定”按钮。

④ 按照前面建立 AccessDataSource 控件数据源的方式指定数据源为 Stud. mdb 数据库的 score 表。此时的“GridView 任务”列表如图 9.39 所示，勾选相关选项。

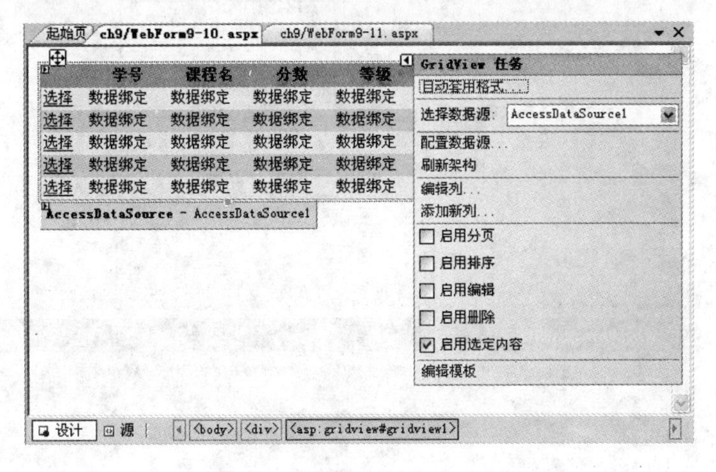

图 9.39　“GridView 任务”列表

⑤ 从“GridView 任务”列表中选择“编辑列”命令，出现“字段”对话框，从“可用字段”列表中选中“TemplateField”选项，单击“添加”按钮将其加入到“选定的字段”列表中，选中它，在 TemplateField 属性中将 HeaderText 属性改为“等级”，如图 9.40 所示。

⑥ 在“GridView 任务”列表中选择“编辑模板”命令，出现如图 9.41 所示的“模板编辑模式”列表，从中选择“ItemTemplate”选项。在 ItemTemplate 区域中拖放一个 Label 控件，从“Label 任务”列表中选择“编辑 DataBindings”命令，打开“Label1 DataBindings”对话框，选中“自定义绑定”选项，在代码表达式文本框中输入 GetLevel(Eval("分数"))，如图 9.42

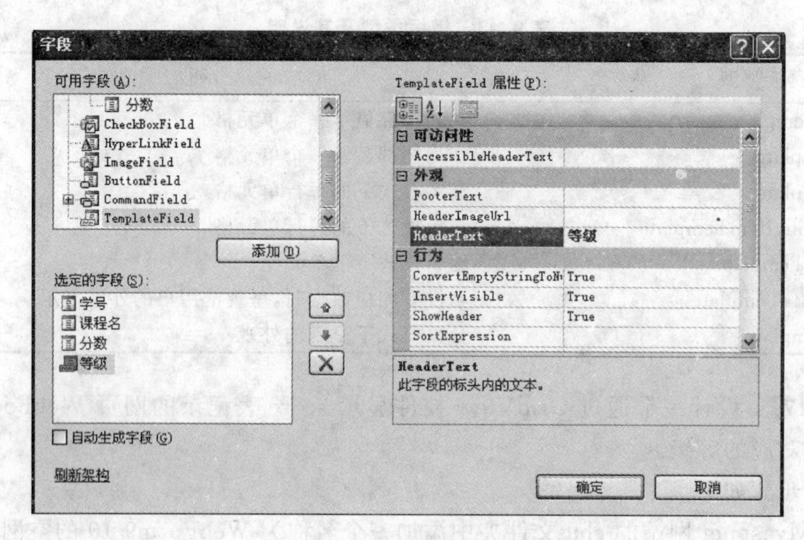

图 9.40 “字段”对话框

所示，单击“确定”按钮，返回后再选择“GridView 任务”列表中的“结束编辑模板”命令。

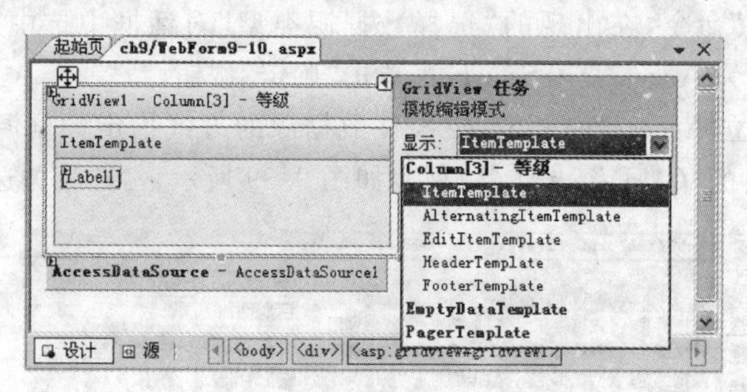

图 9.41 “模板编辑模式”列表

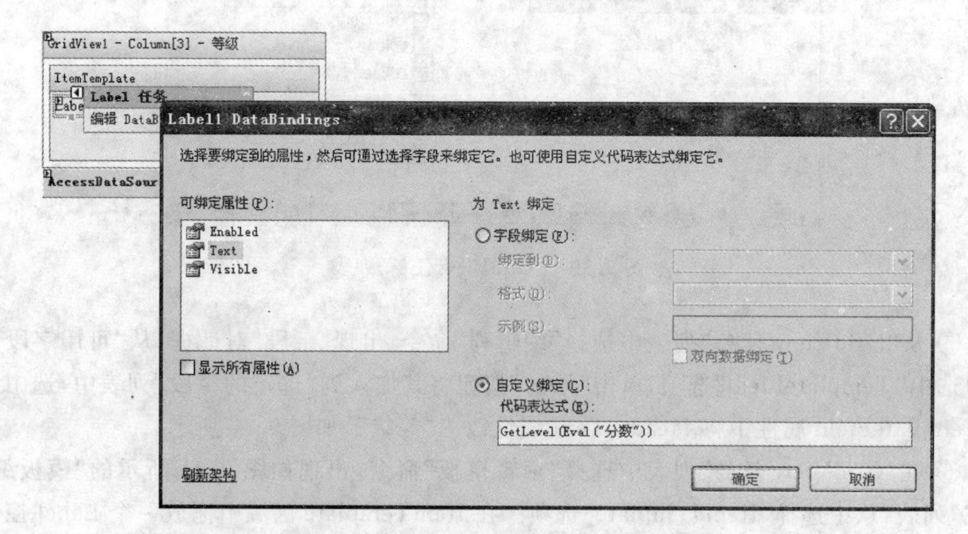

图 9.42 “Label1 DataBindings”对话框

注意：数据绑定表达式包含在<%和%>分隔符之内，并使用 Eval 或 Bind 函数。Eval 函数用于定义单向(只读)绑定，Bind 函数用于定义双向(可更新)绑定。在调用控件或 Page 对象的 DataBind 方法时，会对数据绑定表达式进行解析。当控件仅显示值时，可以使用 Eval 方法。当用户可以修改数据值时，可以使用 Bind 方法。如果模板包含值可能被用户更改的控件，如 TextBox 或 CheckBox 控件，或者模板允许删除记录，则需使用 Bind 方法。

⑦ 在本网页上设计如下事件过程：

```
public string GetLevel(object s)
{   int fs = int.Parse(s.ToString());
    if  (fs >= 90)
        return("优");
    else if (fs >= 80)
        return("良");
    else if (fs >= 70)
        return("中");
    else if (fs >= 60)
        return("及格");
    else
        return("不及格");
}
```

WebForm9-10 网页的 源 视图代码如下：

```
<%@ Page Language = "C#" AutoEventWireup = "true"
  CodeFile = "WebForm9 - 10.aspx.cs" Inherits = "ch9_WebForm9_10" %>
<!DOCTYPE html PUBLIC " - //W3C//DTD XHTML 1.0 Transitional//EN"
  "http://www.w3.org/TR/xhtml1/DTD/xhtml1 - transitional.dtd">
<html xmlns = "http://www.w3.org/1999/xhtml" >
  <head runat = "server">
    <title>无标题页</title>
  </head>
  <body>
    <form id = "form1" runat = "server">
      <div>
        <asp: GridView ID = "GridView1" runat = "server"
          AutoGenerateColumns = "False"
          DataSourceID = "AccessDataSource1"
          AutoGenerateSelectButton = "True"
          BackColor = "LightGoldenrodYellow"
          BorderColor = "Tan" BorderWidth = "1px"
          CellPadding = "2" Font - Size = "10pt"
          ForeColor = "Black" GridLines = "None"
          Width = "330px" DataKeyNames = "学号,课程名">
          <Columns>
            <asp: BoundField DataField = "学号" HeaderText = "学号"
              ReadOnly = "True" SortExpression = "学号" />
            <asp: BoundField DataField = "课程名" HeaderText = "课程名"
              ReadOnly = "True" SortExpression = "课程名" />
            <asp: BoundField DataField = "分数" HeaderText = "分数"
```

```
            SortExpression = "分数" />
        <asp: TemplateField HeaderText = "等级">
         <ItemTemplate>
            <asp: Label ID = "Label1" runat = "server"
               Text = '<%# GetLevel(Eval("分数")) %>'></asp: Label>
         </ItemTemplate>
        </asp: TemplateField>
     </Columns>
     <FooterStyle BackColor = "Tan" />
        <SelectedRowStyle BackColor = "DarkSlateBlue"
           ForeColor = "GhostWhite" />
        <PagerStyle BackColor = "PaleGoldenrod"
           ForeColor = "DarkSlateBlue" HorizontalAlign = "Center" />
            <HeaderStyle BackColor = "Tan" Font - Bold = "True" />
            <AlternatingRowStyle BackColor = "PaleGoldenrod" />
        </asp: GridView>
        <asp: AccessDataSource ID = "AccessDataSource1" runat = "server"
           DataFile = "~/App_Data/Stud.mdb"
           DeleteCommand = "DELETE FROM [score] WHERE [学号] = ?
              AND [课程名] = ?"
           InsertCommand = "INSERT INTO [score] ([学号], [课程名], [分数])
              VALUES (?, ?, ?)"
           SelectCommand = "SELECT [学号], [课程名], [分数] FROM [score]"
           UpdateCommand = "UPDATE [score] SET [分数] = ?
              WHERE [学号] = ? AND [课程名] = ?">
           <DeleteParameters>
              <asp: Parameter Name = "学号" Type = "String" />
              <asp: Parameter Name = "课程名" Type = "String" />
           </DeleteParameters>
           <UpdateParameters>
              <asp: Parameter Name = "分数" Type = "Int16" />
              <asp: Parameter Name = "学号" Type = "String" />
              <asp: Parameter Name = "课程名" Type = "String" />
           </UpdateParameters>
           <InsertParameters>
              <asp: Parameter Name = "学号" Type = "String" />
              <asp: Parameter Name = "课程名" Type = "String" />
              <asp: Parameter Name = "分数" Type = "Int16" />
           </InsertParameters>
        </asp: AccessDataSource>
     </div>
   </form>
 </body>
</html>
```

单击工具栏中的▶按钮运行本网页，其结果如图 9.43 所示。

5. DataBinder 类

前例中使用了动态绑定，实际上是使用 DataBinder 类实现的，该类提供对应用程序快速开发设计器的支持以生成和分析数据绑定表达式语法。在网页数据绑定语法中可以使用

图 9.43　WebForm9-10 网页运行界面

此类的静态方法 Eval 在运行时计算数据绑定表达式。与标准数据绑定相比，这提供的语法更容易记忆，但是因为 DataBinder. Eval 提供自动类型转换，这会导致服务器响应时间变长。

Eval 方法的基本语法格式如下：

```
public static Object Eval(Object container,string expression)
```

其中，参数 container 指出进行计算的对象引用；expression 指出从 container 到要放置在绑定控件属性中的公共属性值的导航路径，其返回值为 Object，它是数据绑定表达式的计算结果。

必须将＜％＃和％＞标记放在数据绑定表达式的两端；这些标记也用于标准 ASP. NET 数据绑定。当数据绑定到模板列表中的控件时，此方法尤其有用。

对于所有的列表 Web 控件，如 DataGrid、DataList 或 Repeater，container 参数值均应为“Container. DataItem”。如果要对页进行绑定，则 container 参数值应为“Page”。

例如，使用 Eval 方法以绑定到 Price 字段，其使用代码如下：

```
<# DataBinder.Eval(Container.DataItem, "Price") >
```

6. GridViewRow 类

GridView 控件中每个单独行都是一个 GridViewRow 对象。

GridView 控件将其所有数据行都存储在 Rows 集合中。若要确定 Rows 集合中 GridViewRow 对象的索引，需使用 RowIndex 属性。

通过使用 Cells 属性，可以访问 GridViewRow 对象的单独单元格。如果某个单元格包含其他控件，则通过使用单元格的 Controls 集合，可以从单元格检索控件。如果控件指定了 ID，还可以使用单元格的 FindControl 方法来查找该控件。

若要从 BoundField 字段列或自动生成的字段列检索字段值，需使用单元格的 Text 属性。若要从将字段值绑定到控件的其他字段列类型检索字段值，先从相应的单元格检索控件，然后访问该控件的相应属性。

下面的示例演示如何使用 GridViewRow 对象，从 GridView 控件中的单元格检索字段值，然后在该页上显示该值。

```
GridViewRow selectRow = GridView1.SelectedRow;
String txt = selectRow.Cells[1].Text;
```

【例 9.18】 设计一个通过 GridView 控件修改 student 表记录班号的网页 WebForm9-11。其设计步骤如下。

① 在 Myaspnet 网站的 ch9 文件夹中添加一个名称为 WebForm9-11 的空网页。

② 向其中拖放一个 GridView 控件 GridView1，在其下方拖放一个 Button 控件 Button1，将本网页的 StyleSheetTheme 属性指定为 Blue。

③ 在"GridView 任务"列表中选择"自动套用格式"命令设置 GridView1 控件的外观，再选择"新建数据源"命令，在出现的"选择数据源类型"对话框中选中"Access 数据库"选项，保持默认的名称为 AccessDataSource1，单击"确定"按钮。

④ 在"GridView 任务"列表中选择"编辑列"命令，打开"字段"对话框，从"选定的字段"列表中选中"班号"选项，单击"将此字段转换为 TemplateField"超链接，单击"确定"按钮返回。

⑤ 在"GridView 任务"列表中选择"编辑模板"命令，指定 ItemTemplate 模板，向其中拖放一个 TextBox 控件 TextBox1，如图 9.44 所示。从"TextBox 任务"列表中选择"编辑 DataBindings"命令，打开"TextBox1 DataBindings"对话框，选中"自定义绑定"选项，在代码表达式文本框中输入 DataBinder.Eval(Container.DataItem,"班号")，如图 9.45 所示，单击"确定"按钮，返回后再选择"GridView 任务"列表中的"结束编辑模板"命令。

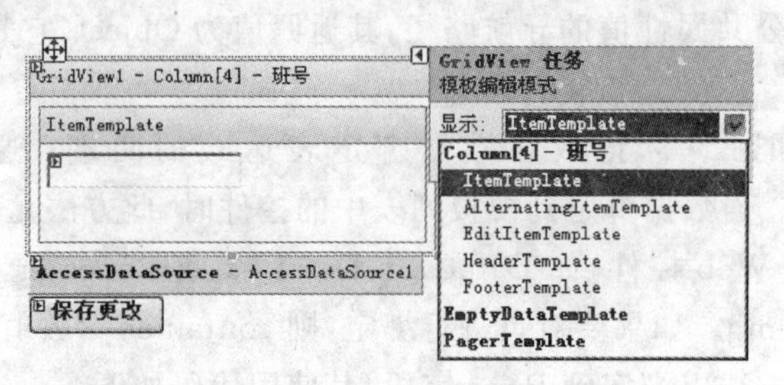

图 9.44 定义 ItemTemplate 模板

TextBox1 DataBindings

选择要绑定到的属性，然后可通过选择字段来绑定它。也可使用自定义代码表达式绑定它。

可绑定属性(P):
Enabled
ReadOnly
Text
Visible
显示所有属性(A)

为 Text 绑定
字段绑定(F):
绑定到(B):
格式(O):
示例(S):
双向数据绑定(T)
自定义绑定(C):
代码表达式(E):
DataBinder.Eval(Container.DataItem,"班号")

刷新架构
确定
取消

图 9.45 "TextBox1 DataBindings"对话框

⑥ 在本网页中设计如下事件过程：

```
protected void Button1_Click(object sender, EventArgs e)
{   string no;
    TextBox txtbh;
    int i;
    for (i = 0; i < GridView1.Rows.Count; i++ )
    {   txtbh = GridView1.Rows[i].FindControl("TextBox1") as TextBox;
        //在该行中找 TextBox1 控件
        no = GridView1.Rows[i].Cells[0].Text;       //提取该行的学号
        Update(no, txtbh.Text);                     //调用自定义过程进行更新
    }
}
protected void Update(string no,string nbh)
//自定义过程,用 UPDATE 语句修改班号
{   OleDbCommand mycmd = new OleDbCommand();
    OleDbConnection myconn = new OleDbConnection();
    string mystr;
    mystr = "Provider = Microsoft.Jet.OLEDB.4.0;" +
        "Data Source = " + Server.MapPath("~\\App_data\\Stud.mdb");
    myconn.ConnectionString = mystr;
    myconn.Open();
    string mysql = "UPDATE student SET 班号 = '" + nbh + "' WHERE 学号 = '"
        + no + "'";
    mycmd.CommandText = mysql;
    mycmd.Connection = myconn;
    mycmd.ExecuteNonQuery();
    myconn.Close();
}
```

上述代码中，GridView1.Rows[i]就是一个 GridViewRow 对象，它表示 GridView1 控件索引为 i 的行对象。可以使用 GridViewRow 类的相关方法实现更复杂的操作。

WebForm9-11 网页的源视图代码如下：

```
<%@ Page Language = "C#" AutoEventWireup = "true"
  CodeFile = "WebForm9-11.aspx.cs" Inherits = "ch9_WebForm9_11"
  StylesheetTheme = "Blue" %>
<!DOCTYPE html PUBLIC " - //W3C//DTD XHTML 1.0 Transitional//EN"
  "http://www.w3.org/TR/xhtml1/DTD/xhtml1 - transitional.dtd">
<html xmlns = "http://www.w3.org/1999/xhtml" >
  <head runat = "server">
    <title>无标题页</title>
  </head>
  <body>
    <form id = "form1" runat = "server">
      <div>
        <asp: GridView ID = "GridView1" runat = "server"
          AutoGenerateColumns = "False"
          DataKeyNames = "学号" DataSourceID = "AccessDataSource1"
          Font - Size = "10pt" ForeColor = "#3300FF">
          <Columns>
```

```
<asp: BoundField DataField = "学号" HeaderText = "学号"
  ReadOnly = "True" SortExpression = "学号" />
<asp: BoundField DataField = "姓名" HeaderText = "姓名"
  SortExpression = "姓名" />
<asp: BoundField DataField = "性别" HeaderText = "性别"
  SortExpression = "性别" />
<asp: BoundField DataField = "民族" HeaderText = "民族"
  SortExpression = "民族" />
<asp: TemplateField HeaderText = "班号"
  SortExpression = "班号">
  <EditItemTemplate>
    <asp: TextBox ID = "TextBox1" runat = "server"
      Text = '<%# Bind("班号") %>'></asp: TextBox>
    </EditItemTemplate>
    <ItemTemplate>
    <asp: TextBox ID = "TextBox1" runat = "server"
      Text = '<%# DataBinder.Eval(Container.DataItem,"班号") %>'
        Width = "114px"></asp: TextBox>
    </ItemTemplate>
  </asp: TemplateField>
</Columns>
</asp: GridView>
<asp: AccessDataSource ID = "AccessDataSource1" runat = "server"
  DataFile = "~/App_Data/Stud.mdb"
  DeleteCommand = "DELETE FROM [student] WHERE [学号] = ?"
  InsertCommand = "INSERT INTO [student] ([学号], [姓名], [性别],
    [民族], [班号]) VALUES (?, ?, ?, ?, ?)"
  SelectCommand = "SELECT [学号], [姓名], [性别], [民族], [班号]
    FROM [student]"
  UpdateCommand = "UPDATE [student] SET [姓名] = ?, [性别] = ?,
    [民族] = ?, [班号] = ? WHERE [学号] = ?">
  <DeleteParameters>
    <asp: Parameter Name = "学号" Type = "String" />
  </DeleteParameters>
  <UpdateParameters>
    <asp: Parameter Name = "姓名" Type = "String" />
    <asp: Parameter Name = "性别" Type = "String" />
    <asp: Parameter Name = "民族" Type = "String" />
    <asp: Parameter Name = "班号" Type = "String" />
    <asp: Parameter Name = "学号" Type = "String" />
  </UpdateParameters>
  <InsertParameters>
    <asp: Parameter Name = "学号" Type = "String" />
    <asp: Parameter Name = "姓名" Type = "String" />
    <asp: Parameter Name = "性别" Type = "String" />
    <asp: Parameter Name = "民族" Type = "String" />
    <asp: Parameter Name = "班号" Type = "String" />
    </InsertParameters>
  </asp: AccessDataSource>
  <asp: Button ID = "Button1" runat = "server" OnClick = "Button1_Click"
    Text = "保存更改" />
```

```
            </div>
        </form>
    </body>
</html>
```

图 9.46　WebForm9-11 网页运行界面

单击工具栏中的▶按钮运行本网页，如图 9.46 所示，用户可以直接修改各记录的班号，然后单击"保存更改"命令按钮修改对应 student 表中记录的班号。

本例不像直接使用 GridView 控件的编辑功能，只能一次修改一个记录，而是一次修改多个记录，达到批量数据修改的目的，在实际 Web 应用程序设计中十分有用。

7. DataView 类

在 GridView 控件实现数据绑定的第 2 种方法中经常用 DataView 对象。DataView 对象能够创建 DataTable 中所存储数据的不同视图，用于对 DataSet 中的数据进行排序、过滤和查询等操作。

DataView 对象类似于数据库中的视图功能，提供 DataTable 列(Column)排序、过滤记录(Row)及记录的搜索，它的一个常见用法是为控件提供数据绑定。

DataView 对象的构造函数如下：

```
DataView()
DataView(table)
DataView(table, RowFilter, Sort, RowState)
```

其中，table 参数指出要添加到 DataView 的 DataTable；RowFilter 参数指出要应用于 DataView 的 RowFilter；Sort 参数指出要应用于 DataView 的 Sort；RowState 参数指出要应用于 DataView 的 DataViewRowState。

为给定的 DataTable 创建一个新的 DataView，可以声明该 DataView，把 DataTable 的一个引用 mydt 传给 DataView 构造函数，例如：

```
DataView mydv = new DataView(mydt);
```

用过滤条件属性可以得到 DataView 中数据行的一个子集合，也可以为这些数据排序。

DataTable 对象提供 DefaultView 属性返回默认的 DataView 对象。例如：

```
DataView mydv = new DataView();
mydv = myds.Tables["student"].DefaultView;
```

上述代码从 myds 数据集中取得 student 表的默认内容，再利用相关控件(如 DataGridView)显示内容，指定数据来源为 mydv。

DataView 对象的常用属性如表 9.44 所示，其常用的方法如表 9.45 所示。

表 9.44 DataView 的常用属性及其说明

属　性	说　明
AllowDelete	设置或获取一个值,该值指示是否允许删除
AllowEdit	获取或设置一个值,该值指示是否允许编辑
Allownew	获取或设置一个值,该值指示是否可以使用 Addnew 方法添加新行
ApplyDefaultSort	获取或设置一个值,该值指示是否使用默认排序
Count	在应用 RowFilter 和 RowStateFilter 之后,获取 DataView 中记录的数量
Item	从指定的表获取一行数据
RowFilter	获取或设置用于筛选在 DataView 中查看哪些行的表达式
RowStateFilter	获取或设置用于 DataView 中的行状态筛选器
Sort	获取或设置 DataView 的一个或多个排序列以及排序顺序
Table	获取或设置源 DataTable

表 9.45 DataView 的常用方法及其说明

方　法	说　明
Addnew	将新行添加到 DataView 中
Delete	删除指定索引位置的行
Find	按指定的排序关键字值在 DataView 中查找行
FindRows	返回 DataRowView 对象的数组,这些对象的列与指定的排序关键字值匹配
ToTable	根据现有 DataView 中的行,创建并返回一个新的 DataTable

【例 9.19】 设计一个通过 GridView 控件查找和排序 student 表中记录的网页 WebForm9-12。

其设计步骤如下。

① 在 Myaspnet 网站的 ch9 文件夹中添加一个名称为 WebForm9-12 的空网页。

② 其设计界面如图 9.47 所示,其中有一个表,表中包含两个文本框(TextBox1 用于输入学号,TextBox2 用于输入姓名)、3 个下拉列表(DropDownList1 用于选择民族,DropDownList2 用于选择班号,DropDownList3 用于选择排序字段)、4 个单选按钮(RadioButton1 和 RadioButton2 为一组,用于选择性别,RadioButton3 和 RadioButton4 为一组,用于选择升降序)和两个命令按钮(Button1 为"确定"按钮,Button2 为"重置"按钮)。将该网页的 StyleSheetTheme 属性设置为 Blue。在该网页上设计如下事件过程:

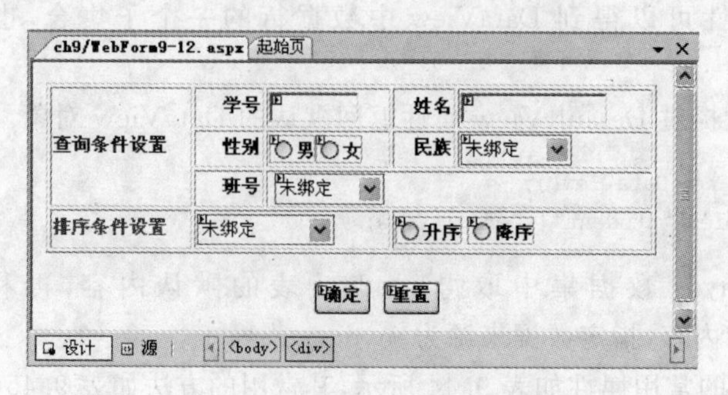

图 9.47　WebForm9-12 设计界面

```
protected void Page_Load(object sender, EventArgs e)
{   if (!Page.IsPostBack)
    {   string mystr =
            ConfigurationManager.AppSettings["myconnstring"];
        OleDbConnection myconn = new OleDbConnection();
        myconn.ConnectionString = mystr;
        myconn.Open();
        //以下设置 DropDownList1 的绑定数据
        DataSet myds1 = new DataSet();
        OleDbDataAdapter myda1 = new OleDbDataAdapter("SELECT distinct
            民族 FROM student", myconn);
        myda1.Fill(myds1, "student");
        DropDownList1.DataSource = myds1.Tables["student"];
        DropDownList1.DataTextField = "民族";
        DropDownList1.DataBind();
        //以下设置 DropDownList2 的绑定数据
        DataSet myds2 = new DataSet();
        OleDbDataAdapter myda2 = new OleDbDataAdapter("SELECT distinct
            班号 FROM student", myconn);
        myda2.Fill(myds2, "student");
        DropDownList2.DataSource = myds2.Tables["student"];
        DropDownList2.DataTextField = "班号";
        DropDownList2.DataBind();
        //以下设置 DropDownList3 的数据
        DropDownList3.Items.Add("学号");
        DropDownList3.Items.Add("姓名");
        DropDownList3.Items.Add("性别");
        DropDownList3.Items.Add("民族");
        DropDownList3.Items.Add("班号");
        myconn.Close();
        TextBox1.Text = "";
        TextBox2.Text = "";
        RadioButton1.Checked = false;
        RadioButton2.Checked = false;
        RadioButton3.Checked = false;
        RadioButton4.Checked = false;
    }
}
protected void Button1_Click(object sender, EventArgs e)//查询确定
{   string condstr = "";
    //以下根据用户输入求得条件表达式 condstr
    if (TextBox1.Text != "")
        condstr = "学号 Like '" + TextBox1.Text + "%'";
    if (TextBox2.Text != "")
        if (condstr != "")
            condstr = condstr + " AND 姓名 Like '" + TextBox2.Text + "%'";
        else
            condstr = "姓名 Like '" + TextBox2.Text + "%'";
    if (RadioButton1.Checked == true)
        if (condstr != "")
            condstr = condstr + " AND 性别 = '男'";
        else
            condstr = "性别 = '男'";
    else if (RadioButton2.Checked == true)
```

```
        if (condstr != "")
            condstr = condstr + "AND 性别 = '女'";
        else
            condstr = "性别 = '女'";
    if (condstr != "")
        condstr = condstr + " AND 民族 = '" + DropDownList1.SelectedValue + "'";
    else
        condstr = "民族 = '" + DropDownList1.SelectedValue + "'";
    condstr = condstr + " AND 班号 = '" + DropDownList2.SelectedValue + "'";
    string orderstr = "";
    //以下根据用户输入求得排序条件表达式 orderstr
    if (RadioButton3.Checked)
        orderstr = DropDownList3.SelectedValue + " ASC";
    else
        orderstr = DropDownList3.SelectedValue + " DESC";
    Server.Transfer("WebForm9-12-1.aspx?" + "condstr=" +
        condstr + "&orderstr=" + orderstr);
}
protected void Button2_Click(object sender, EventArgs e)
{   TextBox1.Text = "";
    TextBox2.Text = "";
    RadioButton1.Checked = false;
    RadioButton2.Checked = false;
    RadioButton3.Checked = false;
    RadioButton4.Checked = false;
    DropDownList1.SelectedIndex = -1;
    DropDownList2.SelectedIndex = -1;
}
```

在运行网页用户单击“确定”命令按钮时转向 WebForm9-12-1 网页，其设计界面如图 9.48 所示，其中有一个 HTML 标签和一个 GridView 控件 GridView1。GridView1 控件的 PageSize 属性设为 2，AllowPaging 属性设为 True，选择自动套用格式为“沙滩和天空”，在 WebForm9-12-1 网页上设计如下事件过程：

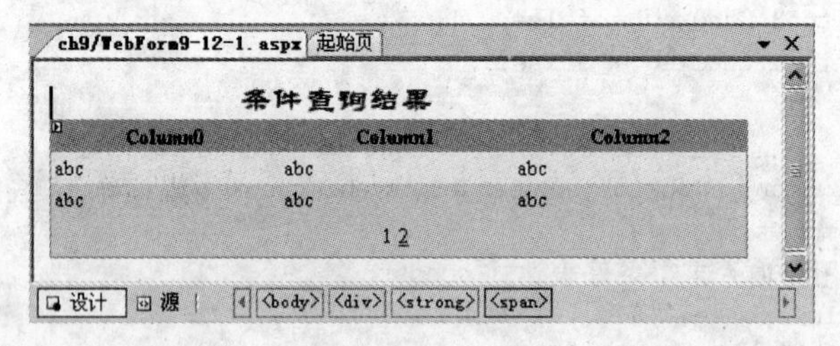

图 9.48　WebForm9-12-1 设计界面

```
using System;
using System.Data;
using System.Configuration;
using System.Collections;
using System.Web;
using System.Web.Security;
using System.Web.UI;
using System.Web.UI.WebControls;
using System.Web.UI.WebControls.WebParts;
using System.Web.UI.HtmlControls;
```

```
using System.Data.OleDb;
public partial class ch9_WebForm9_9_1: System.Web.UI.Page
{   DataView mydv = new DataView();
    protected void Page_Load(object sender, EventArgs e)
    {   string condstr = Request.QueryString["condstr"];
        string orderstr = Request.QueryString["orderstr"];
        string mystr =
            ConfigurationManager.AppSettings["myconnstring"];
        OleDbConnection myconn = new OleDbConnection();
        myconn.ConnectionString = mystr;
        myconn.Open();
        DataSet myds = new DataSet();
        OleDbDataAdapter myda = new OleDbDataAdapter("SELECT" +
            " * FROM student", myconn);
        myda.Fill(myds, "student");
        mydv = myds.Tables["student"].DefaultView;
                                          //获得 DataView 对象 mydv
        mydv.RowFilter = condstr;         //过滤 DataView 中的记录
        mydv.Sort = orderstr;             //对 DataView 中记录排序
        GridView1.DataSource = mydv;
        GridView1.DataBind();
    }
    protected void GridView1_PageIndexChanging(object sender,GridViewPageEventArgs e)
                                          //实现分页功能
    {   GridView1.PageIndex = e.NewPageIndex;
        GridView1.DataSource = mydv;
        GridView1.DataBind();
    }
}
```

注意：在 WebForm9-12-1 网页中单击页号，并不能实现分页，这时需要处理 PageIndexChanging 事件(见上面的代码)。而采用数据源控件实现绑定则不需要处理就可以显示。

运行 WebForm9-12 网页，选中“降序”单选按钮，如图 9.49 所示，单击“确定”按钮，转向 WebForm9-12-1 网页，其结果如图 9.50 所示，用户可以单击分页号显示相应的页面。

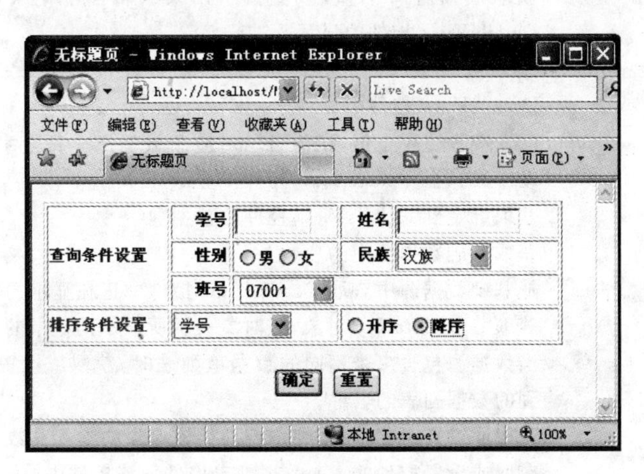

图 9.49　WebForm9-12 运行界面

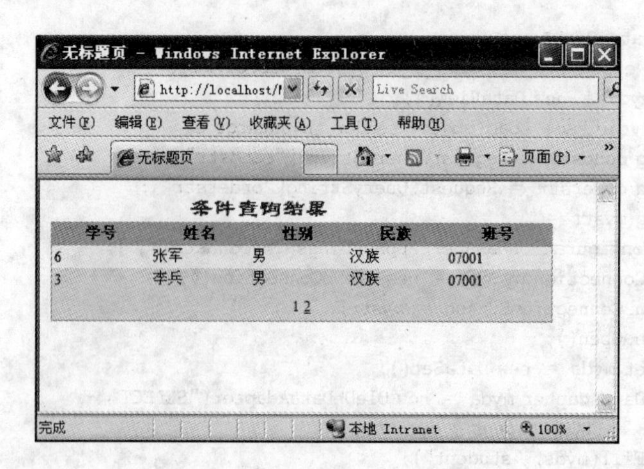

图 9.50 WebForm9-12-1 运行界面

9.6.4 DetailsView 控件

DetailsView 控件显示来自数据源的单条记录的值，其中每个数据行表示该记录的一个字段。它可与 GridView 控件结合使用，以用于主/详细信息方案。DetailsView 控件支持的功能有：绑定到数据源控件（如 AccessDataSource），内置插入功能，内置更新和删除功能，内置分页功能，以编程方式访问 DetailsView 对象模型以动态设置属性、处理事件等。

DetailsView 控件的许多用法与 GridView 控件类似。DetailsView 控件的常用属性及其说明如表 9.46 所示，常用方法及其说明如表 9.47 所示，常用事件及其说明如表 9.48 所示。

表 9.46 DetailsView 控件的常用属性及其说明

属　性	说　明
AllowPaging	获取或设置一个值，该值指示是否启用分页功能
AutoGenerateDeleteButton	获取或设置一个值，该值指示用来删除当前记录的内置控件是否在 DetailsView 控件中显示
AutoGenerateEditButton	获取或设置一个值，该值指示用来编辑当前记录的内置控件是否在 DetailsView 控件中显示
AutoGenerateInsertButton	获取或设置一个值，该值指示用来插入新记录的内置控件是否在 DetailsView 控件中显示
AutoGenerateRows	获取或设置一个值，该值指示对应于数据源中每个字段的行字段是否自动生成并在 DetailsView 控件中显示
DataItem	获取绑定到 DetailsView 控件的数据项
DataItemCount	获取基础数据源中的项数
DataItemIndex	从基础数据源中获取 DetailsView 控件中正在显示的项的索引
DataKey	获取一个 DataKey 对象，该对象表示所显示的记录的主关键字
DataMember	当数据源包含多个不同的数据项列表时，获取或设置数据绑定控件绑定到的数据列表的名称
DataSource	获取或设置对象，数据绑定控件从该对象中检索其数据项列表
DataSourceID	获取或设置控件的 ID，数据绑定控件从该控件中检索其数据项列表
DefaultMode	获取或设置 DetailsView 控件的默认数据输入模式

续表

属 性	说 明
GridLines	获取或设置 DetailsView 控件的网格线样式
HorizontalAlign	获取或设置 DetailsView 控件在页面上的水平对齐方式
InsertRowStyle	获取一个对 TableItemStyle 对象的引用,该对象允许设置在 DetailsView 控件处于插入模式时 DetailsView 控件中的数据行的外观
PageCount	获取数据源中的记录数
PageIndex	获取或设置所显示的记录的索引
SelectedValue	获取 DetailsView 控件中的当前记录的数据键值

表 9.47 DetailsView 控件的常用方法及其说明

方 法	说 明
ChangeMode	将 DetailsView 控件切换为指定模式 newMode。newMode 的取值为 DetailsViewMode.Edit(DetailsView 控件处于编辑模式,这样用户就可以更新记录的值)、DetailsViewMode.Insert(DetailsView 控件处于插入模式,这样用户就可以向数据源中添加新记录)或 DetailsView.ReadOnly(DetailsView 控件处于只读模式,这是通常的显示模式)
DataBind	将来自数据源的数据绑定到控件
DeleteItem	从数据源中删除当前记录
InsertItem	将当前记录插入到数据源中
UpdateItem	更新数据源中的当前记录

表 9.48 DetailsView 控件的常用事件及其说明

事 件	说 明
ItemCommand	当单击 DetailsView 控件中的按钮时发生
ItemCreated	在 DetailsView 控件中创建记录时发生
ItemDeleted	在单击 DetailsView 控件中的"删除"按钮时,但在删除操作之后发生
ItemDeleting	在单击 DetailsView 控件中的"删除"按钮时,但在删除操作之前发生
ItemInserted	在单击 DetailsView 控件中的"插入"按钮时,但在插入操作之后发生
ItemInserting	在单击 DetailsView 控件中的"插入"按钮时,但在插入操作之前发生
ItemUpdated	在单击 DetailsView 控件中的"更新"按钮时,但在更新操作之后发生
ItemUpdating	在单击 DetailsView 控件中的"更新"按钮时,但在更新操作之前发生
PageIndexChanged	当 PageIndex 属性的值在分页操作后更改时发生
PageIndexChanging	当 PageIndex 属性的值在分页操作前更改时发生

【例 9.20】 设计一个通过 DetailsView 控件操作 student 表记录的网页 WebForm9-13。其设计步骤如下。

① 在 Myaspnet 网站的 ch9 文件夹中添加一个名称为 WebForm9-13 的空网页。

② 向其中拖放一个 DetailsView 控件 DetailsView1。

③ 在"DetailsView 任务"列表中选择"新建数据源"命令,如图 9.51 所示。

④ 建立数据源 AccessDataSource1 的方法与前例相同,单击"完成"按钮。

⑤ 出现新的"GridView 任务"列表如图 9.52 所示,勾选所有启动选项。选择自动套用格式为"沙滩和天空"。

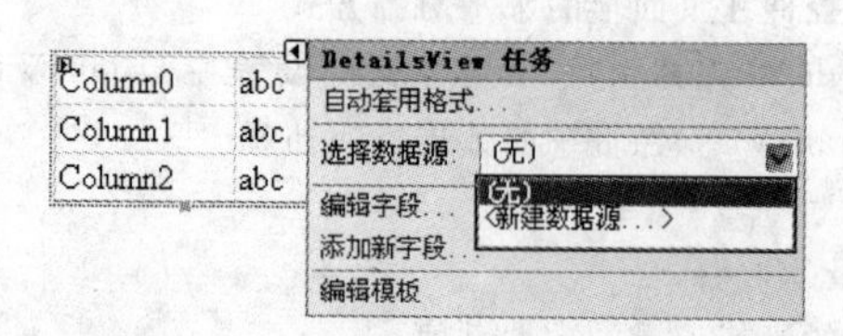

图 9.51 “DetailsView 任务”列表

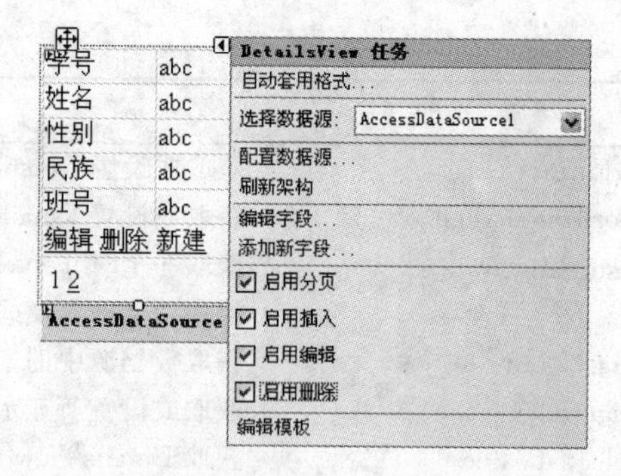

图 9.52 新的“GridView 任务”列表

WebForm9-13 网页的 源 视图代码如下：

```
<%@ Page Language = "C#" AutoEventWireup = "true"
  CodeFile = "WebForm9 - 13.aspx.cs" Inherits = "ch9_WebForm9_13"
  StylesheetTheme = "Blue" %>
<!DOCTYPE html PUBLIC " - //W3C//DTD XHTML 1.0 Transitional//EN"
  "http://www.w3.org/TR/xhtml1/DTD/xhtml1 - transitional.dtd">
<html xmlns = "http://www.w3.org/1999/xhtml" >
  <head runat = "server">
    <title>无标题页</title>
  </head>
  <body>
    <form id = "form1" runat = "server">
      <div>
        <asp: DetailsView ID = "DetailsView1" runat = "server"
          AllowPaging = "True" AutoGenerateRows = "False"
          BackColor = "LightGoldenrodYellow" BorderColor = "Tan"
          BorderWidth = "1px" CellPadding = "2"
          DataKeyNames = "学号" DataSourceID = "AccessDataSource1"
          ForeColor = "Black" GridLines = "None"
          Height = "50px" Width = "210px">
          <FooterStyle BackColor = "Tan" />
          <EditRowStyle BackColor = "DarkSlateBlue"
            ForeColor = "GhostWhite" />
          <PagerStyle BackColor = "PaleGoldenrod"
            ForeColor = "DarkSlateBlue" HorizontalAlign = "Center" />
          <Fields>
            <asp: BoundField DataField = "学号" HeaderText = "学号"
              ReadOnly = "True" SortExpression = "学号" />
            <asp: BoundField DataField = "姓名" HeaderText = "姓名"
              SortExpression = "姓名" />
            <asp: BoundField DataField = "性别" HeaderText = "性别"
              SortExpression = "性别" />
            <asp: BoundField DataField = "民族" HeaderText = "民族"
              SortExpression = "民族" />
            <asp: BoundField DataField = "班号" HeaderText = "班号"
              SortExpression = "班号" />
            <asp: CommandField ShowDeleteButton = "True"
              ShowEditButton = "True" ShowInsertButton = "True" />
          </Fields>
          <HeaderStyle BackColor = "Tan" Font - Bold = "True" />
```

```
        <AlternatingRowStyle BackColor="PaleGoldenrod" />
      </asp:DetailsView>
      <asp:AccessDataSource ID="AccessDataSource1" runat="server"
        DataFile="~/App_Data/Stud.mdb"
        DeleteCommand="DELETE FROM [student] WHERE [学号] = ?"
        InsertCommand="INSERT INTO [student] ([学号], [姓名], [性别],
          [民族], [班号]) VALUES (?, ?, ?, ?, ?)"
        SelectCommand="SELECT [学号], [姓名], [性别], [民族], [班号]
          FROM [student]"
        UpdateCommand="UPDATE [student] SET [姓名] = ?, [性别] = ?,
          [民族] = ?, [班号] = ? WHERE [学号] = ?">
        <DeleteParameters>
          <asp:Parameter Name="学号" Type="String" />
        </DeleteParameters>
        <UpdateParameters>
          <asp:Parameter Name="姓名" Type="String" />
          <asp:Parameter Name="性别" Type="String" />
          <asp:Parameter Name="民族" Type="String" />
          <asp:Parameter Name="班号" Type="String" />
          <asp:Parameter Name="学号" Type="String" />
        </UpdateParameters>
        <InsertParameters>
          <asp:Parameter Name="学号" Type="String" />
          <asp:Parameter Name="姓名" Type="String" />
          <asp:Parameter Name="性别" Type="String" />
          <asp:Parameter Name="民族" Type="String" />
          <asp:Parameter Name="班号" Type="String" />
        </InsertParameters>
      </asp:AccessDataSource>
    </div>
  </form>
</body>
</html>
```

单击工具栏中的▶按钮运行本网页，其结果如图 9.53 所示。单击“新建”超链接，出现如图 9.54 所示的编辑界面，用户可以输入相应的学生记录。这里单击“取消”超链接，表示不新增学生记录。

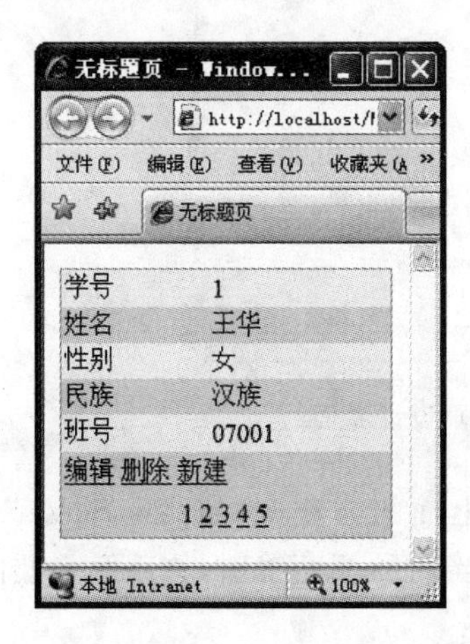

图 9.53　WebForm9-13 网页运行结果 1

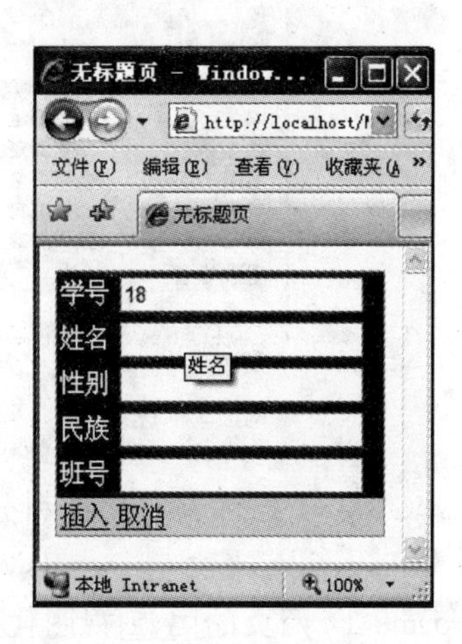

图 9.54　WebForm9-13 网页运行结果 2

【例 9.21】 设计一个通过 GridView 控件和 DetailsView 控件操作 student 表记录的网页 WebForm9-14。

其设计步骤如下。

① 在 Myaspnet 网站的 ch9 文件夹中添加一个名称为 WebForm9-14 的空网页。

② 向其中拖放一个 GridView 控件 GridView1。采用上例的方法设置其数据源控件为 AccessDataSource1,在“GridView 任务”列表中勾选“启动分页”、“启动排序”、“启动删除”和“启动选定内容”选项;指定自动套用格式为“穆哈咖啡”;设置 PageSize 属性为 3;通过“字段”对话框将“删除”超链接移到最后并将前景颜色设置为 Red(将 ItemStyle|Font|ForeColor 属性设置为 Red)。

③ 向其中拖放一个 DetailsView 控件 DetailsView1。指定其 DataSourceID 为 AccessDataSource1,在“DetailsView 任务”列表中勾选“启动插入”和“启动编辑”选项,指定自动套用格式为“沙滩和天空”。

④ 再添加两个起提示作用的 HTML 标签,网页设计界面如图 9.55 所示。在该网页上设计如下事件过程:

```
protected void GridView1_SelectedIndexChanged(object sender,EventArgs e)
{   DetailsView1.ChangeMode(DetailsViewMode.ReadOnly);
    DetailsView1.PageIndex = GridView1.PageIndex * GridView1.PageSize
      + GridView1.SelectedIndex;
}
protected void GridView1_PageIndexChanged(object sender, EventArgs e)
{   DetailsView1.ChangeMode(DetailsViewMode.ReadOnly);
    DetailsView1.PageIndex = GridView1.PageIndex * GridView1.PageSize;
}
```

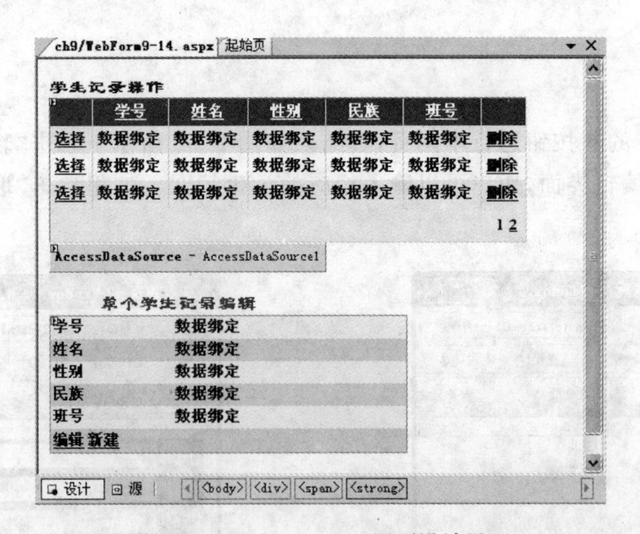

图 9.55 WebForm9-14 网页设计界面

由于 GridView1 控件具有选择和分页功能,在上面的方法中,使用 GridVeiw1 控件的 PageIndex 和 PageSize 来决定 DetailsView1 控件的当前的页面索引,使用两个控件同步。

WebForm9-14 网页的 源 视图代码如下:

```
<%@ Page Language = "C#" AutoEventWireup = "true"
   CodeFile = "WebForm9 - 14.aspx.cs" Inherits = "ch9_WebForm9_14" %>
<!DOCTYPE html PUBLIC " - //W3C//DTD XHTML 1.0 Transitional//EN"
   "http://www.w3.org/TR/xhtml1/DTD/xhtml1 - transitional.dtd">
<html xmlns = "http://www.w3.org/1999/xhtml" >
   <head runat = "server">
      <title>无标题页</title>
   </head>
   <body style = "font - size: 12pt">
      <form id = "form1" runat = "server">
         <div>
            <span style = "color: #ff0000; font - family: 隶书">
               <strong>学生记录操作</strong></span><br />
            <asp: GridView ID = "GridView1" runat = "server" AllowPaging = "True"
               AllowSorting = "True"
               AutoGenerateColumns = "False"
               AutoGenerateSelectButton = "True" BackColor = "White"
               BorderColor = "#DEDFDE" BorderStyle = "None" BorderWidth = "1px"
               CellPadding = "4" DataKeyNames = "学号"
               DataSourceID = "AccessDataSource1" Font - Bold = "True"
               Font - Size = "10pt" ForeColor = "Black"
               GridLines = "Vertical"
               OnSelectedIndexChanged = "GridView1_SelectedIndexChanged"
               PageSize = "3" Width = "417px"
               OnPageIndexChanged = "GridView1_PageIndexChanged">
               <FooterStyle BackColor = "#CCCC99" />
               <Columns>
                  <asp: BoundField DataField = "学号" HeaderText = "学号"
                     ReadOnly = "True" SortExpression = "学号" />
                  <asp: BoundField DataField = "姓名" HeaderText = "姓名"
                     SortExpression = "姓名" />
                  <asp: BoundField DataField = "性别" HeaderText = "性别"
                     SortExpression = "性别" />
                  <asp: BoundField DataField = "民族" HeaderText = "民族"
                     SortExpression = "民族" />
                  <asp: BoundField DataField = "班号" HeaderText = "班号"
                     SortExpression = "班号" />
                  <asp: CommandField ShowDeleteButton = "True">
                     <ItemStyle ForeColor = "Red" />
                     <ControlStyle BorderColor = "Red" />
                  </asp: CommandField>
               </Columns>
               <RowStyle BackColor = "#F7F7DE" />
               <SelectedRowStyle BackColor = "#CE5D5A" Font - Bold = "True"
                  ForeColor = "White" />
               <PagerStyle BackColor = "#F7F7DE" ForeColor = "Black"
                  HorizontalAlign = "Right" />
```

```
      <HeaderStyle BackColor = "#6B696B" Font-Bold = "True"
        ForeColor = "White" />
      <AlternatingRowStyle BackColor = "White" />
  </asp:GridView>
  <asp:AccessDataSource ID = "AccessDataSource1" runat = "server"
    DataFile = "~/App_Data/Stud.mdb"
    DeleteCommand = "DELETE FROM [student] WHERE [学号] = ?"
    InsertCommand = "INSERT INTO [student] ([学号], [姓名], [性别],
      [民族], [班号]) VALUES (?, ?, ?, ?, ?)"
    SelectCommand = "SELECT [学号], [姓名], [性别], [民族], [班号] FROM
      [student]"
    UpdateCommand = "UPDATE [student] SET [姓名] = ?, [性别] = ?,
      [民族] = ?, [班号] = ? WHERE [学号] = ?">
    <DeleteParameters>
      <asp:Parameter Name = "学号" Type = "String" />
    </DeleteParameters>
    <UpdateParameters>
      <asp:Parameter Name = "姓名" Type = "String" />
      <asp:Parameter Name = "性别" Type = "String" />
      <asp:Parameter Name = "民族" Type = "String" />
      <asp:Parameter Name = "班号" Type = "String" />
      <asp:Parameter Name = "学号" Type = "String" />
    </UpdateParameters>
    <InsertParameters>
      <asp:Parameter Name = "学号" Type = "String" />
      <asp:Parameter Name = "姓名" Type = "String" />
      <asp:Parameter Name = "性别" Type = "String" />
      <asp:Parameter Name = "民族" Type = "String" />
      <asp:Parameter Name = "班号" Type = "String" />
    </InsertParameters>
  </asp:AccessDataSource>
  <br />
  <span style = "color: #ff3333; font-family: 华文隶书">
    <strong>        
    单个学生记录编辑 </strong></span>
  <asp:DetailsView ID = "DetailsView1" runat = "server"
   AutoGenerateRows = "False" BackColor = "LightGoldenrodYellow"
   BorderColor = "Tan" BorderWidth = "1px" CellPadding = "2"
   DataKeyNames = "学号" DataSourceID = "AccessDataSource1"
   Font-Bold = "True" Font-Size = "10pt" ForeColor = "Black"
   GridLines = "None" Height = "50px"
   Width = "313px">
   <FooterStyle BackColor = "Tan" />
   <EditRowStyle BackColor = "DarkSlateBlue"
    ForeColor = "GhostWhite" />
    <PagerStyle BackColor = "PaleGoldenrod"
    ForeColor = "DarkSlateBlue" HorizontalAlign = "Center" />
    <Fields>
      <asp:BoundField DataField = "学号" HeaderText = "学号"
        ReadOnly = "True" SortExpression = "学号" />
      <asp:BoundField DataField = "姓名" HeaderText = "姓名"
```

```
            SortExpression = "姓名" />
        <asp: BoundField DataField = "性别" HeaderText = "性别"
            SortExpression = "性别" />
        <asp: BoundField DataField = "民族" HeaderText = "民族"
            SortExpression = "民族" />
        <asp: BoundField DataField = "班号" HeaderText = "班号"
            SortExpression = "班号" />
        <asp: CommandField ShowEditButton = "True"
            ShowInsertButton = "True" />
      </Fields>
      <HeaderStyle BackColor = "Tan" Font - Bold = "True" />
      <AlternatingRowStyle BackColor = "PaleGoldenrod" />
    </asp: DetailsView>
  </div>
</form>
</body>
</html>
```

单击工具栏中的▶按钮运行本网页,在GridView1控件中单击页号2并选择第2个记录,在DetailsView1控件中显示相应的记录,如图9.56所示,用户可以单击"编辑"超链接修改该记录,也可以单击"新建"超链接插入一个新的记录。

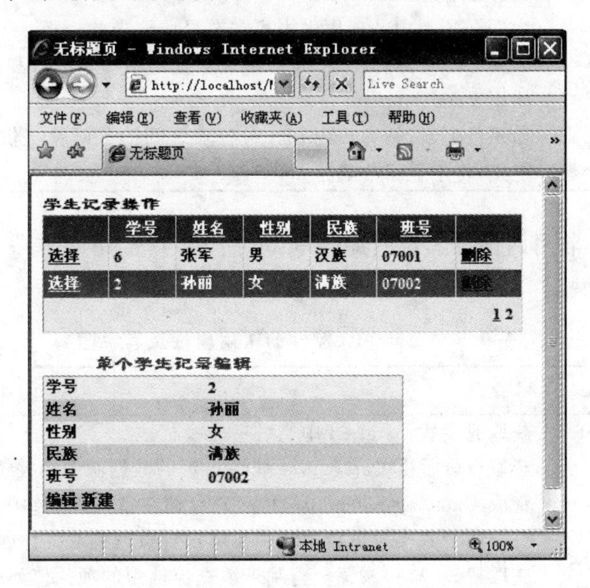

图9.56 WebForm9-14网页运行界面

9.6.5 FormView控件

FormView控件与DetailsView控件在功能上有很多相似之处,也是用来显示数据源中的一条记录,分页显示下一条记录,支持数据的添加、删除、修改、分页等功能。

FormView控件与DetailsView控件之间的不同之处在于DetailsView控件使用表格布局,在此布局中,记录的每个字段都各自显示一行;而FormView控件不指定用于显示距离的预定义布局,用户必须使用模板指定用于显示的布局。

读者可以参见DetailsView控件的用法来学习FormView控件,这里不再详述。

9.6.6 DataList 控件

DataList 控件默认情况下以表格形式显示数据，其优点是用户可以通过模板定义为数据创建任意格式的布局，不仅可以横排数据，也可以竖排数据，还支持选择和编辑等。

DataList 控件支持的模板如表 9.49 所示，使用时至少需要定义 ItemTemplate 以显示 DataList 控件中的项（通过“DataList 任务”列表建立其数据源绑定控件时自动定义 ItemTemplate 模板）。

表 9.49 DataList 控件支持的模板

模板名称	说明
AlternatingItemTemplate	如果已定义，则为 DataList 中的交替项提供内容和布局。如果未定义，则使用 ItemTemplate
EditItemTemplate	如果已定义，则为 DataList 中当前编辑的项提供内容和布局。如果未定义，则使用 ItemTemplate
FooterTemplate	如果已定义，则为 DataList 的脚注部分提供内容和布局。如果未定义，将不显示脚注部分
HeaderTemplate	如果已定义，则为 DataList 的页眉节提供内容和布局。如果未定义，将不显示页眉节
ItemTemplate	为 DataList 中的项提供内容和布局所要求的模板
SelectedItemTemplate	如果已定义，则为 DataList 中当前选定项提供内容和布局。如果未定义，则使用 ItemTemplate
SeparatorTemplate	如果已定义，则为 DataList 中各项之间的分隔符提供内容和布局。如果未定义，将不显示分隔符

DataList 控件的常用属性及其说明如表 9.50 所示，其常用的方法为 DataBind，其常用的事件如表 9.51 所示。

表 9.50 DataList 控件的常用属性及其说明

属性	说明
AlternatingItemTemplate	获取或设置 DataList 中交替项的模板
DataKeyField	获取或设置由 DataSource 属性指定的数据源中的关键字段
DataKeys	获取 DataKeyCollection 对象，它存储数据列表控件中每个记录的键值
DataMember	获取或设置多成员数据源中要绑定到数据列表控件的特定数据成员
DataSource	获取或设置源，该源包含用于填充控件中的项的值列表
DataSourceID	获取或设置数据源控件的 ID 属性，数据列表控件应使用它来检索其数据源
EditItemIndex	获取或设置 DataList 控件中要编辑的选定项的索引号
EditItemStyle	获取 DataList 控件中为进行编辑而选定的项的样式属性
EditItemTemplate	获取或设置 DataList 控件中为进行编辑而选定的项的模板
FooterTemplate	获取或设置 DataList 控件的脚注部分的模板
GridLines	当 RepeatLayout 属性设置为 RepeatLayout.Table 时，获取或设置 DataList 控件的网格线样式
HeaderTemplate	获取或设置 DataList 控件的标题部分的模板
ItemTemplate	获取或设置 DataList 控件中项的模板

续表

属 性	说 明
RepeatColumns	获取或设置要在 DataList 控件中显示的列数
RepeatDirection	获取或设置 DataList 控件是垂直显示还是水平显示
SelectedIndex	获取或设置 DataList 控件中的选定项的索引
SelectedItem	获取 DataList 控件中的选定项
SelectedValue	获取所选择的数据列表项的关键字段的值
SeparatorTemplate	获取或设置 DataList 控件中各项间分隔符的模板

表 9.51 DataList 控件的常用事件及其说明

事 件	说 明
DataBinding	当服务器控件绑定到数据源时发生
DeleteCommand	对 DataList 控件中的某个项单击"删除"按钮时发生
EditCommand	对 DataList 控件中的某个项单击"编辑"按钮时发生
ItemCommand	当单击 DataList 控件中的任一按钮时发生
ItemCreated	当在 DataList 控件中创建项时在服务器上发生
ItemDataBound	当项被数据绑定到 DataList 控件时发生
SelectedIndexChanged	在两次服务器发送之间,在数据列表控件中选择了不同的项时发生
UpdateCommand	对 DataList 控件中的某个项单击 Update 按钮时发生

【例 9.22】 设计一个通过 DataList 控件显示 student 表记录的网页 WebForm9-15。

其设计步骤如下。

① 在 Myaspnet 网站的 ch9 文件夹中添加一个名称为 WebForm9-15 的空网页。

② 向其中拖放一个 DataList 控件 DataList1。

③ 在"DataList 任务"列表中选择"新建数据源"命令新建数据源控件 AccessDataSource1,用于访问 student 表。

④ 选择"DataList 任务"列表中的"编辑模板"命令,定义 ItemTemplate 模板如图 9.57 所示,定义 HeaderTemplate 模板如图 9.58 所示。

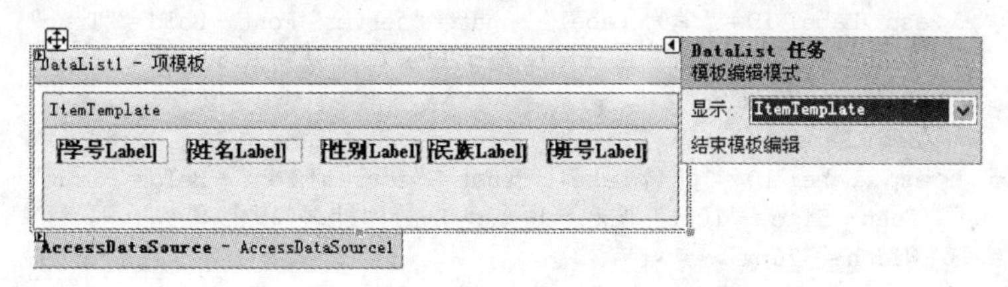

图 9.57 定义 ItemTemplate 模板

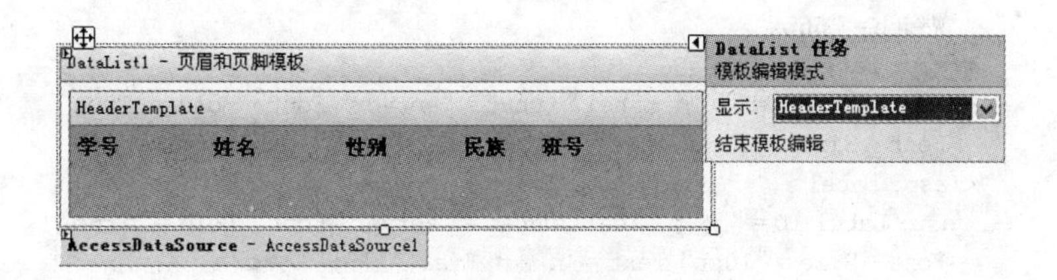

图 9.58 定义 HeaderTemplate 模板

⑤ 指定 DataList1 控件的自动套用格式为“沙滩和天空”，最终的设计界面如图 9.59 所示。

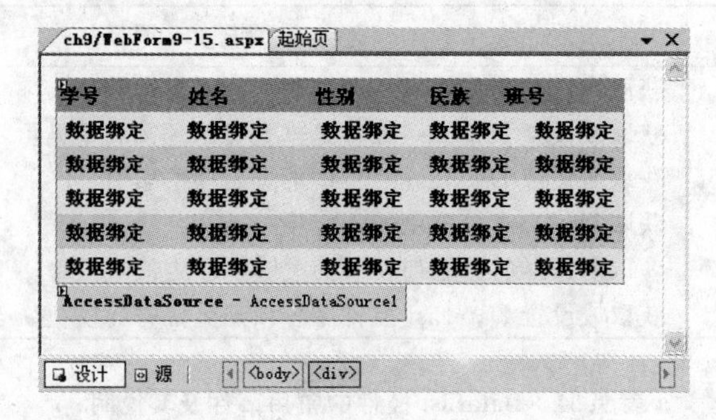

图 9.59 WebForm9-15 网页设计界面

WebForm9-15 网页的 源 视图代码如下：

```
<%@ Page Language="C#" AutoEventWireup="true"
  CodeFile="WebForm9-15.aspx.cs" Inherits="ch9_WebForm9_15" %>
<!DOCTYPE html PUBLIC "-//W3C//DTD XHTML 1.0 Transitional//EN"
  "http://www.w3.org/TR/xhtml1/DTD/xhtml1-transitional.dtd">
<html xmlns="http://www.w3.org/1999/xhtml" >
  <head runat="server">
    <title>无标题页</title>
  </head>
  <body>
    <form id="form1" runat="server">
      <div>
        <asp:DataList ID="DataList1" runat="server"
          BackColor="LightGoldenrodYellow" BorderColor="Tan"
          BorderWidth="1px" CellPadding="2" DataKeyField="学号"
          DataSourceID="AccessDataSource1"
          ForeColor="Black" Width="392px">
          <FooterStyle BackColor="Tan" />
          <SelectedItemStyle BackColor="DarkSlateBlue"
          ForeColor="GhostWhite" />
        <ItemTemplate>
            <asp:Label ID="学号Label" runat="server" Font-Bold="True"
              Font-Size="10pt" Text='<%# Eval("学号") %>'
              Width="73px">
            </asp:Label>
            <asp:Label ID="姓名Label" runat="server" Font-Bold="True"
              Font-Size="10pt" Text='<%# Eval("姓名") %>'
              Width="76px">
            </asp:Label>
            <asp:Label ID="性别Label" runat="server" Font-Bold="True"
              Font-Size="10pt" Text='<%# Eval("性别") %>'
              Width="66px">
            </asp:Label>
            <asp:Label ID="民族Label" runat="server" Font-Bold="True"
              Font-Size="10pt" Text='<%# Eval("民族") %>'>
            </asp:Label>
            <asp:Label ID="班号Label" runat="server" Font-Bold="True"
              Font-Size="10pt" Text='<%# Eval("班号") %>'>
            </asp:Label><br />
```

```
            </ItemTemplate>
            <AlternatingItemStyle BackColor = "PaleGoldenrod" />
            <HeaderTemplate>
             <span style = "font - size: 10pt; color: #3300ff"><strong>学号
                       
               姓名            
                   性别        
                    民族      班号
             </strong></span>
            </HeaderTemplate>
            <HeaderStyle BackColor = "Tan" Font - Bold = "True" />
             </asp: DataList><asp: AccessDataSource
              ID = "AccessDataSource1" runat = "server"
              DataFile = "~/App_Data/Stud.mdb"
              DeleteCommand = "DELETE FROM [student] WHERE [学号] = ?                 "
              InsertCommand = "INSERT INTO [student] ([学号], [姓名],
                [性别], [民族], [班号]) VALUES (?, ?, ?, ?, ?)"
              SelectCommand = "SELECT [学号], [姓名], [性别], [民族], [班号]
                FROM [student]"
              UpdateCommand = "UPDATE [student] SET [姓名] = ?, [性别] = ?,
                [民族] = ?, [班号] = ? WHERE [学号] = ?">
              <DeleteParameters>
               <asp: Parameter Name = "学号" Type = "String" />
              </DeleteParameters>
              <UpdateParameters>
                <asp: Parameter Name = "姓名" Type = "String" />
                <asp: Parameter Name = "性别" Type = "String" />
                <asp: Parameter Name = "民族" Type = "String" />
                <asp: Parameter Name = "班号" Type = "String" />
                <asp: Parameter Name = "学号" Type = "String" />
              </UpdateParameters>
              <InsertParameters>
                <asp: Parameter Name = "学号" Type = "String" />
                <asp: Parameter Name = "姓名" Type = "String" />
                <asp: Parameter Name = "性别" Type = "String" />
                <asp: Parameter Name = "民族" Type = "String" />
                <asp: Parameter Name = "班号" Type = "String" />
              </InsertParameters>
          </asp: AccessDataSource>
        </div>
      </form>
    </body>
  </html>
```

单击工具栏中的▶按钮运行本网页,其运行界面如图 9.60 所示。

【例 9.23】 设计一个通过 DataList 控件在运行时计算数据绑定表达式的网页 WebForm9-16。

其设计步骤如下。

① 在 Myaspnet 网站的 ch9 文件夹中添加一个名称为 WebForm9-16 的空网页。

② 向其中拖放一个 DataList 控件 DataList1。

③ 不设置 DataList1 控件的数据源。设计本网页的事件过程如下:

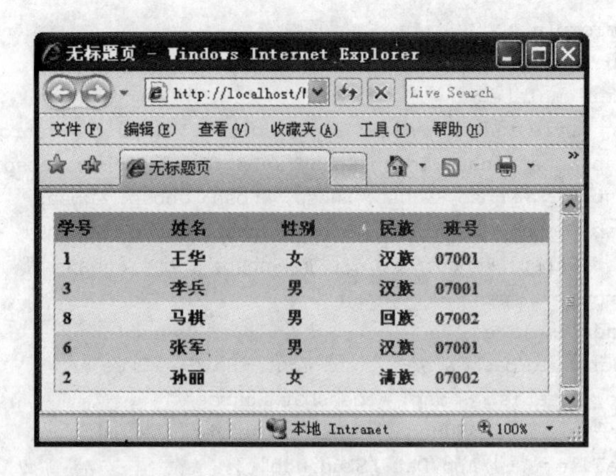

图 9.60 WebForm9-15 网页运行界面

```
protected void Page_Load(object sender, EventArgs e)
{   string mystr = ConfigurationManager.AppSettings["myconnstring"];
    OleDbConnection myconn = new OleDbConnection();
    myconn.ConnectionString = mystr;
    myconn.Open();
    DataSet myds = new DataSet();
    OleDbDataAdapter myda = new OleDbDataAdapter("SELECT * FROM "
        + "student", myconn);
    myda.Fill(myds, "student");
    DataList1.DataSource = myds.Tables["student"];
    DataList1.DataKeyField = "学号";
    DataList1.DataBind();
    myconn.Close();
}
```

上述代码设置 DataList1 控件的数据源并绑定。

④ 选择"DataList 任务"列表中的"编辑模板"命令，定义 ItemTemplate 模板如图 9.61 所示。其中有一个 1 行 5 列的表，表中第 1 列输入"学号『』"; 第 2 列拖放一个 LinkButton 控件 LinkButton1，选择"LinkButton 任务"列表中的"DataBindings"命令指定绑定的代码表达式为 DataBinder.Eval(Container.DataItem,"姓名"); 第 3 列拖放一个 LinkButton 控件 LinkButton2，指定绑定的代码表达式为 DataBinder.Eval(Container.DataItem,"性别"); 第 4 列拖放一个 LinkButton 控件 LinkButton3，指定绑定的代码表达式为 DataBinder.Eval(Container.DataItem,"民族"); 第 5 列拖放一个 LinkButton 控件 LinkButton4，指定绑定的代码表达式为 DataBinder.Eval(Container.DataItem,"班号")。

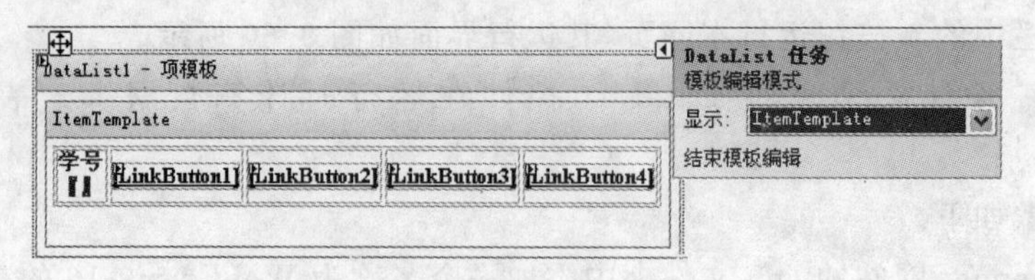

图 9.61 定义 ItemTemplate 模板

⑤ 进入[源]视图代码，在『』之间插入一个绑定的代码表达式，修改代码如下（仅修改粗体部分）：

```
<span style="font-size: 10pt; color: #ff3300">
<strong>学号『<%# DataBinder.Eval(Container.DataItem,"学号")%>』
</strong></span>
```

⑥ 再在 DataList1 控件下方拖放一个 Lable 控件 Label1。在网页上添加如下事件过程：

```
protected void DataList1_ItemCommand(object source,DataListCommandEventArgs e)
{   string no = DataList1.DataKeys[e.Item.ItemIndex].ToString();
    Label1.Text = "你选择的学生学号为：" + no;
}
```

最终的网页设计界面如图 9.62 所示。WebForm9-16 网页的[源]视图代码如下：

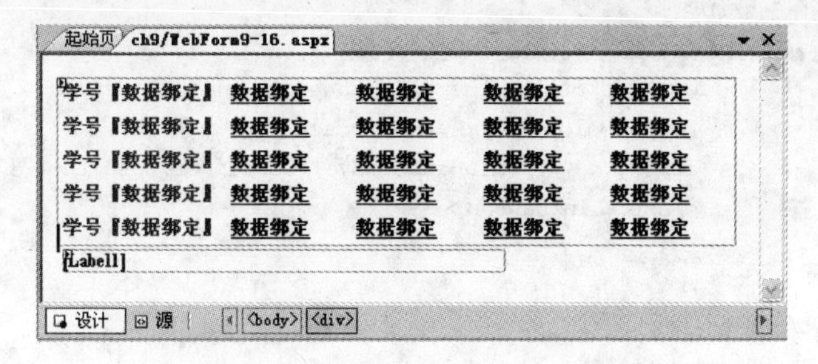

图 9.62　WebForm9-16 网页设计界面

```
<%@ Page Language = "C#" AutoEventWireup = "true"
   CodeFile = "WebForm9-16.aspx.cs" Inherits = "ch9_WebForm9_16" %>
<!DOCTYPE html PUBLIC "-//W3C//DTD XHTML 1.0 Transitional//EN"
   "http://www.w3.org/TR/xhtml1/DTD/xhtml1-transitional.dtd">
<html xmlns = "http://www.w3.org/1999/xhtml" >
  <head runat = "server">
    <title>无标题页</title>
  </head>
  <body>
  <form id = "form1" runat = "server">
    <div>
      <asp:DataList ID = "DataList1" runat = "server" Width = "474px"
        OnItemCommand = "DataList1_ItemCommand" >
        <ItemTemplate>
          <table>
            <tr>
              <td style = "width: 132px">
                <span style = "font-size: 10pt; color: #ff3300">
                <strong>学号『
                  <%# DataBinder.Eval(Container.DataItem,"学号")%>』
                </strong></span>
              </td>
              <td style = "width: 100px">
                <asp:LinkButton ID = "LinkButton1" runat = "server"
                  Font-Bold = "True" Font-Size = "10pt"
```

```
                Text = '<%# DataBinder.Eval(Container.DataItem,"姓名") %>'>
                </asp:LinkButton>
            </td>
            <td style="width: 100px">
              <asp:LinkButton ID="LinkButton2" runat="server"
                Font-Bold="True" Font-Size="10pt"
                Text='<%# DataBinder.Eval(Container.DataItem,"性别")%>'>
                  </asp:LinkButton>
              </td>
              <td style="width: 100px">
                <asp:LinkButton ID="LinkButton3" runat="server"
                  Font-Bold="True" Font-Size="10pt"
                  Text='<%# DataBinder.Eval(Container.DataItem,"民族")%>'>
                  </asp:LinkButton>
              </td>
              <td style="width: 100px">
                <asp:LinkButton ID="LinkButton4" runat="server"
                  Font-Bold="True" Font-Size="10pt"
                  Text='<%# DataBinder.Eval(Container.DataItem,"班号") %>'>
                  </asp:LinkButton>
              </td>
            </tr>
          </table>
        </ItemTemplate>
      </asp:DataList> <asp:Label ID="Label1" runat="server"
        Font-Bold="True" Font-Size="10pt"
        ForeColor="#990099" Width="309px"></asp:Label>
      </div>
    </form>
  </body>
</html>
```

单击工具栏中的▶按钮运行本网页，单击“李兵”超链接，在 Label1 控件中显示对应的学号，如图 9.63 所示。

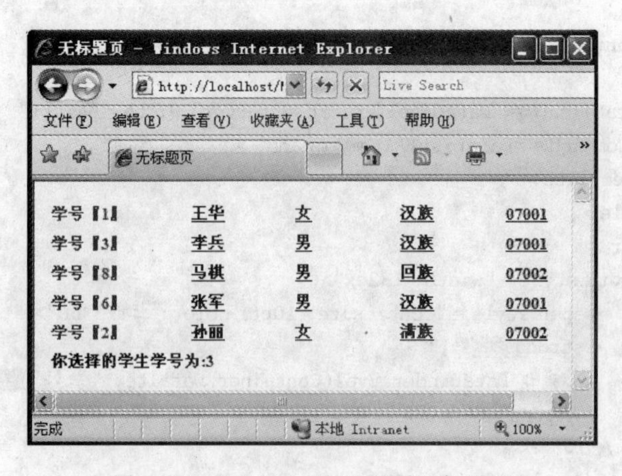

图 9.63　WebForm9-16 网页运行界面

练习题 9

1. 简述数据库中有哪些基本对象。
2. 简述 ADO.NET 模型的体系结构。
3. 简述 ADO.NET 数据库的访问流程。
4. 简述 ADO.NET 的基本数据访问对象。
5. 简述 DataSet 对象的特点。
6. 简述常用的数据源控件及其特点。
7. 简述 AccessDataSource 数据源控件的使用方法。
8. 简述 AccessDataSource 控件和 ObjectDataSource 控件的异同。
9. 简述常用的数据绑定控件及其特点。
10. 简述 GridView 控件的使用方法。
11. 简述 DetailsView 控件的使用方法。
12. 简述 DataList 控件的使用方法。

上机实验题 9

在 Myaspnet 网页的 ch9 文件夹中添加一个名称为 WebForm9-17 的网页。用于分页显示学生的学号、姓名、课程名、分数和班号信息，每页 4 个记录，并显示当前页号和总页数，用户可以通过单击“首页”、“上一页”、“下一页”和“尾页”超链接来实现翻页操作，还可以选择指定的页号后单击相关命令按钮直接转向指定的页面，网页运行界面如图 9.64 所示。

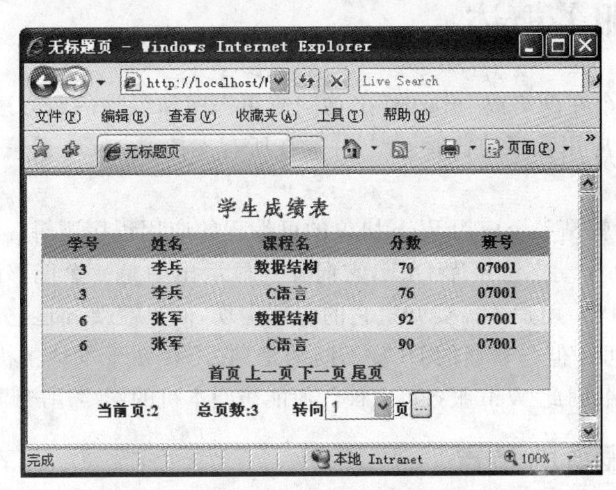

图 9.64　WebForm9-17 网页运行界面

CHAPTER 10

第10章 ASP.NET Web服务

Web 服务(Web Services)是一项新兴发展的技术。它以“软件就是服务”为理想目标,使得系统架构以及软件开发等领域都发生了深刻的变化。Web 服务是微软.NET 策略计划的基础。本章介绍 Web 服务的创建、使用以及几种常用的调用 Web 服务方法。

本章学习要点:

☑ 掌握 Web 服务的概念。

☑ 掌握创建 Web 服务的方法。

☑ 掌握 Web 服务的调用方法。

☑ 掌握 Web 服务提供数据服务的方法。

10.1 Web 服务概述

Web 服务是一个在网络或 Internet 上访问应用程序和组件的新方法,是一种构建新的 Web 应用程序的普通模型,并能在所有支持 Internet 通信的操作系统上实施运行。

一个 Web 服务就是一个应用 Web 协议的可编程的应用程序逻辑。实际上,Web 服务就是一个动态链接库 DLL,它向外界显示出的是一个能够通过 Web 进行调用的 API。用户不需要知道它的内部实现,而只需要知道它的调用函数名和参数即可。但与普通的 DLL 不同的是,它不存在于本地主机上,而是存在于服务器端,因此 Web 服务可以被任何能访问本机的网络用户调用。

10.1.1 Web 服务的特点

Web 服务具有以下特点。

- Web 服务是应用程序组件。
- Web 服务使用开放协议进行通信。
- Web 服务是独立的并可自我描述。
- Web 服务可通过使用 UDDI 来发现。

- Web 服务可被其他应用程序使用。
- XML 是 Web 服务的基础。

10.1.2 Web 服务的体系结构

Web 服务体系结构如图 10.1 所示，主要包括以下几个方面。

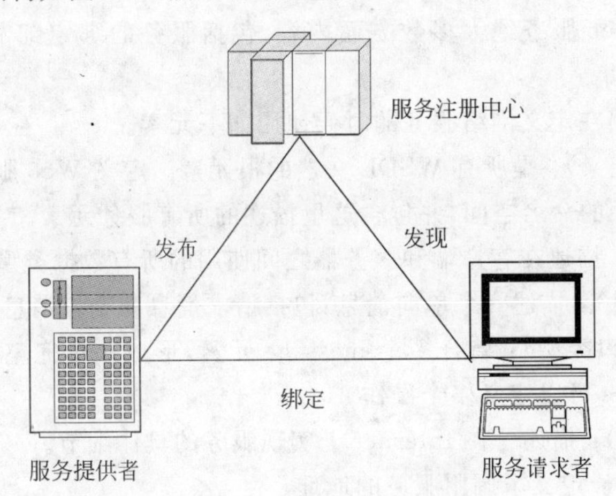

图 10.1 Web 服务体系结构

1. Web 服务体系结构的组件

Web 服务体系结构包括以下 3 种组件。

- 服务提供者：是服务的拥有者，它为其他用户或服务提供服务功能。服务提供者先要向服务注册中心注册自己的服务描述和访问接口(发布操作)。
- 服务注册中心：把服务提供者和服务请求者绑定在一起，提供服务发布和查找功能。
- 服务请求者：是 Web 服务功能的使用者，它先向服务注册中心查找所需要的服务，服务注册中心根据服务请求者的请求把相关的 Web 服务和服务请求者进行绑定，这样服务请求者就可以从服务提供者那里获取需要的服务。

2. Web 服务体系结构的操作

Web 服务体系结构包括以下 3 种操作。

- 发布：服务提供者向服务注册中心发布相关服务的注册。
- 发现：由服务请求者向服务注册中心执行 find 操作，服务请求者描述要找的服务，服务注册中心分发匹配的结果。
- 绑定：在服务请求者和服务提供者之间绑定，这两部分协商以使服务请求者可以访问和调用服务提供者的服务。

3. UDDI——通用查找、描述和集成协议

这是一个 Web 服务的信息注册规范，定义了 Web 服务的注册发布和发现的方法。UDDI 类似一个目录索引，列出了所有可用的 Web 服务信息。服务请求者可以在这个目录中找到自己需要的服务。

4. WSDL——Web 服务描述语言

Web 服务描述言语言(WSDL)是一种基于 XML 语法的,为服务提供者提供描述构建在不同协议或编码方式之上的 Web 服务请求基本格式的语言。WSDL 用来描述一个 Web 服务能做什么,它的位置在哪里,如何调用它等。

UDDI 描述了 Web 服务绝大多数方面内容,包括服务的绑定细节。WSDL 可以看做 UDDI 服务描述的子集。

一个 WSDL 文档在定义网络服务的时候使用如下元素。

- definitions(定义): 是所有 WSDL 文档的根元素。定义 Web 服务的名称,声明文档其他部分使用的命名空间,并包含这里描述的所有服务元素。
- types(类型): 描述在客户端和服务器之间使用的所有数据类型。
- message(消息): 描述一个单向消息,包括请求消息和响应消息。
- portType(端口类型): 结合多个 message 元素,形成一个完整的单向或往返操作。一个 portType 可以定义多个操作。
- binding(绑定): 描述了在 Internet 上实现服务的具体细节。
- service(服务): 定义了调用服务的地址。

10.2 创建和使用 Web 服务

10.2.1 创建 ASP.NET Web 服务

创建 ASP.NET Web 服务的步骤如下。

① 采用第 1 章介绍的方法新建一个虚拟目录 Service,对应的物理目录为 H:\WebService。在“Service 属性”对话框的“目录安全性”选项卡中单击“编辑”按钮,勾选“集成 Windows 身份验证”复选框。

② 启动 Visual Studio.NET,选择“文件”|“新建”|“网站”命令,选择“ASP.NET Web 服务”模板,如图 10.2 所示。

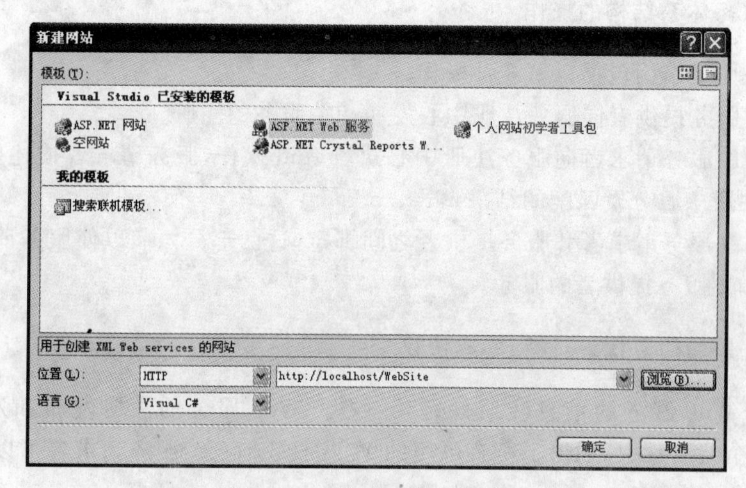

图 10.2 “新建网站”对话框

③ 单击“浏览”按钮，打开“选择位置”对话框，选择“Service”选项，如图 10.3 所示，单击“打开”按钮。

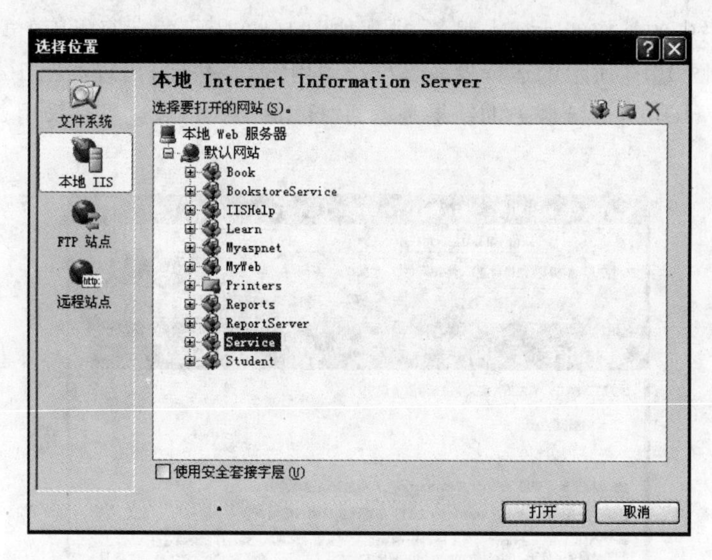

图 10.3　“选择位置”对话框

④ 系统自动生成一个 Service.cs 和 Service.asmx 两个文件。Service.asmx 文件包含以下代码：

```
<%@ WebService Language = "C#" CodeBehind = "~/App_Code/Service.cs"
  Class = "Service" %>
```

此为 WebService 指令，指定相关属性设置，属性含义与 Page 指令的属性类似。

Service.cs 文件位于 App_Code 文件夹中，其初始代码如下：

```
using System;
using System.Web;
using System.Web.Services;
using System.Web.Services.Protocols;
[WebService(Namespace = "http://tempuri.org/")]
[WebServiceBinding(ConformsTo = WsiProfiles.BasicProfile1_1)]
public class Service: System.Web.Services.WebService
{
    public Service ()
    {
        //如果使用设计的组件,请取消注释以下行
        //InitializeComponent();
    }
    [WebMethod]
    public string HelloWorld()
    {
        return "Hello World";
    }
}
```

上述代码声明了一个 Service 类，从 System.Web.Services.WebService 类派生，默认的

命名空间为 http://tempuri.org/，并自动生成了一个 Web 服务方法 HelloWorld。

注意：只要是 Web 服务提供的方法，方法定义的上面都需要添加[WebMethod]进行声明。

单击工具栏中的▶按钮运行本服务，出现如图 10.4 所示的运行界面，单击 HelloWorld 超链接，出现如图 10.5 所示的运行界面，单击"调用"命令按钮，出现如图 10.6 所示的运行界面，表示调用 HelloWorld 服务的结果是返回"Hello World"，这里是采用 XML 文档的形式返回结果的。

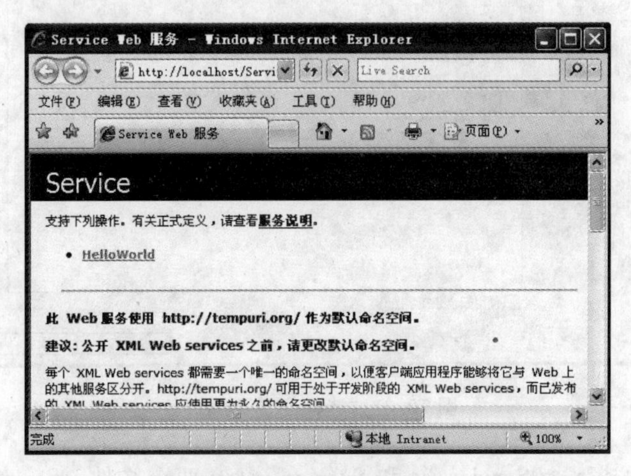

图 10.4　Web 服务界面

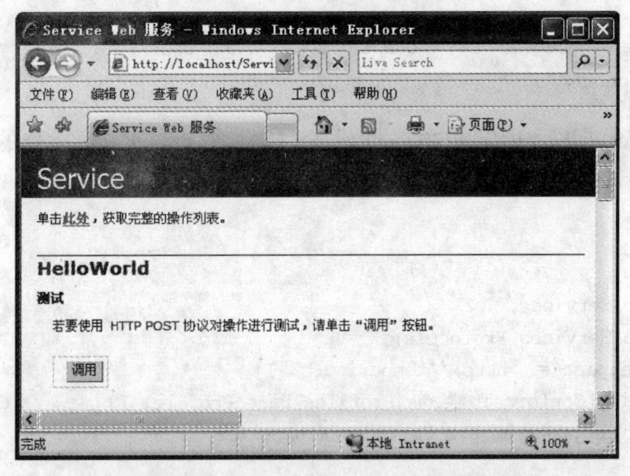

图 10.5　HelloWorld 服务运行界面

图 10.6　HelloWorld 服务运行结果

【例 10.1】 设计一个实现两个整数相加的服务。

其设计步骤如下。

① 打开 WebService 网站 Service.cs 文件。

② 在 Service 类中添加如下代码：

```
[WebMethod]
    public int add(int a, int b)
    {
        return a + b;
    }
```

其中，[WebMethod]表示该方法可以由 Web 调用，方法的设计与普通类的方法设计相同。

单击工具栏中的▶按钮运行本服务，出现如图 10.7 所示的运行界面，其中包含了 add 服务，单击 add 超链接，出现如图 10.8 所示的 add 服务运行界面，在参数文本框中分别输入 2 和 6，单击"调用"命令按钮，出现如图 10.9 所示的运行界面，表示本次调用 add 服务的结果是 8。

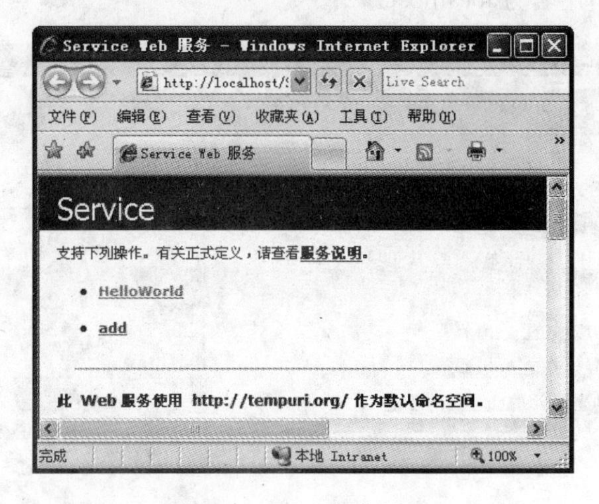

图 10.7 Web 服务界面

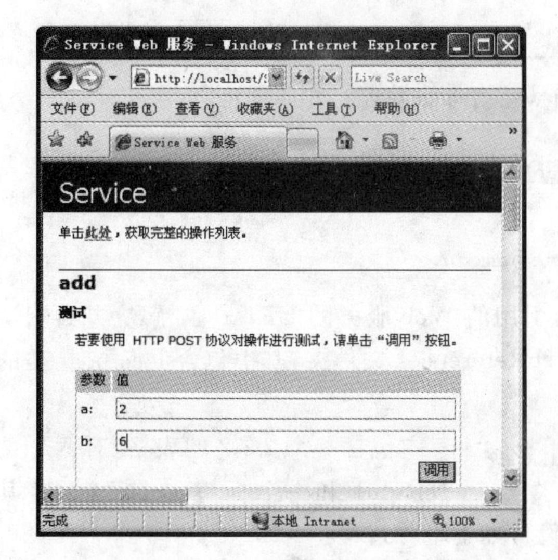

图 10.8 add 服务运行界面

图 10.9 add 服务运行结果

10.2.2 使用 ASP.NET Web 服务

Web 服务的主要作用就是供客户端程序调用。在访问 Web 服务时，.NET 框架等完成了大部分工作，用户只需要在代码中调用代理类的相应方法即可。下面通过示例说明使用 Web 服务的过程。

【例 10.2】 设计一个使用 add 服务的网页 WebForm10-1。

其设计步骤如下。

① 打开 Myaspnet 网站，在 ch10 文件夹中添加一个名称为 WebForm10-1 的空网页。

② 在"解决方案资源管理器"窗口中右击"http://localhost/Myaspnet/"选项，在出现的快捷菜单中选择"添加 Web 引用"命令，打开"添加 Web 引用"对话框，如图 10.10 所示，单击"本地计算机上的 Web 服务"选项，出现如图 10.11 所示的"本地计算机上的 Web 服务"窗口，单击 Service 选项，打开如图 10.12 所示的 Service 窗口，单击"添加引用"按钮(这里保持默认的 Web 引用名为 localhost)。

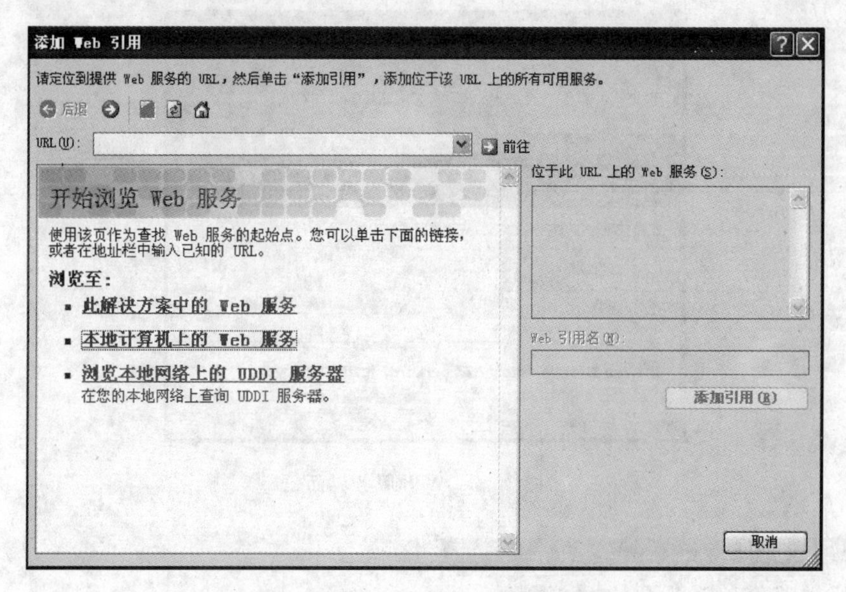

图 10.10 "添加 Web 引用"对话框

③ 打开 Web.Config 文件中自动添加以下代码：

```
<add key = "localhost.Service"
    value = "http://localhost/Service/Service.asmx"/>
```

画线部分表示设定了代理类 localhost 所引用的 Web 服务的 URL。在"解决方案资源管理器"窗口中可以看到新建了一个 App_WebReferences 文件夹，其中包含 localhost 类的子文件夹。

④ 设计 WebForm10-1 的界面如图 10.13 所示，其中包含一个 2×2 的表格，有两个文本框(TextBox1 和 TextBox2)，另有一个命令按钮 Button1 和一个标签 Label1，指定其 StyleSheetTheme 属性为 Blue。在该网页上设计如下事件过程：

```
protected void Button1_Click(object sender, EventArgs e)
```

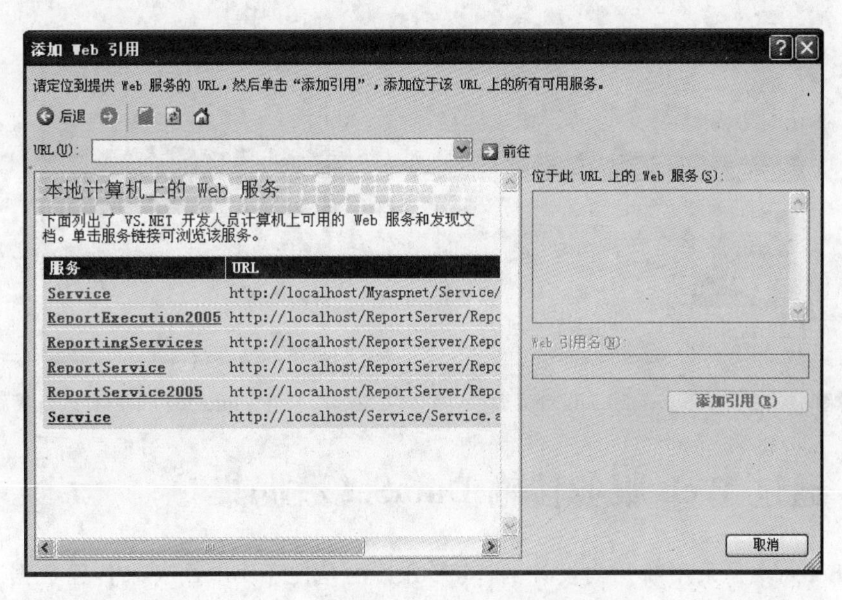

图 10.11　“本地计算机上的 Web 服务”窗口

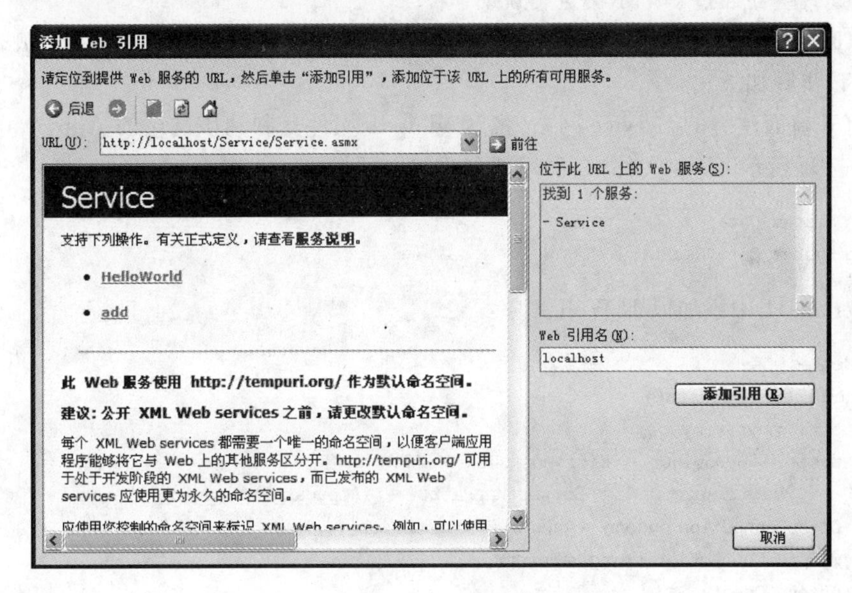

图 10.12　Service 窗口

```
{     int m, n;
      m = int.Parse(TextBox1.Text);
      n = int.Parse(TextBox2.Text);
      localhost.Service myservice = new localhost.Service();
      Label1.Text = "调用结果：" + myservice.add(m, n).ToString();
}
```

单击工具栏中的▶按钮运行本网页，输入 2 和 6，单击“相加”命令按钮，其运行界面如图 10.14 所示。

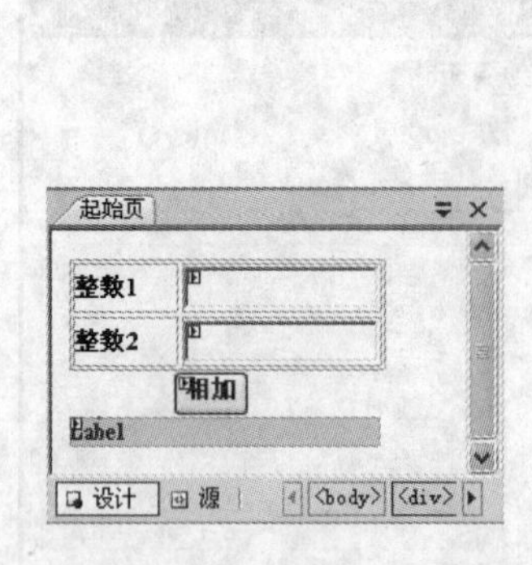

图 10.13　WebForm10-1 设计界面

图 10.14　WebForm10-1 网页运行界面

10.3　通过 Web 服务传输 DataSet 数据集

DataSet 对象是采用断开式设计的，其部分目的是便于 Internet 来传输数据。可以将 DataSet 指定为 Web 服务的输入或输出。Web 服务和客户端之间将 DataSet 内容以流的形式来回传递。下面通过一个示例进行说明。

【例 10.3】 设计一个使用 Web 服务显示 student 表记录的网页 WebForm10-2。

其设计步骤如下。

① 打开前面建立的 Service 网站，将 Stud.mdb 文件复制到该网站的 App_Data 文件夹中。双击打开 Service.cs 文件，在引用部分添加以下代码：

```
using System.Data;
using System.Data.OleDb;
```

在 Service 类中添加以下 Web 服务：

```
[WebMethod]
public DataSet getdata()
{     string mystr,mysql;
      mystr = "Provider = Microsoft.Jet.OLEDB.4.0;" +
         "Data Source = " + Server.MapPath("~\\App_data\\Stud.mdb");
      OleDbConnection myconn = new OleDbConnection();
      myconn.ConnectionString = mystr;
      myconn.Open();
      mysql = "SELECT * FROM student";
      OleDbDataAdapter myda = new OleDbDataAdapter(mysql, myconn);
      DataSet myds = new DataSet();
      myda.Fill(myds, "student");//将 student 表填充到 myds 中
      myconn.Close();
      return myds;
}
```

在“解决方案资源管理器”窗口中右击“http://Service/Service/”选项，在出现的快捷菜单中选择“对网站运行代码分析”命令，可以查看 Web 服务代码是否存在错误。

② 打开 Myaspnet 网站，在 ch10 文件夹中添加一个名称为 WebForm10-2 的空网页。

在网页中拖放一个 GridView 控件 GridView1，设置其自动套用格式，不设置它的数据源。在本网页上设计如下事件过程：

```
protected void Page_Load(object sender, EventArgs e)
{   localhost.Service myservice = new localhost.Service();
    GridView1.DataSource = myservice.getdata();
    GridView1.DataBind();
}
```

说明：如果不能查找到 getdata 服务，可以右击 App_WebReferences 文件夹，在出现的快捷菜单中选择"刷新文件夹"命令，或者删除 App_WebReferences 文件夹，再重新采用前面的步骤建立 Web 引用。

单击工具栏中的▶按钮运行本网页，其运行界面如图 10.15 所示。

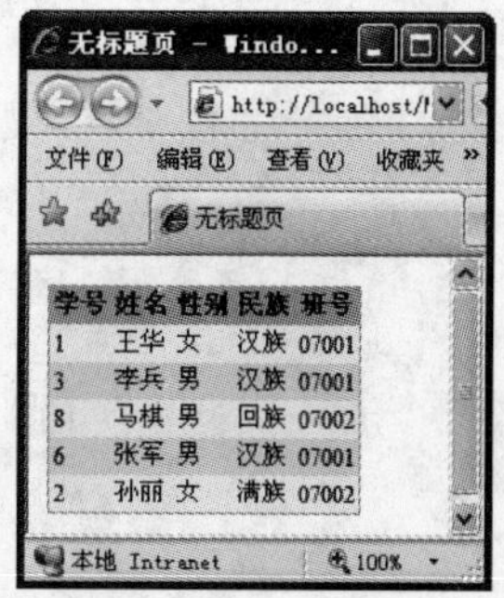

图 10.15　WebForm10-2 网页运行结果

练习题 10

1. 简述 Web 服务有哪些特点。
2. 简述 Web 服务的体系结构。
3. 简述创建 Web 服务的过程。
4. 简述使用 Web 服务的过程。

上机实验题 10

设计一个名称为 compavg 的 Web 服务，其参数为 DataSet 对象（包含 score 表的子集），计算该数据集中的平均分。再在 Myaspnet 网页的 ch10 文件夹中添加一个网页 WebForm10-3，用户选择一个课程名后，单击"求平均分"命令按钮，调用该 Web 服务并在相应的文本框中显示计算的结果。例如，运行本网页时选择"数据结构"课程选项，单击"求平均分"命令按钮，其运行界面如图 10.16 所示。

图 10.16　WebForm10-3 网页运行界面

CHAPTER 11

第11章　配置ASP.NET应用程序

ASP.NET拥有一个功能强大而又设置灵活的配置系统，主要是通过Web.config配置文件设置的。本章介绍Web.config配置文件的格式和配置Web应用程序的方法。

本章学习要点：

☑ 掌握Web.config配置文件的作用。
☑ 掌握Web.config配置文件的结构。
☑ 掌握Web.config配置文件的设置方法。
☑ 掌握Web.config配置文件的加密和解密过程。

11.1　Web.config配置文件概述

Web.config配置文件是一个XML文本文件，用于存放ASP.NET Web应用程序的配置信息。在第一次运行Web应用程序时，在出现“未启动调试”对话框(参见第1章图1.33)时选中“添加新的启动调试的Web.config文件”选项，单击“确定”按钮时，系统自动创建一个Web.config文件。也可以通过“添加新项”，选择“Web配置文件”模板来创建一个新的Web.config文件。

11.1.1　Web.config文件的特点

Web.config文件的特点如下。

- 在运行时对Web.config文件的修改不需要重启服务器就可以生效。
- ASP.NET可以自动监测到配置文件的更改并且将新的配置信息自动进行应用，无须管理人员手工干预。
- ASP.NET提供配置信息加密机制，即可对重要信息进行加密。
- Web.config文件是可以扩展的，可以自定义新配置参数并编写配置节处理程序以对它们进行处理。

- ASP.NET 提供了专门用可视化工具对网站进行配置的管理模式。
- Web.config 文件是一个基于 XML 格式的配置文件，所以必须在其中包含成对的标记，即开始标记与结束标记必须成对出现，而且是区分大小写的，编辑 Web.config 文件时需特别注意。开发人员可以用任意标准的文本编辑器、XML 解析器和脚本语言解释、修改配置内容。
- Web.config 文件可将配置的有关设置保存在该文件中而不对注册表作任何改动，所以只需将 Web.config 文件复制到另一服务器相应的文件夹中就可以方便地把该应用配置传到另一服务器之中。

11.1.2　配置文件的继承关系

Web.config 文件可以出现在应用程序的每一个目录中。当新建一个 Web 应用程序后，默认情况下会在根目录自动创建一个默认的 Web.config 文件，包括默认的配置设置，所有的子目录都继承它的配置设置。如果要修改子目录的配置设置，可以在该子目录下新建一个 Web.config 文件。它可以提供除从父目录继承的配置信息以外的配置信息，也可以重写或修改父目录中定义的设置。

所有的 ASP.NET 应用程序配置都继承本地服务器上一个“总”的 ASP.NET 配置文件，它位于“%systemroot%\Microsoft.NET\Framework\versionNumber\CONFIG\Web.config”，称为根 Web.config。由于每个 ASP.NET 应用程序都从根 Wen.config 文件那里继承默认设置，因此对于每个 ASP.NET 应用程序，只需要重写必要的配置信息即可。

另外，根 Web.config 从“顶级”的 machine.config 文件那里继承一些基本的配置设置，这两个文件位于同一个目录中，其中的某些设置不能在 Web.config 文件中被重写。

Web.config 文件的继承关系为：machine.config(服务器)→根 Web.config(根 Web)→网站 Web.config(网站级)→Web.config(ASP.NET 应用程序根目录)→Web.config(ASP.NET 应用程序子目录)→应用程序名称.config(客户端应用程序目录)。后面的配置信息可以继承并覆盖前面的设置。

11.2　Web.config 文件

11.2.1　Web.config 文件的结构

Web.config 文件以节形式组织配置设置。所有的 ASP.NET 配置信息都在 Web.config 文件中的<configuration>根元素中，它作为其他元素的父元素。以下给出了本书建立的 Myaspnet 网站的 Web.config 文件：

```
<configuration>
    <connectionStrings>
        <add name = "schoolConnectionString"
            connectionString = "Data Source = LCB - PC;
            Initial Catalog = school;User ID = sa;Password = 123456"
```

```
            providerName = "System.Data.SqlClient"/>
        </connectionStrings>
    <appSettings>
        <add key = "myconnstring" value =
            "Provider = Microsoft.Jet.OLEDB.4.0;
            Data Source = |DataDirectory|Stud.mdb"/>
        <add key = "localhost.Service"
            value = "http://localhost/Service/Service.asmx"/>
    </appSettings>
    <system.web>
        <!--
            设置 compilation debug = "true" 将调试符号插入
            已编译的页面中.但由于这会影响性能,因此只在开发过程中将此值设置为 true.
        -->
        <compilation debug = "true"/>
        <!--
            通过 >authentication>节可以配置 ASP.NET 使用的
            安全身份验证模式,
            以标识传入的用户.
        -->
        <authentication mode = "Windows"/>
        <!--
            如果在执行请求的过程中出现未处理的错误,
            则通过 <customErrors> 节可以配置相应的处理步骤.具体说来,
            开发人员通过该节可以配置
            要显示的 html 错误页
            以代替错误堆栈跟踪.
        <customErrors mode = "RemoteOnly"
            defaultRedirect = "GenericErrorPage.htm">
            <error statusCode = "403" redirect = "NoAccess.htm" />
            <error statusCode = "404" redirect = "FileNotFound.htm" />
        </customErrors>
        -->
    </system.web>
</configuration>
```

上述 Web 配置文件的根元素是<configuration>,其子元素有<connectionStrings>、<appSettings>和<system.web>,它们用于设置各个节。其中,<connectionStrings>节为 ASP.NET 应用程序和 ASP.NET 功能指定数据库连接字符串(键/值对的形式)的集合;<appSettings>节用于定义应用程序设置项;<system.web>节属于 ASP.NET 相关设置,其常用子元素及其说明如表 11.1 所示。

每个元素和子元素可能有若干子元素,每个元素和子元素可能有若干属性,详细信息可查阅相关帮助文档。

表 11.1　<system.web>节中常用子元素及其说明

子元素	说明
<authentication>	设置 ASP.NET 验证方式
<authorization>	设置 ASP.NET 用户授权
<compilation>	设置启用(或禁用)调试
<customErrors>	设置 ASP.NET 应用程序的自定义错误处理
<globalization>	关于 ASP.NET 应用程序的全球化设置,也就是本地化设置
<httpHandlers>	设置 HTTP 处理是对应到 URL 请求的 IHttpHandler 类
<httpModules>	创建、删除或清除 ASP.NET 应用程序的 HTTP 模块
<httpRuntime>	ASP.NET 的 HTTP 运行期相关设置
<machineKey>	设置在使用窗体基础验证的 Cookie 数据时,用来加码和解码的金钥值
<membership>	设置 ASP.NET 的 Membership 机制
<pages>	设置 ASP.NET 程序的相关设置,即 Page 指令的属性
<roles>	设置 ASP.NET 的角色管理
<sessionState>	设置 ASP.NET 应用程序的 Session 状态 HttpModule
<siteMap>	设置 ASP.NET 网站导航地图
<trace>	ASP.NET 应用程序的除错功能,可以设置是否追踪应用程序的执行
<webParts>	设置 ASP.NET 应用程序的网页组件
<webServices>	设置 ASP.NET 的 Web 服务

11.2.2　常用节的使用方法

1. <appSettings>节

此节用于定义应用程序的全局常量设置等信息,该节的元素以键/值对的形式配置。例如在其中添加用于存储数据库连接字符串的子节点,当然,如果程序需要其他自定义的全局配置信息,也可以在此添加相应的子节点。

appSettings 元素的子元素有:add(可选的子元素)向应用程序设置集合添加键(key)/值(Value)对形式的自定义应用程序设置;clear(可选的子元素)移除所有对继承的自定义应用程序设置的引用,仅允许由当前 add 属性添加的引用;remove(可选的子元素)从应用程序设置集合中移除对继承的自定义应用程序设置的引用。

例如,前面的 Web.config 文件中,在<appSettings>节中采用<add>添加了一个与 Access 数据库 Stud.mdb 连接的子节点和一个 Web 服务子节点。

对于<appSettings>节中的子节点,可以使用 ConfigurationManager.AppSettings ["键名"]来读取这些子节点值,例如:

```
string mystr = ConfigurationManager.AppSettings["myconnstring"];
```

其中,键名为 myconnstring,求得 mystr 结果为 Web.config 文件中的连接字符串。

2. <connectionStrings>节

它是.NET 框架 2.0 版中的新元素。在以前的 ASP.NET 版本中,连接字符串存储在<appSettings>节中。在 ASP.NET 2.0 中,如会话、成员资格、个性化设置和角色管理器等功能均依赖于存储在connectionStrings元素中的连接字符串，还可以使用connectionStrings元素来存储的应用程序的连接字符串。

connectionStrings元素的子元素有：add子元素向连接字符串集合添加键/值对形式的连接字符串；clear子元素移除所有对继承的连接字符串的引用，仅允许那些由当前的add元素添加的连接字符串；remove子元素从连接字符串集合中移除对继承的连接字符串的引用。

例如，前面的Web.config文件中，在＜connectionStrings＞节中采用＜add＞添加了一个与SQL Server数据库school连接的子节点。

对于＜connectionStrings＞节中的子节点，可以使用ConfigurationManager.ConnectionSettings["键名"]来读取这些子节点值，例如：

```
string mystr = ConfigurationManager.ConnectionStrings["myconnstring"].ToString();
```

其中，键名为myconnstring，求得mystr结果为Web.config文件中的连接字符串。

3. <authentication>节

此节为ASP.NET应用程序配置ASP.NET身份验证方案。身份验证方案确定如何识别要查看ASP.NET应用程序的用户。其mode属性指定身份验证方案，它是必选的属性，其取值如表11.2所示。

表11.2 mode属性的取值及其说明

取值	说明
Windows(默认值)	将Windows验证指定为默认的身份验证模式。将它与以下任意形式的Microsoft Internet信息服务(IIS)身份验证结合起来使用：基本、摘要、集成Windows身份验证(NTLM/Kerberos)或证书。在这种情况下，应用程序将身份验证责任委托给基础IIS
Forms	将ASP.NET基于窗体的身份验证指定为默认身份验证模式
Passport	将Microsoft Passport Network身份验证指定为默认身份验证模式
None	不指定任何身份验证。应用程序仅期待匿名用户，否则它将提供自己的身份验证

其子元素有：Forms为基于窗体的自定义身份验证配置ASP.NET应用程序；Passport指定要重定向到的页(如果该页要求身份验证，而用户尚未通过Microsoft Passport Network身份验证注册)。

例如，以下示例为基于窗体(Forms)的身份验证配置站点，当没有登录的用户访问需要身份验证的网页，网页自动跳转到登录网页：

```
<authentication mode = "Forms">
    <forms loginUrl = "login.aspx" name = "FormsAuthCookie"/>
</authentication>
```

其中元素loginUrl表示登录网页的名称，name表示Cookie名称。

4. <authorization>节

此节控制对URL资源的客户端访问(如允许匿名用户访问)。此元素可以在任何级别

(计算机、站点、应用程序、子目录或页)上声明,必须与<authentication>节配合使用。其子元素有：allow 向授权规则映射添加一个规则,该规则允许对资源进行访问；deny 向授权规则映射添加一条拒绝对资源的访问的授权规则。

例如,以下示例禁止匿名用户的访问：

```
<authorization>
    <deny users = "?"/>
</authorization>
```

其中,users 属性指出可访问的账号,“?”表示以匿名方式访问,“ * ”表示多有用户。

5. <compilation>节

此节用于配置 ASP. NET 使用的所有编译设置。默认的 debug 属性为 True。在程序编译完成交付使用之后应将其设为 True。

6. <customErrors>节

此节用于为 ASP. NET 应用程序提供有关自定义错误信息的信息。它不适用于 Web 服务中发生的错误。其子元素为 error(可选),用于指定给定 HTTP 状态代码的自定义错误页。其属性及其说明如表 11.3 所示。

表 11.3　<customErrors>节的属性及其说明

属　　性	说　　明
defaultRedirect	可选的属性。指定出错时将浏览器定向到的默认 URL。如果未指定该属性,则显示一般性错误。URL 可以是绝对的(如 www. contoso. com/ErrorPage. htm)或相对的。相对 URL(如/ErrorPage. htm)是相对于为该属性指定 URL 的 Web. config 文件,而不是相对于发生错误的网页。以波形符(～)开头的 URL(如～/ErrorPage. htm)表示指定的 URL 是相对于应用程序的根路径
mode	必选的属性。指定是启用或禁用自定义错误,还是仅向远程客户端显示自定义错误。此属性可以为下列值之一：On,指定启用自定义错误,如果未指定 defaultRedirect,用户将看到一般性错误,会向远程客户端和本地主机显示自定义错误；Off,指定禁用自定义错误,会向远程客户端和本地主机显示详细的 ASP. NET 错误；RemoteOnly(默认值),指定仅向远程客户端显示自定义错误并且向本地主机显示 ASP. NET 错误

例如,当发生错误时,将网页跳转到自定义的错误网页：

```
<customErrors defaultRedirect = "ErrorPage.aspx" mode = "RemoteOnly">
</customErrors>
```

7. <globalization>节

此节用于配置应用程序的全球化设置。可以设定 ASP. NET 应用程序默认的文件编码、请求和响应的编码方式、日期时间格式和数字等本地化设置。其 culture 属性是本地化设定值,设置为“zh-CN”表示为中国大陆。

8. <httpRuntime>节

此节用于配置 ASP.NET HTTP 运行时的设置，以确定如何处理对 ASP.NET 应用程序的请求。

例如，控制用户上传文件最大为 4MB，最长时间为 60 秒，最多请求数为 100 的配置如下：

```
< httpRuntime maxRequestLength = "4096" executionTimeout = "60"
    appRequestQueueLimit = "100">
</httpRuntime >
```

9. <pages>节

此节用于全局定义页特定配置设置，如配置文件范围内的页和控件的 ASP.NET 指令。对于单个网页等同于@ Page 指令。

例如，不检测用户在浏览器输入的内容中是否存在潜在的危险数据，在从客户端回发页时将检查加密的视图状态，以验证视图状态是否已在客户端被篡改，配置如下：

```
< pages buffer = "true" enableViewStateMac = "true"
    validateRequest = "false">
</pages >
```

10. <sessionState>节

此节为当前应用程序配置会话状态设置（如设置是否启用会话状态，会话状态保存位置）。

例如，有以下设置：

```
< sessionState mode = "InProc" cookieless = "true" timeout = "20">
</sessionState >
```

其中，mode＝"InProc"表示在本地储存会话状态（也可以选择储存在远程服务器或 SAL 服务器中或不启用会话状态）；cookieless＝"true"表示如果用户浏览器不支持 Cookie 时启用会话状态（默认为 false）；timeout＝"20"表示会话可以处于空闲状态的 20 分钟数。

11. <trace>节

此节用于配置 ASP.NET 跟踪服务，主要用来程序测试判断哪里出错。

例如，以下为 Web.config 中的默认配置：

```
< trace enabled = "false" requestLimit = "10" pageOutput = "false"
    traceMode = "SortByTime" localOnly = "true">
</trace >
```

其中，enabled＝"false"表示不启用跟踪；requestLimit＝"10"表示指定在服务器上存储的跟踪请求的数目；pageOutput＝"false"表示只能通过跟踪实用工具访问跟踪输出；traceMode＝"SortByTime"表示以处理跟踪的顺序来显示跟踪信息；localOnly＝"true" 表示跟踪查看器只用于宿主 Web 服务器。

11.3 Web. config 文件的加密和解密

Web. config 文件中可能包含数据库连接字符串和其他敏感信息，通常需要对其加密和解密，其方法有多种，这里介绍使用命令行工具 aspnet_regiis. exe 进行加密和解密。

选择“开始”|“所有程序”|Microsoft Visual Studio 2005|Visual Studio Tools|“Visual Studio 2005 命令提示”命令，输入 aspnet_regiis 命令即可启动 aspnet_regiis 工具，不带任何参数时显示该工具的帮助文档。

11.3.1 Web.config 文件的加密

加密一个特定网站的 Web. config 文件的通用格式如下：

```
aspnet_regiis -pef 节名 网站物理路径
```

或

```
aspnet_regiis. -pe 节名 -app 网站虚拟目录
```

其中，参数-pef 表示对指定物理路径的网点的配置节进行加密；参数-pe 表示对指定虚拟目录的网点的配置节进行加密。

例如，加密一个 Myaspnet 网站的 Web. config 文件的代码如下：

```
aspnet_regiis.exe -pef connectionStrings "H:\ASPNET"
```

在加密时显示以下信息：

```
正在加密配置节...
成功!
```

表示成功加密，打开 Web. config 文件，看到<connectionStrings>节变为：

```
<connectionStrings
configProtectionProvider = "RsaProtectedConfigurationProvider">
  <EncryptedData Type = "http://www.w3.org/2001/04/xmlenc#Element"
  xmlns = "http://www.w3.org/2001/04/xmlenc#">
  <EncryptionMethod
    Algorithm = "http://www.w3.org/2001/04/xmlenc#tripledes-cbc" />
  <KeyInfo xmlns = "http://www.w3.org/2000/09/xmldsig#">
  <EncryptedKey xmlns = "http://www.w3.org/2001/04/xmlenc#">
  <EncryptionMethod
    Algorithm = "http://www.w3.org/2001/04/xmlenc#rsa-1_5" />
    <KeyInfo xmlns = "http://www.w3.org/2000/09/xmldsig#">
    <KeyName>Rsa Key</KeyName>
    </KeyInfo>
    <CipherData>
      <CipherValue>F8f9deOmn5HfAISSt7I8XaAbOIWidD/JF8Ntwdh3oL03Wh
      PjQlAWLmNwDKtbAsCeFta8d7Yaotpeyz//jD2zt/h2B16g9bv6mZjvFn8A
      LVc92kJr5s1No5ItNB5y7wpWEwvAKDM2IbyCTKHPgrCH4DSi8Ws9Tu71GV
      04ijV4m3Y=</CipherValue>
    </CipherData>
```

```
    </EncryptedKey>
  </KeyInfo>
  <CipherData>
    <CipherValue>X98Hd7Ytelr21SJlaVFtJ+aeY/woK6ohOgEffsTt9wvZy9Fr
    Di3atWK9KsuGbzEwiRuprGtxiCwN6yBc61YjTuOdtdgJ4gdF2vpPGWFxAFg3
    CaoWrfB9Mv1zNxq0QrBKuJd1QNmyJx/QLzW3OR2Sf2Xmo2nb7f+o0uoJhMYvK
    DhqD6uSNnCajPMiX8df85dTauOa3rjRyF/jQocBlnC7+E4w0HBbNgEciCw9RJ
    L6zowKwYQIzVq61ozMRe8X0C2rubnghN+AA50HVKGJ/yUdj/PVRpefuT3Qbxa3
    SnSrJ4w=</CipherValue>
  </CipherData>
 </EncryptedData>
</connectionStrings>
```

11.3.2 Web.config 文件的解密

解密一个特定网站的 Web.config 文件的通用格式如下：

```
aspnet_regiis -pdf 节名 网站物理路径
```

或

```
aspnet_regiis. -pd 节名 -app 网站虚拟目录
```

其中，参数-pdf 表示对指定物理路径的网点的配置节进行解密；参数-pd 表示对指定虚拟目录的网点的配置节进行解密。

例如，解密一个 Myaspnet 网站的 Web.config 文件的代码如下：

```
aspnet_regiis.exe -pdf connectionStrings "H:\ASPNET"
```

在解密时显示以下信息：

```
正在解密配置节...
成功!
```

表示成功解密，打开 Web.config 文件，看到＜connectionStrings＞节恢复成原来的明码。

练习题 11

1. 简述 Web.config 配置文件的作用。
2. 简述 Web.config 配置文件中＜connectionSettings＞节的设置和使用方法。
3. 简述 Web.config 配置文件中＜appSettings＞节的设置和使用方法。
4. 简述 Web.config 配置文件的加密和解密过程。

APPENDIX

附 录 上机实验题参考答案

上机实验题 1

其设计步骤如下。

① 在 Myaspnet 网站的 ch1 文件夹中添加一个名称为 WebForm1-2 的网页。

② 其设计界面如图 1 所示，包含一个 Button 控件 Button1 和一个 Label 控件 Label1，在本网页上设计如下事件过程：

```
protected void Button1_Click(object sender, EventArgs e)
{
    Label1.Text = "上机实验题 1";
}
```

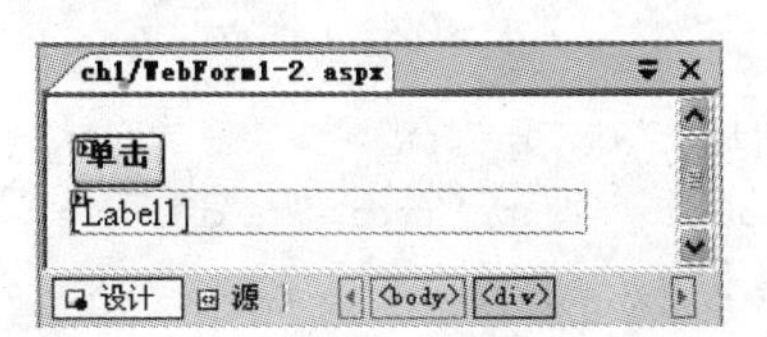

图 1 上机实验题 1 网页设计界面

上机实验题 2

其设计步骤如下。

① 在 Myaspnet 网站的 ch2 文件夹中添加一个名称为 WebForm2-6 的网页。

② 其设计界面如图 2 所示，其中有一个 3×2 的表格，表格中一个 Input(Text) 控件 Text1、一个 Input(Password) 控件 Password1、一个 Input(Submit)控件 Submit1 和一个 Input(Reset)控件 Reset 1。切换到源视图，修改代码如下(仅添加黑体代码)：

```
<%@ Page Language = "C#" AutoEventWireup = "true"
  CodeFile = "WebForm2 - 6.aspx.cs" Inherits = "ch2_WebForm2_6" %>
<!DOCTYPE html PUBLIC " - //W3C//DTD XHTML 1.0 Transitional//EN"
  "http://www.w3.org/TR/xhtml1/DTD/xhtml1 - transitional.dtd">
<html xmlns = "http://www.w3.org/1999/xhtml" >
  <head runat = "server">
    <title>无标题页</title>
    <script language = "javascript" type = "text/javascript">
    // <!CDATA[
    function Submit1_onclick() {
        if (form1.Text1.value == "1234" &&
          form1.Password1.value == "1234")
          alert("您的用户名和密码输入正确");
        else
          alert("您的用户名和密码输入错误");
    }
    //]>
    </script>
  </head>
  <body>
    <form id = "form1" runat = "server">
      <div>
        <table>
          <tr>
            <td style = "width: 71px; text - align: right;">
              <strong><span style = "font - size: 10pt;
                color: #0000ff">用户名</span></strong>
            </td>
            <td style = "width: 75px">
              <input id = "Text1" type = "text"style = "width: 118px" />
            </td>
          </tr>
          <tr>
            <td style = "width: 71px; text - align: right;">
              <strong><span style = "color: #0000ff">密码</span></strong>
            </td>
          <td style = "width: 75px">
              <input id = "Password1" type = "password"style = "width: 117px" />
            </td>
        </tr>
        <tr>
            <td colspan = "2">
                          
              <input id = "Submit1" style = "font - weight: bold;
```

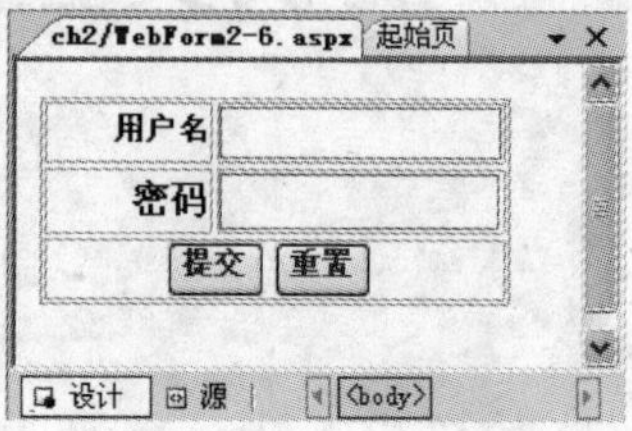

图 2 上机实验题 2 网页设计界面

```
            color: #ff0099;" type = "submit" value = "提交"
            onclick = "return Submit1_onclick()" />
          < input id = "Reset1" type = "reset" value = "重置"
            style = "font - weight: bold; color: #ff0099" />
          </td >
        </tr >
      </table >
    </div >
  </form >
</body >
</html >
```

上机实验题 3

其设计步骤如下。

① 在 Myaspnet 网站的 ch3 文件夹中添加一个名称为 WebForm3-7 的网页。

② 其设计界面如图 3 所示,包含两个 Label 控件(Label1、Label2)和一个 Button 控件 Button1。

图 3　上机实验题 3 网页设计界面

③ 打开 Class1. cs 类文件,添加以下类声明:

```
public class Class4
{
    public string link(params string[] strarr)
    {     int i;
          string mystr = "";
          for (i = 0; i < strarr.Length; i++ )
              mystr + = strarr[i] + " ";
          return mystr;
    }
    public void sort(params string[] strarr)  //冒泡排序
    {     int i, j;
          string tmp;
          bool exchange;                    //交换标志
          for (i = 0; i < strarr.Length - 1; i++ )
          {     exchange = false;
                for (j = strarr.Length - 2; j >= i; j-- )
                    if (String.Compare(strarr[j + 1],strarr[j])< 0)
                    {   tmp = strarr[j + 1];     //tmp 暂存数组元素, 用于元素交换
```

```
                    strarr[j + 1] = strarr[j];
                    strarr[j] = tmp;
                    exchange = true;            //发生了交换,故将交换标志置为真
                }
            if (exchange == false)                      //本趟未发生交换,提前终止算法
                return;
            }
        }
}
```

④ 本网页上设计如下事件过程:

```
public partial class ch3_WebForm3_7: System.Web.UI.Page
{   Class4 obj = new Class4();
    string[] strarr = new string[] { "while", "if", "for", "break",
        "switch", "if-else", "do-while", "while" };
    protected void Page_Load(object sender, EventArgs e)
    {
        Label1.Text = obj.link(strarr);
    }
    protected void Button1_Click(object sender, EventArgs e)
    {   obj.sort(strarr);
        Label2.Text = obj.link(strarr);
    }
}
```

上机实验题 4

其设计步骤如下。

① 在 Myaspnet 网站的 ch4 文件夹中添加一个名称为 WebForm4-16 的网页。

② 其设计界面如图 4 所示,对应的源视图代码如下:

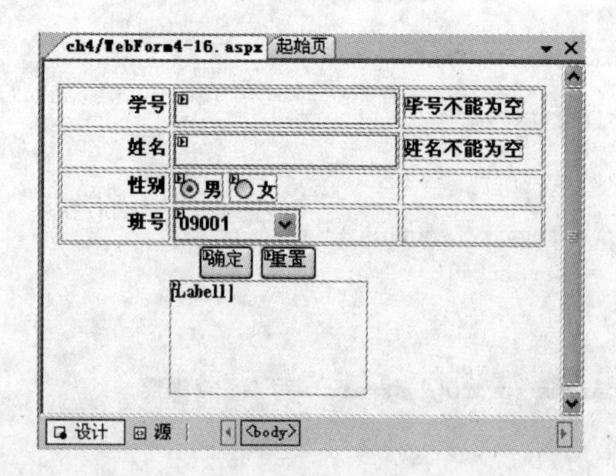

图 4　上机实验题 4 网页设计界面

```
<%@ Page Language="C#" AutoEventWireup="true"
   CodeFile="WebForm4-16.aspx.cs" Inherits="ch4_WebForm4_16" %>
<!DOCTYPE html PUBLIC "-//W3C//DTD XHTML 1.0 Transitional//EN"
```

```
  "http://www.w3.org/TR/xhtml1/DTD/xhtml1-transitional.dtd">
<html xmlns="http://www.w3.org/1999/xhtml" >
  <head runat="server">
    <title>无标题页</title>
  </head>
  <body>
    <form id="form1" runat="server">
      <div>
        <table>
        <tr>
          <td style="width: 78px; text-align: right; height: 26px;">
              <span style="font-size: 10pt; color: #0000ff"><strong>
                学号</strong></span>
          </td>
          <td style="width: 100px; height: 26px;">
              <asp:TextBox ID="TextBox1" runat="server"
                Font-Size="10pt"></asp:TextBox>
          </td>
          <td style="width: 100px; height: 26px;">
            <asp:RequiredFieldValidator ID="RequiredFieldValidator1"
              runat="server" ControlToValidate="TextBox1"
              ErrorMessage="学号不能为空" Font-Bold="True"
              Font-Size="10pt"></asp:RequiredFieldValidator>
          </td>
        </tr>
        <tr>
          <td style="width: 78px; text-align: right">
            <strong><span style="font-size: 10pt; color: #0000ff">
              姓名</span></strong>
          </td>
          <td style="width: 100px">
            <asp:TextBox ID="TextBox2" runat="server"
              Font-Size="10pt"></asp:TextBox>
          </td>
          <td style="width: 100px">
              <asp:RequiredFieldValidator ID="RequiredFieldValidator2"
                runat="server" ControlToValidate="TextBox2"
                ErrorMessage="姓名不能为空" Font-Bold="True"
                Font-Size="10pt"></asp:RequiredFieldValidator>
          </td>
        </tr>
        <tr>
          <td style="width: 78px; text-align: right">
              <strong><span style="font-size: 10pt; color: #0000ff">
                性别</span></strong>
          </td>
          <td style="width: 100px">
              <asp:RadioButton ID="RadioButton1" runat="server"
                Font-Bold="True" Font-Size="10pt"
                Text="男" Checked="True" GroupName="xb" />
              <asp:RadioButton ID="RadioButton2" runat="server"
```

```
                Font - Bold = "True" Font - Size = "10pt"
                Text = "女" GroupName = "xb" />
            </td>
            <td style = "width: 100px">
            </td>
          </tr>
          <tr>
            <td style = "width: 78px; text - align: right">
              <span style = "font - size: 10pt; color: #0000ff"><strong>
                班号</strong></span>
            </td>
            <td style = "width: 100px">
              <asp: DropDownList ID = "DropDownList1" runat = "server"
                Font - Bold = "True" Font - Size = "10pt" Width = "88px">
                  <asp: ListItem>09001</asp: ListItem>
                  <asp: ListItem>09002</asp: ListItem>
                  <asp: ListItem>09003</asp: ListItem>
                  </asp: DropDownList>
            </td>
            <td style = "width: 100px">
            </td>
          </tr>
        </table>
      </div>
                       
      <asp: Button ID = "Button1" runat = "server" Text = "确定"
          OnClick = "Button1_Click" />
      <input type = "reset" ID = "Button2" runat = "server"
        Font - Size = "10pt" Text = "重置" /><br />
                       
      <asp: Label ID = "Label1" runat = "server" Height = "78px"
          Width = "138px" Font - Bold = "True" Font - Size = "10pt"
          ForeColor = "#FF0099"></asp: Label>
    </form>
  </body>
</html>
```

③ 在本网页上设计如下事件过程：

```
protected void Button1_Click(object sender, EventArgs e)
{   string xb;
    if  (RadioButton1.Checked == true)
      xb = "男";
    else
      xb = "女";
    Label1.Text = "学号: " + TextBox1.Text + "<br>" +
        "姓名: " + TextBox2.Text + "<br>" +
        "性别: " + xb + "<br>" +
        "班号: " + DropDownList1.SelectedValue ;
}
```

上机实验题 5

其设计步骤如下。

① 在 Myaspnet 网站的 ch5 文件夹中添加一个名称为 WebForm5-11 的网页。

② 其设计界面如图 5 所示(可参见上机实验题 4 的源视图代码)。在本网页上设计如下事件过程:

```
protected void Button1_Click(object sender, EventArgs e)
{   string xb,mystr;
    if  (RadioButton1.Checked)
        xb = "男";
    else
        xb = "女";
    mystr = "WebForm5-11-1.aspx?sno=" + TextBox1.Text.Trim() +
        "&sname=" + TextBox2.Text.Trim() + "&ssex=" + xb +
        "&sclass=" + DropDownList1.SelectedValue.Trim();
    Server.Transfer(mystr);
}
```

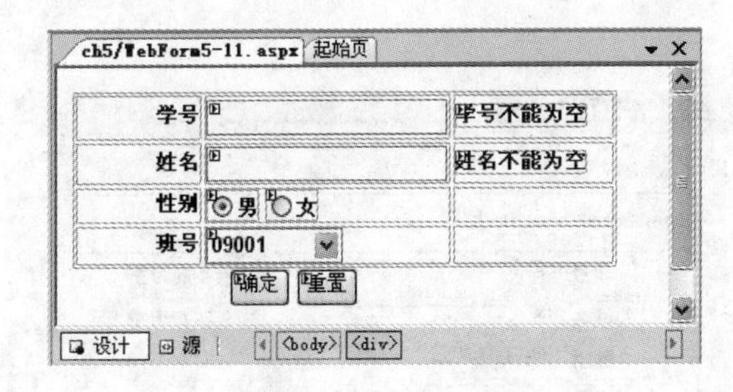

图 5 上机实验题 5 网页设计界面

③ 在 Myaspnet 网站的 ch5 文件夹中添加一个名称为 WebForm5-11-1 的网页,其中不含任何控件,在本网页上设计如下事件过程:

```
protected void Page_Load(object sender, EventArgs e)
{   string sno = Request.QueryString["sno"];
    string sname = Request.QueryString["sname"];
    string ssex = Request.QueryString["ssex"];
    string sclass = Request.QueryString["sclass"];
    Response.Write("学生信息如下:<br>");
    Response.Write("学号: " + sno + "<br>");
    Response.Write("姓名: " + sname + "<br>");
    Response.Write("性别: " + ssex + "<br>");
    Response.Write("班号: " + sclass);
}
```

上机实验题 6

其设计步骤如下。

① 在 Myaspnet 网站中设计一个母版页 MasterPage1.master，放在 ch6 文件夹中，其中有一个 3×3 的表格，在中间单元格中放一个 ContentPlaceHolder 控件，其他单元格用图像填充形成一个外框。

② 在 Myaspnet 网站的 ch6 文件夹中添加一个名称为 WebForm6-5 的网页(母版页为 MasterPage1.master)，其设计界面如图 6 所示。在本网页上设计如下事件过程：

```
protected void Button1_Click(object sender, EventArgs e)
{     string xb, mystr;
      if  (RadioButton1.Checked)
          xb = "男";
      else
          xb = "女";
      mystr = "WebForm6 - 5 - 1.aspx?sno = " + TextBox1.Text.Trim() +
          "&sname = " + TextBox2.Text.Trim() + "&ssex = " + xb +
          "&sclass = " + DropDownList1.SelectedValue.Trim();
      Server.Transfer(mystr);
}
```

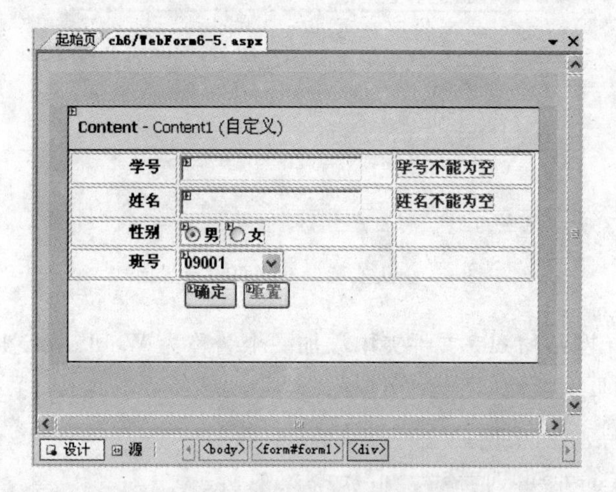

图 6　WebForm6-5 网页设计界面

③ 在 Myaspnet 网站的 ch6 文件夹中添加一个名称为 WebForm6-5-1 的网页(母版页为 MasterPage1.master)，其设计界面如图 7 所示。在本网页上设计如下事件过程：

```
protected void Page_Load(object sender, EventArgs e)
{     string sno = Request.QueryString["sno"];
      string sname = Request.QueryString["sname"];
      string ssex = Request.QueryString["ssex"];
      string sclass = Request.QueryString["sclass"];
      Label1.Text = sno;
      Label2.Text = sname;
```

```
        Label3.Text = ssex;
        Label4.Text = sclass;
    }
```

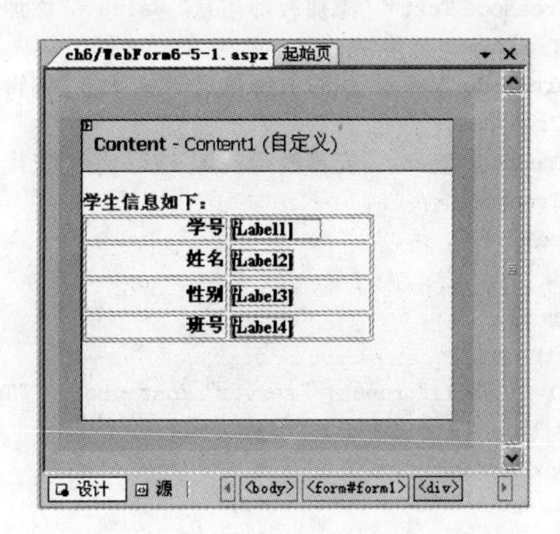

图 7　WebForm6-5-1 网页设计界面

上机实验题 7

其设计步骤如下。

① 在 Myaspnet 网站的 ch7 文件夹中添加一个名称为 WebForm7-4 的网页。

② 其设计界面如图 8 所示，对应的源视图代码如下：

```
<%@ Page Language = "C#" AutoEventWireup = "true"
  CodeFile = "WebForm7 - 4.aspx.cs" Inherits = "ch7_WebForm7_4" %>
<!DOCTYPE html PUBLIC " - //W3C//DTD XHTML 1.0 Transitional//EN"
  "http://www.w3.org/TR/xhtml1/DTD/xhtml1 - transitional.dtd">
<html xmlns = "http://www.w3.org/1999/xhtml" >
  <head runat = "server">
    <title>无标题页</title>
  </head>
  <body>
    <form id = "form1" runat = "server">
      <div>
        <asp: TreeView ID = "TreeView1" runat = "server" Font - Bold = "True"
          Font - Size = "10pt"
          OnSelectedNodeChanged = "TreeView1_SelectedNodeChanged"
          ShowLines = "True">
          <Nodes>
            <asp: TreeNode Text = "学生管理" Value = "学生管理">
              <asp: TreeNode Text = "添加学生信息" Value = "添加学生信息">
              </asp: TreeNode>
              <asp: TreeNode Text = "编辑学生信息" Value = "编辑学生信息">
              </asp: TreeNode>
              <asp: TreeNode Text = "学生成绩输入" Value = "学生成绩输入">
              </asp: TreeNode>
              <asp: TreeNode Text = "查询学生成绩" Value = "查询学生成绩">
```

```
                </asp:TreeNode>
            </asp:TreeNode>
            <asp:TreeNode Text="教师管理" Value="教师管理">
                <asp:TreeNode Text="添加教师信息" Value="添加教师信息">
                </asp:TreeNode>
                <asp:TreeNode Text="编辑教师信息" Value="编辑教师信息">
                </asp:TreeNode>
                <asp:TreeNode Text="安排教师授课" Value="安排教师授课">
                </asp:TreeNode>
            </asp:TreeNode>
        </Nodes>
    </asp:TreeView>
    </div>
    <asp:Label ID="Label1" runat="server" Font-Bold="True"
      Font-Size="10pt" ForeColor="#FF0066"
      Width="164px"></asp:Label>
  </form>
 </body>
</html>
```

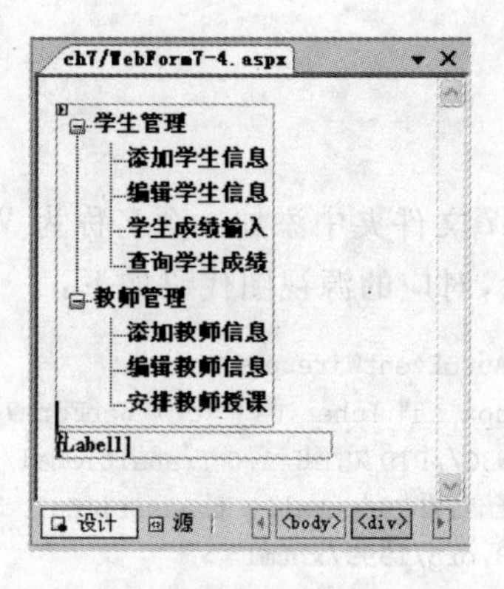

图8　上机实验题7网页设计界面

③ 在本网页上设计如下事件过程：

```
protected void TreeView1_SelectedNodeChanged(object sender,EventArgs e)
{
    Label1.Text = "您选择的项：" + TreeView1.SelectedValue;
}
```

上机实验题8

其设计步骤如下。

① 在Myaspnet网站中设计一个WebUserControl2.ascx用户控件，存放在ch8文件夹中，其设计界面如图9所示，有一个3×2的表格，有两个文本框TextBox1和TextBox2(TextMode属性设置为Password)。在该用户控件上设计如下属性：

```
public string uid
{
    get  {   return TextBox1.Text;  }
}
public string upass
{
    get  {   return TextBox2.Text;  }
}
```

② 在 Myaspnet 网站的 ch8 文件夹中添加一个名称为 WebForm8-3 的网页,其设计界面如图 10 所示(包含一个 WebUserControl2.ascx 用户控件)。在本网页上设计如下事件过程:

```
protected void Button1_Click(object sender, EventArgs e)
{    Label1.Text = "输入信息如下:" + "<br>" +
        "用户名:" + WebUserControl2_1.uid + "<br>" +
        "密 码:" + WebUserControl2_1.upass;
}
```

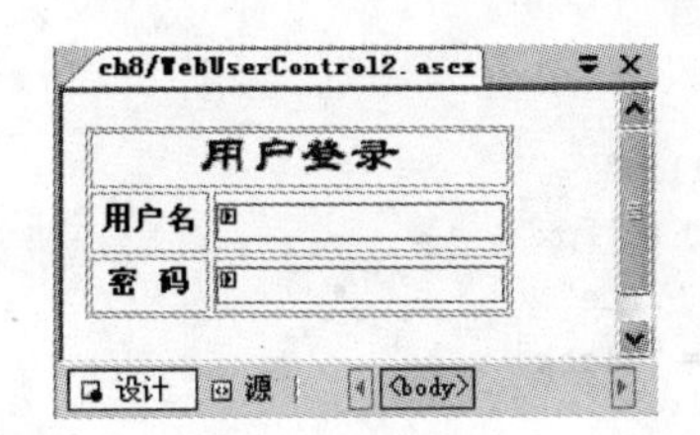

图 9 WebUserControl2.ascx 设计界面

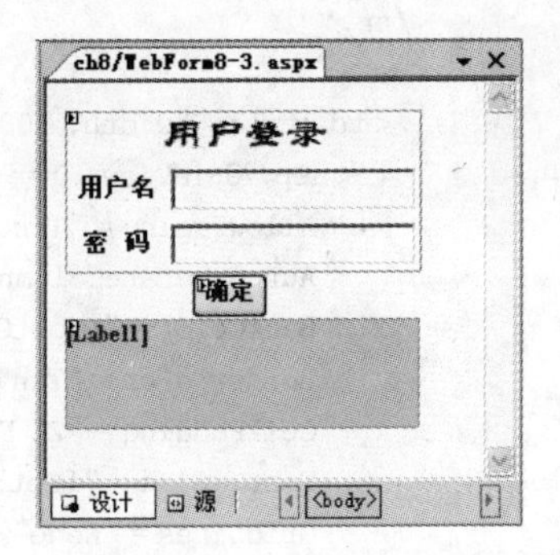

图 10 WebForm8-3 网页设计界面

上机实验题 9

其设计步骤如下。

① 在 Myaspnet 网站的 ch9 文件夹中添加一个名称为 WebForm9-17 的网页。

② 其设计界面如图 11 所示,对应的源视图代码如下:

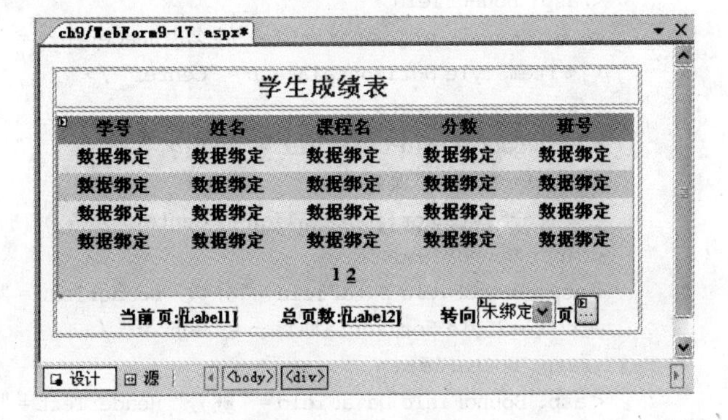

图 11 WForm9-17 网页设计界面

```
<%@ Page Language = "C#" AutoEventWireup = "true"
  CodeFile = "WebForm9 - 17.aspx.cs" Inherits = "ch9_WebForm9_17" %>
<!DOCTYPE html PUBLIC " - //W3C//DTD XHTML 1.0 Transitional//EN"
  "http://www.w3.org/TR/xhtml1/DTD/xhtml1 - transitional.dtd">
<html xmlns = "http://www.w3.org/1999/xhtml">
  <head runat = "server">
    <title>无标题页</title>
    </head>
    <body>
      <form id = "form1" runat = "server">
        <div>
          <table id = "TABLE1" style = "width: 450px; height: 200px;">
            <tr>
              <td style = "width: 408px; height: 10 % ; text - align: center;">
                <strong><span style = "color: #ff0066; font - family: 华文仿宋;
                font - size: 14pt;">学生成绩表</span></strong>
              </td>
            </tr>
            <tr>
              <td style = "width: 408px; height: 49 % ;">
                <asp: GridView ID = "GridView1" runat = "server"
                  AllowPaging = "True"
                  AutoGenerateColumns = "False"
                  BackColor = "LightGoldenrodYellow"
                  BorderColor = "Tan" BorderWidth = "1px"
                  CellPadding = "2" Font - Bold = "True"
                  Font - Size = "10pt" ForeColor = "Black"
                  GridLines = "None"
                  PageSize = "4"
                  Width = "441px"
                  Height = "137 % "
                  OnPageIndexChanging = "GridView1_PageIndexChanging"
                  OnDataBound = "GridView1_DataBound">
                  <FooterStyle BackColor = "Tan" />
                    <Columns>
                      <asp: BoundField DataField = "学号" HeaderText = "学号">
                        <ItemStyle HorizontalAlign = "Center" />
                      </asp: BoundField>
                      <asp: BoundField DataField = "姓名" HeaderText = "姓名">
                        <ItemStyle HorizontalAlign = "Center" />
                      </asp: BoundField>
                      <asp: BoundField DataField = "课程名"
                        HeaderText = "课程名">
                        <ItemStyle HorizontalAlign = "Center" />
                      </asp: BoundField>
                      <asp: BoundField DataField = "分数" HeaderText = "分数">
                        <ItemStyle HorizontalAlign = "Center" />
                      </asp: BoundField>
                      <asp: BoundField DataField = "班号" HeaderText = "班号">
                        <ItemStyle HorizontalAlign = "Center" />
                      </asp: BoundField>
```

```
                    </Columns>
                    <SelectedRowStyle BackColor = "DarkSlateBlue"
                     ForeColor = "GhostWhite" />
                    <PagerStyle BackColor = "PaleGoldenrod"
                     ForeColor = "DarkSlateBlue"
                     HorizontalAlign = "Center" />
                    <HeaderStyle BackColor = "Tan" Font - Bold = "True" />
                    <AlternatingRowStyle BackColor = "PaleGoldenrod" />
                </asp: GridView>
                        
                <strong><span style = "font - size: 10pt; color: #0000ff">
                 当前页:
                <asp: Label ID = "Label1" runat = "server"></asp: Label>
                          总页数:
                <asp: Label ID = "Label2" runat = "server"></asp: Label>
                         转向
                <asp: DropDownList ID = "DropDownList1" runat = "server"
                    Width = "60px">
                </asp: DropDownList>页
                <asp: Button ID = "Button1" runat = "server"
                  OnClick = "Button1_Click"
                  Text = "..." /></span></strong>
              </td>
            </tr>
          </table>
        </div>
      </form>
    </body>
</html>
```

③ 在本网页上设计如下事件过程:

```
protected void Page_Load(object sender, EventArgs e)
{    if (!Page.IsPostBack)
     {   GridView1.PagerSettings.Mode =
             PagerButtons.NextPreviousFirstLast;
         GridView1.PagerSettings.FirstPageText = "首页";
         GridView1.PagerSettings.NextPageText = "下一页";
         GridView1.PagerSettings.PreviousPageText = "上一页";
         GridView1.PagerSettings.LastPageText = "尾页";
         bind();
         int n = GridView1.PageCount;
         for (int i = 1; i <= n; i++)
             DropDownList1.Items.Add(i.ToString());
     }
}
public void bind()
{    string mystr = ConfigurationManager.AppSettings["myconnstring"];
     string mysql = "SELECT student.学号,student.姓名," +
         "score.课程名,score.分数,student.班号 " +
         "FROM student,score " +
```

```
            "WHERE student.学号 = score.学号 " +
            "ORDER BY student.学号";
        OleDbConnection myconn = new OleDbConnection();
        myconn.ConnectionString = mystr;
        myconn.Open();
        DataSet myds = new DataSet();
        OleDbDataAdapter myda = new OleDbDataAdapter(mysql, myconn);
        myda.Fill(myds, "student");
        GridView1.DataSource = myds.Tables[0];
        GridView1.DataBind();
        myconn.Close();
    }
    protected void GridView1_PageIndexChanging(object sender,
        GridViewPageEventArgs e)
    {   GridView1.PageIndex = e.NewPageIndex;
        bind();
    }
    protected void GridView1_DataBound(object sender, EventArgs e)
    {   int n = GridView1.PageIndex + 1;
        Label1.Text = n.ToString();
        Label2.Text = GridView1.PageCount.ToString();
    }
    protected void Button1_Click(object sender, EventArgs e)
    {   GridView1.PageIndex = int.Parse(DropDownList1.SelectedValue) - 1;
        bind();
    }
```

上机实验题 10

其设计步骤如下。

① 打开前面文中建立的 Service 网站，双击打开 Service.cs 文件，添加以下 Web 服务：

```
[WebMethod]
public double compavg(DataSet myds)
{   double sum = 0.0;
    int n = myds.Tables[0].Rows.Count; //求记录集中 score 表的记录个数
    object[] myrow;
    for (int i = 0; i < n; i++)
    {   myrow = myds.Tables[0].Rows[i].ItemArray;
            //将 score 表第 i 行转换一个数组
        sum += double.Parse(myrow[2].ToString()); //累加第 2 列的分数
    }
    return sum / n;
}
```

② 打开 Myaspnet 网站，在 ch10 文件夹中添加一个名称为 WebForm10-3 的空网页(引用部分添加 using System.Data.OleDb;)。在网页中添加两个 HTML 标签、一个 DropDownList 控件 DropDownList1、一个 Button 控件 Button1 和一个文本框 TextBox1。

指定其 StyleSheetTheme 属性为 Blue，设计界面如图 12 所示。在本网页上设计如下事件过程：

```
protected void Page_Load(object sender, EventArgs e)
{     if  (!Page.IsPostBack)
      {     string mystr =
            ConfigurationManager.AppSettings["myconnstring"];
            OleDbConnection myconn = new OleDbConnection();
            myconn.ConnectionString = mystr;
            myconn.Open();
            //以下设置 DropDownList1 的绑定数据
            DataSet myds1 = new DataSet();
            OleDbDataAdapter myda1 = new OleDbDataAdapter("SELECT " +
               "distinct 课程名 FROM score", myconn);
            myda1.Fill(myds1, "score");
            DropDownList1.DataSource = myds1.Tables["score"];
            DropDownList1.DataTextField = "课程名";
            DropDownList1.DataBind();
      }
}
protected void Button1_Click(object sender, EventArgs e)
{     string mystr = ConfigurationManager.AppSettings["myconnstring"];
      OleDbConnection myconn = new OleDbConnection();
      myconn.ConnectionString = mystr;
      myconn.Open();
      DataSet myds1 = new DataSet();
      OleDbDataAdapter myda1 = new OleDbDataAdapter("SELECT 学号," +
         "课程名,分数 FROM score WHERE 课程名 = '" + DropDownList1.Text +
         "'", myconn);
      myda1.Fill(myds1, "score");
      localhost.Service myservice = new localhost.Service();
      TextBox1.Text = myservice.compavg(myds1).ToString();
}
```

图 12　WForm10-3 网页运行界面

说明：如果不能查找到 compavg 服务，可以右击 App_WebReferences 文件夹，在出现的快捷菜单中选择“刷新文件夹”命令，或者删除 App_WebReferences 文件夹，再重新采用前面的步骤建立 Web 引用。

参 考 文 献

[1] 闫洪亮，潘勇. ASP. NET 程序设计教程[M]. 上海：上海交通大学出版社，2006.

[2] 张跃廷等. ASP. NET 2.0 自学手册[M]. 北京：人民邮电出版社，2008.

[3] 马骏等. ASP. NET 网页设计与网站开发[M]. 北京：人民邮电出版社，2007.

[4] 王院峰等. 零基础学 ASP. NET 2.0[M]. 北京：机械工业出版社，2008.

[5] 贺伟，陈哲，龚涛，戴博. 新一代 ASP. NET 2.0 网络编程入门与实践[M]. 北京：清华大学出版社，2007.

[6] 唐植华等. ASP. NET 2.0 动态网站开发基础教程(C#2005 篇)[M]. 北京：清华大学出版社，2008.

[7] 李春葆等. ASP 动态网页设计——基于 Access 数据库[M]. 北京：清华大学出版社，2009.

[8] 李春葆等. C#2005 程序设计教程[M]. 北京：清华大学出版社，2009.

读者意见反馈

亲爱的读者：

感谢您一直以来对清华版计算机教材的支持和爱护。为了今后为您提供更优秀的教材，请您抽出宝贵的时间来填写下面的意见反馈表，以便我们更好地对本教材做进一步改进。同时如果您在使用本教材的过程中遇到了什么问题，或者有什么好的建议，也请您来信告诉我们。

地址：北京市海淀区双清路学研大厦A座602室 计算机与信息分社营销室 收

邮编：100084　　电子邮箱：jsjjc@tup.tsinghua.edu.cn

电话：010-62770175-4608/4409　　邮购电话：010-62786544

教材名称：ASP.NET 2.0动态网站设计教程——基于C#+Access

ISBN 978-7-302-21344-4

个人资料

姓名：＿＿＿＿ 年龄：＿＿＿＿所在院校/专业：＿＿＿＿

文化程度：＿＿＿＿ 通信地址：＿＿＿＿

联系电话：＿＿＿＿ 电子信箱：＿＿＿＿

您使用本书是作为：□指定教材 □选用教材 □辅导教材 □自学教材

您对本书封面设计的满意度：

□很满意 □满意 □一般 □不满意　改进建议＿＿＿＿

您对本书印刷质量的满意度：

□很满意 □满意 □一般 □不满意　改进建议＿＿＿＿

您对本书的总体满意度：

从语言质量角度看　□很满意 □满意 □一般 □不满意

从科技含量角度看　□很满意 □满意 □一般 □不满意

本书最令您满意的是：

□指导明确 □内容充实 □讲解详尽 □实例丰富

您认为本书在哪些地方应进行修改？（可附页）

＿＿＿＿

＿＿＿＿

您希望本书在哪些方面进行改进？（可附页）

＿＿＿＿

＿＿＿＿

电子教案支持

敬爱的教师：

为了配合本课程的教学需要，本教材配有配套的电子教案（素材），有需求的教师可以与我们联系，我们将向使用本教材进行教学的教师免费赠送电子教案（素材），希望有助于教学活动的开展。相关信息请拨打电话010-62776969或发送电子邮件至jsjjc@tup.tsinghua.edu.cn咨询，也可以到清华大学出版社主页（http://www.tup.com.cn或http://www.tup.tsinghua.edu.cn）上查询。

重点大学计算机专业系列教材书目

书名	作者	书号
C语言程序设计	李春葆等	9787302144779
C语言程序设计辅导	李春葆等	9787302144465
C语言高级程序设计	张俐等	9787302132875
C#程序设计教程	李春葆	9787302206484
Java与UML面向对象程序设计教程	刘晓冬等	9787302156451
Java语言程序设计	郎波等	9787302106357
Linux实践及应用	罗文村等	9787302130130
SoC技术原理与应用	郭兵等	9787302125525
UML与软件建模	徐宝文等	9787302118466
Web开发技术及其应用	王成良	9787302162292
Windows汇编语言程序设计实验指导	谭毓安、张雪兰等	9787302171942
电子商务导论	黄晓涛等	9787302111122
多媒体技术与网页设计	陈新龙等	9787302134633
多媒体计算机原理与应用	鲁宏伟等	9787302119708
汇编语言程序设计——从DOS到Windows	张雪兰等	9787302124368
计算机病毒与反病毒技术	张仁斌等	9787302127277
计算机网络工程实践教程——基于Cisco路由器和交换机	陆魁军	9787302141938
计算机网络工程实践教程——基于华为路由器和交换机	陆魁军	9787302122159
计算机网络基础实践教程	陆魁军	9787302116653
计算机语言与程序设计	谌卫军	9787302154341
计算机组成原理	张功萱等	9787302113607
嵌入式系统开发原理与实践	陈文智等	9787302116004
实用数值计算方法	甄西丰	9787302118534
数据结构(C++描述)	金远平等	9787302107989
数据结构教程(第3版)	李春葆等	9787302193791
数据结构教程(第3版)学习指导	李春葆等	9787302193753
数据库系统基础教程	叶小平、汤庸等	9787302142638
数据库系统实验指导教程	汤娜等	9787302125600
数据通信基础	国林等	9787302130659
数字图像处理与分析	刘直芳等	9787302134824
数据挖掘原理与算法(第二版)	毛国君等	9787302158769
网络测试与故障诊断实验教程	曹庆华等	9787302134008
网站设计与建设	刘运臣等	9787302168539
网络协议与网络安全	凌力	9787302157564
微机系统和接口应用技术	朱世鸿	9787302124276
微型计算机技术	田艾平等	9787302105480
微型计算机原理与接口实践	宁飞等	9787302127284
信息安全技术基础和安全策略	薛质、李建华等	9787302140870
信息安全数学基础	陈恭亮	9787302084471
信息与网络安全实验教程	王常吉等	9787302156062
应用系统开发导论	韩伟力、臧斌宇等	9787302163695
中文文本信息处理的原理与应用	苗夺谦等	9787302154983